SQL Server 2016 数据库入门与应用

李艳丽　靳智良　编著

清华大学出版社
北　京

内容简介

SQL是英文Structured Query Language的缩写，中文通常称为“结构化查询语言”。按照ANSI（American National Standards Institute，美国国家标准协会）的规定，SQL是关系型数据库系统的标准语言。使用SQL语句可以执行各种各样的操作，如更新数据库中的数据、从数据库中提取数据等。

SQL Server 2016在SQL Server 2012版本的基础上，又推出了许多新的特性和关键的改进，使得它成为迄今为止的最强大和最全面的SQL Server版本。本书将对SQL Server 2016进行介绍，从实用和实际的角度，深入浅出地分析它的各个要点。

本书共分为14章，第1~13章的主要内容包括：SQL Server 2016发展史、SQL Server 2016新特性、SQL Server 2016如何安装、sqlcmd工具的使用、系统数据库、自定义数据库、数据库的组成、创建和修改数据库、数据库快照、数据表的创建和修改、管理数据表、操作表数据、SELECT语法、简单查询、条件查询、模糊查询、分组查询、排序查询、子查询、多表连接、内连接、外连接、交叉连接、联合查询、T-SQL语言分类、变量、常量、运算符、表达式、流程控制语句、系统函数、自定义函数、SQL注释、XML数据类型、XML查询模式、XML索引、XML DML操作、视图、游标、存储过程、触发器、索引、事务、锁定、安全机制分类、账户管理、角色管理、权限管理、数据库备份、数据库恢复、压缩数据库、附加数据库等，第14章将各章介绍的主要知识点结合起来，开发一个医院预约挂号系统。

本书可以作为高等院校计算机相关专业SQL Server数据库设计课程的教材，也可以作为SQL Server设计的培训教材，还可以作为自学者的参考书。

图书在版编目(CIP)数据

SQL Server 2016 数据库入门与应用 / 李艳丽，靳智良编著. —北京：清华大学出版社，2019(2020.8重印)

ISBN 978-7-302-51564-7

Ⅰ.①S… Ⅱ.①李… ②靳… Ⅲ.①关系数据库系统 Ⅳ.①TP311.132.3

中国版本图书馆CIP数据核字（2018）第257245号

责任编辑：韩宜波
封面设计：李　坤
责任校对：吴春华
责任印制：杨　艳
出版发行：清华大学出版社
　　网　　址：http://www.tup.com.cn，　http://www.wqbook.com
　　地　　址：北京清华大学学研大厦A座　　**邮　　编**：100084
　　社 总 机：010-62770175　　**邮　　购**：010-62786544
　　投稿与读者服务：010-62776969，c-service@tup.tsinghua.edu.cn
　　质量反馈：010-62772015，zhiliang@tup.tsinghua.edu.cn
印 装 者：三河市宏图印务有限公司
经　　销：全国新华书店
开　　本：190mm×260mm　　**印　　张**：21.5　　**字　　数**：522千字
版　　次：2019年4月第1版　　**印　　次**：2020年8月第3次印刷
定　　价：55.00 元

产品编号：070901-01

前言

Microsoft SQL Server 2016是微软公司发布的新一代数据平台产品，全面支持云技术与平台，并且能够快速构建相应的解决方案，实现私有云与公有云之间数据的扩展与应用的迁移。全新一代的SQL Server 2016为用户带来更好的体验，独特的产品优势定能使用户获益良多。

为了使广大学生和工作者能真正掌握SQL Server 2016技术，作者根据多年的程序开发和SQL Server授课经验，精心编写了本书。本书并不单纯从知识角度来讲解SQL Server数据库设计，而是从实践和解决开发问题的角度来介绍SQL Server数据库，在编写的过程中，注重把SQL Server数据库的重点、难点、要点和编程中常见的问题融合在一起进行讲解。

本书编写思路清晰、内容翔实、案例实用，详细介绍使用SQL Server数据库开发设计的方方面面。本书可作为计算机软件以及其他计算机相关专业的教材，也可以作为SQL Server数据库编程人员的参考书。

本书内容

全书共分14章，主要内容如下。

第1章 数据库和SQL Server 2016。本章从数据库的概念开始，简要介绍关系数据库及其范式。然后介绍SQL Server的发展史，并讲解SQL Server 2016的新特性和安装过程以及安装后的简单应用，最后介绍sqlcmd工具的使用。

第2章 管理SQL数据库。本章详细介绍如何管理SQL Server 2016数据库，如数据库的创建、数据库名称的修改、数据库的删除、数据库的组成部分等内容。在介绍这些内容前，首先需要了解SQL Server 2016的系统数据库。

第3章 管理SQL数据表。本章详细介绍SQL数据表的管理，主要介绍表的概念、特点，如何创建、删除、修改表结构，以及如何为表添加各种约束、键等内容。

第4章 SQL数据简单查询。本章介绍如何通过SELECT语句针对数据表的数据简单查询。

第5章 SQL高级查询。本章为读者介绍SQL Server的高级查询语句，首先从子查询开始介绍，然后再介绍如何实现多表连接查询、内连接查询、外连接查询、交叉连接查询等内容。

第6章 T-SQL语言编程基础。本章详细介绍T-SQL语言编程基础的有关内容，首先从T-SQL的特点、语言分类开始介绍，接着依次介绍常量、变量、运算符、表达式、流程控制语句、内置函数、自定义函数、SQL注释等内容，最后以一个综合的实践案例结束本章。

第7章 XML查询技术。本章详细介绍SQL Server 2016中如何通过XML技术查询数据，主要内容包含XML数据类型、XML类型方法、XQuery技术、XML高级查询等。

第8章 视图和游标。本章详细介绍视图和游标，例如视图的分类、优缺点，以及如何创建、修改、删除和查看视图，游标的声明、打开、读取、关闭等内容。

第9章 存储过程。本章详细介绍存储过程的知识，例如存储过程的分类、常用的系统存储过程、无参存储过程和有参存储过程的创建与使用等。

第10章 触发器。本章主要介绍SQL Server 2016触发器，包含触发器的概念、分类、执行环境、创建语法、修改以及删除等多项内容。

第11章 SQL Server高级特性。本章详细介绍索引、事务、锁定的有关知识，包含索引作用、索引分类、创建索引、复合索引、修改索引、删除索引、事务的ACID属性、事务分类、事务处理语句、事务隔离级别、锁定粒度、锁定模式等多项内容。

第12章 数据库安全机制。SQL Server 2016提供了非常强大的内置安全性和数据库保护来实现数据安全，数据库安全机制涉及用户、角色、权限等多个与安全性有关的概念，本章将详细介绍这些知识。

第13章 数据库的备份和恢复。本章详细介绍数据库文件的备份和恢复操作，除此之外，还将提到数据附加和数据库复制操作。

第14章 医院预约挂号系统数据库设计。本章以医院网上预约系统为背景进行需求分析，然后在SQL Server 2016中实现。包括数据库的创建、创建表和视图，并在最后模拟实现常见业务的办理。

本书特色

本书中大量内容来自真实的程序范例，使读者更容易掌握SQL Server数据库的开发。本书难度适中，内容由浅入深，实用性强，覆盖面广，条理清晰。

知识点全

本书紧密围绕SQL Server数据库展开讲解，具有很强的逻辑性和系统性。

实例丰富

书中各实例均经过作者的精心设计和挑选，它们都是根据作者在实际开发中的经验总结而来，涵盖了实际开发中遇到的各种问题。

应用广泛

对于精选案例，给出了详细步骤，结构清晰简明，分析深入浅出，而且有些程序能够直接在项目中使用，避免读者进行二次开发。

基于理论，注重实践

在讲述过程中，不仅介绍理论知识，而且在合适位置安排综合应用实例，或者小型应用程序，将理论应用到实践中，来增强读者的实际应用能力，巩固学到的知识。

贴心的提示

为了便于读者阅读，全书还穿插着一些技巧、提示等小贴士，体例约定如下。

提示：通常是一些贴心的提醒，让读者加深印象或取得建议，或获得解决问题的方法。

注意：提出学习过程中需要特别注意的一些知识点和内容，或相关信息。

技巧：通过简短的文字，指出知识点在应用时的一些小窍门。

读者对象

本书适合作为软件开发入门者的自学用书，也适合作为高等院校相关专业的教学参考书，还可供开发人员查阅、参考。

- SQL Server 数据库开发入门者。
- SQL Server 数据库的初学者以及在校学生。
- 各大中专院校的在校学生和相关授课老师。
- 准备从事与 SQL Server 数据库技术相关的人员。

本书由李艳丽、靳智良编著，其他参与编写的人员还有郑志荣、侯艳书、刘利利、侯政洪、肖进、李海燕、侯政云、祝红涛、崔再喜、贺春雷等，在此表示感谢。在本书的编写过程中，我们力求精益求精，但难免存在一些不足之处，敬请广大读者批评指正。

编　者

目录

第1章 数据库和SQL Server 2016

第2章 管理SQL数据库

第3章 管理SQL数据表

第 4 章 SQL 数据简单查询

第 5 章 SQL 高级查询

第 6 章 T-SQL 语言编程基础

第 7 章 XML 查询技术

第 8 章 视图和游标

第 9 章 存储过程

第 10 章 触发器

第 11 章 SQL Server 高级特性

第 12 章 数据库安全机制

第 13 章 数据库的备份和恢复

第 14 章　医院预约挂号系统数据库设计

练习题答案

第 1 章

数据库和 SQL Server 2016

在信息技术被广泛应用的今天，许多行业中的企业发展越来越快，这些企业在发展过程中会面临许多数据存储方面的问题。数据库技术作为数据管理的核心技术，在社会各个领域中发挥着强大的功能。企业使用数据库来保存数据，不仅会为企业带来更多的效益，而且会降低企业的生产和管理成本。

SQL Server 2016 是由 Microsoft 公司发布的关系型数据库管理系统，它为用户提供了完整的数据管理和分析解决方案。本章详细为大家介绍 SQL Server 2016 数据库，但是在介绍该版本的数据库之前，应首先了解什么是数据库、关系型数据库常见的一些专业术语等内容。

本章学习要点

◎ 了解数据库、数据库管理系统、数据库系统的概念
◎ 熟悉数据库管理系统的管理模型
◎ 掌握关系型数据库的构成
◎ 熟悉关系型数据库常见的术语
◎ 了解范式理论和 E-R 模型
◎ 熟悉 SQL Server 2016 的发展史
◎ 了解 SQL Server 2016 的新特性
◎ 掌握 SQL Server 2016 的安装和运行
◎ 掌握 SQL Server 2016 的服务器注册
◎ 掌握 SQL Server 2016 身份配置方法
◎ 掌握 sqlcmd 工具的使用

1.1 什么是数据库

开发者可以将数据库理解为存放数据的仓库，数据库中包含系统运行所需要的全部数据。用户可以使用数据库来管理和维护数据库，并且可以对数据库表中的数据进行调用。为了更好地了解和使用数据库，开发者必须先了解一些数据库的基本概念和基本模型。

1.1.1 数据库概述

数据库 (DataBase，DB) 是数据存放的仓库。数据库是需要长期存放在计算机内，有组织、可共享的数据集合。数据库中的数据按一定的模型组织、描述和存储，具有较小的冗余度、较高的数据独立性和易扩展性，并且可以为不同的用户共享。例如，把一个学校的老师、教学工龄、所教课程等数据有序地组织并存放在计算机内，这样就可以构成一个数据库。

提到数据库，开发者不得不需要了解另外两个概念：数据库管理系统和数据库系统。

1. 数据库管理系统

数据库管理系统 (Database Management System，DBMS) 按一定的数据模型组织数据，形成数据库，并对数据库进行管理。简单地说，数据库管理系统就是管理数据库的系统。数据库系统管理员 (DataBase Administrator，DBA) 通过 DBMS 对数据库进行管理。

目前，SQL Server、Oracle、MySQL、Access、Sybase 等都是比较流行的数据库。其中，Oracle 和 SQL Server 数据库是目前最流行的中大型关系数据库管理系统。本书介绍的就是 SQL Server 2016 版本。

2. 数据库系统

数据、数据库、数据库管理系统与操作数据库的应用程序，加上支撑它们的硬件平台、软件平台和与数据库有关的人员一起，构成了一个完整的数据库系统。简单地说，数据库系统 (Database System) 是由数据库及其管理软件组成的系统。

数据库系统是为适应数据处理的需要而发展起来的一种较为理想的数据处理系统，也是一个为实际可运行的存储、维护和应用系统提供数据的软件系统，是存储介质、处理对象和管理系统的集合体。

1.1.2 数据库模型

数据库管理系统根据数据库模型对数据进行存储和管理。数据库模型是指数据库中数据的存储结构，目前数据库管理系统采用的数据库模型有 3 种，分别为层次模型 (Hierarchical Model)、网状模型 (Network Model) 以及关系模型 (Relation Model)。从当前的软件行业来看，关系型数据库使用得最为普遍。

1. 层次模型

层次型数据库使用层次模型作为自己的存储结构。层次模型将数据组织成一对多关系的结构，采用关键字来访问其中每一层次的每一部分。层次模型具有以下优势。

- 存取方便且速度快。
- 结构清晰，非常容易理解。
- 检索关键属性非常方便。
- 更容易实现数据修改和数据库扩展。

除了优势外，层次模型还有一定的缺点，例如结构不够灵活，同一属性数据要存储多次，数据冗余大，不适合拓扑空间数据的组织。

2. 网状模型

网状型数据使用网状模型作为自己的存储结构。网状模型具有多对多类型的数据组织方式。这种模型能明确而方便地表示数据间的复杂关系，数据冗余小。但是网状结构的复杂性增加了用户查询和定位的困难，需要存储数据间联系的指针，使得数据量增大，同时不方便数据的修改。

3. 关系模型

关系模型突破了层次模型和网状模型的许多局限。它以记录组或二维数据表的形式组织数据，以便于利用各种实体与属性之间的关系进行存储和变换，不分层也无指针，是建立空间数据和属性数据之间关系的一种非常有效的数据组织和方法。

在关系模型中，实体和实体间的联系都是用关系表示的。关系是指由行与列构成的二维表。也就是说，二维表格中既存放着实体本身的数据，又存放着实体间的联系。关系不但可以表示实体间一对多的联系，通过建立关系间的关联，也可以表示多对多的联系。如图 1-1 所示为关系结构模型。

图书表

编号	名称	价格	所属类型
ISBN001	红楼梦	521	1
ISBN002	水浒传	89.6	1
ISBN003	百年孤独	65	2

类型表

类型编号	类型名称
1	古典文学
2	国外小说
3	少儿小说

*此处使用图书的所属类型将图书表和类型表关联起来

图 1-1　关系结构模型示意图

从图 1-1 中可以看出，使用关系模型的数据库的优点是结构简单、格式统一、理论基础严格，而且数据表之间相对独立，可以在不影响其他数据表的情况下进行数据的增加、修改和删除。在进行查询时，还可以根据数据表之间的关联性，从多个数据表中查询抽取相关的信息。

1.2　了解关系型数据库

关系型数据库就是指基于关系模型的数据库，它是一种重要的数据组织模型。在计算机中，关系数据库是数据和数据库对象的集合，而管理关系数据库的计算机软件称为关系数据库管理系统 (Relational DataBase Management System，RDBMS)。

1.2.1　数据库组成

关系数据库是建立在关系模型基础上的数据库，是利用数据库进行数据组织的一种方式，是现代流行的数据管理系统中应用最为普遍的一种。下面通过两个方面来详细了解数据库的组成。

1. 数据库的表

关系数据库是由数据表和数据表之间的关联组成的。其中数据表通常是一个由行和列组成的二维表，每一个数据表分别说明数据库中某一特定的方面或部分的对象及其属性。数据

表中的行通常叫作记录或元组，它代表众多具有相同属性的对象中的一个；数据库表中的列通常叫作字段或属性，它代表相应数据库表中存储对象的共有属性。例如，图 1-2 为会员系统中的会员信息表。

编号	名称	性别	出生日期	民族	政治面貌
HY2018001	王萌萌	女	1990-04-22	汉	团员
HY2018002	李思源	男	1991-10-29	汉	预备党员
HY2018003	徐光华	男	1989-01-22	汉	党员
HY2018004	陈蓉	女	1988-06-23	回	团员

图 1-2　会员信息表

从图 1-2 所示的会员信息表中可以看出，该表中的数据都是会员系统中的每位会员的具体信息，每行代表一名会员的完整信息，而每行每一个字段列则代表会员的其中一方面信息，这样就组成了一个相对独立于其他数据表的会员信息表。可以对这个表进行添加、删除或修改记录等操作，而完全不会影响到数据库中其他的数据表。

2. 数据库表的关联

在关系型数据库中，表的关联是一个非常重要的组成部分。表的关联是指数据库中的数据表与数据表之间使用相应的字段实现数据表的连接。通过使用这种连接，无须再将相同的数据多次存储，同时，这种连接在进行多表查询时也非常重要。

例如，图 1-3 列出了订单表与会员信息表和会员类型表的关联。在该图中，使用会员编号列将订单同会员信息表关联起来；使用会员类型编号列将订单表与会员类型表关联起来。这样，开发者想要通过订单表查询会员名称或者会员类型名称时，只需要告知管理系统需要查询的购买商品名称，然后使用会员编号和会员类型编号列关联订单、会员信息和会员类型三个数据表就可以实现。

会员编号	会员名称	备注
HY05001	朱蕴海	
HY05002	徐珍珍	
HY05003	张海阳	

会员信息表

会员类型编号	类型名称	备注
BH05001	钻石会员	5折优惠
BH05002	黄金会员	8折优惠
BH05003	普通会员	不优惠

会员类型表

订单表

订单编号	购买商品	会员编号	会员类型编号	商品价格	购买日期
OD2018001	格力空调	HY05001	BH05001	3500.00	2013-05-01
OD2018002	矿泉水	HY05001	BH05001	2.00	2017-10-25
OD2018003	洗面奶	HY05002	BH05002	258.00	2017-11-01
OD2018004	沐浴露	HY05003	BH05003	73.50	2017-11-06

图 1-3　数据库表的关联

提示

在数据库设计过程中，所有的数据表名称都是唯一的。因此不能将不同的数据表命名为相同的名称。但是在不同的表中，可以存在同名的列。

1.2.2　常见术语

关系数据库的特点在于它将每个具有相同属性的数据独立地存在一个表中。对任何一个表而言，用户可以新增、删除和修改表中的数据，而不会影响表中的其他数据。下面来了解一下关系数据库中的一些基本术语。

- 键 (Key)：它是关系模型中的一个重要概念，在关系中用来标识行的一列或多列。
- 主关键字 (Primary Key)：它是被挑选出来，作为表行的唯一标识的候选关键字，一个表中只有一个主关键字，主关键字又称为主键。主键可以由一个字段组成，也可以由多个字段组成，分别称为单字段主键或多字段主键。
- 候选关键字 (Candidate Key)：它是标识表中的一行而又不含多余属性的一个属性集。
- 公共关键字 (Common Key)：在关系数据库中，关系之间的联系是通过相容或相同的属性或属性组来表示的。如果两个关系中具有相容或相同的属性或属性组，那么这个属性或属性组被称为这两个关系的公共关键字。
- 外关键字 (Foreign Key)：如果公共关键字在一个关系中是主关键字，那么这个公共关键字被称为另一个关系的外关键字。因为外关键字表示了两个关系之间的联系，所以外关键字又称为外键。

警告

主键与外键的列名称可以是不同的。但必须要求它们的值集相同，即主键所在表中出现的数据一定要和外键所在表中的值匹配。

1.2.3 完整性规则

关系模型的完整性规则是对数据的约束。关系模型提供了 3 类完整性规则，即实体完整性规则、参照完整性规则和用户定义完整性规则。其中，实体完整性规则和参照完整性规则是关系模型必须满足的完整性约束条件，称为关系完整性规则。

1. 实体完整性规则

实体完整性规则指关系的主属性（主键的组成部分）不能是空值。现实世界中的实体是可以区分的，即它们具有某种唯一性标识。

相应地，关系模型中以主键作为唯一性标识，主键中的属性（即主属性）不能取空值。如果取空值，就说明存在某个不可标识的实体，即存在不可区分的实体，这与现实世界的环境相矛盾，因此这个实体一定不是一个完整的实体，所以主键不能为空并且必须是唯一的。

2. 参照完整性规则

如果关系的外键 R1 与关系 R2 中的主键相符合，那么外键的每个值必须在关系 R2 的主键值中找到或者是空值，即外键只能对应唯一的主键。

3. 用户定义完整性规则

用户定义完整性规则是针对某一具体的实际数据库的约束条件。它由应用环境所决定，反映某一具体应用所涉及的数据必须满足的要求。关系模型提供定义和检验这类完整性的机制，以便用统一的、系统的方法处理，而不必由应用程序承担这一功能。

1.3 范式理论和 E-R 模型

范式理论是数据库设计的一种理论基础和指南，它不仅能够作为数据库设计优劣的判断标准，而且还可以预测数据库系统可能出现的问题。而 E-R 模型方法则是一种用来在数据库设计过程中表示数据库系统结构的方法，其主导思想是使用实体、实体的属性及实体间的关系表示数据库系统结构。

1.3.1 范式理论

无规矩不成方圆。开发者在构建数据库时必须遵循一定的规则，在关系数据库中，这种规则就是范式。范式是符合某一种级别的关系模式的集合。关系数据库中的关系必须满足一定的要求，即满足不同的范式。

目前关系数据库有六种范式：第一范式 (1NF)、第二范式 (2NF)、第三范式 (3NF)、第四范式 (4NF)、第五范式 (5NF) 和第六范式 (6NF)。

满足最低要求的范式是第一范式 (1NF)。在第一范式的基础上进一步满足更多要求的称为第二范式 (2NF)，其余范式以此类推。一般来说，数据库只需满足第三范式 (3NF) 就行了。

1. 第一范式

第一范式是指数据库表的每一列都是不可分割的基本数据项，同一列中不能有多个值，即实体中的某个属性不能有多个值或者不能有重复的属性。如果出现重复的属性，就可能需要定义一个新的实体，新的实体由重复的属性构成，新实体与原实体之间为一对多关系。在第一范式 (1NF) 中，表的每一行只包含一个实例的信息。

注意

在任何一个关系数据库中，第一范式 (1NF) 是对关系模式的基本要求，不满足第一范式 (1NF) 的数据库就不是关系数据库。

例如，对于图 1-4 中的员工信息表来说，不能将员工信息都放在一列中显示，也不能将其中的两列或多列在一列中显示；员工信息表的每一行只表示一个员工的信息，一个员工的信息在表中只出现一次。简而言之，第一范式就是无重复的列。

员工ID	员工名称	性别	生日	工作级别	部门ID	入职日期	每月薪酬
10010001	沈至阳	1	1988-01-01	2	1001	2015-10-08	7500
10010002	张三有	1	1989-10-12	2	1002	2016-01-04	4000
10010003	李四光	1	1985-07-21	2	1003	2017-11-15	3500
10010004	陈芳芳	0	1991-04-29	2	1004	2015-10-08	2000

图 1-4 员工信息表

2. 第二范式

第二范式是在第一范式的基础上建立起来的，即满足第二范式必须先满足第一范式。第二范式要求数据库表中的每个实例或行必须可以被唯一地区分。为实现区分，通常需要为表加上一个列，作为存储各个实例的唯一标识。

例如图 1-4 中，为员工信息表中加上了员工 ID 列，因为每个员工的员工 ID 是唯一的，因此每个员工可以被唯一区分。这个唯一属性列被称为主关键字或主键、主码。

第二范式要求实体的属性完全依赖于主关键字。所谓完全依赖，是指不能存在仅依赖主关键字一部分的属性，如果存在，则这个属性和主关键字的这一部分应该分离出来，形成一个新的实体，新实体与原实体之间是一对多的关系。为实现区分，通常需要为表加上一个列，以存储各个实例的唯一标识。简而言之，第二范式就是非主属性非部分依赖于主关键字。

3. 第三范式

满足第三范式必须先满足第二范式。简而言之，第三范式要求一个数据库表中不包含已在其他表中包含的非主关键字信息。

例如，存在一个部门信息表，其中每个部门有部门编号、部门名称、部门简介等信息。那么在图 1-4 的员工信息表中列出部门编号后就不能再将部门名称、部门简介等与部门有关的信息再加入员工信息表中。如果不存在部门信息表，则根据第三范式也应该构建它，否则就会有大量的数据冗余。简而言之，第三范式就是属性不依赖于其他非主属性。

提示

实际上，第三范式就是要求不在数据库中存储可以通过简单计算得出的数据。这样不但可以节省存储空间，而且当函数依赖的一方发生变动时，避免了修改数据的麻烦，同时也避免了在这种修改过程中可能造成的人为错误。

从前面的三个范式叙述可以看出，数据表规范化的程度越高，数据冗余就越少，同时造成人为错误的可能性也就越小。但是，规范化的程度越高，在查询检索时需要做的关联等工作就会越多，数据库在操作过程中需要访问的数据表及它们之间的关联也就越多。

因此，在数据库设计的规范化过程中，需要根据数据库实际的需求，选择一个折中的规范化程序。

1.3.2 E-R 模型

在数据库设计过程中，建立数据模型是第一步，它将确定要在数据库中保存什么信息和确认各种信息之间存在什么关系。建立数据模型需要使用 E-R 数据模型来描述和定义。

E-R 全称为 Entity-Relationship，即实体 - 关系模型。E-R 模型用简单的图形反映了世界中存在的事物或数据和它们之间的关系。

1. 实体模型

实体是观念世界中描述客观事物的概念，可以是具体的事物，如一张桌子、一条凳子、一间房屋等，也可以是抽象的事物，如一种感受或者一座城市等。同一类实体的所有实例就构成该对象的实体集。

实体集就是实体的集合，由该集合中实体的结构或形式表示，而实例则是实体集的中某个特例。实体集中可以有多个实例，如图 1-5 所示。

在图 1-5 所示的电影实体中，每一个用来描述电影特性的信息都是一个实体属性。例如，电影实体包含编号、名称、主演、导演、上映日期，这些属性就组合成一个电影实例的基本数据信息。

电影信息	实例1	实例2
编号	20170001	20170002
名称	记忆大师	拆弹专家
主演	黄渤、徐静蕾	刘德华、姜武
导演	陈正道	邱礼涛
上映日期	2017年4月28日	2017年4月28日

图 1-5　实体模型

根据系统的描述，每个属性都有它的数据类型和特性，特性包括该属性在某些情况下是否为必需，是否有默认值以及属性的取值限制等。另外，为了区分和管理多个不同的实例，要求每个实例都要有标识，例如，图 1-5 中所示的电影实体，可以由电影编号或者电影名称来标识。但是，通常情况下，不用名称进行标识，这是因为可能出现名称相同的情况，而使用具有唯一标识的编号进行标识，可以避免电影名称相同的情况发生。

提示

开发者可以简单地将实体标识符理解为表的主键，由实体的一个或多个属性构成，如果标识符由多个属性组成，那么将其称为复合标识符。

2. 关系模型

实体之间是通过关系进行联系的，它们按照有意义的方式连接在一起，以确保数据的完整性，使得在一个关系中采取的操作对另一个关系中的数据不会产生消极影响。实体之间的关系通常分为一对一、一对多和多对多关系。

(1) 一对一关系。

如果实体 A 中的每一个实例至多和实体 B 中的一个实例有关，反之亦然，那么称实体 A 和实体 B 的关系为一对一(即 1:1)关系。

例如，图 1-6 所示的班级实体对班长实体就属于一对一关系，一个班级只能有一个正班长，同样一个班长只能在一个班级中任职。

班级实体 —— 1:1 —— 班长实体

图 1-6　一对一关系

(2) 一对多关系。

如果实体 A 中的每一个实例与实体 B 中的任意(零个或多个)实例有关，而实体 B 中的每个实例最多与实体 A 的一个实例有关，那么称实体 A 对实体 B 的关系为一对多(即 1:N)关系。

例如，图 1-7 为班级对学生的一对多关联，将班级实体和学生实体进行关联，即一个班级中可以有多名学生，但是每名学生只能在一个班级中学习。

班级实体 —— 1:N —— 学生实体

图 1-7　一对多关系

在一对多关联中，1 和 N 的位置是不能任意调换的。当 1 处于班级实例而 N 处于学生实例时，表示一个班级对应多个学生。如果将 1 和 N 的位置进行调换，即 N:1，此时表示班级可以有一个学生，但是一个学生可以属于多个班级，这显然不是大家想要的实体关系。

(3) 多对多关系。

多对多关联(关联)是二元关联。如果实体 A 中的每一个实例与实体 B 中的任意(零个或多个)实例有关，并且实体 B 中每个实例与实体 A 中的任意(零个或多个)实例有关，这时就称实体 A 和实体 B 的关系为多对多，即 N:M 关系。

例如，图 1-8 表示课程与学生之间的多对多关系。一门课程可以同时有多名学生选修，一个学生可以同时选修多门课程。

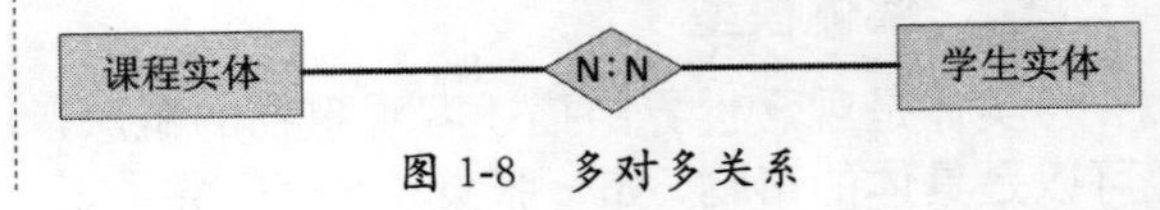

图 1-8　多对多关系

1.4　SQL Server 2016 概述

SQL Server 是 Microsoft 公司推出的关系型数据库管理系统。SQL Server 2016 是建立在之前版本提供的关键任务性能的基础之上，为用户的关键任务应用程序提供突破性的性能、可用性和可管理性。

下面详细了解 SQL Server 2016 数据库，包括数据库的发展史、新特性、安装要求以及如何安装等多个内容。

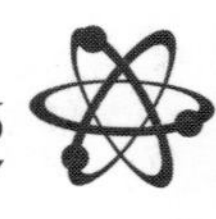

1.4.1　SQL Server 2016 发展史

SQL Server 是目前最流行的关系型数据库管理系统，最初是由 Microsoft、Sybase 和 Ashton-Tate 三家公司共同开发的。

1988 年，Microsoft 公司、Sybase 公司和 Ashton-Tate 公司把该产品移植到 OS/2 上。Microsoft 公司、Sybase 公司则签署了一项共同开发协议，这两家公司的共同开发结果是发布了用于 Windows NT 操作系统的 SQL Server，1992 年将 SQL Server 移植到了 Windows NT 平台上。

1993 年，SQL Server 4.2 面世，它是一个桌面数据库系统，虽然其功能相对有限，但是采用 Windows GUI，向用户提供了易于使用的用户界面。

在 SQL Server 4 版本发行以后，Microsoft 公司和 Sybase 公司的合作到期，各自开发自己的 SQL Server。Microsoft 公司专注于 Windows NT 平台上的 SQL Server 开发，重写了核心的数据库系统，并于 1995 年发布了 SQL Server 6.05，该版本提供了一个廉价的可以满足众多小型商业应用的数据库方案；而 Sybase 公司则致力于 UNIX 平台上的 SQL Server 的开发。

SQL Server 6.0 是第一个完全由 Microsoft 公司开发的版本。1996 年，Microsoft 公司推出了 SQL Server 6.5 版本，由于受到旧结构的限制，微软再次重写 SQL Server 的核心数据库引擎，并于 1998 年发布 SQL Server 7.0，这一版本在数据存储和数据库引擎方面发生了根本性的变化，提供了面向中、小型商业应用数据库功能的支持，为了适应技术的发展，还包括了一些 Web 功能。此外，微软的开发工具 Visual Studio 6 也对其提供了非常不错的支持。SQL Server 7.0 是该家族第一个得到了广泛应用的成员。

又经过两年的努力开发，2000 年年初，微软发布了其第一个企业级数据库系统——SQL Server 2000，其中包括企业版、标准版、开发版、个人版四个版本，同时包括数据库服务、数据分析服务和英语查询三个重要组件。此外，它还提供丰富的管理工具，对开发工具提供全面的支持，对 Internet 应用提供不同的运行平台，对 XML 数据也提供了基础的支持。借助这个版本，SQL Server 成为最广泛使用的数据库产品之一。从 SQL Server 7.0 到 SQL Server 2000 的变化是渐进的，没有从 6.5 到 7.0 变化那么大，只是在 SQL Server 7.0 的基础上进行了增强。

2005 年，微软发布了新一代数据库产品——SQL Server 2005。

SQL Server 2005 为 IT 专家和信息工作者带来了强大的、熟悉的工具，同时减少了从移动设备到企业数据系统的多平台上创建、部署、管理及使用企业数据和分析应用程序的复杂度。通过全面的功能集，和现有系统的集成性，以及对日常任务的自动化管理能力，SQL Server 2005 为不同规模的企业提供了一个完整的数据解决方案。

2008 年，SQL Server 2008 正式发布。SQL Server 2008 是一个全面的、集成的、端到端的数据解决方案，它为组织中的用户提供了一个更安全可靠和更高效的平台，用于企业数据和 BI 应用。

2012 年，为了适应“大数据”和“云”时代的到来，微软发布了 SQL Server 2012。

2016 年，微软发布新版本的 SQL Server 2016。SQL Server 2016 是 Microsoft 数据平台历史上最大的一次跨越性发展，提供了可提高性能、简化管理以及将数据转化为切实可行的见解的各种功能，而且所有这些功能都在一个可在任何主流平台上运行的漏洞最少的数据库上实现。

1.4.2　SQL Server 2016 的功能

每一项技术的出现或者更新总会出现新的特性，SQL Server 也不例外。在本小节中，我们通过主要功能和更新功能两个方面进行介绍。

1. 主要功能

SQL Server 2016 数据库提供的主要功能说明如下。

(1) 实时运营分析。

在 SQL Server 2016 中，将内存中的列存储和行存储功能结合起来，可以直接对事务性数据进行快速分析处理。开放了实时欺诈检测等新方案，利用速度提高了多达 30 倍的事务处理能力，并将查询性能从分钟级别提高到秒级别。

(2) 高可用性和灾难恢复。

SQL Server 2016 中增强的 AlwaysOn 是用于实现高可用性和灾难恢复的统一解决方案，利用它可获得任务关键型正常运行时间、快速故障转移、轻松设置和可读辅助数据库的负载平衡。此外，在 Azure 虚拟机中放置异步副本，可实现混合的高可用性。

(3) 安全性和合规性。

利用可连续运行 6 年时间、可在任何主流平台上运行的漏洞最少的数据库，保护静态和动态数据。SQL Server 2016 中的安全创新通过一种多层次的方法帮助保护任务关键型工作负载的数据，这种方法在行级别安全性、动态数据掩码和可靠审核的基础上又添加了几种加密技术。

(4) 在价格和大规模性能方面位居第一。

SQL Server 专为运行一些要求非常苛刻的工作负载而构建，在 TPC-E、TPC-H 和实际应用程序性能的基准方面始终保持领先。通过与 Windows Server 2016 配合使用，最高可扩展至 640 个逻辑处理器，拥有多达 12TB 可寻址存储器的能力。

(5) 性能最高的数据仓库。

通过使用 Microsoft 并行仓库一体机的扩展和大规模并行处理功能，企业级关系数据仓库中的数据可以扩展到 PB 级，并且能够与 Hadoop 等非关系型数据源进行集成。支持小型数据市场到大型企业数据仓库，同时通过加强数据压缩降低了存储需求。

(6) 将复杂的数据转化为切实可行的见解。

通过 SQL Server Analysis Services 构建全面分析解决方案，无论是多维模型还是表格模型，均可在内存中实现快如闪电的性能。使用 DirectQuery 快速访问数据，而不必将其存储在 Analysis Services 中。

(7) 移动商业智能。

通过在任何移动设备上提供正确见解来提高组织中的业务用户的能力。

(8) 从单一门户管理报告。

利用 SQL Server Reporting Services 进行管理，并在一个地方提供对移动和分页报告以及关键绩效指标的安全访问。

(9) 简化大数据。

通过使用简单的 Transact-SQL 命令查询 Hadoop 数据的 PolyBase 技术来访问大型或小型数据。此外，新的 JSON 支持可分析和存储 JSON 文档并将关系数据输出到 JSON 文件中。

(10) 数据库内高级分析。

使用 SQL Server R Services 构建智能应用程序。通过直接在数据库中执行高级分析，超越被动响应式分析，从而实现预测性和指导性分析。通过使用多线程和大规模并行处理，与单独使用开源 R 相比，将更快地获得见解。

(11) 从本地到云均提供一致的数据平台。

作为世界上第一个云中数据库，SQL Server 2016 提供从本地到云的一致体验，可构建和部署用于管理数据投资的混合解决方案。从在 Azure 虚拟机中运行 SQL Server 工作负载的灵活性中获益，或使用 Azure SQL Database 扩展并进一步简化数据库管理。

(12) 易用的工具。

在本地 SQL Server 和 Microsoft Azure 中使用已有的技能和熟悉的工具（例如，Azure Active Directory 和 SQL Server Management Studio）来管理数据库基础结构、跨各种平台应用行业标准 API 并从 Visual Studio 下载更新的开发人员工具，以构建下一代的 Web、企业、商业智能以及移动应用程序。

2. 更新功能

当然，SQL Server 2016 还有很多新的或改进的功能和特性，具体说明如下。

(1) 数据库克隆。

克隆数据库是一个新的 DBCC 命令，

允许DBA并支持团队通过克隆的模式和元数据来解决现有的生产数据库的没有数据统计的故障。克隆数据库并不意味着在生产环境中使用。要查看是否已从调用clone database生成数据库，可以使用以下命令：DATABASEPROPERTYEX('clonedb'，'isClone')。返回值1为真，0为假。在SQL Server 2016 SP1中，DBCC CLONEDATABASE支持克隆CLR、Filestream / Filetable、Hekaton和Query Store对象。SQL 2016 SP1中的DBCC CLONEDATABASE能够仅生成查询存储、仅统计信息，或仅图标克隆而不统计信息或查询存储。

(2) CREATE OR ALTER支持。

新的CREATE OR ALTER支持，使得修改和部署对象更容易，如存储过程、触发器、用户定义的函数和视图。这是开发人员和SQL社区非常需要的功能之一。

(3) 新的USE HINT查询选项。

添加了一个新的查询选项OPTION(USE HINT(''))，以使用可支持的查询级别提示来更改查询优化程序行为。支持九种不同的提示，以启用以前仅通过跟踪标志可用的功能。与QUERYTRACEON不同，USE HINT选项不需要sysadmin权限。

(4) 以编程方式标识LPIM到SQL服务账户。

DMV sys.dm_os_sys_info中的新sql_memory_model、sql_memory_model_desc列，允许DBA以编程方式识别内存中的锁定页(LPIM)权限是否在服务启动时有效。

(5) 以编程方式标识对SQL服务账户的IFI特权。

DMV sys.dm_server_services中的新列instant_file_initialization_enabled允许DBA以编程方式标识在SQL Server服务启动时是否启用了即时文件初始化(IFI)。

(6) Tempdb可支持性。

一个新的错误日志消息，指示tempdb文件的数量，并在服务器启动时通知tempdb数据文件的不同大小 / 自动增长。

(7) Showplan XML中的扩展诊断。

扩展的Showplan XML支持内存分配警告，显示为查询启用的最大内存、有关已启用跟踪标志的信息、优化嵌套循环连接的内存、查询CPU时间、查询已用时间、关于参数数据类型的最高等待时间和信息。

(8) 轻量级的per。

operator查询执行分析，显著降低收集每个per-operator查询执行统计信息(例如实际行数)的性能消耗。此功能可以使用全局启动TF 7412启用，或者当启用包含query_thread_profile的XE会话时自动打开。当轻量级分析开启时，sys.dm_exec_query_profiles中的信息也可用，从而启用SSMS中的Live Query Statistics功能并填充新的DMF sys.dm_exec_query_statistics_xml。

(9) 新的DMF sys.dm_exec_query_statistics_xml。

使用此DMF获取实际的查询执行showplan XML(具有实际行数)对于仍在指定会话中执行的查询(会话id作为输入参数)。当概要分析基础结构(传统或轻量级)处于打开状态时，将返回具有当前执行统计信息快照的showplan。

(10) 用于增量统计的新DMF。

新增的DMF sys.dm_db_incremental_stats_properties，用于按增量统计信息显示每个分区的信息。

(11) XE和DMV更好诊断关联。

Query_hash和query_plan_hash用于唯一的标识查询。DMV将它们定义为varbinary(8)，而XEvent将它们定义为UINT64。由于SQL服务器没有unsigned bigint，所以转换并不是总能起作用。这个改进引入了新的等同于除去被定义为INT64之外的query_hash和query_plan_hash的XEvent操作 / 筛选，这有利于关联XE和DMV之间的查询。

(12) 更好的谓词下推查询计划的故障排除。

在Showplan XML中添加了新的EstimatedlRowsRead属性，以便更好地对具有谓词下推的查询计划进行故障排除和诊断。

(13) 从错误日志中删除嘈杂的Hekaton日志消息。

使用SQL 2016，Hekaton引擎开始在SQL错误日志中记录附加消息以支持故障排

除，比如压倒性的、泛滥的错误日志与 Hekaton 消息。基于 DBA 和 SQL 社区的反馈，启动 SQL 2016 SP1，将 Hekaton 日志记录消息在错误日志中降低到最少。

(14) AlwaysOn 延迟诊断改进。

添加了新的 XEvents 和 Perfmon 诊断功能，以更有效地排除故障延迟。

(15) 手动更改跟踪清除。

引入新的清除存储过程 sp_flush_CT_internal_table_on_demand，以根据需要清除更改跟踪内部表。

(16) DROP TABLE 复制支持。

DROP TABLE 支持复制的 DDL，以允许删除复制项目。

1.5 安装和运行 SQL Server 2016

在了解过数据库的相关知识、SQL Server 2016 的发展史、新特性后，开发者就可以安装和使用 SQL Server 2016 数据库了，主要通过两个小节进行介绍。

1.5.1 安装 SQL Server 2016

开发人员在安装 SQL Server 2016 数据库之前一定要确定当前系统是否符合安装要求，如果符合要求，再进行安装，如例 1-1 所示。

【例 1-1】

以 Windows 7 系统为例，介绍如何安装 SQL Server 2016 数据库，具体步骤如下。

01 如果使用光盘进行安装，将SQL Server安装光盘插入光驱，然后选中光驱，双击根文件夹中的 setup.exe。如果不使用光盘进行安装，则双击下载的可执行安装程序即可。

02 安装 SQL Server 2016 时打开的初始界面如图 1-9 所示。在该界面中，读者可以参考硬件和软件要求，可以看到一些说明文档等内容。

03 在安装选项中，单击【全新 SQL Server 独立安装或向现有安装添加功能】超链接，启动安装程序，界面如图 1-10 所示。

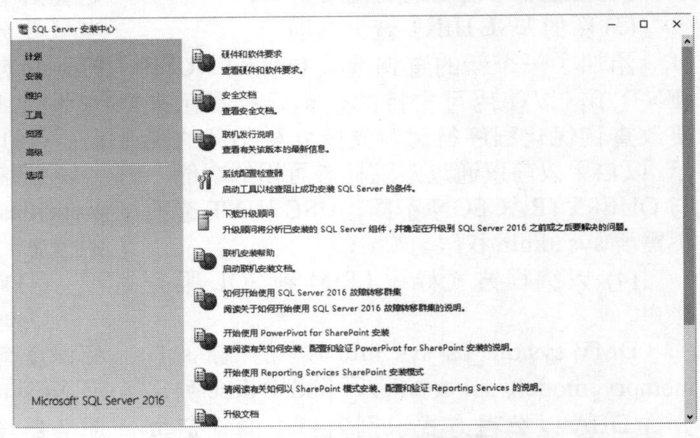

图 1-9　SQL Server 安装中心界面

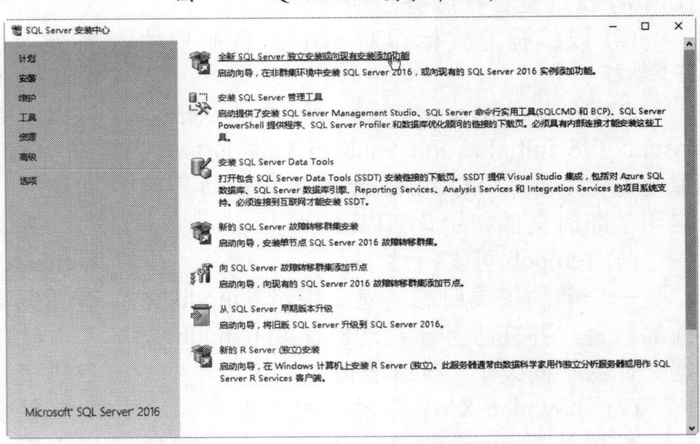

图 1-10　SQL Server 安装选项

04 启动 SQL Server 数据库安装后，首先进入【产品密钥】界面，选择要安装的 SQL Server 2016 版本，并输入正确的产品密匙，如图 1-11 所示。

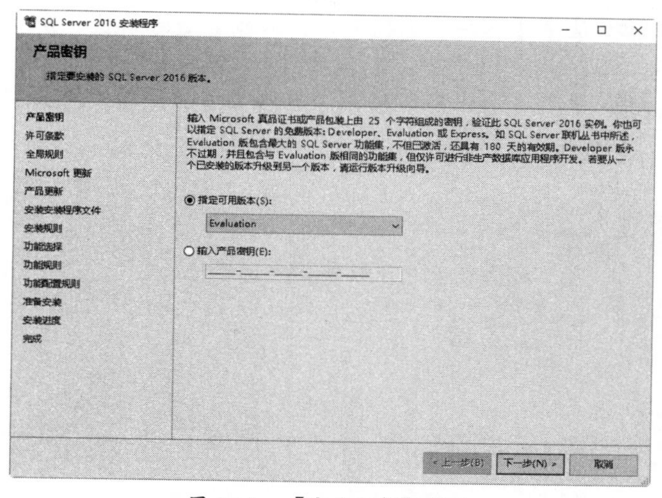

图 1-11　【产品密钥】界面

05 密钥输入完成后单击【下一步】按钮，在显示的界面中选中【我接受许可条款】复选框后单击【下一步】按钮继续安装，如图 1-12 所示。

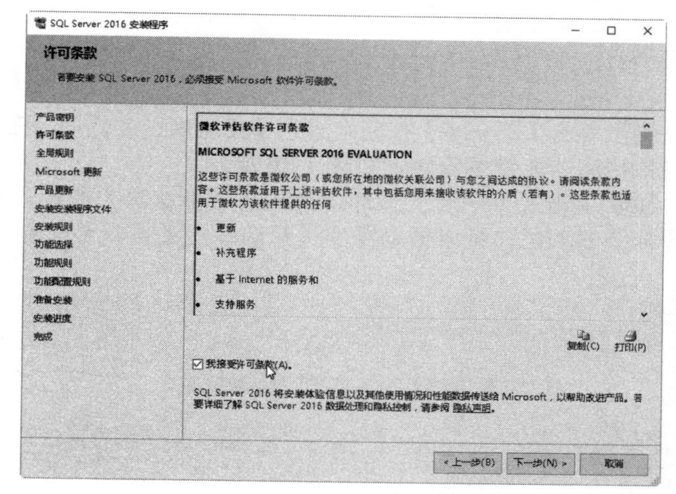

图 1-12　接受许可条款

06 单击【下一步】按钮，在显示的【全局规则】界面显示安装程序可能发生的问题。如果有失败，必须进行更正，这样安装程序才能继续，如图 1-13 所示。

图 1-13　【全局规则】界面

07 单击【下一步】按钮，进入检查更新界面，配置更新项，推荐检查更新，如图 1-14 所示。

08 单击【下一步】按钮，进入【产品更新】界面，读者可以选择安装更新的内容，如图 1-15 所示。

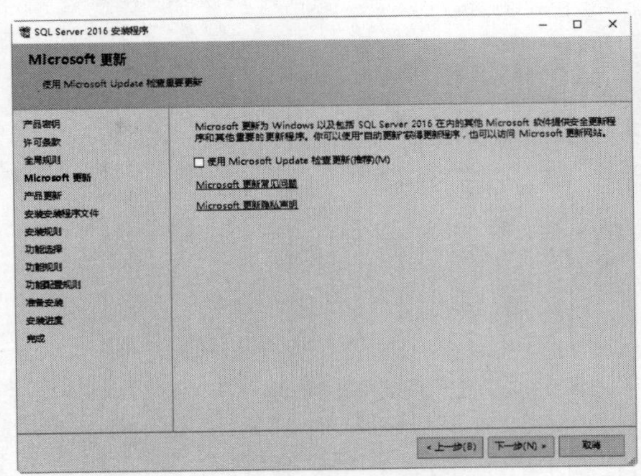

图 1-14 程序推荐更新

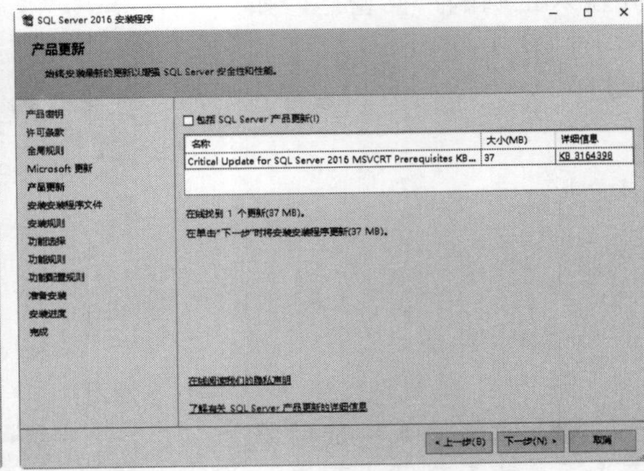

图 1-15 【产品更新】界面

09 单击【下一步】按钮，进入【安装规则】界面，在该界面必须保证所有的规则正确，这样数据库才能继续安装，如图 1-16 所示。

10 单击【下一步】按钮，进入【功能选择】界面，在该界面中，读者可以选择安装数据库需要的功能，可以根据需要进行选择，还可以选择全部功能，如图 1-17 所示。

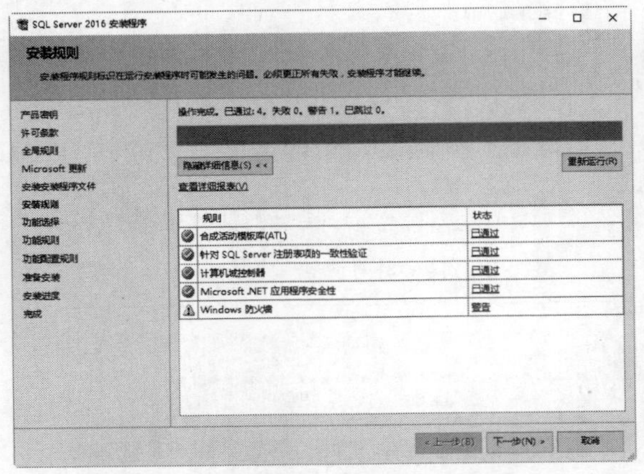

图 1-16 【安装规则】界面

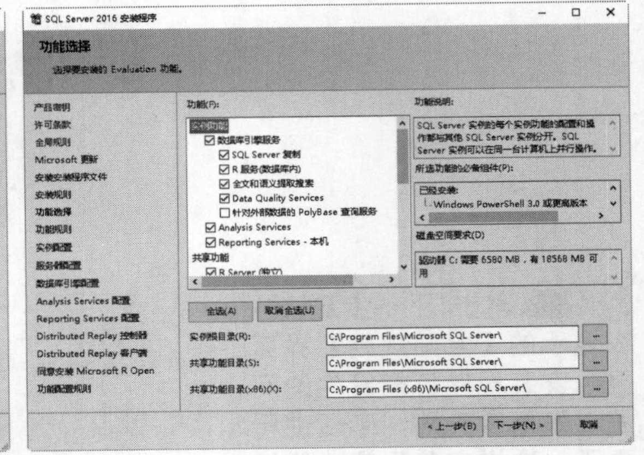

图 1-17 【功能选择】界面

11 单击【下一步】按钮，进入【功能规则】界面，该界面非常简单，这里不再给出具体效果图。

12 单击【下一步】按钮，进入【实例配置】界面，用户可以使用默认实例，还可以重命名实例，如图 1-18 所示。

13 单击【下一步】按钮，进入【服务器配置】界面，直接使用默认的服务器配置即可，如图 1-19 和图 1-20 所示分别为【服务账户】选项卡和【排序规则】选项卡。

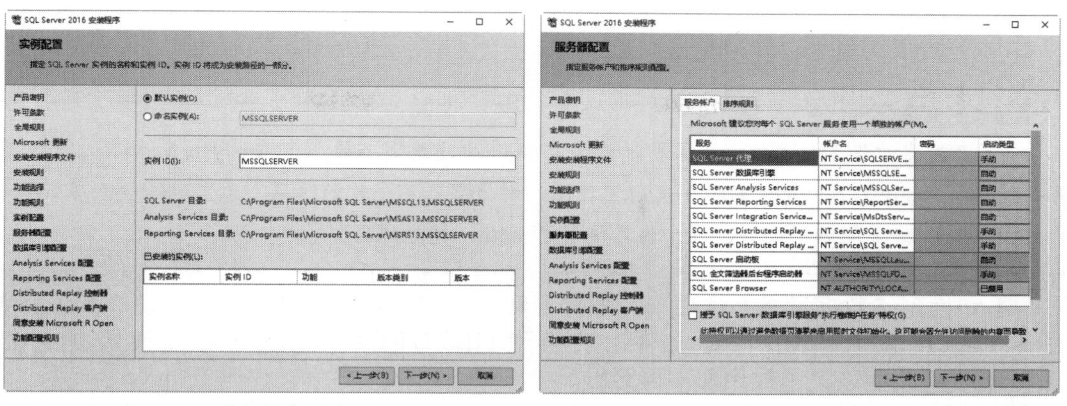

图 1-18　【实例配置】界面　　　　图 1-19　【服务账户】选项卡

注意

如果是第一次安装，则既可以使用默认实例，也可以自行指定实例名称。如果当前服务器上已经安装了一个默认实例，则再次安装时必须指定一个实例名称。系统允许在一台计算机上安装 SQL Server 的不同版本，或者同一个版本的多个软件，把 SQL Server 看成一个 DBMS 类，采用这个实例名称区分不同的 SQL Server。

14 单击【下一步】按钮，进入【数据库引擎配置】界面，在该界面有【服务器配置】、【数据目录】、TempDB 和 FILESTREAM 这 4 个选项卡。在【服务器配置】选项卡中指定身份验证模式，这里推荐使用混合模式，如图 1-21 所示。

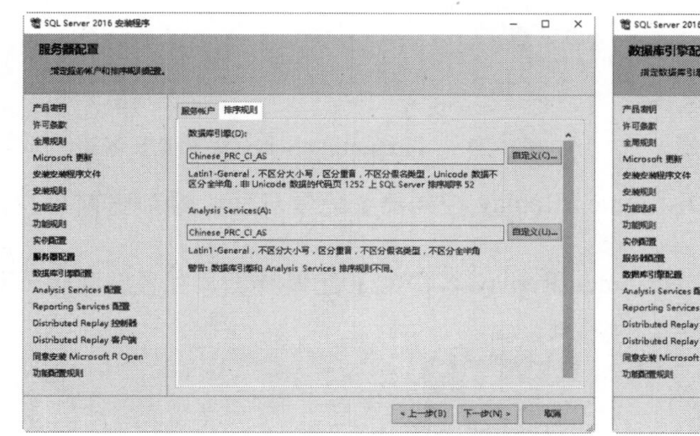

图 1-20　【排序规则】选项卡

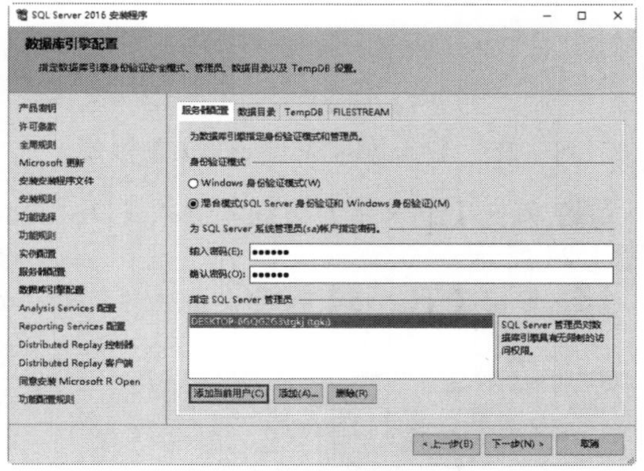

图 1-21　【服务器配置】选项卡

在图 1-21 中需要选择身份验证模式，身份验证模式是一种安全模式，用于验证客户端与服务器的连接，当建立连接后，系统的安全机制对于两种连接是一样的。身份验证模式提供两个选项：Windows 身份验证模式和混合模式。

- Windows 身份验证模式：在这种验证模式中，用户通过 Windows 账户连接时，使用 Windows 操作系统用户账户名和密码。
- 混合模式：混合模式允许用户使用 SQL Server 身份验证或 Windows 身份验证。这里选择混合模式，并为内置的系统管理员账户 sa 设置密码。为了便于介绍，这里将密码设置为 123456。

注意

如果开发者要设置排序规则，需要注意的是 SQL 排序规则不能用于 Analysis Services，如果数据库引擎和 Analysis Services 的排序规则不匹配，则会得到不一致的结果。为了确保数据库引擎与 Analysis Services 之间结果的一致性，推荐使用 Windows 排序规则。

15 切换到【数据目录】选项卡可以查看和更新存储数据的各个目录；切换到 TempDB 选项卡可以配置 TempDB 数据文件；切换到 FILESTREAM 选项卡可以设置是否启用 FILESTREAM 功能，具体效果图不再给出。

16 继续单击【下一步】按钮，进入【Analysis Services 配置】界面，在该界面推荐读者使用默认内容，如图 1-22 所示。

17 单击【下一步】按钮，进入【Reporting Services 配置】界面，在该界面推荐读者使用默认内容，如图 1-23 所示。

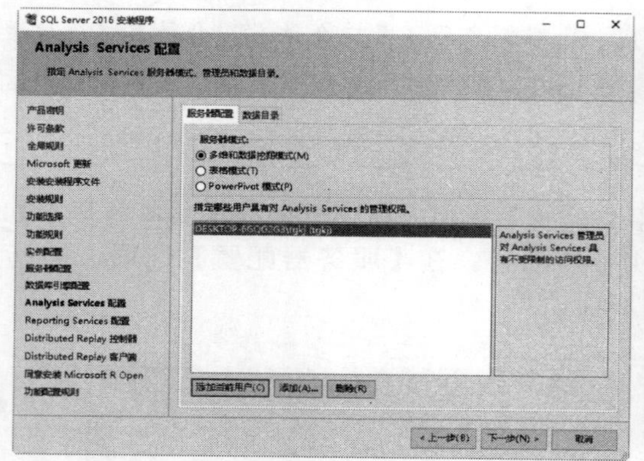

图 1-22 【Analysis Services 配置】界面

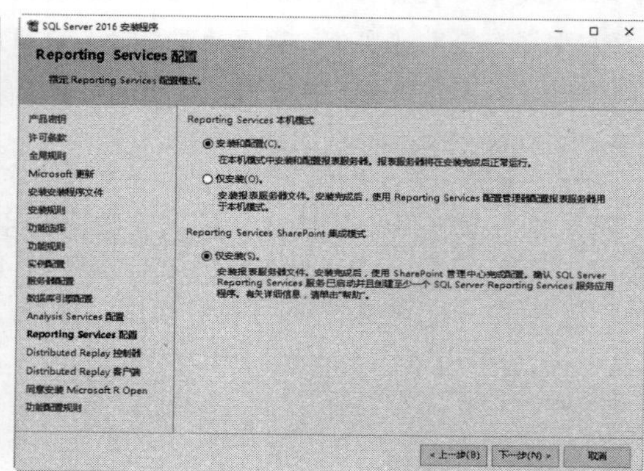

图 1-23 【Reporting Services 配置】界面

18 单击【下一步】按钮，进入【Distributed Replay 控制器】配置界面，添加当前用户，如图 1-24 所示。

19 单击【下一步】按钮，进入【Distributed Replay 客户端】配置界面，如图 1-25 所示。

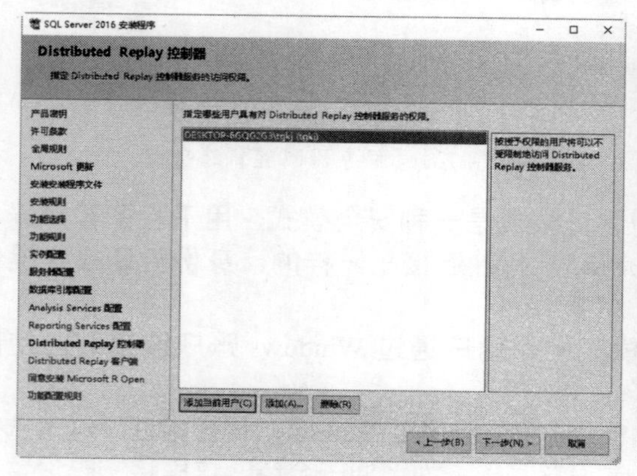

图 1-24 控制器配置

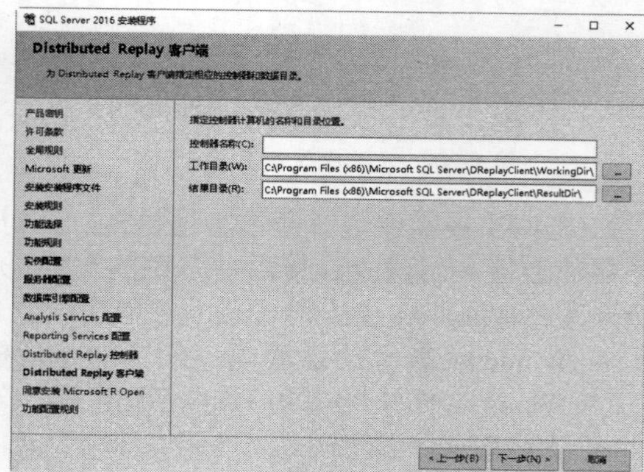

图 1-25 客户端配置

20 单击【下一步】按钮，进入【同意安装 Microsoft R Open】界面，单击【接受】按钮同意协议，如图 1-26 所示。

21 同意协议后进入【功能配置规则】界面，成功时的效果如图 1-27 所示。

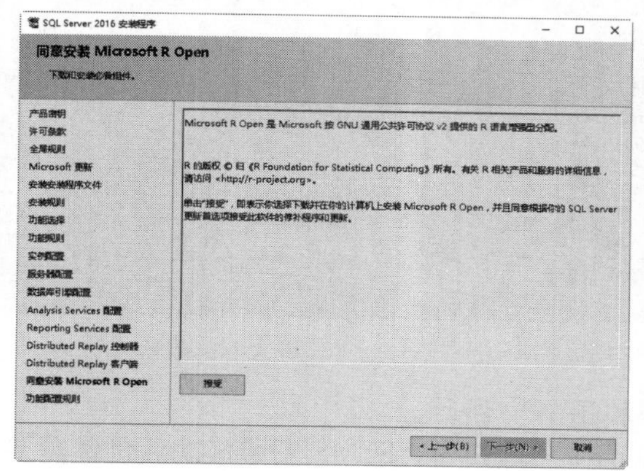

图 1-26　【同意安装 Microsoft R Open】界面

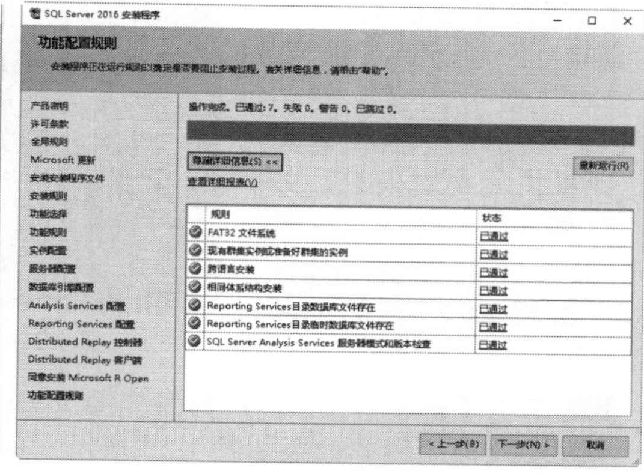

图 1-27　【功能配置规则】界面

22 继续单击【下一步】按钮，确认所有的安装，这时如图 1-28 所示界面会显示所有的安装配置信息。

23 单击【安装】按钮进行安装，这时出现如图 1-29 所示的【安装进度】界面，这一步会消耗比较长的时间，耐心等待即可。

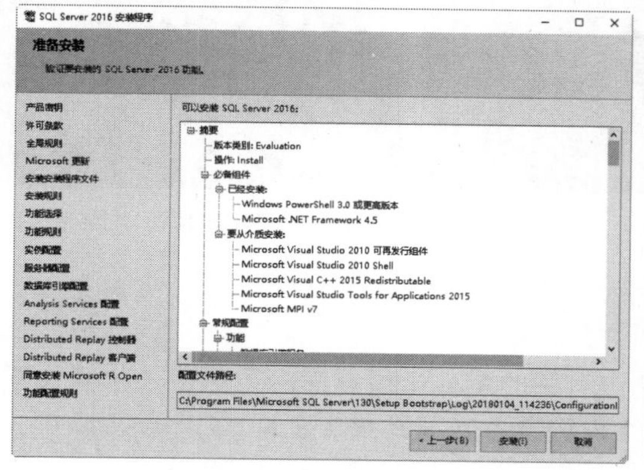

图 1-28　【准备安装】界面

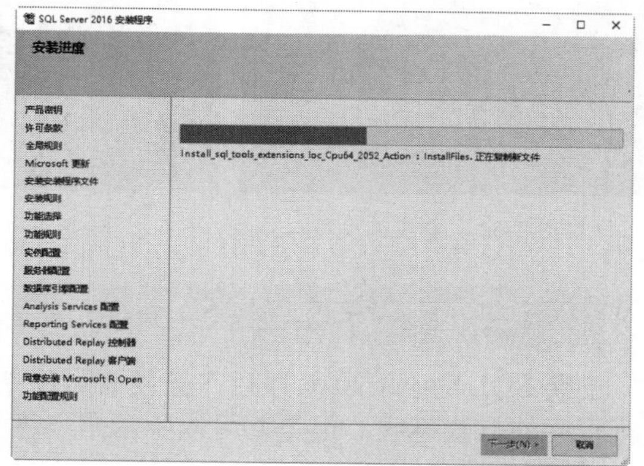

图 1-29　【安装进度】界面

24 SQL Server 2016 数据库安装完毕的界面效果如图 1-30 所示。

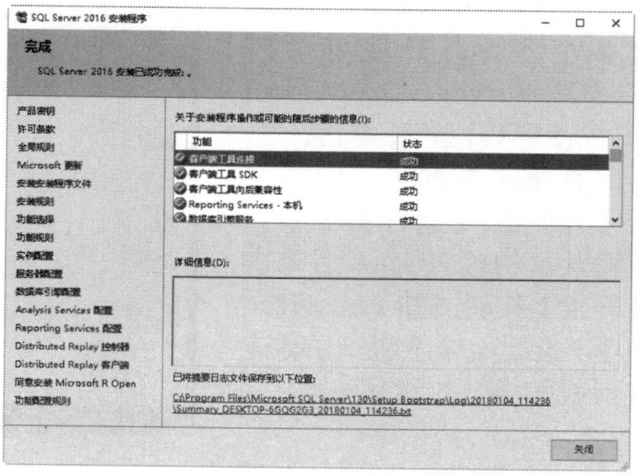

图 1-30　SQL Server 2016 安装完成时的界面

SQL Server 2016 数据库安装后，读者还需要安装 SSMS 界面。SSMS(SQL Server Management Studio) 是用于管理 SQL Server 基础架构的集成环境，在 SQL 2016 中需要单独安装，首先需要下载相应的软件，具体的安装步骤如下。

01 下载 SSMS 后双击“.exe”进行安装，初始界面如图 1-31 所示，重新启动计算机后再次安装，如图 1-32 所示。由于 SSMS 是基于 VS2015 的独立 shell，所以安装界面跟 VS 的安装界面几乎一样。

图 1-31　初始界面

图 1-32　安装提示

02 单击【安装】按钮时的效果如图 1-33 和图 1-34 所示。

03 安装成功时的效果如图 1-35 所示，从图中可以知道，SSMS 安装成功后仍然需要重新启动计算机。

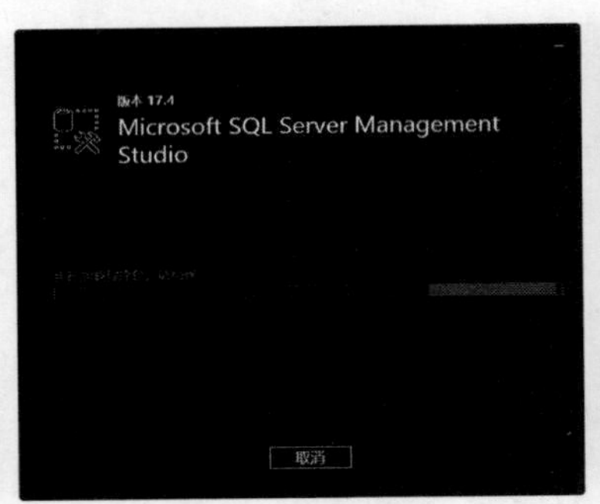

图 1-33　安装进度 1

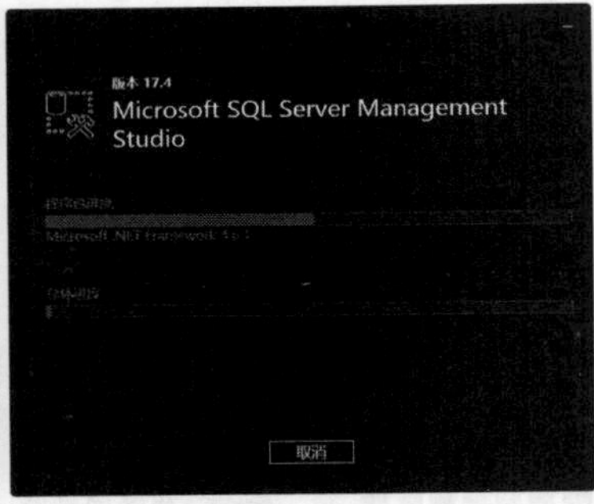

图 1-34　安装进度 2

图 1-35　SSMS 界面安装成功提示

1.5.2　运行 SQL Server 2016

安装 SQL Server 2016 以后，开发者可以单击有关的图标运行程序。虽然每一个操作系统运行程序的方式不同，但是都可以将常用程序作为快捷方式放到桌面上。

【例 1-2】

SQL Server 2016 包含多个程序，开发者可以将 SQL Server Management Studio(SSMS) 放到桌面，运行时直接单击即可，或者执行【开始】|【运行】命令，在输入框中输入 ssms 后单击【确定】按钮或按 Enter 键，如图 1-36 为运行时提示的【连接到服务器】对话框。

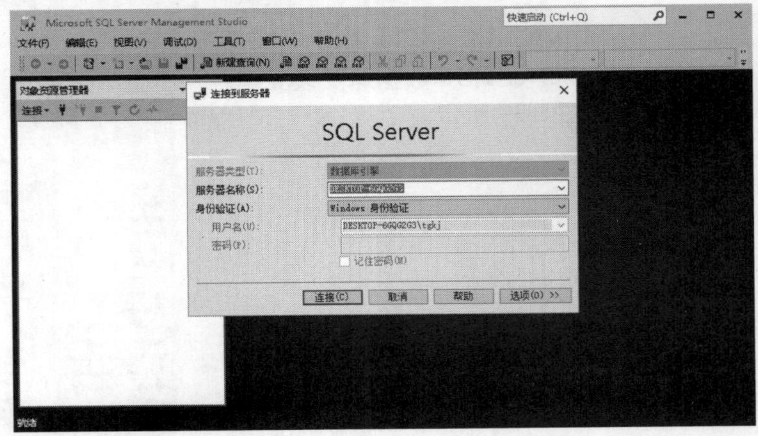

图 1-36　连接到服务器

在图 1-36 所示的对话框中，内容包含服务器类型、服务器名称和身份验证，说明如下。

- 服务器类型：可选择的有数据库引擎、Analysis Services(分析服务)、报表服务 (Reporting Services)、Integration Services(集成服务)。其中，数据库引擎对应 SQL Server 的基本功能，一般用户仅仅需要使用该功能，默认的选择类型为数据库引擎。
- 服务器名称：格式为“计算机名 / 实例名”，因为在安装时使用的是默认实例，所以使用计算机名作为服务器名称。当然，开发者还可以使用计算机的 IP 地址。
- 身份验证：选择 Windows 身份验证和 SQL Server 身份验证。选择 Windows 身份验证，采用进入 Windows 时的用户登录 SQL Server；选择 SQL Server 身份验证，采用 SQL Server 系统管理员 (sa) 登录，或者 SQL Server 中的注册用户登录。

选择和设置完成后单击【连接】按钮，系统进入 SQL Server Management Studio(简称 SSMS) 窗口，并且默认打开对象资源管理器，系统进入 SQL Server Management Studio(管理员) 窗口，用户可以进行其他的操作，如图 1-37 所示。

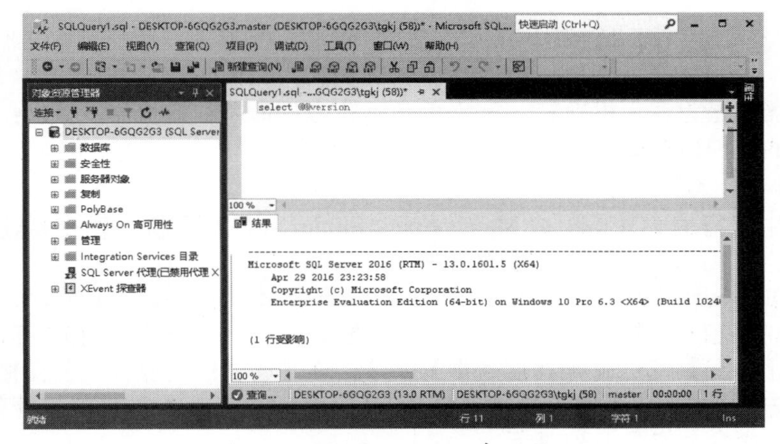

图 1-37　SQL Server 2016 打开界面

1.6　验证 SQL Server 2016 安装

开发者在安装 SQL Server 2016 完毕后，需要验证数据库是否成功安装，通常情况下，如果安装过程中没有出现错误提示，即可认为这次安装是成功的。

1.6.1　查看服务

为了检验安装是否正确，最简单的方法是查看 SQL Server 2016 的服务是否完整。具体方法是：从【开始】菜单的【程序】列表中找到 SQL Server 2016 的程序组，展开后从中选择【配置工具】下的【SQL Server 配置管理器】。

【例 1-3】

SQL Server 配置管理器 (SQL Server Configuration Manager) 是 SQL Server 2016 中最常用的工具之一。使用它可以启动、停止、重新启动、继续或暂停服务，还可以查看或更改服务属性。在 SQL Server 配置管理器窗口默认会显示当前所有的 SQL Server 服务，如图 1-38 所示。

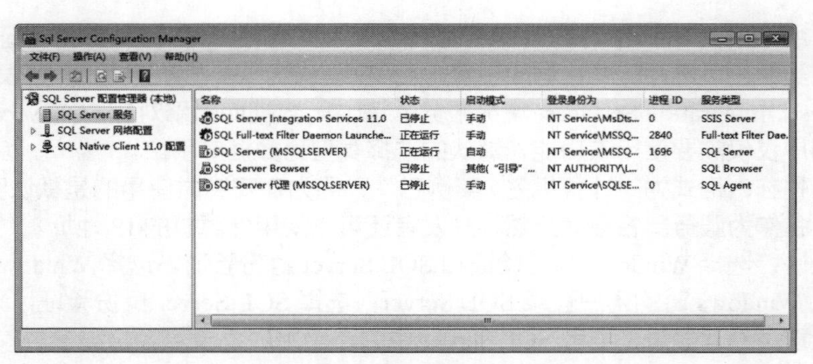

图 1-38 SQL Server 配置管理器窗口

在图 1-38 窗口右侧的服务列表中，如果能看到 SQL Server 等一些服务已经正常启动，就说明 SQL Server 2016 确实已经安装成功。

1.6.2 注册服务器

注册服务器就是为客户机确定一台 SQL Server 数据库所在的机器，该机器作为服务器，可以为客户端的各种请求提供服务。

【例 1-4】

在本系统中运行的 SQL Server Management Studio 就是客户机，现在要做的是让它连接到本机启动着的 SQL Server 服务。操作步骤如下。

01 在 SQL Server 2016 程序组中选择 SQL Server Management Studio，打开 SQL Server Management Studio 窗口，并在弹出的【连接到服务器】对话框中单击【取消】按钮取消本次连接。

02 选择【视图】|【已注册的服务器】命令，在【已注册的服务器】窗格中展开【数据库引擎】节点，右击【本地服务器组】(或者是 Local Server Group)，在弹出的快捷菜单中选择【新建服务器注册】命令，如图 1-39 所示。

03 弹出如图 1-40 所示的【新建服务器注册】对话框。在该窗口中输入或选择要注册的服务器名称；在【身份验证】下拉列表框中选择【SQL Server 身份验证】选项，输入登录名和密码。单击【连接属性】标签，打开【连接属性】选项卡，可以设置连接到的数据库、网络以及其他连接属性。

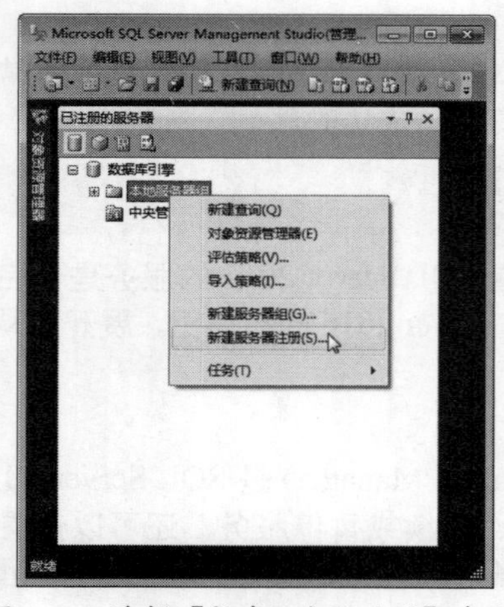

图 1-39 选择【新建服务器注册】命令

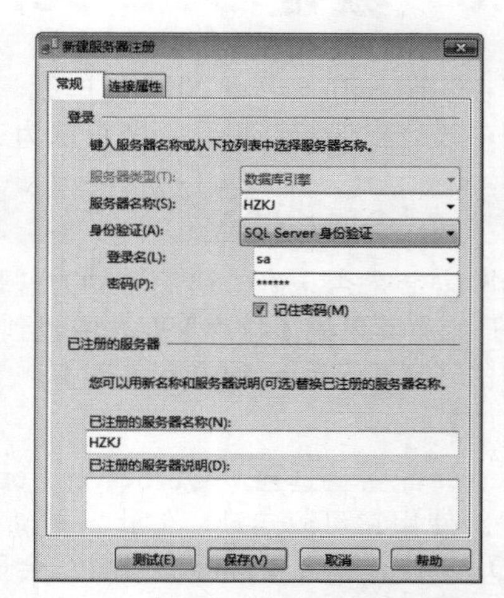

图 1-40 【新建服务器注册】对话框

04 如图 1-41 所示，从【连接到数据库】下拉列表框中指定当前用户将要连接到的数据库名称。其中，【< 默认值 >】选项表示连接到 Microsoft SQL Server 系统中当前用户默认使用的数据库。【浏览服务器】选项表示可以从当前服务器中选择一个数据库。当选择【浏览服务器】选项时，打开【查找服务器上的数据库】对话框，如图 1-42 所示。从该窗口中可以指定当前用户连接服务器时默认的数据库。

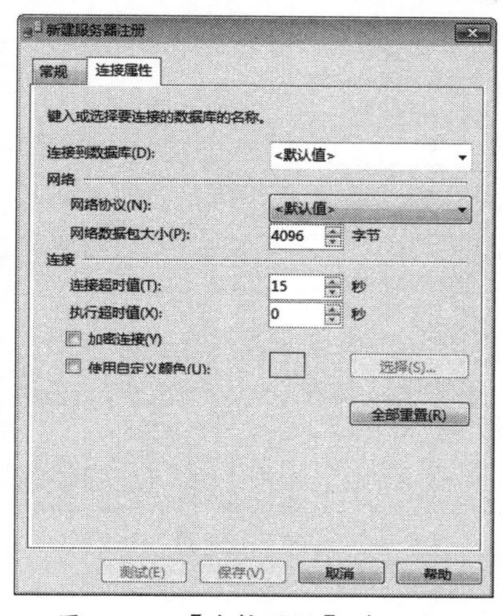

图 1-41　【连接属性】选项卡

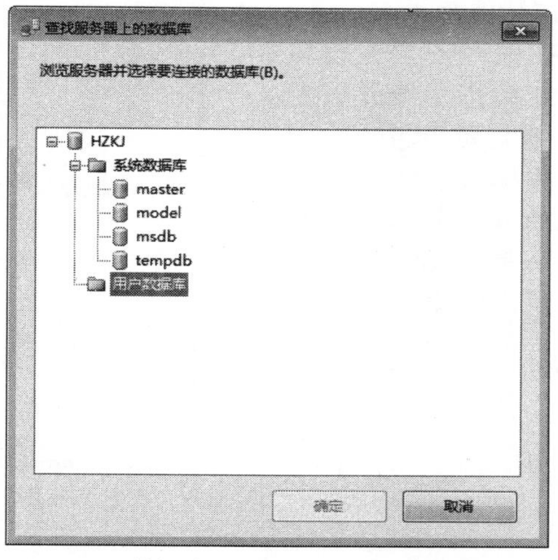

图 1-42　【查找服务器上的数据库】对话框

05 设定完成后，单击【确定】按钮，返回【连接属性】选项卡，单击【测试】按钮可以验证连接是否成功，如果成功，会弹出提示对话框，表示连接属性的设置正确。

06 最后，单击【确定】按钮，返回【连接属性】窗口，单击【保存】按钮完成注册服务器操作。

技巧

可以利用 SQL Server Management Studio 工具把许多相关的服务器集中在一个服务器组中，方便对多服务器环境的管理操作。服务器组是多台服务器的逻辑集合。

1.6.3　配置身份验证模式

前面小节不止一次提到过身份验证模式，开发者在安装 SQL Server 2016 时可以进行设置。但是，如果开发者在安装时设置了一种身份验证模式，安装完毕后想要更改，应该如何操作呢？很简单，可以使用 SQL Server Management Studio 实用工具进行配置。

【例 1-5】

使用 SQL Server 2016 中提供的 SQL Server Management Studio 工具可以配置 SQL Server 服务器的各种属性，如常规、内存、处理器和安全性等。SQL Server 服务器的身份验证模式就是在安全性选项界面中进行配置，具体操作如下。

01 运行 SQL Server Management Studio，使用任意一种身份验证模式登录服务器。

02 登录成功以后，在【对象资源管理器】窗格中右击要设置的服务器名称，在弹出的菜单中选择【属性】命令，打开【服务器属性】对话框。

03 在【服务器属性】对话框中左侧的【选择页】选项栏中选择【安全性】选项，打开 SQL Server 服务器安全性配置界面，如图 1-43 所示。

04 在【服务器属性 - HZKJ】对话框的【安全性】界面中的【服务器身份验证】选项组里选择【Windows 身份验证模式】，然后单击【确定】按钮进行保存。

05 在保存安全性设置的时候系统会提示修改安全性需要重新启动 SQL Server 服务器，关掉该提示框后回到 SQL Server Management Studio 中。重启 SQL Server 服务器以后，安全验证方式即可生效。

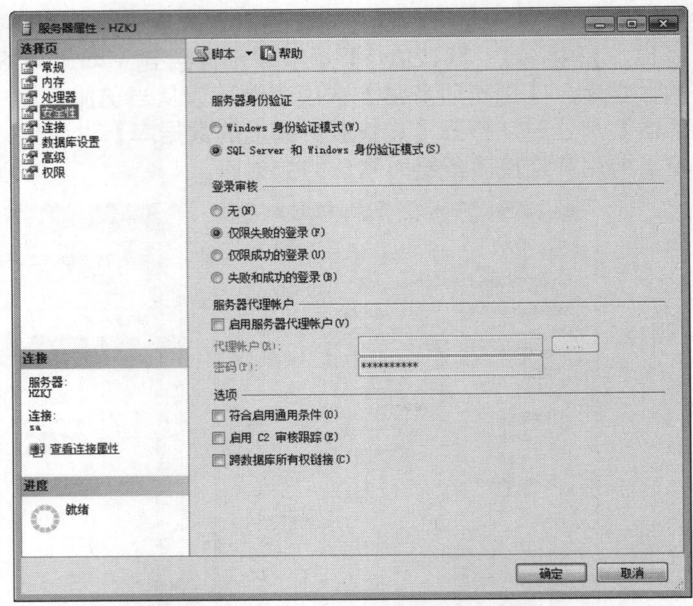

图 1-43　【服务器属性 -HZKJ】对话框

1.7　实践案例：使用 sqlcmd 工具执行 SQL 查询

开发者在实际开发过程中，主要使用 SQL Server 2016 的图形化界面执行有关操作，但是除了图形化界面外，SQL Server 2016 还提供有大量的命令行实用工具，如最常用的 sqlcmd 工具。

sqlcmd 最初是作为 osql 和 isql 的替代工具而新增的，它通过 OLE DB 与服务器进行通信。使用 sqlcmd 工具可以在命令提示窗口中输入 Transact-SQL 语句、系统过程和脚本文件。

本节案例主要通过 sqlcmd 工具执行数据查询功能，实现步骤如下。

01 在【开始】菜单中执行【运行】命令，在打开的对话框中输入 cmd 然后单击【确定】按钮打开命令提示符窗口。

02 在命令提示行中输入 sqlcmd 后按 Enter 键。

03 当屏幕上出现一个有“1>”行号的标记时，如图 1-44 所示，表示已经与计算机上运行的默认 SQL Server 实例建立连接。

在图 1-44 中，“1>”是 sqlcmd 提示符，表示行号。每按一次 Enter 键，该数字就会加 1。如果要结束 sqlcmd 会话，在 sqlcmd 提示符处输入 EXIT 命令并按 Enter 键执行即可。

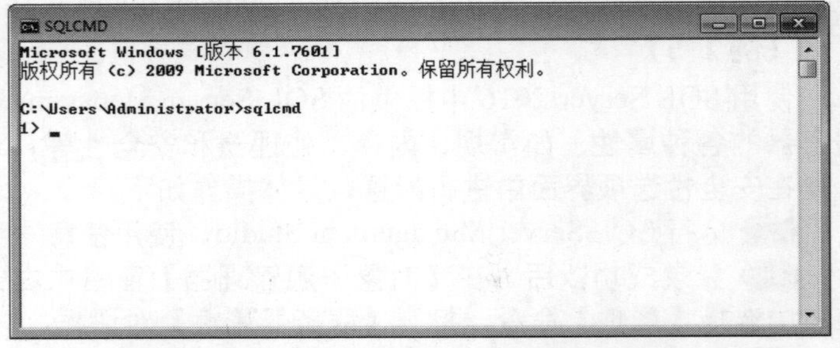

图 1-44　连接到 SQL Server 的默认实例

提示

执行【开始】|【运行】命令，在输入框中直接输入 sqlcmd 后单击【确定】按钮，可以直接连接到 SQL Server 的默认实例。

开发者使用 sqlcmd 也可以连接到 SQL Server 的命名实例。可以在命令提示符窗口中输入“sqlcmd -S myServer\instanceName”连接到指定计算机中的指定实例中，可以使用计算机名称和 SQL Server 实例名称替换“myServer\instanceName”。

假设要连接到本机的默认 SQL Server 命名实例，可以用以下语句：

```
sqlcmd -s local\mssqlserver
```

04 向命令提示符窗口中输入 USE 命令，将 msdb 数据库指定为当前的数据库；然后执行 SELECT 语句查询 sys.sysusers 表的 uid、name 和 status 列的值。使用 GO 命令并按 Enter 键后，会将命令语句发送到 SQL Server，执行语句及其效果如图 1-45 所示。

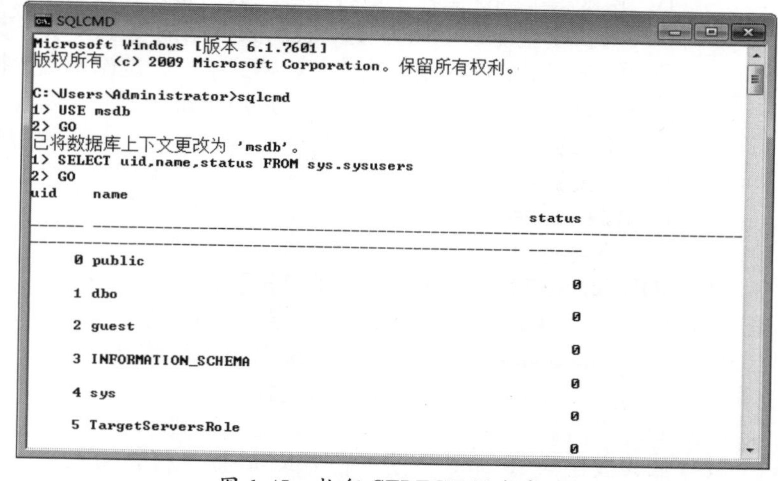

图 1-45　执行 SELECT 语句查询

使用 sqlcmd 还可以运行 Transact-SQL 脚本文件。Transact-SQL 脚本文件是一个文本文件，可以包含 Transact-SQL 语句、sqlcmd 命令以及脚本变量的组合。例如，执行“sqlcmd -i D:\script1.sql”命令运行 SQL 脚本文件，执行“sqlcmd -i D:\script1.sql -o D:\result.txt”命令可以将执行的结果保存到文本文件中。

1.8　练习题

1. 填空题

(1) 目前数据库管理系统采取的数据模型分为层次模型、__________ 和关系模型。

(2) 关系型数据库就是指基于 __________ 的数据库，是一种重要的数据组织模型。

(3) 在关系型数据库中，使用 __________ 来标识行的一列或多列。

(4) 在关系型数据库中有 3 种完整性规则，分别为 __________、参照完整性规则和用户定义完整性规则。

(5) E-R 全称为 Entity-Relationship，又被称为 __________ 模型。

2. 选择题

(1) 下面给出的数据库名称中，__________ 并不属于数据库。

A．SQL Server

B．Oracle

C．Sybase

D．SQL Database

(2) 下面关于数据库模型的描述不正确的是__________。

A．关系模型缺点是这种关联错综复杂，关联维护起来非常困难

B．层次模型的优点在于更容易实现数据修改和数据库扩展，而且结构清晰、便于理解

C．网状模型能明确而方便地表示数据间的复杂关系，数据冗余小

D．关系模型的优点是结构简单、格式统一、理论基础严格，而且数据表之间相对独立

(3) 在一个数据库表中，__________ 是用于唯一标识一条记录的表关键字。

A．主关键字

B．外关键字

C．候选关键字

D．公共关键字

(4) SQL Server 2016 数据库有两种身份验证模式，分别是 __________。

A．Windows 身份验证模式和混合验证模式

B．Windows 身份验证模式和 sa 身份验证模式

C．混合验证模式和 sa 身份验证模式

D．混合验证模式和 SQL Server 验证模式

(5) 如果要结束 sqlcmd 会话，在 sqlcmd 提示符处输入 __________。

A．Quit

B．Quit ALL

C．EXIT

D．EXIT ALL

(6) SQL Server 2016 使用 __________ 工具来启动、停止和监控服务。

A．SQL Server Profiler

B．SQL Server 配置管理器

C．数据库引擎优化顾问

D．SQL Server Management Studio

上机练习 1：安装 SQL Server 2016 数据库

要求开发者自行下载 SQL Server 2016 数据库的安装包，并进行 SQL Server 2016 的安装。

上机练习 2：配置 SQL Server 2016 的身份验证模式

安装 SQL Server 2016 完毕后，使用 SQL Server Management Studio 实用工具配置 SQL Server 2016 的身份验证模式，配置完成后进行测试。

第 2 章

管理 SQL 数据库

数据库系统是一个实际可运行的存储、维护和为应用系统提供数据的软件系统，是存储介质、处理对象和管理系统的集合体。它通常由软件、数据库和数据库管理员组成，其软件主要包括操作系统、各种语言、实用程序以及数据库管理系统。在一个数据库服务器中，应用程序数据存储的最基本单元就是数据库。一般来说，每一个应用程序都使用一个数据库，不同的应用程序使用不同的数据库。

数据库由数据库管理系统统一管理，数据的插入、修改以及查询等操作都要通过数据库管理系统进行。数据库管理员负责创建、监控和维护整个数据库，使数据能被任何有权使用的人使用。本章详细介绍如何管理 SQL Server 2016 数据库，如数据库的创建、数据库名称的修改、数据库的删除、数据库的组成部分等内容。在介绍这些内容前，首先需要了解 SQL Server 2016 的系统数据库。

本章学习要点

◎ 了解 SQL Server 2016 的系统数据库
◎ 熟悉文件和文件组的基本知识
◎ 掌握数据库的主要组成部分
◎ 掌握如何创建和删除数据库
◎ 掌握如何修改数据库的大小
◎ 掌握如何查看数据库的基本信息
◎ 熟悉收缩数据库的常见方法
◎ 了解数据库快照的基本知识
◎ 掌握如何创建数据库快照
◎ 熟悉数据库快照的一些限制

2.1 SQL Server 2016 数据库概述

数据库包含系统运行所需要的全部数据，是数据库管理系统的核心对象。SQL Server 2016 中的数据库主要分为两种，一种是系统数据库，另一种是用户数据库。

系统数据库是由系统自己创建和维护，用于提供系统所需数据的数据库；用户数据库是由用户创建，保存用户应用程序数据的数据库。

2.1.1 SQL 系统数据库

当开发者首次安装 SQL Server 2016 后，打开 SQL Server 2016 界面，会发现已经有几个数据库安装并显示出来，这几个数据库就是系统数据库。系统数据库是用于协助 SQL Server 2016 系统共同管理操作的数据库，是 SQL Server 2016 运行的基础。

默认情况下，SQL Server 2016 会创建 master、model、msdb 和 tempdb 这 4 个数据库。

1. master 数据库

master 数据库是 SQL Server 2016 中最重要的数据库。在 master 数据库中保存了数据库服务器实例下的所有数据库信息，如果该数据库被损坏，SQL Server 将无法正常工作。master 数据库作为 SQL Server 2016 的核心数据库，开发者一定要对该数据库中的数据进行定期备份，尽量确保备份 master 数据库是备份策略的一部分。

master 数据库中主要包含以下重要信息。

- 所有的用户登录名及用户所属的角色。
- 所有系统配置设置 (如数据排序信息、安全实现、默认语言等)。
- 服务器中数据库的名称以及相关信息。
- 数据库的存储路径。
- SQL Server 的初始化信息。

2. model 数据库

在创建数据库时，总是以一套预定义的标准为模型。例如，开发者希望所有的数据库都具有某些特性的信息，或者具有确定的初始值大小等，那么就可以把这些信息存放在 model 数据库中。以 model 数据库作为其他数据库的模板数据库，如果想要使所有的数据库都有一个特定的表，可以把该表放到 model 数据库。

model 数据库是 tempdb 数据库的基础，对 model 数据库的任何操作和更改都将反映在 tempdb 数据库中。因此，开发者在对 model 数据库进行操作时，一定要多加考虑。

3. msdb 数据库

msdb 数据库是 SQL Server 2016 中另一个十分重要的数据，该数据库用于 SQL Server 代理计划警告和作业。SQL Server 代理是 SQL Server 中的一个 Windows 服务，用以运行任何已创建的计划作业 (例如包含备份处理的作业)。作业是 SQL Server 中定义的自动运行的一系列操作，不需要任何手工干预来启动。

既然有了 tempdb 以及 model 数据库，就不应直接调用 msdb 数据库，也没有必要调用。许多进程使用 msdb 数据库，例如当创建备份或执行还原时，将用 msdb 来存储这些任务的信息。

开发者不能在 msdb 数据库中执行以下操作。

- 删除数据库。
- 从数据库中删除 guest 用户。
- 删除主文件组、主文件数据或日志文件。
- 重命名数据库或主文件组。
- 将数据库设置为 OFFLINE。
- 将主文件组设置为 READ_ONLY。
- 更改排序规则，默认排序规则为服务器排序规则。

4. tempdb 数据库

tempdb 数据库是一个临时数据库，该

数据库主要用来存储用户的一些临时数据信息。它仅仅存在于 SQL Server 会话期间，一旦会话结束，那么将关闭 tempdb 数据库，并且该数据库丢失。当下次打开 SQL Server 时，将会建立一个全新的、空的 tempdb 数据库。

tempdb 数据库用作系统的临时存储空间，主要存储用户建立的临时表和临时存储过程及存储用户定义的全局变量值。

5. 系统数据库的有关内容

开发者在使用数据库的时候要记住一点，SQL Server 2016 的设计是可以在必要时自动扩展数据库的。这表示 master、model、tempdb、msdb 和其他关键的数据库将不会在正常的情况下缺少空间。

例如，表 2-1 针对上述系统数据库在 SQL Server 2016 中的主文件、逻辑名称、物理名称和文件增长比例进行说明。

表 2-1 系统数据库相关内容

系统数据库	主文件	逻辑名称	物理名称	文件增长
master	主数据	master	master.mdf	按 10% 自动增长，直到磁盘已满
	Log	mastlog	mastlog.ldf	按 10% 自动增长，直到达到最大值 2TB
msdb	主数据	MSDBData	MSDBData.mdf	按 256KB 自动增长，直到磁盘已满
	Log	MSDBLog	MSDBLog.ldf	按 256KB 自动增长，直到达到最大值 2TB
model	主数据	modeldey	modeldey.mdf	按 10% 自动增长，直到磁盘已满
	Log	modellog	modellog.ldf	按 10% 自动增长，直到达到最大值 2TB
tempdb	主数据	tempdev	tempdev.mdf	按 10% 自动增长，直到磁盘已满
	Log	templog	templog.ldf	按 10% 自动增长，直到达到最大值 2TB

2.1.2 文件和文件组

在 SQL Server 2016 中，一个数据库至少有一个数据文件和一个事务日志文件。当然，该数据库也可以有多个数据文件和多个事务日志文件。数据文件用于存放数据库的数据和各种对象，事务日志文件用于存放事务日志。

1. 数据文件

数据文件可以分为主数据文件和辅助数据文件两种形式。

- 主数据文件：主要存储数据库的启动信息，并指向其他数据文件。另外，用户数据和对象也可以存储在此文件中。主数据文件是数据库的起点，每一个数据库有且仅有一个主数据文件。主数据文件的默认后缀是 .mdf。
- 辅助数据文件：主要存储用户数据，它可以将数据分散到不同磁盘中。辅助数据文件是可选的，数据库可以没有辅助数据文件，也可以有多个辅助数据文件。辅助数据文件的默认后缀是 .ndf。

> 如果数据库超过了单个 Windows 文件的最大限制，可以使用辅助数据文件，这样数据库就能继续增长。

- 事务日志文件：主要用于恢复数据库日志信息，每个数据库至少应该包括一个事务日志文件，默认的文件扩展名为 .ldf。

在操作系统中，数据库是作为数据文件和日志文件而存在的，明确指明了这些文件的位置和名称。但是，在 SQL Server 系统内部，例如在 T-SQL 语言中，由于物理名称比较长，使用起来非常不方便。为此，数据库又有逻辑文件的概念，每一个物理文件都对应一个逻辑文件。在使用 T-SQL 语句的过程中，引用逻辑文件非常快捷和方便。

2. 文件组

文件组就是文件的逻辑集合。文件组可以把一些指定的文件组合在一起，以方便管理和分配数据。例如，在某个数据库中，3个文件 data1.ndf、data2.ndf 和 data3.ndf 分别创建在 3 个不同的磁盘驱动器中，并且指定了一个文件组 group1。以后，所创建的表可以明确指定存放在文件 group1 中，对该表中数据的查询将分别在这3个磁盘上同时进行，因此可以通过执行并行访问提高查询性能。

开发者在创建表时，不能指定将表放在某个文件中，只能指定将表放在某个文件组中。因此，如果希望将某个表放在特定的文件中，必须通过创建文件组来实现。

使用文件和文件组时，需要考虑到以下因素。

- 一个文件或文件组只能用于一个数据库，不能用于多个数据库。
- 一个文件只能是某一个文件组的成员，不能是多个文件组的成员。
- 数据库的数据信息和日志信息不能放在同一个文件或文件组中，数据文件和日志文件总是分开的。
- 日志文件永远也不能是任何文件组的一部分。

2.1.3 数据库状态和文件状态

数据库总是处于某个特定的状态中，例如 ONLINE 状态表示数据库处于正常的在线状态，可以对数据库执行正常的操作。数据库的状态及其说明如表 2-2 所示。

表 2-2 数据库的状态及其说明

状 态	说 明
ONLINE	在线状态或联机状态，可以执行对数据库的访问
OFFLINE	离线状态或脱机状态，数据库不能正常使用。可以人工设置，用户可以执行对于这种状态的数据库文件的移动等处理
RESTORING	还原状态，正在还原主文件组的一个或多个文件。这时，数据库不能使用
RECOVERING	恢复状态，正在恢复数据库。这是一个临时性状态，如果恢复成功，则数据库自动处于在线状态；如果恢复失败，则数据库处于不能正常使用的可疑状态
RECOVERY PENDING	恢复未完成状态。恢复过程中缺少资源造成的问题状态。数据库不可使用，必须执行其他操作来解决这种问题
SUSPECT	可疑状态。主文件组可疑或可能被破坏，数据库不能使用。必须执行其他操作来解决这种问题
EMERGENCY	紧急状态，可以人工设置数据库为该状态。此时数据库处于单用户模式和只读状态，只能由 sysadmin 固定服务器角色成员访问，主要用于对数据库的故障排除

与数据库相同，SQL Server 2016 的数据库文件也有状态，并且文件始终处于一个特定的、独立于数据库的状态。与数据库相比，文件没有了 RECOVERING 和 EMERGENCY 状态，而增加了一个 DEFUNCT 状态，用来表示当文件不处于在线时被删除。

【例 2-1】

如果要查看数据库当前处于何种状态，可以选择 sys.databases 目录视图中的 state_desc 列或使用 DATABASEPROPERTYEX() 函数中的 status 属性。DATABASEPROPERTYEX() 函数一次只能返回一个选项的设置。

以下代码查看 master 数据库的状态：

```
USE master
GO
```

```sql
SELECT DATABASEPROPERTYEX('master','status') as '当前数据库状态';
```

在上述语句中，DATABASEPROPERTYEX() 函数传入两个参数，第一个参数表示要为其返回属性的数据库名称，第二个参数则表示要返回的数据库属性的表达式。

2.2 数据库的组成

开发者通过系统的操作实现对数据库数据的调用，从而返回不同的数据结果。但是要理解和掌握数据库，必须先对数据库的一些基本组成部分有所认识。

2.2.1 表

表是数据库中最基本的元素，主要用于存储实际的数据，用户对数据库的操作大多是依赖于表，可以将表理解为数据库的基本组件。一个表可以有多个行和列，并且每列包含特定类型的信息。其中，一列称为一个字段，用于保存相同类型的数据信息；一行通常称为一条记录，用于保存一个数据对象的各个相关信息。

【例 2-2】

假设当前存在用户定义的 CarRentalSystem(汽车租赁系统) 数据库，查询该系统中 CarsInfo(汽车信息) 表的相关内容，如图 2-1 所示。

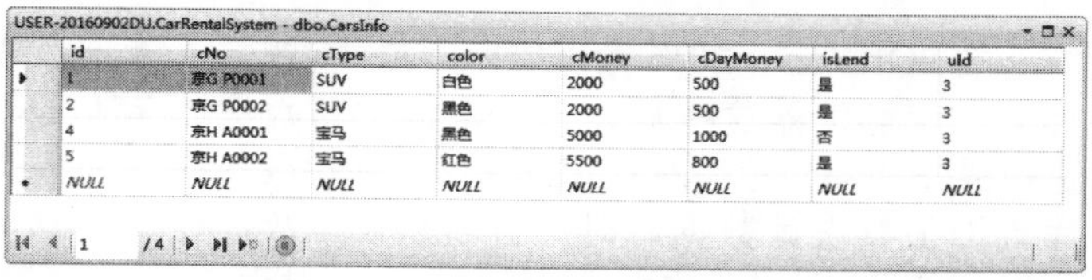

USER-20160902DU.CarRentalSystem - dbo.CarsInfo

id	cNo	cType	color	cMoney	cDayMoney	isLend	uId
1	京G P0001	SUV	白色	2000	500	是	3
2	京G P0002	SUV	黑色	2000	500	是	3
4	京H A0001	宝马	黑色	5000	1000	否	3
5	京H A0002	宝马	红色	5500	800	是	3
NULL	NULL	NULL	NULL	NULL	NULL	NULL	NULL

1 /4

图 2-1 汽车信息表

2.2.2 视图

视图是从一个或多个基本数据表中导出来的表，也被称为虚表。视图与表非常相似，也是由字段与记录组成，与表不同的是，视图不包含任何数据，它总是基于表，用来提供一种浏览数据的不同方式。

视图的特点是其本身并不存储实际数据，因此可以是连接多张数据表的虚表，还可以是使用 WHERE 子句限制返回行的数据查询的结果，并且它是专用的，比数据表更直接面向用户。

【例 2-3】

图 2-2 所示的是正在创建的视图，与汽车租赁系统中 CarsInfo(汽车信息) 表和 UsersInfo(用户信息) 表相关。

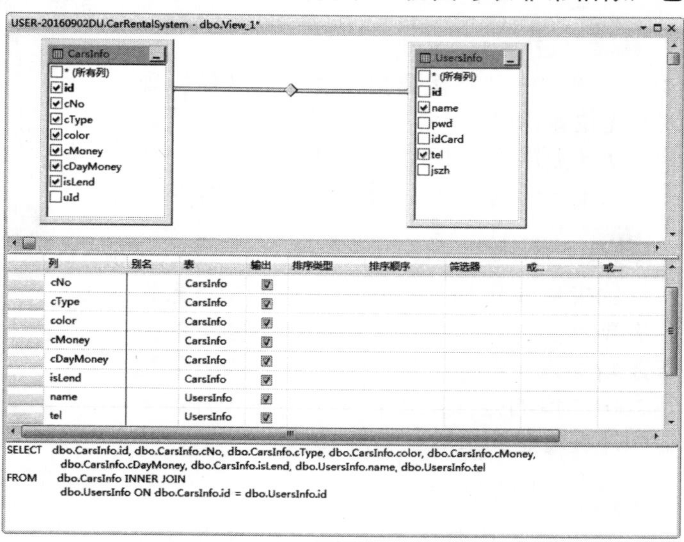

图 2-2 视图例子展示

2.2.3 存储过程

在 SQL Server 2016 中，存储过程经常会被用到，它经常独立于表。开发者可以使用存储过程来完善应用程序，使应用程序的运行更加有效率。

存储过程与其他编程语言中的过程类似，原因主要有以下几点。

- 接受输入参数并以输出参数的格式向调用过程或批处理返回多个值。
- 包含用于在数据库中执行操作(包括调用其他过程)的编程语句。
- 向调用过程或批处理返回状态值，以指明成功或失败及失败的原因。

2.2.4 触发器

存储过程和触发器是两个特殊的对象。在 SQL Server 2016 中，存储过程的存在独立于表，而触发器则与表紧密结合。开发者可以使用触发器来实现复杂的业务规则，更加有效地实施数据完整性。

如果开发者希望系统自动完成某些操作，并且自动维护确定的业务逻辑和相应的数据完整性，可以使用触发器来实现。触发器可以查询其他表，而且可以包含复杂的 T-SQL 语句。例如，开发者可以根据商品当前的库存状态决定是否需要从供应商进货。

2.2.5 其他组成部分

在 SQL Server 2016 数据库里，表、视图、存储过程触发器这些具体存储数据或对数据进行操作的部分称为对象。当使用可视化数据库界面工具设计数据库时，将创建表、数据类型、视图、索引、约束、默认值、存储过程、触发器等数据对象，完成数据库设计工作。

前面简单针对表、视图、存储过程触发器进行了说明，下面针对数据库的其他部分进行基本解释。

1. 索引

索引是一种不需要扫描整个表就能实现对数据快速访问的途径，开发者使用索引可以快速访问数据库表中的特定信息，索引是对数据库表中一列或多列值进行排序的一种结构。

2. 约束

约束是 SQL Server 2016 实施数据一致性和完整性的方法，是数据库服务器强制的业务逻辑关系。约束限制了用户可以输入到指定列中的值的范围，强制了引用完整性。主键和外键就是约束的一种形式。

3. 默认值

如果向表中插入新数据时没有指定列的值，默认值就是指定这些列的值。默认值可以是任何取值为常量的对象，默认值也是 SQL Server 确保数据一致性和完整性的方法。

4. 用户和角色

用户是指对数据库有存储权限的使用者；角色是指一组数据库用户的集合，与 Windows 中的用户组类似。数据库中的用户组可以根据需要添加，用户如果被加入某一角色，则将具有该角色的所有权限。

5. 规则

规则是用来限制表字段的数据范围，例如年龄列只能为整型字段，该列字段的值只能在 0 ～ 120 范围内。

6. 类型

除了系统给定的数据类型外，开发者还可以根据需要在系统类型的基础上创建自定义的数据类型。

7. 函数

SQL Server 2016 中提供了多个函数，例如用于获取平均数据的 AVG() 函数。除了系统提供的函数外，开发者还可以根据需要创建符合自己要求的函数。

2.3 创建数据库

创建数据库就是确定数据库名称、文件名称、数据文件大小、数据库的字符集、是否自动增长以及如何自动增长等信息的过程。在 SQL Server 2016 数据库中，开发者可以通过两种方式创建数据库，一种是图形化界面工具，另一种是 T-SQL 命令语句。

2.3.1 图形界面创建

创建数据库必须确定数据库名称、所有者(即创建数据库的用户)、数据库大小和存储数据库的文件。使用 SQL Server Management Studio 创建用户数据库是最容易的方法，对于初学者来说简单易用。

【例 2-4】

随着生活水平的提高，人们不仅要在物质方面提高生活水平，而且在精神方面希望有一个质的飞越。于是，越来越多的人选择在周末或是假期外出，换换环境，享受在另一种环境下的生活方式来丰富自己的精神世界，扩展视野。各种各样的旅行社由此诞生，丰富多彩的旅游景点则需要一个合适的旅行代理规范并提供各种旅行服务，使得各项工作能够有条有理地进行，因此旅行管理系统应运而生。

本次例子通过 SQL Server Management Studio 图形界面工具创建旅行管理系统数据库。主要步骤如下。

01 启动 SQL Server Management Studio 界面工具，使用默认的配置连接到数据库服务器，系统默认打开对象资源管理器。

02 在【对象资源管理器】中选择【数据库】，右击鼠标，在弹出的快捷菜单中选择【新建数据库】命令，打开【新建数据库】对话框。

03 在【新建数据库】窗口的左上方共有 3 个选择页，即常规、选项和文件组。在【常规】选择页的【数据库名称】文本框中填写要创建的数据库名称 TourismManSys，其他内容按照默认值设置，如图 2-3 所示。

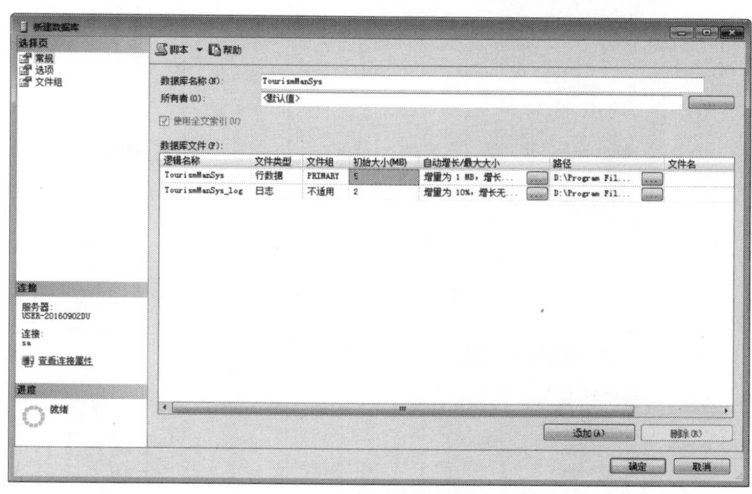

图 2-3 【新建数据库】对话框

开发者在创建数据库的过程中，除了设置数据库名称外，很可能还会设置其他的内容，例如所有者、数据库的保存路径等。从图 2-3 中可以看出，【数据库文件】列表包含两行，一行是数据文件；另一行是日志文件。通过单击相应按钮，可以添加或删除相应的数据文件，该列表中各个字段的含义如下。

- 逻辑名称：指定该文件的文件名。
- 文件类型：用于区别当前文件是数据文件还是日志文件。
- 文件组：显示当前数据库文件所属的文件组，一个数据库文件只能存在于一个文件组中。

- 初始大小：指定该文件的初始容量，在 SQL Server 2016 中系统默认行数据文件初始大小为 5MB，日志文件为 1MB，开发者可以进行修改。当数据库的存储空间大于初始大小时，数据库文件会按照指定的方法自动修改。
- 自动增长：用于设置当容量不够用时，文件根据何种增长方式自动增长。通过单击【自动增长】列中的省略号按钮，打开【更改自动增长设置】对话框进行设置。例如图 2-4 和图 2-5 分别为数据文件、日志文件的自动增长设置对话框。
- 路径：指定存放该文件的目录。在默认情况下，SQL Server 2016 将存放路径设置为 SQL Server 2016 安装目录下的 data 子目录。单击该列中的按钮可以打开【定位文件夹】对话框更改数据库的存放路径。

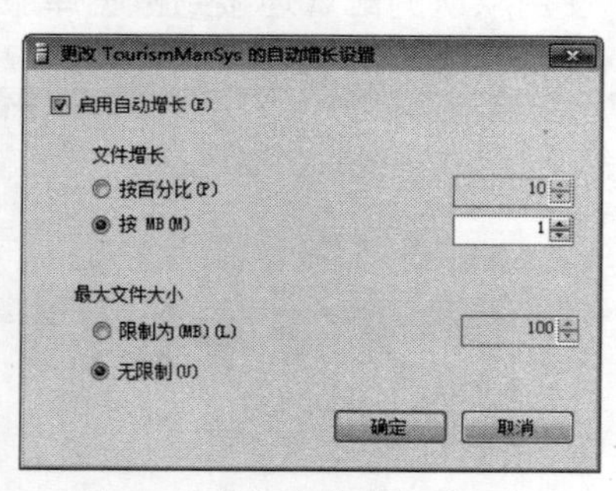

图 2-4　数据文件增长对话框

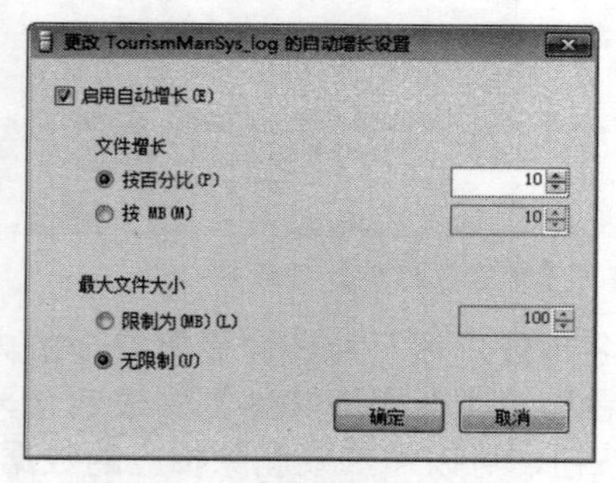

图 2-5　日志文件增长对话框

04 选择【选项】选择页，设置数据库的排序规则、恢复模式、兼容级别和其他需要设置的内容，如图 2-6 所示。

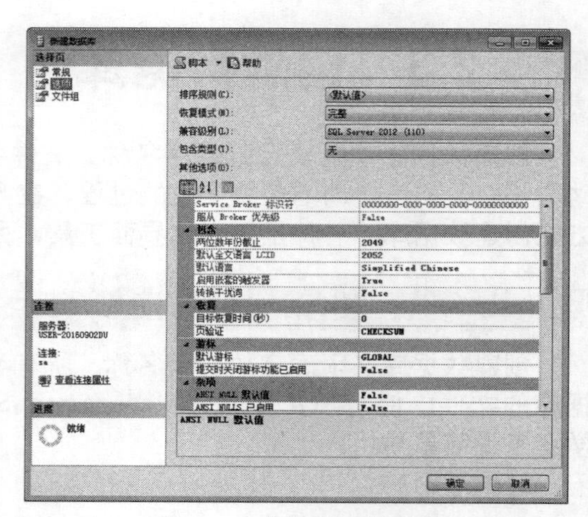

图 2-6　【选项】选择页

05 单击【文件组】可以设置数据库文件所属的文件组，可以通过【添加】或【删除】按钮更改数据库文件所属的文件组，如图 2-7 所示。

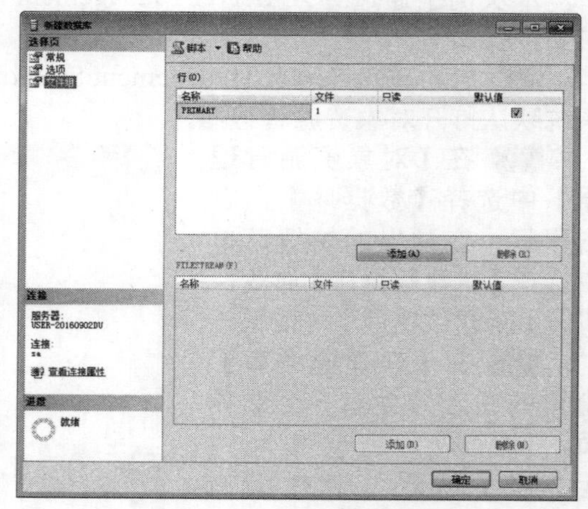

图 2-7　【文件组】选择页

06 完成以上操作后，开发者可以单击【确定】按钮来关闭【新建数据库】对话框。至此，成功创建了一个数据库，可以通过【对象资源管理器】窗格查看新建的数据库。

注意

如果在开发者指定的目录中不能正常创建数据库，可能是当前用户对该目录没有创建文件的权限，应该选择需要存放数据库文件的目录，按右键，单击【管理员取得所有权】菜单命令即可。

2.3.2　T-SQL 语句创建

开发者除了可以通过SQL Server Management Studio图形界面工具创建数据库外，还可以使用T-SQL命令语句来进行创建。与界面方式创建数据库相比，命令方式更为常用，使用起来也更为灵活。

在SQL Server 2016中，如果要创建数据库，可以执行CREATE DATABASE命令，创建前需要确保用户具有创建数据库的权限。

CREATE DATABASE命令的主要格式如下：

```
CREATE DATABASE 数据库名
[
  ON
  [PRIMARY]
  [< 数据文件选项 ...>]
  [< 数据文件组选项 >...]
  [LOG ON{< 日志文件选项 >...}]
  [COLLATE 排序名 ]
  ...
]
```

在上述格式中，COLLATE指定数据库的默认排序规则，“排序名”既可以是Windows排序规则名称，也可以是数据库排序规则名称(默认)。

1. 文件选项

在上述语法格式中，<数据文件选项>和<日志文件选项>的格式如下：

```
{(
  NAME= 逻辑文件名 ,
  FILENAME={' 操作系统文件名 '|' 存储路径' }
  [,SIZE= 文件初始容量 ]
  [,MAXSIZE={ 文件最大容量 |UNLIMITED}]
  [,FILEGROUWTH= 文件增量 [ 容量 |%]]
)}
```

其中，“逻辑文件名”表示数据库使用的名称。“操作系统文件名”表示操作系统在创建物理文件时使用的路径和文件名。“存储路径”表示数据库要保存的目录。“文件初始容量”表示对于主文件，如果不指出大小，则默认为model数据库主文件的大小。“文件最大容量”指定文件的最大容量，UNLIMITED关键字表示文件大小不受限制，但实际上受磁盘可用空间的限制，如果不指定MAXSIZE选项，则文件将增长到磁盘空间满。“文件增量”有百分比和容量值两种格式，前者如10%，即在原来空间大小的基础上增长10%；后者如5MB，即每次增长5MB，而不管原来的空间大小是多少。

2. 文件组选项

关于<数据文件组选项>，其语法如下：

```
{
  FILEGROUP 文件组名 [DEFAULT]
< 文件选项 >...
}
```

其中，DEFAULT关键字指定命名文件组为数据库中的默认文件组。<文件选项>用于指定属于该文件组的文件的属性，其格式描述和数据文件的属性描述相同。

【例 2-5】

下面的代码通过CREATE DATABASE语句创建TourismManSys数据库：

```
CREATE DATABASE [TourismManSys]
 CONTAINMENT = NONE
 ON  PRIMARY (
   NAME = N'TourismManSys',
   FILENAME = N'D:\Program Files\Microsoft SQL Server\MSSQL11.MSSQLSERVER\MSSQL\DATA\TourismManSys.mdf' ,
   SIZE = 5120KB ,
   MAXSIZE = UNLIMITED,
   FILEGROWTH = 1024KB )
 LOG ON (
   NAME = N'TourismManSys_log',
   FILENAME = N'D:\Program Files\Microsoft SQL Server\MSSQL11.MSSQLSERVER\MSSQL\DATA\TourismManSys_log.ldf' ,
```

```
    SIZE = 2048KB ,
    MAXSIZE = 2048GB ,
    FILEGROWTH = 10%)
GO
```

提示

命令方式和界面方式可以相互配合，以界面方式创建的数据库可以通过命令方式修改其属性，以命令方式创建的数据库可以通过界面方式操作。

2.4 管理数据库

开发者在创建数据库以后，可以对数据库进行管理，例如查看数据库信息；修改数据库名称、大小和自动增长；删除不需要的数据库等。

2.4.1 查看数据库信息

简单地说，查看数据库信息是指开发者可以查看数据库的各种属性和状态。在 SQL Server 2016 中，查看数据库信息有多种方法，例如图形界面工具，执行命令语句。

1. 通过图形工具查看

开发者利用 SQL Server Management Studio 图形界面工具是最简单的一种方法，具体操作如例 2-6 所示。

【例 2-6】

图形界面工具在查看数据库信息时需要在【对象资源管理器】窗格中右击要查看信息的数据库，在弹出的快捷菜单中选择【属性】命令，在弹出的数据库属性对话框中进行查看，如查看数据库的常规信息、文件信息、文件组信息、选项信息等，如图 2-8 所示。

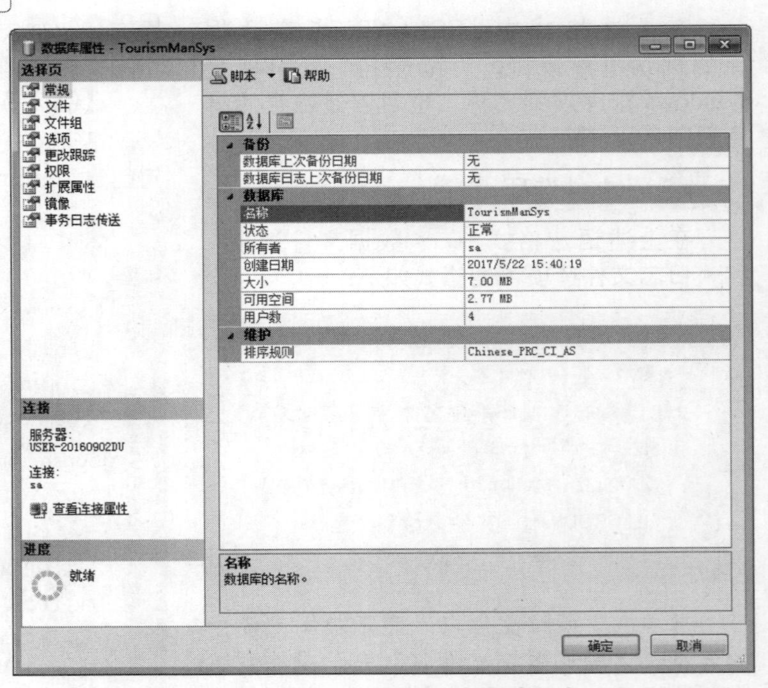

图 2-8 使用界面工具查看数据库信息

2. 使用目录视图

除了使用界面工具查看数据库信息外，开发者还可以执行命令语句进行查看。例如，使用以下目录视图查看信息。

- sys.databases：从数据库和文件目录视图查看有关数据库的基本信息。
- sys.database_files：查看有关数据库文件的信息。
- sys.filegroups：查看有关数据库组的信息。
- sys.maste_files：查看数据库文件的基本信息和状态信息。

【例 2-7】

图 2-9 执行 SELECT 语句，分别从 sys.databases 和 sys.database_files 视图中查看数据库信息。

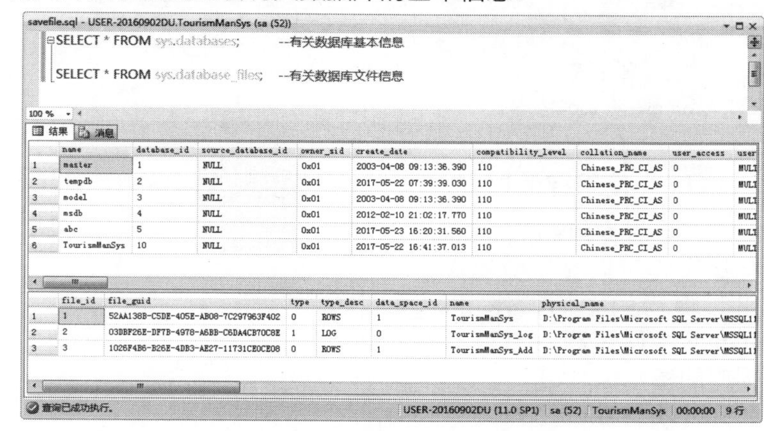

图 2-9　使用目录视图查看数据库信息

3. 使用函数查看数据库信息

开发者可以使用 DATABASEPROPERTYEX() 函数查看指定数据库中指定选项的信息，该函数一次只能返回一个选项的信息。DATABASEPROPERTYEX() 函数的基本语法如下：

```
DATABASEPROPERTYEX(database, property);
```

其中，database 表示要为其返回名命名属性信息的数据库名称；property 表示要返回的数据库属性，常用属性的取值及其说明如表 2-3 所示。

表 2-3　property 常用属性的取值及其说明

取　值	说　明	返 回 值
Collation	排序规则名称	nvarchar(128)、null
IsAutoClose	数据库的自动关闭功能是否启用	Int、null
IsAutoCreateStatistics	是否自动创建统计信息	Int、null
IsAutoShrink	是否定期收缩	Int、null
IsAutoUpdateStatistics	是否能够自动更新统计信息	Int、null
Recovery	数据库的恢复模式	nvarchar(128)
Status	数据库的状态	nvarchar(128)
Updateability	是否可以修改数据	nvarchar(128)
UserAccess	哪些用户可以访问数据库	nvarchar(128)
Version	数据库内部版本号	Int

【例 2-8】

使用以下代码查看 TourismManSys 数据库中的版本号和排序规则名称：

```
SELECT DATABASEPROPERTYEX('TourismManSys','Version') AS ' 版本号 ';
```

```
SELECT DATABASEPROPERTYEX('TourismManSys','Collation') AS ' 排序规则名称 ';
```

执行上述代码，输出结果内容如下：

```
版本号
706
排序规则名称
Chinese_PRC_CI_AS
```

4. 使用存储过程

开发者使用 sp_spaceused 存储过程可以显示数据库使用和保留的空间。使用 sp_helpdb 存储过程查看所有数据库的基本信息。

【例 2-9】

图 2-10 分别通过 sp_spaceused 存储过程和 sp_helpdb 存储过程查看数据库信息。

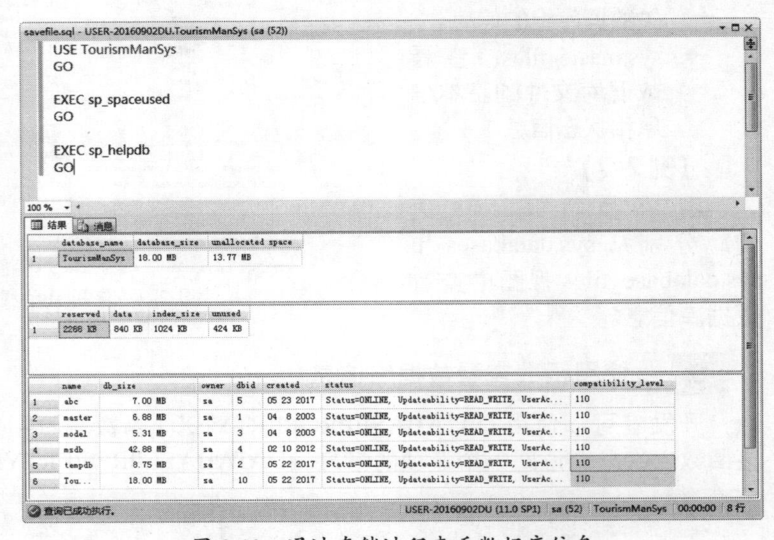

图 2-10　通过存储过程查看数据库信息

2.4.2　修改数据库名称

开发者创建好数据库以后，如果发现数据库名称出现错误，或者不想使用当前的数据库名称，可以对其进行更改。通常情况下，更改数据库名称可以通过 3 种方法，这些方法的简单说明如下。

1. 使用图形界面

使用图形界面是修改数据库名称最简单的一种方式，只要在【对象资源管理器】窗格中右击要修改的数据库，然后执行【重命名】命令，即可直接改名。

2. 使用 ALTER DATABASE 语句

使用 ALTER DATABASE 语句修改数据库名称的语法形式如下：

```
ALTER DATABASE old_databasename MODIFY NAME=new_databasename;
```

其中，old_databasename 表示要修改的旧的数据库名称，new_databasename 表示新的数据库名称。

【例 2-10】

下面的代码将 TourismManSys 数据库名称修改为 TourismManageSys：

```
ALTER DATABASE TourismManSys MODIFY NAME=TourismManageSys
```

执行完成后即可在【对象资源管理器】窗格中右击数据库，然后执行【刷新】命令。

注意

ALTER DATABASE 语句在修改数据库名称时对修改数据库的逻辑名称，对该数据库的数据文件和日志文件没有任何影响。

3. sp_renamedb 系统存储过程

执行 sp_renamedb 存储过程也可以修改数据库名称。

【例 2-11】

使用以下代码执行 sp_renamedb 存储过程，将 TourismManageSys 数据库更改为 TourismManSys：

```
EXEC sp_renamedb TourismManageSys,TourismManSys
GO
```

注意

一般情况下，开发者创建好一个数据库后就不再更改其数据库名称。因为许多应用程序可能已经使用该名称，如果更改数据库名称，所有引用其名称的应用程序都要做相应的修改。

2.4.3　修改数据库大小

修改数据库的大小，其实就是修改数据文件和日志文件的长度，或者增加/删除文件。修改数据库大小最常用的两种方法，一种是通过图形界面工具修改，另一种是执行 ALTER DATABASE 命令语句。

1. 从图形界面更改数据库大小

通过图形界面工具更改数据库大小是非常简单的一种方法，开发者只需要找到要修改的数据库，右击并执行【属性】命令，在弹出的对话框中更改即可，与更改数据库大小有关的图形界面如图 2-4 和图 2-5 所示。

2. 执行 ALTER DATABASE 命令语句

ALTER DATABASE 命令语句可以更改数据库大小，该语句的更改语法可以参照前面，这里不再详细解释说明。

【例 2-12】

使用 ALTER DATABASE 语句将 TourismMan Sys 数据库扩大 11MB，可以通过为该数据库添加一个大小为 11MB 的数据文件来实现。代码如下：

```
ALTER DATABASE TourismManSys
ADD FILE
(
  NAME='TourismManSys_Add',
   FILENAME='D:\Program Files\Microsoft SQL Server\MSSQL11.MSSQLSERVER\MSSQL\DATA\TourismManSys_Add.mdf',
  SIZE=11MB,
  MAXSIZE=30MB,
  FILEGROWTH=10%
)
```

在上述代码中，将添加一个名称为 TourismManSys_Add、大小为 11MB 的数据文件，最大值为 30MB，并且可以按照 10% 自动增长。

提示

如果要增加日志文件，可以使用 ADD LOGFILE 语句。在一个 ALTER DATABASE 语句中，一次可以增加多个数据文件或日志文件，多个文件之间需要使用“,”分开。

2.4.4 删除数据库

数据库在使用中，随着数据库数量的增加，系统资源消耗会越来越多，运行速度也会越来越慢。这时，开发者就需要针对数据库进行调整，调整方法有很多种，例如，将不再需要的数据库删除，以此释放被占用的磁盘空间和系统消耗。

在 SQL Server 2016 中，有两种删除数据库的方法，下面分别进行介绍。

1. 从图形界面工具删除数据库

SQL Server Management Studio 窗口中提供了一种非常简单的执行删除操作的方法，如例 2-13 所示。

【例 2-13】

SQL Server Management Studio 窗口删除数据库的具体操作步骤如下。

01 打开 SQL Server Management Studio 窗口，并建立 SQL Server 实例的连接。

02 在【对象资源管理器】窗格中展开服务器，然后展开【数据库】节点。

03 从展开的【数据库】节点列表中，右击要删除的数据库名称，例如要删除 TourismManSys 数据库，在弹出的快捷菜单中执行【删除】命令。

04 在弹出的【删除对象】对话框中，单击【确定】按钮确认删除，如图 2-11 所示。

提示

数据库可能会因为正在使用等删除失败，如果要强制删除，可以勾选图 2-11 窗口下方的【关闭现有连接】复选框，然后再单击【确定】按钮即可。

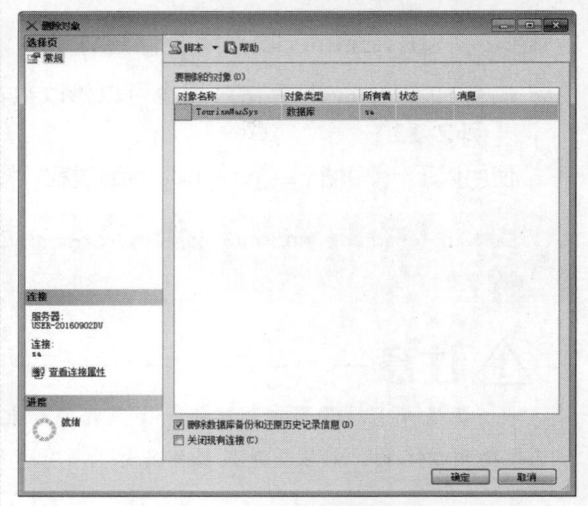

图 2-11 删除数据库

2. DROP DATABASE 命令语句

开发者使用 DROP DATABASE 语句删除数据库时不会出现任何提示信息，因此使用该方法时要小心谨慎。使用 DROP DATABASE 语句删除数据库的语法如下：

```
DROP DATABASE database_name[,...n]
```

其中，database_name 为要删除的数据库名，[,...n] 表示其他的数据库，多个数据库使用逗号 (,) 隔开。

【例 2-14】

下面通过 DROP DATABASE 语句删除 TourismManSys 数据库：

```
DROP DATABASE TourismManSys
GO
```

⚠ 注意

开发者千万不要使用 DROP DATABASE 语句删除系统数据库，否则会导致 SQL Server 2016 服务器无法使用。

2.4.5 收缩数据库

如果数据库的设置尺寸过大或者删除了数据库中的大量数据，数据库会浪费大量的磁盘资源。开发者根据实际需要，可以对数据库进行收缩。

1. 利用图形界面工具实现收缩

在 SQL Server 2016 中实现收缩功能时，使用 SQL Server Management Studio 图形界面工具是最简单的一种方法。

【例 2-15】

利用 SQL Server Management Studio 工具收缩数据库的主要步骤如下。

01 开发者需要在选择要收缩的数据库后右击该数据库，执行【任务】|【收缩】|【文件】命令，打开收缩文件对话框，如图 2-12 所示。

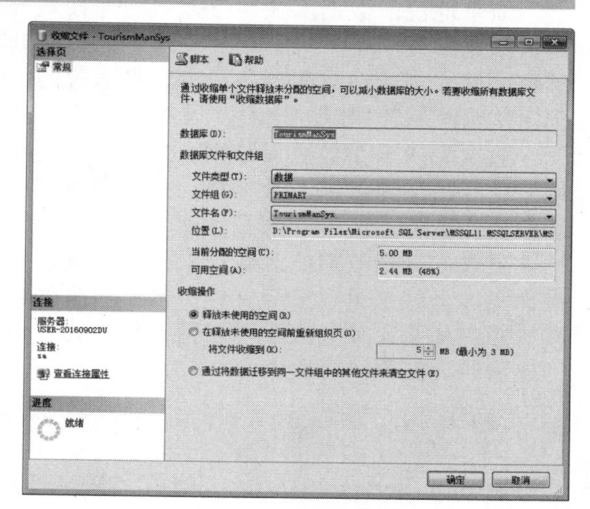

图 2-12　收缩数据库

02 在打开的对话框中，更改【类型文件】和【文件组】下拉列表的值，选择要收缩文件的类型、文件组类型和文件名。

03 在【收缩操作】选项组中选择操作类型。

04 单击【确定】按钮保存设置。

2. 利用 AUTO_SHRINK 进行设置

开发者利用 ALTER DATABASE 语句将 AUTO_SHRINK 的值设置为 ON 后，数据库引擎会自动收缩具有可用空间的数据库。默认情况下，AUTO_SHRINK 的值为 OFF。

数据库引擎会定期检查每个数据库的空间使用情况，如果某个数据库的 AUTO_SHRINK 选项的值为 ON，数据库引擎将自动减小数据库中的文件。设置格式如下：

```
ALTER DATABASE database_name SET AUTO_SHRINK ON
```

【例 2-16】

下面的代码设置 TourismManSys 数据库的 AUTO_SHRINK 选项的值：

```
ALTER DATABASE TourismManSys SET AUTO_SHRINK ON
```

2.5 数据库快照

数据库快照的主要作用是：维护历史数据以制作各种报表，使用数据库快照将出现错误的源数据库恢复到创建快照时的状态。数据库快照是源数据库的只读、静态视图，一个源数据库可以有多个数据库快照。

2.5.1 快照概述

简单地说，数据库快照就是数据库在某一指定时刻的照片。顾名思义，数据库快照就像是为数据库照了相一样。相片实际是照相时刻被照对象的静态呈现，而数据库快照则提供了源数据库在创建快照时刻的只读、静态视图。一旦为数据库建立快照，这个数据库快照就是创建快照时刻数据库的情况，虽然数据库还在不断变化，但是这个快照并不会发生改变。

数据库快照在数据页级别上进行。当创建了某个数据库的数据库快照后，数据库快照使用一种稀疏文件维护源数据页。如果源数据库中数据页上的数据没有更改，对数据库快照的读取操作实际上就是读源数据库中这些未更改的数据页。如果源数据库中某些数据页上的数据被更改，则更改前的源数据页已经被复制到数据库快照的稀疏文件中，对这些数据的读取操作实际上就是读取稀疏文件中复制过来的数据页。源数据库中的数据更改频繁会导致数据库快照中稀疏文件的大小增长得过快。为了避免数据库快照中的稀疏文件过大，开发者可以创建新的数据库快照。

2.5.2 创建快照

在 SQL Server 2016 中，使用 CREATE DATABASE 语句创建数据库快照。其语法格式如下：

```
CREATE DATABASE database_snapshot_name
ON
(
  NAME=logical_file_name,
  FILENAME=os_file_name
)[,...n]
AS SNAPSHOT OF source_database_name
```

上述语法中，database_snapshot_name 表示将要创建的数据库快照的名称，这个名称必须符合数据库命令的标识符规范，并且在数据库名称中是唯一的。数据库快照的稀疏文件由 NAME 和 FILENAME 两个关键字来指定，AS SNAPSHOT OF 子句用于指定该数据库快照的源数据库名称。

【例 2-17】

以下代码为 TourismManSys 数据库创建快照：

```
CREATE DATABASE TourismManSys_snapshot
ON
(
  NAME=TMSSH,
   FILENAME='D:\Program Files\Microsoft SQL Server\MSSQL11.MSSQLSERVER\MSSQL\DATA\TMSSH.snp'
),
(
  NAME=TMSSH1,
   FILENAME='D:\Program Files\Microsoft SQL Server\MSSQL11.MSSQLSERVER\MSSQL\DATA\TMSSH1.snp'
),
(
  NAME=TMSSH2,
   FILENAME='D:\Program Files\Microsoft SQL Server\MSSQL11.MSSQLSERVER\MSSQL\DATA\TMSSH2.snp'
)
AS SNAPSHOT OF TourismManSys
```

2.5.3 数据库快照的限制

开发者在创建数据库快照后，如果创建成功，可以在【对象资源管理器】窗格的【数据库快照】节点下看到创建的快照，展开后可以发现快照内容与数据库完全相同，数据库快照的扩展名为“.snp”格式。

虽然数据库快照和源数据库的内容完全相同，但是与源数据库相比，数据库快照还存在着一些限制。

- 必须在与源数据库相同的服务器实例上创建数据库快照。
- 数据库快照捕获开始创建快照的时间点，去掉所有未提交的事务，未提交的事务将在创建数据库快照期间回滚。
- 数据库快照为只读的，不能在数据库快照中执行修改操作。
- 禁止对 model、master 和 tempdb 数据库创建快照。
- 不能从数据库快照删除文件。
- 不能备份或还原数据库快照。
- 不能附加或分离数据库快照。
- 不能在 FAT32 文件系统或 RAW 分区中创建快照、数据库快照所用的稀疏文件由 NTFS 文件系统提供。
- 数据库快照不支持全文索引，不能从源数据库创建全文目录。
- 数据库快照将继承快照创建时其源数据库的安全约束，由于快照是只读的，因此无法更改继承的权限，对源数据库的更改权限将不反映在快照中。
- 快照始终反映创建该快照时的文件组状态，即在线文件组将保持在线状态，离线文件组将保持离线状态。
- 只读文件组和压缩文件组不支持恢复，尝试恢复这两类文件组将失败。

删除数据库快照的方法和删除数据库的方法相同，开发者同样需要使用 DROP DATABASE 语句。而且，同样不能删除当前正在使用的数据库快照。

2.6 实践案例：创建超市会员管理系统数据库

在本章中详细为大家介绍了数据库的基本操作，通过前面的知识可以了解到，操作数据库时，开发者可以通过 SQL Server Management Studio 图形界面工具进行操作，还可以执行 T-SQL 语句。

本小节利用前面介绍的命令语句创建超市会员管理系统数据库，主要实现以下功能。

- 创建超市会员管理系统数据库。
- 利用存储过程查看数据库的有关信息。
- 修改数据库名称。
- 在数据库中新建文件组。
- 在数据库中新增文件。
- 将文件放入文件组中。

主要实现步骤如下。

01 打开 SQL Server Management Studio 图形界面工具，并建立 SQL Server 连接。

02 在【标准】工具栏上单击【新建查询】按钮，创建 / 打开一个查询输入窗口。

03 在查询窗口中输入创建数据库的命令语句，首先判断是否存在 SuperMemberSys 数据库，如果存在则删除该数据库。代码如下：

```
IF EXISTS (SELECT * FROM master.dbo.sysdatabases
WHERE name='SuperMemberSys')
    DROP DATABASE SuperMemberSys
GO
```

04 使用 CREATE DATABASE 语句创建数据库，数据库名称为 SuperMemberSys，

其初始大小为 5MB，最大为 20MB，自动增长按 10% 增长；设置日志文件名称为 SuperMemberSys_log，初始大小为 2MB，最大为 10MB，按 1MB 增长。代码如下：

```
CREATE DATABASE SuperMemberSys
ON
(
    NAME=SuperMemberSys,
    FILENAME='D:\Program Files\Microsoft SQL Server\MSSQL11.MSSQLSERVER\MSSQL\DATA\SuperMemberSys.mdf',
    SIZE=5MB,
    MAXSIZE=20MB,
    FILEGROWTH=10%
)
LOG ON
(
NAME=SuperMemberSys_log,
FILENAME='D:\Program Files\Microsoft SQL Server\MSSQL11.MSSQLSERVER\MSSQL\DATA\SuperMemberSys_log.ldf',
SIZE=2MB,
MAXSIZE=10MB,
FILEGROWTH=1MB
)
```

05 创建数据库完毕后，通过 sp_helpdb 存储过程查看数据库的信息。执行语句及其效果如图 2-13 所示。

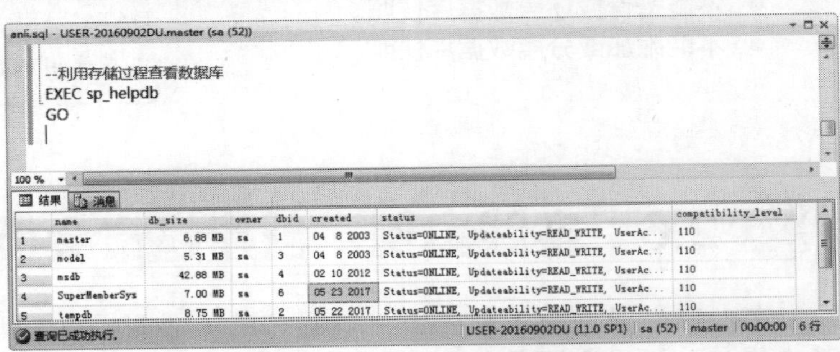

图 2-13　执行 sp_helpdb 存储过程

06 通过 ALTER DATABASE 语句修改数据库名称，代码如下：

```
ALTER DATABASE SuperMemberSys MODIFY NAME=SupermarkMemSys
GO
```

07 修改数据库名称完毕以后，需要在【对象资源管理器】窗格中右击【数据库】节点，在弹出的快捷菜单中执行【刷新】命令，打开【数据库】节点查看更改后的数据库名称。

08 继续在前面的基础上添加语句，创建名称为 addgroup 的文件组。代码如下：

```
ALTER DATABASE SupermarkMemSys
ADD FILEGROUP addgroup
GO
```

09 为 SupermarkMemSys 数据库添加一个新的数据文件，并且将新增的文件放在 addgroup 文件组中。代码如下：

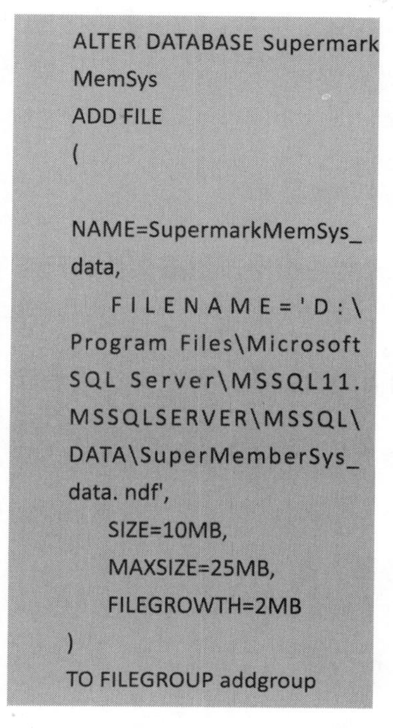

```
ALTER DATABASE SupermarkMemSys
ADD FILE
(
    NAME=SupermarkMemSys_data,
    FILENAME='D:\Program Files\Microsoft SQL Server\MSSQL11.MSSQLSERVER\MSSQL\DATA\SuperMemberSys_data. ndf',
    SIZE=10MB,
    MAXSIZE=25MB,
    FILEGROWTH=2MB
)
TO FILEGROUP addgroup
```

10 右击要查看的数据库，在弹出的快捷菜单中执行【属性】命令，在打开的数据库属性对话框的【文件】和【文件组】中查看刚添加的文件和文件组，如图 2-14 和图 2-15 所示。

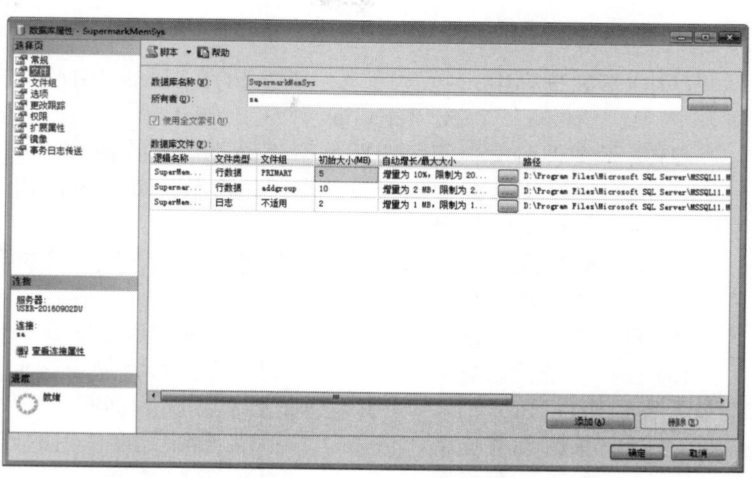

图 2-14　查看刚添加的文件

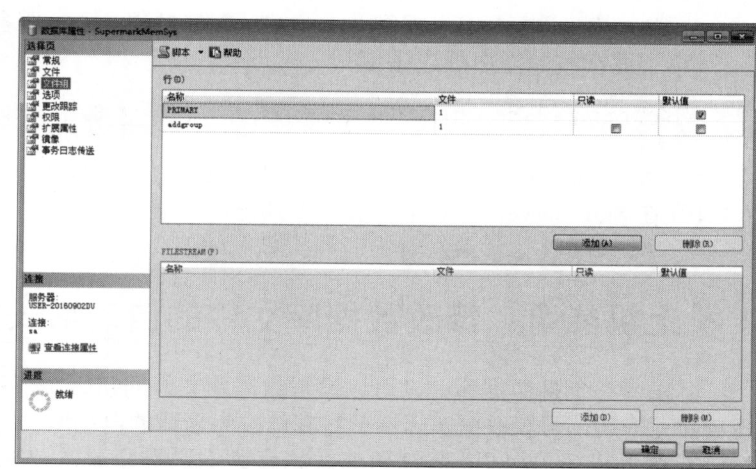

图 2-15　查看刚添加的文件组

2.7　练习题

1. 填空题

(1) __________ 数据库用于 SQL Server 代理计划警告和作业。

(2) 默认情况下，数据库主文件的扩展名是 __________。

(3) 默认情况下，数据库日志文件的扩展名是 __________。

(4) 在 SQL Server 2016 中，一个数据库至少有一个数据文件和一个 __________ 文件。

(5) __________ 表示数据库的在线状态或联机状态，可以执行对数据库的访问。

(6) 在 SQL Server 2016 中，__________ 是一个临时数据库，主要用来存储用户的一些临时数据信息。

2. 选择题

(1) 在下列选项中，__________ 不是 SQL Server 2016 的系统数据库。

A．master　B．tempdb　C．model　D．MemberSysdb

(2) 关于文件和文件组的说明，下面说明正确的是 __________。

A．一个文件或文件组只能用于一个数据库，不能用于多个数据库

B．一个文件可以是多个文件组的成员

C．数据库的数据信息和日志信息可以放在同一个文件或文件组中，数据文件和日志文件不能分开

D．日志文件是文件组的一部分，开发者可以随意操作

(3) 在执行删除数据库的操作时，如果因为数据库正在使用而删除失败，可以勾选【删除对象】窗口中的【__________】复选框强制删除数据库。

A．关闭现有连接　B．删除正在使用的连接

C．关于所有连接　D．删除数据库连接

(4) SQL Server 2016 的数据库组成不包含 __________。

A．表　B．视图　C．存储过程　D．服务器对象

(5) 下面横线的空白处应该填写 __________。

```
SELECT DATABASEPROPERTYEX('TourismManSys','__________') AS ' 数据库的状态 ';
```

A．Collation　B．Recovery　C．Status　D．UserAccess

(6) 在 SQL Server 2016 中，数据库快照的扩展名是 __________。

A．.mdf　B．.snp　C．.ndf　D．.ldf

上机练习：修改数据库文件的自动增长方式

开发者在创建数据库时，可以设置数据库文件的初始大小和自动增长方式。另外，在数据库创建完毕后，可以根据实际情况将其修改为合适的自动增长方式，以提高应用程序的性能。

本次上机练习以 2.6 节创建的数据库为例进行修改，要求读者修改数据库文件的增量为 15MB，最大值限制为 100MB，修改日志文件的增量为 5MB，最大限制值为 25MB。

第 3 章

管理 SQL 数据表

开发者创建好数据库以后，还必须在数据库中创建存放数据的“容器”，这个“容器”就是表。在 SQL Server 2016 数据库中，表是数据管理的基本单元，是整个数据库中最重要的元素。在对整个数据库的操作中，大部分 SQL 编程都与表有直接或间接的关系。因此，在对数据库的管理中，管理数据表是非常重要的一个任务。

本章详细为大家介绍 SQL 数据表的管理，主要介绍表的概念、特点、如何创建、删除、修改表结构，以及如何为表添加各种约束、键等内容。

本章学习要点

- ◎ 了解表的特点和与表有关的概念
- ◎ 了解临时表和常用的系统表
- ◎ 掌握 SQL Server 中的数据类型
- ◎ 掌握如何通过图形界面操作表
- ◎ 掌握如何通过图形界面操作表数据
- ◎ 掌握如何使用 CREATE TABLE 语句
- ◎ 掌握如何使用 ALTER TABLE 语句
- ◎ 掌握如何使用 DROP TABLE 语句
- ◎ 掌握如何为表添加各种约束
- ◎ 掌握向表添加数据的常用命令
- ◎ 掌握更改表数据的常用命令
- ◎ 掌握删除表数据的常用命令

 3.1 表概述

表是 SQL Server 中负责存储数据的核心对象。在关系型数据库中，所有数据都是以二维表的形式保存在数据库中。SQL Server 2016 中的一个数据库可以包含多张数据表，分别用于存储不同类型的数据。

3.1.1 什么是表

每个数据库都可以包含多张数据表，表是用于在数据库中存放数据的逻辑结构，它对应关系模型中的数据实体。表用于组织和存储具有行、列结构的一组数据，行是数据组中的单位，列用于描述数据实体的一个属性。每一行都表示一条完整的数据记录，对应一个数据实体，而每一列表示记录中元素的一个属性值。

【例 3-1】

表 3-1 是用来表示某客户系统会员信息的“会员”表。

表 3-1 会员表

编 号	姓 名	性 别	联系方式	出生日期	积 分	备 注
No1001	王林	男	13838510001	1990-11-01	215	新客户
No1002	程菲	女	13838510002	1991-11-11	815	
No1003	许一姚	女	13838510003	1989-06-25	907	
No1004	程楠楠	女	13838510004	1988-01-05	1005	
No1005	张一平	男	13838510005	1974-10-15	2004	
No1006	林帆	男	13838510006	1988-12-12	320	

在表 3-1 中，表的名称为“会员”，该表共有 7 列，每列都有一个名字，即列名(一般情况下将标题作为列名)，它描述了会员某一个方面的属性。每个表由多个行组成，表的第一行为标题，其他各行都是数据。

1. 与表有关的概念

根据表 3-1 的内容，为大家介绍几个常见的与数据表有关的概念。

- 表结构：组成表的各列的名称及其数据类型，统称为表结构。
- 记录：每个表包含多个数据，它们是表的“值”，表中的一行称为一个记录。因此，表是记录的有限集合。
- 字段：每个记录由若干个数据项构成，将构成记录的每个数据项称为字段或者字段列。例如，表 3-1 包含 7 个字段列，由 6 条记录构成。
- 空值：空值通常表示未知、不可用或将在以后添加的数据，如果一个列允许为空值，则向表中输入记录值时可不为该列给出具体值；而一个列如果不允许为空值，则在输入时必须给出具体值。
- 关键字：如果表中记录的某一字段或字段组合能唯一标识记录，则称该字段或字段组合为候选关键字。如果一个表有多个候选关键字，则选择其中一个为主关键字，简称主键。当一个表仅有唯一的一个候选关键字时，该候选关键字就是主关键字。

注意

表的关键字不允许为空值，空值不能与数值数据 0 或者字符类型的空字符混为一谈。任意两个空值都不相等。

2. 表的特点

在 SQL Server 2016 数据库中，数据表通常有以下特点。

- 表通常代表一类实体。表是将实体关系模型映射为二维表格的一种实现方式，在同一个数据库中，每一个表具有唯一的名称。
- 表由行和列组成。二维表格是由横向的行和纵向的列组成。每一行表示一条完整的记录，对应于一个完整的数据实体。每一列表示每个实体对应的属性，列存储了多个实体对象的相同属性的值。
- 在同一个表中每一行的值具有唯一性。另外，列名在同一个表中也具有唯一性。
- 行和列具有无序性。在同一个表中，行的顺序可以任意排列，通常按照数据插入的先后顺序存储。在使用过程中，经常对表中的行使用索引进行排序，或者在检索时使用排序语句。另外，列的顺序也可以任意排列，列的先后顺序对于数据的存储没有实质影响。

3.1.2 系统表和临时表

在 SQL Server 2016 中，数据表可以分为普通表、分区表、系统表和临时表。每个表都具有自身的特点和作用，下面针对系统表和临时表进行介绍。

1. 系统表

在创建好的每一个数据库中，系统都会自动添加一个系统表，该表存储了与系统有关的各种信息，例如服务器配置、数据库配置、用户和表对象的描述信息等。表 3-2 针对 SQL Server 2016 中常用的系统表进行解释说明。

表 3-2 SQL Server 2016 中的部分系统基表

系统基表	说 明
sys.sysschobjs	存在于每个数据库中。每一行表示数据库中的一个对象
sys.sysbinobjs	存在于每个数据库中。数据库中的每个 Service Broker 实体都存在对应的一行。Service Broker 实体包括消息类型、服务合同和服务
sys.sysclsobjs	存在于每个数据库中。共享相同通用属性的每个分类实体均存在对应的一行，这些属性包括程序集、备份设备、全文目录、分区函数、分区方案、文件组和模糊处理键
sys.sysnsobjs	存在于每个数据库中。每个命名空间范围内的实体均存在对应的一行。此表用于存储 XML 集合实体
sys.sysiscols	存在于每个数据库中。每个持久化索引和统计信息列均存在对应的一行
sys.sysscalartypes	存在于每个数据库中。每个用户定义类型或系统类型均存在对应的一行
sys.sysdbreg	仅存在于 master 数据库中。每个注册数据库均存在对应的一行
sys.sysxsrvs	仅存在于 master 数据库中。每个本地服务器、链接服务器或远程服务器均存在对应的一行
sys.sysxlgns	仅存在于 master 数据库中。每个服务器主体均存在对应的一行
sys.sysusermsg	仅存在于 master 数据库中。每一行表示用户定义的错误消息
sys.ftinds	存在于每个数据库中。数据库中的每个全文索引均存在对应的一行

（续表）

系统基表	说 明
sys.sysxprops	存在于每个数据库中。每个扩展属性均存在对应的一行
sys.sysallocunits	存在于每个数据库中。每个存储分配单元均存在对应的一行
sys.sysrowsets	存在于每个数据库中。索引或堆的每个分区行集均存在对应的一行
sys.sysrowsetrefs	存在于每个数据库中。行集引用的每个索引均存在对应的一行
sys.sysobjvalues	存在于每个数据库中。实体的每个常规值属性均存在对应的一行
sys.sysguidrefs	存在于每个数据库中。每个 GUID 分类 ID 引用均存在对应的一行

提示

SQL Server 2016 中包含多种系统表和多个系统基表，表 3-2 只列出了部分系统基表，关于其他的系统基表和系统表，读者可以在 SQL Server 2016 联机丛书中查找更多资料。

2. 临时表

临时表和永久表相似，但临时表保存在于 tempdb 中，当不再使用时由系统自动删除。所以临时表都有他们自己的生存周期，从创建开始，到断开连接，生存周期结束，系统自动删除并释放所用的空间。

临时表分为两种：本地临时表和全局临时表。

- 本地临时表：在表的名称前使用一个“#”符号，只能由创建者使用。当用户断开与 SQL Server 2016 实例的连接时，将自动删除该临时表。
- 全局临时表：在表的名称前使用两个“#”符号，这是与本地临时表表名的区别，在生存期间可以由所有用户使用。

3.1.3 表的数据类型

设计数据库表结构，除了设置表的属性外，主要设置的是列属性。在表中创建列时，必须为其指定数据类型，列的数据类型决定数据的取值、范围和存储格式。列的数据类型可以是 SQL Server 2016 中提供的数据类型，也可以是用户定义的数据类型。

本节详细为大家介绍 SQL Server 2016 中常用的系统数据类型。

1. 整数型：bigint、int、smallint、tinyint

在 bigint、int、smallint、tinyint 这 4 个类型中，int 类型最经常被用到，bigint 数据类型用于整数值可能超过 int 数据类型支持范围的情况。在数据类型优先次序表中，bigint 介于 smallmoney 和 int 之间。表 3-3 对 bigint、int、smallint 和 tinyint 类型简单进行了说明。

表 3-3 bigint、int、smallint 和 tinyint 类型

数据类型	范 围	存 储
bigint	-2^{63}(−9,223,372,036,854,775,808) 到 $2^{63}-1$(9,223,372,036,854,775,807)	8 字节
int	-2^{31}(−2,147,483,648) 到 $2^{31}-1$(2,147,483,647)	4 字节
smallint	-2^{15}(−32,768) 到 $2^{15}-1$(32,767)	2 字节
tinyint	0 到 255	1 字节

2. 精确数值型：decimal 和 numeric

decimal 和 numeric 是带固定精度和小数位数的数值数据类型。使用最大精度时，有效值的范围为 $-10^{38}+1$ 到 $10^{38}-1$。语法如下：

```
decimal [ (p[ ,s] )] 和 numeric[ (p[ ,s] )]
```

其中 p 表示精度，最多可以存储的十进制数字的总位数，包括小数点左边和右边的位数。该精度必须是从 1 到最大精度 38 之间的值。默认精度为 18。s 表示小数位数，小数点右边可以存储的十进制数字的位数，从 p 中减去此数字可确定小数点左边的最大位数，小数位数必须是从 0 到 p 之间的值。仅在指定精度后才可以指定小数位数，默认的小数位数为 0。因此 $0 \leqslant s \leqslant p$。

3. 浮点型：real 和 float

float 和 real 是用于表示浮点数值数据的大致数值数据类型。浮点数据为近似值；因此，并非数据类型范围内的所有值都能精确地表示。float 类型的语法如下：

```
float [ (n) ]
```

其中 n 为用于存储 float 数值尾数的位数（以科学计数法表示），因此可以确定精度和存储大小。如果指定了 n，则它必须是介于 1 到 53 之间的某个值，默认值为 5。当 n 的取值在 1 到 24 之间时，精度为 7 位数，存储大小为 4 字节；当 n 的取值在 25 到 53 时，精度为 15 位数，存储大小为 8 字节。

4. 货币型：money 和 smallmoney

money 和 smallmoney 是代表货币或货币值的数据类型，这两种数据类型精确到它们所代表的货币单位的万分之一，取值及其说明如表 3-4 所示。

表 3-4　money 和 smallmoney 类型

数据类型	范　围	存　储
money	-2^{63}(−9,223,372,036,854,775,808) 到 $2^{63}-1$(9,223,372,036,854,775,807)	8 字节
smallmoney	-2^{31}(−2,147,483,648) 到 $2^{31}-1$(2,147,483,647)	4 字节

关于 money 和 smallmoney 类型的说明如下。

- 当向表中插入 money 或 smallmoney 类型的值时，比必须在数据前面加上货币表示符号 ($)，并且数据中间不能有逗号 (,)。如果货比值为负数，则需要在符号 $ 的后面加上负号 (−)。例如，$121、$-200 都是正确的货币数据表示形式。
- money 的数范围与 bigint 相同，不同的只是 money 类型有 4 位小数。
- smallmoney 与 int 的关系如同 money 和 bigint 的关系。

5. 位型：bit

bit 是可以取值为 1、0 或 NULL 的 integer 数据类型。SQL Server 数据库引擎可优化 bit 列的存储。如果表中的列为 8bit 或者更少，则这些列作为 1 个字节存储；如果列为 9 到 16bit，则这些列作为 2 个字节存储，以此类推。

字符串值 True 或者 False 可转换为 bit 值，True 将转换为 1，False 将转换为 0。转换时 bit 会将任何非零值转换为 1。

6. 字符型、Unicode 字符型和文本型：char/nchar、varchar/nvarchar、text/ntext

字符型数据用于存储字符串，字符串中可以包含字母、数字和其他特殊符号（如 #、@、& 等）。在输入字符串时，需要将串中的符号用单引号或双引号括起来，例如“T-SQL 语句”和‘A’。

- char[(n)]：定长字符数据类型，其中 n 字义字符型数据的长度，n 为 1 ～ 8000。默认 n=1。如果实际存储串长度不足 n 时，则在串的尾部添加空格以达到长度 n。如果输入的

字符个数超出了 n，则超出部分被截断。

- varchar[(n)]：变长字符数据类型，n(1 ～ 8000) 表示的是字符串可达到的最大长度。实际长度为输入字符串的实际字符个数，而不一定是 n。当列中的字符数值长度接近一致时，可以使用 char 类型；当列中的数据值长度明显不同时，使用 varchar 类型更好，这样可以节省存储空间。
- text：可以表示最大长度为 $2^{31}-1$ 个字符，其数据的存储长度为实际字符个数。
- nchar(n)、nvarchar(n)、ntext：使用 UNICODE UCS-2 字符集，该字符集 1 个字符用 2 个字节表示，n 的取值在 1 到 4000 之间，占用 2n 字节空间。
- varchar(MAX)、nvarchar(MAX)：最多可以存放 $2^{31}-1$ 个字节的数据，可以作来替换 text、ntext 数据类型。

7. 二进制型和图像型：binary[(n)]、varbinary[(n)]、varbinary(MAX)、image

二进制数据类型表示的是位数据流，包括 binary 和 varbinary 两种。关于二进制型和图像型的说明如下。

- binary[(n)]：固定长度的 n 个字节二进制数据。n 的取值范围为 1 ～ 8000，默认为 1。Binary(n) 数据的存储长度为 n+4 个字节。如果输入的数据长度小于 n，则不足部分用 0 填充；如果输入的数据长度大于 n，则多余部分被截断。
- varbinary[(n)]：n 个字节变长二进制数据。
- image：该类型用于存储图片和照片等。实际存储的是可变长度的二进制数据，介于 0 与 $2^{31}-1$ 字节之间，该类型是为了向下兼容而保留的数据类型。
- varchar(MAX)：最多可存放 $2^{31}-1$ 个字节的数据。通常情况下，开发者可以使用该类型代替 image 类型。

8. 日期、时间类型：date、datetime、smalldatetime、datetime2、datetimeoffset、time

日期、时间类型数据用于存储日期和时间信息，用户以字符串形式输入日期、时间类型数据，系统也以字符串形式输出日期、时间类型数据。例如，表 3-5 针对常用的日期、时间类型进行详细说明。

表 3-5　常用的日期、时间类型

数据类型	范　围	说　明
date	1.1.1 ～ 9999.12.31	日期
datetime	1753.1.1 ～ 9999.12.31	日期和时间分别给出
smalldatetime	1900.1.1 ～ 2079.6.6	日期和时间分别给出
datetime2	1.1.1 ～ 9999.12.21	datetime(n) 表示 n(=1 ～ 7) 位微秒
datetimeoffset	YYYY ～ MM-DD	带时区偏移量
time		time(n) 表示 n(=1 ～ 7) 位微秒

9. 时间戳类型：timestamp

一个表只能有一个 timestamp 类型列。timestamp 类型反映系统对该记录修改的相对顺序，它实际上是二进制格式数据，其长度为 8 字节。每当对该表加入新行或修改已有行时，都由系统自动将一个计数器值加到该列，即将原来的时间戳值加上一个增量。

10. 平面和地理空间数据类型：geometry、geography

geometry 表示平面空间数据类型，它作为 .NET 公共语言运行时数据类型实现，表示平

面坐标系中的数据。

geography 表示地理空间数据类型，它作为 .NET 公共语言运行时数据类型实现，表示圆形地球坐标系中的数据。SQL Server 支持 geography 数据类型用于存储 GPS 纬度和经度坐标之类的椭球体（圆形地球）数据。

11. 其他数据类型

除上面介绍的常见数据类型外，SQL Server 2016 还提供其他的系统数据类型，如下所示。

- sql_variant 类型：sql_variant 也是一种数据类型，用于存储 SQL Server 支持的各种数据类型的值。sql_variant 可以用在列、参数、变量和用户定义函数的返回值中，它使这些数据库对象能够支持其他数据类型的值。
- uniqueidentifier 类型：uniqueidentifier 可以存储 16 字节的二进制值，其作用与全局唯一标识符 (即 GUID) 一样。uniqueidentifier 列的 GUID 值可以在 Transact-SQL 语句、批处理或脚本中调用 NEWID() 函数获取。
- hierarchyid 类型：hierarchyid 是一种长度可变的系统数据类型。使用它来表示层次结构中的位置，类型为 hierarchyid 的列不会自动表示树。由应用程序来生成和分配 hierarchyid 值，使行与行之间的所需关系反映在这些值中。
- xml 类型：xml 是一种用于存储 XML 数据的数据类型，可以在列中或者 xml 类型的变量中存储 xml 实例。

12. 数据类型优先级

当两个不同数据类型的表达式用运算符组合后，数据类型优先级规则指定将优先级较低的数据类型转换为优先级较高的数据类型。如果此转换不是所支持的隐式转换，则会返回错误。当两个操作数表达式具有相同的数据类型时，运算的结果便为该数据类型。

在 SQL Server 2016 的数据类型中，数据类型的优先级是：用户自定义数据类型（最高）>sql_variant>xml>datetimeoffset>datetime2>datetime>smalldatetime>date>time>float>real>decimal>monty>smallmoney>bigint>int>smallint>tinyint>bit>ntext>text>image>timestamp>uniqueidentifier>nvarchar(包括 nvarchar(max))>nchar>varchar(包括 varchar(max))>char>varbinary(包括 varbinary(max))>binary(最低)。

13. 自定义数据类型

用户自定义的定义数据类型并不是真正的数据类型，它只提供一种加强数据库内部元素和基本数据类型之间一致性的机制。用户基于系统的数据类型设计并实现的数据类型就称为用户自定义数据类型。

当创建用户自定义的数据类型时，需要提供 3 个参数：数据类型名称、所基于的系统数据类型和是否允许为空。创建用户定义数据类型有两种方法：一种是通过图形化界面创建；另一种是使用系统存储过程 sp_addtype。

- 图形界面工具：用户通过 SQL Server Management Studio 工具自定义数据类型时，需要在【对象资源管理器】窗格找到某一个数据库下的【可编程性】节点，并展开该节点。在展开的节点中找到【类型】节点右击，执行【新建】|【用户定义数据类型】命令，在弹出的对话框中操作即可。
- 命令语句：通过命令语句自定义数据类型时，需要调用 sp_addtype 存储过程。基本语法如下：

```
sp_addtype [ @typename = ] type, [ @phystype = ]
system_data_type [ , [ @nulltype = ] 'null_type' ] ;
```

上述语法的参数说明如下。

- [@typename=]type：自定义数据类型的名称，该名称必须遵循标识符规则，并且在每个数据库中必须是唯一的。type 的数据类型为 sysname，无默认值。
- [@phystype=]system_data_type：自定义数据类型所基于的物理数据类型或 SQL Server 提供的数据类型。system_data_type 的数据类型为 sysname，无默认值。

- [@nulltype=] ‘null_type’：指定自定义数据类型处理空值的方式。null_type 的数据类型为 varchar(8)，默认值为 NULL，并且必须用单引号引起来（‘NULL’‘NOT NULL’或‘NONULL’）。

【例 3-2】

用以下代码定义基于 float 系统数据类型且不允许有空值的 persinaltype 数据类型：

```
USE SupermarkMemSys
GO
EXEC sp_addtype persinaltype,'float','NOT NULL';
```

如果要删除自定义的数据类型，用户可以使用 sp_droptype 存储过程来完成。基本语法如下：

```
sp_droptype [ @typename = ] 'type'
```

其中，[@typename=] ‘type’表示用户所拥有的自定义数据类型的名称，type 的数据类型为 sysname，无默认值。

【例 3-3】

用以下代码使用 sp_droptype 存储过程删除自定义的 persinaltype 数据类型：

```
USE SupermarkMemSys
GO
EXEC sp_droptype persinaltype
```

3.1.4 表结构设计

创建表的实质就是定义表结构，设置表和列的属性。在创建表之前，开发者需要先确定表的名称、表的属性，同时确定表所包含的列名、列的数据类型、长度、是否可为空值、约束条件、默认值设置、规则以及所需要的索引、哪些列是主键、哪些列是外键等，这些属性构成表结构。

【例 3-4】

旅游管理系统中包含导游表、游客表、景点表、用户权限表等多张表。其中导游表中包含导游编号、职位、姓名、性别、年龄等多列信息，其最终设计如表 3-6 所示。

表 3-6　导游表的设计效果

字段名称	数据类型	是否必填	允许为空	说　明
guideNo	nvarchar(10)	是	否	主键
guidePosition	nvarchar(10)	是	否	导游的职位信息，如经理、职员
guideName	nvarchar(20)	是	否	
guideSex	nvarchar(2)	否	是	性别取值为“男”“女”(默认)
guideAge	int	否	是	
languageList	nvarchar(100)	否	是	掌握语言，例如中文(默认)、英语、法语
way	text	否	是	
leadDate	datetime	否	是	默认值为系统当前日期

3.2 图形界面创建表

表结构设计完以后就是要创建表了，在 SQL Server 2016 中，开发者可以通过 SQL Server Management Studio 工具进行创建，这是最简单的一种方式，下面进行介绍。

3.2.1 创建表

下面以旅游管理系统数据库中创建导游表为例进行创建。

【例 3-5】

创建 GuideMessage 表的主要步骤如下。

01 打开 SQL Server Management Studio 图形工具，展开左侧的 TourismManSys 数据库节点，并展开节点，找到【表】节点右击，如图 3-1 所示。

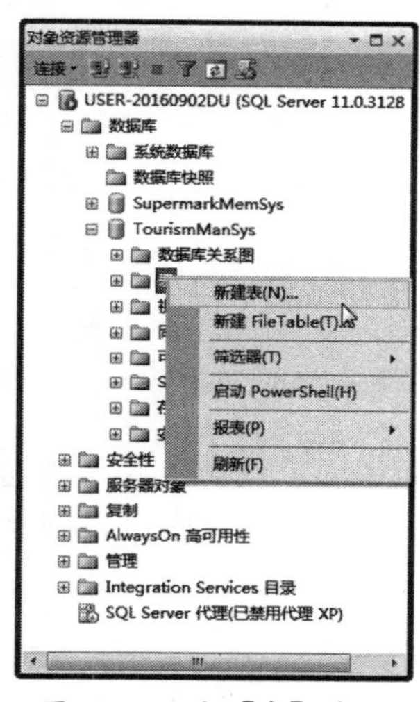

图 3-1 右击【表】选项

02 执行【新建表】命令，打开【表设计器】窗口，在该窗口中，输入 GuideMessage 表的结构，如图 3-2 所示。

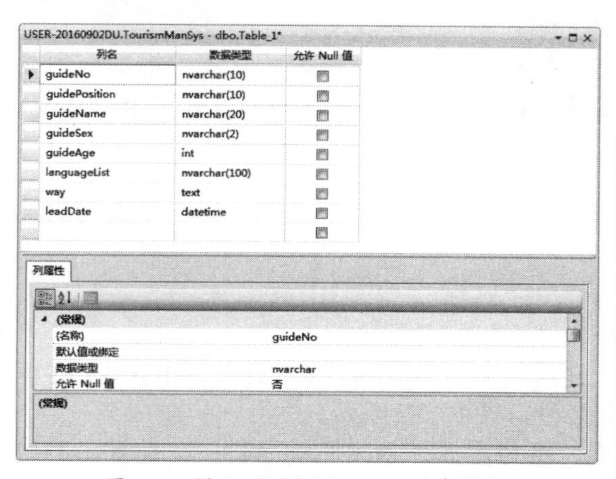

图 3-2 添加 GuideMessage 的表结构

03 为 GuideMessage 表的各个列设置列属性，选中某一列后，在该列的下方会出现【列属性】，在列属性中找到对应的内容进行设置即可。

- 不允许为空：如果是将某个字段列设置为不允许为空，需要取消选中【允许 Null 值】列上的复选框，如果选中则表示允许空值，如图 3-3 所示。

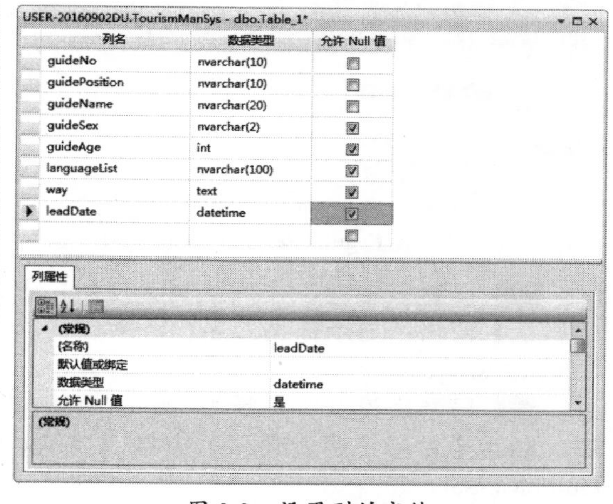

图 3-3 设置列的空值

- 设置主键：以 guideNo 列为例，在该列上右击，在弹出的快捷菜单中执行【设置主键】命令，该字段前就会显示小钥匙图标，如图 3-4 所示。

图 3-4 设置列的主键

- 设置默认值：为列设置默认值时需要

在【列属性】下方找到【默认值或绑定】内容，在后面的输入框中输入相应的默认值即可，分别如图 3-5 和图 3-6 所示。

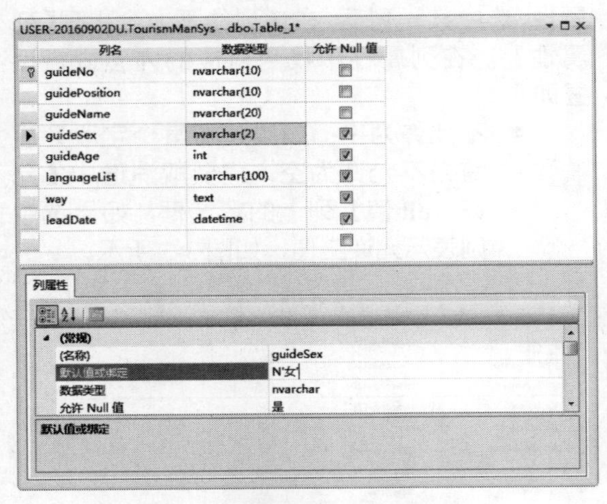

图 3-5　设置 guideSex 列的默认值为“女”

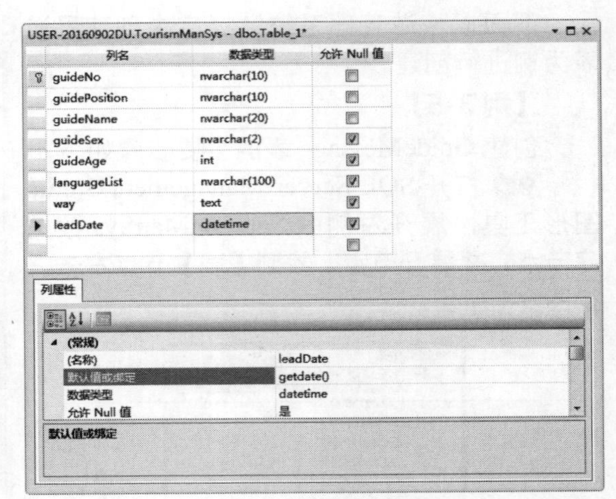

图 3-6　设置 leadDate 列的默认值为当前时间

04 设置表属性。在列编辑区域中右击，在弹出的快捷菜单中选择【属性】，右边表【属性】窗格中显示数据库名称，默认情况下添加的第一个表名称为 Table_1，将其修改为 GuideMessage。

05 导游表设计完毕后按 Ctrl+S 快捷键保存设计的表结构，然后关闭【表设计器】窗口，刷新【对象资源管理器】窗格，在 TourismManSys 数据库展开表中可以显示出添加的 GuideMessage 表。

> **提示**
>
> 在创建表时，如果主键是由两个或两个以上的列组成，在设置主键时，需要在按住 Ctrl 键的同时选择多个列，然后右击并选择【设置主键】菜单项，将多个列设置为表的主键。

3.2.2 修改表结构

在创建表以后，使用过程中可能需要针对表的结构进行修改，例如，向表中增加一列或删除一列，修改表名等。开发者可以在【表设计器】窗口中，针对已设计好的表结构进行修改。

1. 添加新列或删除某列

添加新列是指在当前的表结构基础上给表增加一列，删除某列是指删除当前表结构的某一列，该列可能是多余或错误的。

【例 3-6】

打开要修改的数据表，针对该表进行以下操作。

01 在打开的数据表的【表设计器】窗口中，在最后一行直接插入列，或者右击并执行【插入列】命令，在增加的空列中加入新列名称及其属性，如图 3-7 所示。

02 在打开的数据表的【表设计器】窗口中，选择要删除的某一列后右击，在弹出的快捷菜单中执行【删除列】命令。

03 修改完毕后关闭【表设计器】窗口，此时将弹出一个提示对话框，如图 3-8 所示，单击【是】按钮保存修改的表。

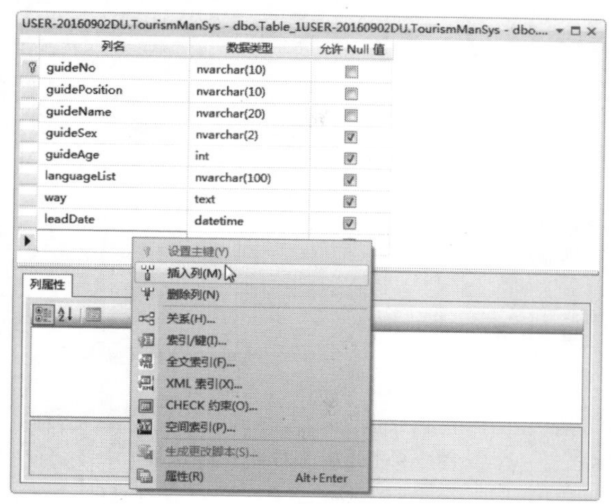

图 3-7　插入新列

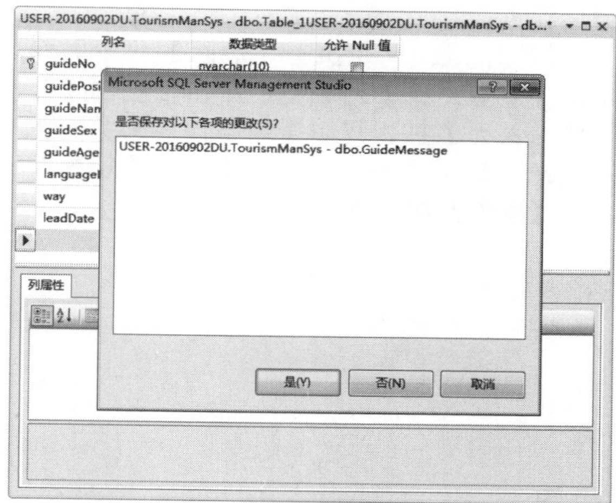

图 3-8　保存提示

2. 列没有值修改列属性

如果当前表没有输入数据，或者需要修改的列没有值，则可以直接修改。如果出现问题，可以先删除该列，再增加列。

3. 列有值修改列属性

当表中有了记录以后，一般不要轻易改变表结构，特别是不要改变列的数据类型，以免产生错误。在需要改变类的数据类型时，需要满足下列条件。

01 原数据类型必须能够转换为新数据类型。

02 新数据类型不能为 timestamp 类型。

03 如果被修改列属性中有“标识规范”属性，则新数据类型必须是有效的“标识规范”数据类型。

提示

在修改列的数据类型时，如果列中存在列值，可能会弹出警告框，要确定修改，可以单击【是】按钮，但是此操作可能会导致一些数据永久丢失，因此开发者需要谨慎使用。

4. 更改表名

在【对象资源管理器】窗格中选择需要更名的表，然后右击，在弹出的快捷菜单中选择【重命名】命令，输入新的表名后按【确定】按钮。

在更改表名时需要注意，SQL Server 虽然允许改变一个表的名字，但是当表名改变后，与表相关的某些对象（例如视图）以及通过表名与表相关的存储过程将会无效。

3.2.3　删除表

通过 SQL Server Management Studio 界面工具删除数据表的方式非常简单，用户需要在【对象资源管理器】窗格中找到表所在的数据库，然后展开数据库节点，找到【表】选项并展开，在【表】下找到要删除的数据表，然后右击该数据表，在弹出的快捷菜单中执行【删除】命令即可。

例如，图 3-9 是执行【删除】命令时弹出的【删除对象】对话框，单击该图的【显示依赖关系】按钮可以查看与该表有关的依赖信息，单击【确定】按钮执行删除操作，单击【取消】按钮将不会删除表。

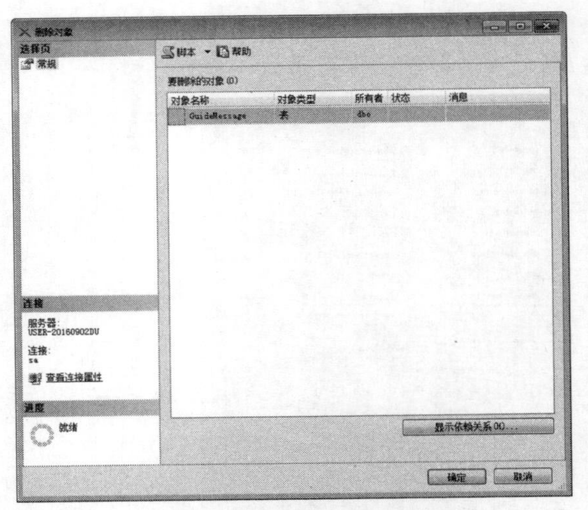

图 3-9 【删除对象】对话框

3.3 命令语句创建表

虽然图形界面工具可以简单方便地创建数据表，但是大多数情况下，开发者还需要通过 SQL 语句创建，SQL 语句创建的数据表也是经常用到的一种方式。

3.3.1 CREATE TABLE 语句

CREATE TABLE 语句创建数据表的语法如下：

```
CREATE TABLE
  [ database_name . [ schema_name ] . | schema_name . ] table_name
  [ AS FileTable ]
  ( { <column_definition> | <computed_column_definition>
    | <column_set_definition> | [ <table_constraint> ] [ ,...n ] } )
  [ ON { partition_scheme_name ( partition_column_name ) | filegroup | "default" } ]
  [ { TEXTIMAGE_ON { filegroup | "default" } ]
  [ FILESTREAM_ON { partition_scheme_name | filegroup | "default" } ]
  [ WITH ( <table_option> [ ,...n ] ) ]
[ ; ]
```

针对上述语法参数，具体说明如下。

- database_name：表示在其中创建表的数据库的名称，它必须指定现有数据库的名称。如果未指定，则 database_name 默认为当前数据库。
- schema_name：创建数据库表的所有者名，如果为空，则默认为新表的创建者在当前数据库中的用户名。
- table_name：创建数据表的名称，表名必须遵循有关标识符的规则。
- AS FileTable：将新表创建为 FileTable，用户无须指定列，因为 FileTable 具有固定架构。

- <column_definition>：表示数据列的语句结构。
- <table_constraint>：表示对数据表的约束进行设置。

<column_definition> 用于定义数据列的语句结构。完整语法如下：

```
<column_definition> ::=
column_name <data_type>
  [ FILESTREAM ]
  [ COLLATE collation_name ]
  [ SPARSE ]
  [ NULL | NOT NULL ]
  [
      [ CONSTRAINT constraint_name ] DEFAULT
constant_expression ]
| [ IDENTITY [ ( seed ,increment ) ] [ NOT FOR REPLICATION ]
  ]
  [ ROWGUIDCOL ]
  [ <column_constraint> [ ...n ] ]
<data type> ::=
[ type_schema_name . ] type_name
  [ ( precision [ , scale ] | max |
      [ { CONTENT | DOCUMENT } ] xml_schema_
collection ) ]
```

针对上述语法参数，具体说明如下。

- column_name：表中列的名称。
- <data type>：定义列的数据类型。在它的语法中，[type_schema_name.]type_name 指定列的数据类型以及该列所属的架构；precision 和 scale 分别表示指定数据类型的精度和指定数据类型的小数位数。
- COLLATE collation_name：指定列的排序规则。
- NULL|NOT NULL：确定列中是否允许有空值。
- CONSTRAINT：可选关键字，表示 PRIMARY KEY、NOT NULL、UNIQUE、FOREIGN KEY 或 CHECK 约束定义的开始。
- constraint_name：约束的名称，它必须在表所属的架构中唯一。
- DEFAULT：如果在插入过程中未显式提供值，则指定为列提供的值。
- constant_expression：它是用作列的默认值的常量、NULL 或系统函数。
- IDENTITY：指示新列是标识列，每个表只能创建一个标识列。在表中添加新行时，数据库引擎将为该列提供一个唯一的增量值。标识列通常与 PRIMARY KEY 约束一起用作表的唯一行标识符。
- seed：加载到表中的第一个行时所使用的值。
- increment：加载到前一行的标识值中要添加的增量值。
- NOT FOR REPLICATION：在 CREATE TABLE 语句中，可为 IDENTITY 属性、FOREIGN KEY 约束和 CHECK 约束指定 NOT FOR REPLICATION 子句。如果为 IDENTITY 属性指定了该子句，则复制代理执行插入时，标识列中的值将不会增加。如果为约束指定了此子句，则当复制代理执行插入、更新或删除操作时，将不会强制执行此约束。
- ROWGUIDCOL：指示新列是行 GUID(Globally Unique Identifier，全局唯一标识符) 列。

注意

GUID 是唯一的二进制数，世界上的任何两台计算机都不会生成重复的 GUID 值。GUID 主要用于在拥有多个节点、多台计算机的网络中，分配必须具有唯一性的标识符。

【例 3-7】

使用 CREATE TABLE 语句创建 visitor 游客表，游客表包含身份证号、姓名、性别、年龄、联系方式、报团日期、所属导游、备注等多个字段信息。创建代码如下：

```
USE TourismManSys
GO
IF EXISTS(SELECT * FROM sysobjects WHERE
name='visitor')
```

```
    DROP TABLE visitor
GO
CREATE TABLE visitor
(
    cardNumber nvarchar(50) NOT NULL,                    -- 身份证号，不允许为空
    visitorName nvarchar(30) NOT NULL,                   -- 姓名，不允许为空
    visitorSex nvarchar(2) NULL DEFAULT '女',            -- 性别，可以为空，默认值为女
    visitorAge int NOT NULL,                             -- 年龄，不允许为空
    visitorPhone nvarchar(50) NOT NULL,                  -- 联系方式，不允许为空
    visitorGroupName nvarchar(50),                       -- 团队名称
    visitorDate datetime,                                -- 报团日期
    visitorGuideNo nvarchar(10),                         -- 导游编号，对应导游表的主键
    visitorRemark text,                                  -- 游客信息备注
)
```

在上述代码中，首先使用 USE TourismManSys 将数据库 TourismManSys 指定为当前数据库，然后通过 IF EXISTS 语句判断当前数据库是否存在指定名称的表，如果存在则调用 DROP TABLE 语句删除表，然后通过 CREATE TABLE 语句创建表，在创建表时，通过 NOT NULL 指定表的字段列值不能为空，DEFAULT 指定字段列的默认值。

【例 3-8】

在 TourismManSys 数据库中创建 testobject 表，该表包含两个字段列，testId 列表示主键 ID，自动生成标志列，每列值递增 1，testValue 表示测试内容。创建代码如下：

```
IF EXISTS(SELECT * FROM sysobjects WHERE
name='testobject')
    DROP TABLE testobject
GO
CREATE TABLE testobject
(
    testId int NOT NULL PRIMARY KEY IDENTITY(1,1),
    testValue nvarchar(20) NOT NULL
)
```

上述代码创建 testobject 表时，将 testId 指定为主键，同时通过 IDENTITY 设置该列为标识字段列，其值初始值为 1，每次递增 1。一个标识列是唯一标识表中每条记录的特殊字段，当一个新记录添加到这个表中时，这个字段就被自动赋给一个新值，默认情况下按 1 递增。

IDENTITY 不仅可以和 CREATE TABLE 语句一起使用，还可以和 ALTER TABLE 语句一起使用。IDENTITY 关键字的语法如下：

```
IDENTITY(seed,increment);
```

其中，seed 参数表示标识种子，即用于指定标识列的初始值。例如，开发者如果要修改 testId 列的数据初始值，需要修改该参数：increment 表示标识增量，即用于指定标识列的增量值。例如，如果要修改每次递增的值，需要修改 increment 参数的值。

注意

开发者在使用 IDENTITY 关键字时，必须通过指定种子值和增量值，或者二者都不指定，如果二者都不指定，则默认值为 (1,1)。每个表可以有一个标识字段，也只能有一个标识字段，如果标识字段使用 tinyint 类型存储数据，那么只能向表中添加 255 条记录。

【例 3-9】

使用以下代码在创建 testobject 数据表时，指定 testId 列的初始值为 10，并且每次递增的值为 5。代码如下：

```
IF EXISTS(SELECT * FROM sysobjects WHERE name='testobject')
    DROP TABLE testobject
GO
CREATE TABLE testobject
(
    testId int NOT NULL PRIMARY KEY IDENTITY(10,5),
    testValue nvarchar(20) NOT NULL
)
```

3.3.2　ALTER TABLE 语句

创建表完毕以后，开发者可能需要对表的结构进行更改，更改表结构需要用到 ALTER TABLE 语句。ALTER TABLE 语句的语法与 CREATE TABLE 语句相似，因此这里不再详细介绍，直接通过例子进行说明。

1. 向表中添加列

如果发现表结构中少添加一列，可以执行下面的语句进行添加：

```
ALTER TABLE 表名 ADD 列名 列类型；
```

【例 3-10】

向 visitor 数据表中添加两个 datetime 类型的列，一列名称为 visitorAddDate，另一列名称为 visitorDateTest。代码如下：

```
ALTER TABLE visitor ADD visitorAddDate datetime;
ALTER TABLE visitor ADD visitorDateTest datetime;
```

在向数据表中添加列时，如果表中已经存在与添加列同名的列，则语句运行时将会出错。

2. 修改列

开发者可以针对表中已经存在的表结构进行更改，更改语法如下：

```
ALTER TABLE 表名 ALTER COLUMN 列名 列类型；
```

【例 3-11】

更改 visitor 表中 visitorDateTest 列的属性，将该列的数据类型由 datetime 修改为 varchar(20)。代码如下：

```
ALTER TABLE visitor ALTER COLUMN visitorDate
Test varchar(20);
```

3. 删除列

删除表中多余的一列或多列可以执行以下语句：

```
ALTER TABLE 表名 DROP COLUMN 列名 [,...]
```

【例 3-12】

删除 visitor 表中 visitorDateTest 列的语句代码如下：

```
ALTER TABLE visitor DROP COLUMN visitorDateTest;
```

> **注意**
>
> 在 ALTER TABLE 语句中，一次只能包含 ALTER COLUMN、ADD、DROP 子句中的一条，而且使用 ALTER COLUMN 子句时一次只能修改一个列的属性，因此这里需要使用两条 ALTER TABLE 语句。

4. 更改表名

更改数据表的名称时，通常需要用到 sp_rename 存储过程：

```
EXEC sp_rename 原表名，新表名；
```

【例 3-13】

用以下代码将 visitor 表名更改为 visitorMessage 表名：

```
EXEC sp_rename visitor,visitorMessage
GO
```

提示

在对表进行修改时，首先要查看该表是否和其他表存在依赖关系，如果存在依赖关系，那么应该解除该表的依赖关系后再对表进行修改操作，否则将有可能导致其他表出错。

3.3.3 为表创建约束

约束是 SQL Server 数据块强制实行的应用规则，建立和使用约束的目的是保证数据的完整性。约束能够限制用户存放到表中的数据格式和可能值，它作为数据库定义的一部分在 CREATE TABLE 语句中声明，因此又称作声明完整性约束。另外，约束独立于表结构，可以在不改变表结构的情况下，通过 ALTER TABLE 语句来添加或者删除。在删除一个表时，该表所带的所有约束定义也被随之删除。

简单地说，约束可以在 CREATE TABLE 语句中声明，也可以在 ALTER TABLE 语句中定义。常见的几种约束及其说明如下所示。

1. 主键约束

在表中经常有一列或多列的组合，其值能够唯一标识表中的每一行。这样的一列或多列称为表的主键，一个表只能包含一个主键约束，通过它可以强制表的实体完整性。由于主键约束可保证数据的唯一性，因此经常对标识列定义这种约束。

如果为表指定了主键约束，数据库引擎将通过为主键列自动创建唯一索引来强制数据的唯一性。当在查询中使用主键时，此索引还允许对数据进行快速访问。如果对多列定义了主键约束，则一列中的值可能会重复，但是来自主键约束定义中所有列的值的任何组合必须是唯一的。

创建主键将自动创建相应的唯一索引、聚集索引或非聚集索引。使用命令语句创建主键约束时，一种方法是可以在创建字段列时通过 PRIMARY KEY 关键字指定，如例 3-8；另一种是修改表中的主键，需要使用 ALTER TABLE。

【例 3-14】

在 CREATE TABLE 语句创建字段列时，除了在字段列后面指定 PRIMARY KEY 外，还可以在所有字段列创建完毕后通过 CONSTRAINT 指定主键。代码如下：

```
CREATE TABLE visitor
(
    cardNumber nvarchar(50) NOT NULL,                -- 身份证号，不允许为空
    visitorName nvarchar(30) NOT NULL,               -- 姓名，不允许为空
    visitorSex nvarchar(2) NULL DEFAULT '女',        -- 性别，可以为空，默认值为女
    visitorAge int NOT NULL,                         -- 年龄，不允许为空
    visitorPhone nvarchar(50) NOT NULL,              -- 联系方式，不允许为空
    visitorGroupName nvarchar(50),                   -- 团队名称
    visitorDate datetime,                            -- 报团日期
    visitorGuideNo nvarchar(10),                     -- 导游编号，对应导游表的主键
    visitorRemark text,                              -- 游客信息备注
```

```
    CONSTRAINT pk_cardNum PRIMARY KEY
(cardNumber)
)
```

【例 3-15】

在创建表结构完毕后，通过 ALTER TABLE 语句为表指定主键列。在例 3-8 的基础上进行更改，添加将 cardNumber 设置为主键的代码，效果与上个例子效果等同。代码如下：

```
ALTER TABLE visitor ADD CONSTRAINT pk_
cardNum PRIMARY KEY (cardNumber)
```

如果开发者要删除主键约束，需要在 ALTER TABLE 语句中使用 DROP CONSTRAINT。用以下代码删除创建的主键约束：

```
ALTER TABLE visitorDROP CONSTRAINT pk_cardNum
GO
```

2. 自动增长标识

SQL Server 为自动进行顺序编号引入了自动编号的 IDENTITY 属性，具有 IDENTITY 属性的列称为标识列，其取值称为标识值，标识列具有以下特点。

- IDENTITY 列的数据类型只能为 tinyint、smallint、int、bigint、numeric 和 decimal。当为 numeric 和 decimal 类型时，不允许有小数位。
- 当用户向表中插入新的一行记录时，不必也不能向具有 IDENTITY 属性的列输入数据，系统将自动在该列添加一个按规定间隔递增或递减的数据。
- 每个表最多有一列具有 IDENTITY 属性，且该列不能为空，不允许具有默认值，也不能由用户更新。

3. 唯一约束

一个表只能有一个主键，如果有多列或多个列组合需要确保数据的唯一性，这时需要通过 UNIQUE 进行定义。通常情况下，也将唯一性约束称为唯一约束。唯一性约束指定的列可以有 NULL 属性。由于主键值是具有唯一性的，因此主键列不能再设定唯一性约束。

尽管 UNIQUE 约束和 PRIMARY KEY 约束都强制唯一性，但如果要强制一列或多列组合（不是主键）的唯一性时应使用 UNIQUE 约束而不是 PRIMARY KEY 约束。两者的区别如下。

- 可以对一个表定义多个UNIQUE约束，但只能定义一个PRIMARY KEY约束。
- UNIQUE 约束允许 NULL 值，这一点与 PRIMARY KEY 约束不同。不过，当和参与 UNIQUE 约束的任何值一起使用时，每列只允许一个空值。
- FOREIGN KEY 约束可以引用 UNIQUE 约束。

【例 3-16】

用以下代码为 visitor 数据表的 cardNumber 字段列指定唯一约束：

```
CREATE TABLE visitor
(
    cardNumber nvarchar(50) NOT NULL,
    -- 身份证号，不允许为空
    /* 省略其他字段创建 */
    CONSTRAINT AK_cardNum UNIQUE(cardNumber)
)
```

如果要删除唯一性约束，可以使用 ALTER TABLE 语句。代码如下：

```
ALTER TABLE Persons DROP CONSTRAINT AK_OneEmail;
```

根据上述代码以及删除主键约束的代码可以总结出删除约束的一般语法，内容如下：

```
ALTER TABLE 表名 DROP CONSTRAINT 约束名称；
```

这种删除约束的语法正好与 ALTER TABLE 添加约束的语法对应，以下为添加唯一性约束的语法：

```
ALTER TABLE 表名 ADD CONSTRAINT 约束名称
UNIQUE( 字段列 );
```

其中，UNIQUE 表示创建唯一性约束，

如果要创建主键约束，则使用 PRIMARY KEY；如果要创建检查约束，可以使用 CHECK。

4. 空与非空约束

列的为空性决定了在表中该列上是否可以使用空值。出现 NULL 通常表示值未知或未定义。空值 (或 NULL) 不同于零、空白或者长度为零的字符串。如果使用 NULL 约束，需要注意以下几点。

- 如果插入了一行，但没有为允许 NULL 值的列包含任何值，除非存在 DEFAULT 定义或 DEFAULT 对象，否则数据库引擎将提供 NULL 值。
- 用 NULL 关键字定义的列接受用户输入的 NULL 显式输入，不论它是何种数据类型，或者是否有默认值与之关联。
- NULL 值不应该放在引号内，否则会被解释为字符串 NULL 而不是空值。

指定某一列不允许为空值有助于维护数据的完整性，因为这样可以确保行中的列永远包含数据。如果不允许为空，用户向表中输入数据时必须在列中输入一个值，否则数据库将不接受该表行。

5. 默认值约束

在向表中插入数据时，如果没有指定某一列字段的数值，则该字段的数据存在以下 3 种情况。

- 如果该字段定义有默认值，则系统将默认值插入字段。
- 如果该字段定义没有默认值，但允许为空，则插入空值。
- 如果该字段定义没有默认值，但不允许为空，则报错。

用户可以通过 DEFAULT 创建默认值约束，当然也可以通过 ALTER TABLE 更改现有表的 DEFAULT 约束。开发者使用 DEFAULT 设置默认约束时需要注意以下几点。

- DEFAULT 约束定义的默认值仅在执行 INSERT 操作插入数据时有效。
- 一列最多有一个默认值，其中包括 NULL 值。
- 具有 IDENTITY 属性或 timestamp 数据类型属性的列不能使用数据值，text 和 image 类型的列只能以 NULL 为默认值。

【例 3-17】

为 visitor 数据表的 visitorDate 列添加默认约束：

```
ALTER TABLE visitor ADD CONSTRAINT DK_
visitorDater DEFAULT(getdate()) FOR visitorDate
```

6. 检查约束

通过 CHECK 可以设置检查约束，检查约束用来检查用户输入数据的取值是否正确，只有符合约束条件的数据才能输入。在一个表中可以创建多个检查约束，在一个列上也可以创建多个 CHECK 约束，只要它们不相互矛盾。同样，开发者可以在创建表时添加检查约束，也可以更改现有表的检查约束。

【例 3-18】

创建 Persons 表，为该表的 personAddress 字段列指定 CHECK 约束。代码如下：

```
CREATE TABLE Persons
(
personId int PRIMARY KEY CHECK(personId>100)
NOT NULL,
personName varchar(50) NOT NULL,
personAddress varchar(100) CHECK(personAddress=' 北
京 '),
personEmail nvarchar(50)
)
```

【例 3-19】

开发者可以在所有字段创建完毕后为 personAddress 字段列指定 CHECK 约束。以下代码等价于例 3-18 的代码：

```
CREATE TABLE Persons
(
personId int PRIMARY KEY NOT NULL,
personName varchar(50) NOT NULL,
personAddress varchar(100),
personEmail nvarchar(50),
```

```
CONSTRAINT CK_Person CHECK(personId>100
AND personAddress=' 北京 ')
)
```

【例 3-20】

通过 ALTER TABLE 语句为 person Address 字段列添加 CHECK 约束。代码如下：

```
CREATE TABLE Persons
(
personId int PRIMARY KEY NOT NULL,
personName varchar(50) NOT NULL,
personAddress varchar(100),
personEmail nvarchar(50)
)
GO
ALTER TABLE Persons ADD CONSTRAINT PK_Persons
CHECK (personAddress=' 北京 ');
```

7. 外键约束

外键 (FOREIGN KEY) 约束保证了数据库各个表中数据的一致性和正确性。外键是用于两个表中的数据之间建立和加强链接的一列或多列的组合，可控制可在外键表中存储的数据。在外键引用中，当包含一个表的主键值的一个或多个列被另一个表中的一个或多个列引用时，就在这两个表之间创建链接，这个列就成为第二个表的外键。

例如，在 TourismManSys 数据库中存在 GuideMessage 导游表和 VisitorMessage 游客表。VisitorMessage 表的 visitorGuideNo 列指向 GuideMessage 表的 guideNo 列。也就是说，visitorGuideNo 列与 guideNo 列相对应，guideNo 是 GuideMessage 表的主键，visitorGuideNo 列作为 VisitorMessage 表的外键存在。

【例 3-21】

在创建 visitor 数据表时，为该表的 visitorGuideNo 字段列添加外键，该字段列指向 GuideMessage 表的 guideNo 列。代码如下：

```
CREATE TABLE visitor
(
    cardNumber nvarchar(50) NOT NULL,
    -- 身份证号，不允许为空
    /* 省略其他字段列 */
    visitorGuideNo nvarchar(10),
    -- 导游编号，对应导游表的主键
    FOREIGN KEY(visitorGuideNo) REFERENCES
GuideMessage(guideNo)
)
```

【例 3-22】

如果需要指定外键约束的名称，或者为多个列定义 FOREIGN KEY 约束，那么开发者可以使用 CONSTRAINT 定义。用以下代码创建名称为 FK_visitorGuideNo 的外键：

```
CREATE TABLE visitor
(
    cardNumber nvarchar(50) NOT NULL,
    -- 身份证号，不允许为空
    /* 省略其他字段列 */
    visitorGuideNo nvarchar(10),
    -- 导游编号，对应导游表的主键
    CONSTRAINT FK_visitorGuideNo FOREIGN KEY
(visitorGuideNo) REFERENCES GuideMessage(guideNo))
```

【例 3-23】

通过 ALTER TABLE 语句为 visitor 数据表添加外键。以下代码效果与例 3-22 中的代码效果相同：

```
CREATE TABLE visitor
(
    cardNumber nvarchar(50) NOT NULL,
    -- 身份证号，不允许为空
    /* 省略其他字段列 */
)
ALTER TABLE visitor ADD CONSTRAINT FK_
visitorGuideNo FOREIGN KEY (visitorGuideNo)
REFERENCES GuideMessage(guideNo);
```

提示

以上介绍的约束实现代码均可以通过 SQL Server Management Studio 界面工具实现，读者可以自行研究，这里不再详细进行说明。

3.3.4 DROP TABLE 语句

假设某个数据库下有一张或多张表是用于测试的，测试结束后需要将这些多余的表进行删除。删除数据表需要用到 DROP TABLE 语句，该语句的完整语法如下：

```
DROP TABLE [ database_name . [ schema_name ] . | schema_name . ]table_name [ ,...n ] [ ; ]
```

其中，database_name 表示要在其中创建表的数据库的名称；schema_name 表示表所属架构的名称；table_name 表示要删除的表的名称。如果要删除多个数据表，需要使用英文逗号 (,) 进行分隔。

【例 3-24】

用以下代码使用 DROP TABLE 语句删除 visitor 表和 visitor1 表：

```
DROP TABLE visitor,visitor1
```

开发者使用 DROP TABLE 语句删除表时，需要注意以下几点。

- 不能删除被 FOREIGN KEY 约束引用的表。必须先删除引用 FOREIGN KEY 约束或引用表。如果要在同一个 DROP TABLE 语句中删除引用表以及包含主键的表，则必须先列出引用表。
- 删除表时，表的规则或默认值将被解除绑定，与该表关联的任何约束或触发器将被自动删除。如果要重新创建表，则必须重新绑定相应的规则和默认值，重新创建某些触发器，并添加所有必需的约束。
- 如果删除的表包含带有 FILESTREAM 属性的 varbinary(max) 列，则不会删除在文件系统中存储的任何数据。
- 不应在同一个批处理中对同一个表执行 DROP TABLE 和 CREATE TABLE，否则可能出现意外错误。
- 任何引用已删除表的视图或存储过程都必须显式删除或修改，以便删除对该表的引用。

3.4 操作表数据

设计好数据表，并且创建数据表以后，开发者需要向表中添加数据，如果添加数据出现错误，需要将数据删除或者进行修改。另外，开发者还可能要对数据表中的数据进行全部查询或筛选查询，本章详细介绍数据表中数据的添加、修改和删除操作。

3.4.1 添加数据

添加数据是指向数据库表中插入新记录，这些数据可以从其他来源得到，需要被转存或引入表中；也可能是新数据要被添加到新创建的表中或已存在的表中。

在 SQL Server 2016 中，与添加有关的命令语句包含 3 个，分别是 INSERT 语句、INSERT INTO 语句和 SELECT INTO 语句。

1. INSERT 语句

INSERT 语句是最常用到的一种添加数据形式，该语句的常用语法如下：

```
INSERT [TOP( 表达式 )[PERCENT]]
[INTO] 表名 | 视图名
[( 列表 )]
VALUES(DEFAULT|NULL| 表达式 ...)
/* 指定列值 */
| DEFAULT VALUES
| SELECT 命令
```

其中，上述语法的常见参数及其说明如下。

- 表名 | 视图名：被操作的表的名称和视图名称。
- 列表：只给表的部分列插入数据时，需要用“列表”指出这些列。没有在“列表”中指出的列，它们的值确定原则如下。
    - 具有 IDENTITY 属性的列，其值由系统根据初始值和增量值自动计算得到。
    - 具有默认值的列，其值为默认值。
    - 没有默认值的列，如果允许为空值，则其值为空值；如果不允许为空，则会报错。
    - 类型为 timestamp 的列，系统自动赋值。
- VALUES 子句：包含各列需要插入的数据，数据的顺序要与列的顺序向对应。如果省略“列表”，则 VALUES 子句给出每一列 (除 IDENTITY 属性和 timestamp 类型以外的列) 的值。VALUES 子句中的值可以是 DEFAULT 默认值、NULL 空值或表达式。
- DEFAULT VALUES：该关键字说明向当前表中所有列均插入其默认值。这时，要求所有列均定义默认值。
- SELECT 命令：数据由 SELECT 查询结果产生。

虽然上面介绍的 INSERT 语法非常复杂，但是在实际过程中，使用起来非常简单，开发者可以针对上述语法进行优化。例如下面的语法表示向数据表的所有字段列中添加数据：

```
INSERT INTO 表名 VALUES( 值 1, 值 2, 值 3, ..., 值 n)[;]
```

其中，“表名”是指将记录添加到哪个表中，“值 1”“值 2”“值 3”和“值 n”表示要添加的数据，其中“1”“2”“3”和“n”分别对应表中的字段。表中定义了多少个字段，INSERT 语句就应该对应几个值，添加数据的顺序与表中字段的顺序是一致的。而且，添加的值的类型要与表中对应字段的数据类型一致。

【例 3-25】

使用 INSERT 语句向 GuideMessage 表中添加两条数据，因此需要执行两条 INSERT 语句。代码如下：

```
INSERT INTO GuideMessage VALUES('2017001',' 职员 ',' 张亚莉 ',' 女 ',27,' 中文 - 英语 - 法语 ',' 中国 - 法国 ',GETDATE());
INSERT INTO GuideMessage VALUES('2017002',' 职员 ',' 陈茜 ',' 男 ',32,' 中文 - 英语 - 泰语 ',' 中国 - 泰国 ',GETDATE());
```

在某些情况下，并不是数据表中的所有字段列都需要插入数据，有些字段列有默认值，有些字段列可以为空，这时只需要向表的必填字段列中添加数据即可。向表中添加指定字段列的语法如下：

```
INSERT INTO 表名 ( 字段 1, 字段 2, ..., 字段 n)
VALUES( 值 1, 值 2, ..., 值 n)[;]
```

其中，“字段 1”“字段 2”和“字段 n”指定数据库表中列的名称，“值 1”“值 2”和“值 n”表示与字段名称对应的数据。没有指定赋值的字段，数据库系统会为其插入默认值，这个默认值是在创建表时就已经定义的。如果没有为其设置指定的默认值，那么字段的默认值显示为 NULL。

【例 3-26】

向 GuideMessage 表中添加两条数据，只添加表的 guideNo 列、guidePosition 列和 guideName 列。代码如下：

```
INSERT INTO GuideMessage(guideNo,guidePosition,guideName) VALUES('2017003',' 经理 ',' 陈阳 ');
INSERT INTO GuideMessage(guideNo,guidePosition,guideName) VALUES('2017004',' 经理 ',' 王飞 ');
```

当向数据表插入的数据过多时，通过上述方式会显得烦琐，而且影响执行效率。用户可以直接通过 INSERT 语句添加多条记录，将每一行记录使用括号括起来，记录与记录之间通过逗号 (,) 进行分隔。

【例 3-27】

用以下代码通过 INSERT 语句一次向 GuideMessage 表中插入两条数据：

```
INSERT INTO GuideMessage(guideNo,guidePosition,guideName) VALUES('2017005',' 职 员 ',' 李培 '),('2017006',' 职员 ',' 朱丹 ');
```

2. INSERT INTO 语句

INSERT 语句表示向指定的表中添加新数据，而 INSERT INTO 语句可以将某一个表中的数据插入另一个新数据表中。基本形式如下：

```
INSERT INTO 表名 1( 字段名列表 1) SELECT 字段名列表 2 FROM 表名 2 WHERE 条件表达式
```


其中，“表名 1”表示将获取到的记录插入哪个表中；“表名 2”表示从哪个表中查询记录；“字段名列表 1”表示为哪些字段进行赋值；“字段名列表 2”表示从表中查询出哪些字段的数据；“条件表达式”参数设置为 SELECT 语句查询的查询条件。

【例 3-28】

创建 GuideCopyMeg 表，该表包含 3 个字段列，分别是 guideNoCopy、guidePosiCopy 和 guideName。代码如下：

```
CREATE TABLE GuideCopyMeg
(
    guideNoCopy nvarchar(10) not null PRIMARY KEY,
    guidePosiCopy nvarchar(10) not null,
    guideName nvarchar(20) not null
)
```

创建完毕后通过 INSERT INTO 语句向 GuideCopyMeg 表中插入数据，该表的数据将从 GuideMessage 表中进行查询。代码如下：

```
INSERT INTO GuideCopyMeg SELECT guideNo,guidePosition,guideName FROM GuideMessage WHERE guideNo BETWEEN '2017003' AND '2017005';
```

INSERT INTO 语句中 INTO 并不是必需的，可以将其省略，这时通常将语句称为 INSERT SELECT 语句。开发者在使用 INSERT INTO 或 INSERT SELECT 语句时，需要注意以下几点。

- 在最外面的查询表中插入所有满足 SELECT 语句的行。
- 必须检验插入了新行的表是否在数据库中。
- 必须保证接受新值的表中列的数据类型与源表中相应列的数据类型一致。
- 必须明确是否存在默认值，或所有被忽略的列是否允许为空值。如果不允许空值，必须为这些列提供值。

3. SELECT INTO 语句

SELECT INTO 语句可以将查询到的结果

添加到一个新表中。SELECT INTO 语句是向不存在的表中添加数据，如果表已经存在将报错，因为它会自动创建一个新表。而使用 INSERT INTO 语句时，是向已经存在的表中添加数据。

SELECT INTO 的基本形式如下：

```
SELECT 字段列表 INTO 新表 FORM 源表 1, 源表 2 WHERE 条件表达式 ;
```

其中，“字段列表”是指从一个或多个表中查询出来的字段列；“新表”是指查询出来的数据要插入的那个表；“源表 1”和“源表 2”分别指要查询数据的表，多个表之间通过逗号分隔；条件表达式指定查询数据的条件。

【例 3-29】

直接从 GuideMessage 表中查询 guideNo 列的值在“2017003”和“2017005”之间的数据，将查询的结果插入 GuideCopyMeg2 表中。代码如下：

```
SELECT guideNo,guidePosition,guideName INTO GuideCopyMeg2 FROM GuideMessage WHERE  guideNo
BETWEEN '2017003' AND '2017005';
```

3.4.2 修改数据

如果开发者要修改数据值，需要用到 UPDATE 语句。UPDATE 语句的语法如下：

```
UPDATE [TOP( 表达式 )[PERCENT]]
{ 表名 | 视图名 }
SET{ 列名 = 表达式 ,...}                                    /* 赋予新值 */
[FROM < 表 >...]
[WHERE < 查找条件 > | ...]                                  /* 指定条件 */
...
```

上述语法参数说明如下。

- SET 子句：用于指定要修改的列或变量名及其新值。
- FROM 子句：指定用表来为更新操作提供数据。
- WHERE 子句：WHERE 子句中的 < 查找条件 > 指明只对满足该条件的行进行修改，如果省略该子句，则对表中的所有行进行修改。

【例 3-30】

用以下代码将 GuideMessage 表中 guideAge 列的值修改为 30：

```
UPDATE GuideMessage SET guideAge=30;
```

由于没有指定 WHERE 条件，因此执行上述语句后，GuideMessage 表中所有数据 guideAge 列的值均修改为 30 岁。

更改上述代码，修改 GuideMessage 表 guideAge 列的值，将其修改为 25 岁。同时指定修改条件，要求 guideNo 列的值必须为“2017001”或者“2017005”。代码如下：

```
UPDATE GuideMessage SET guideAge=25 WHERE guideNo='2017001' OR guideNo='2017005';
```

除了更新单列的值外，开发者还可以一次更新多个列的值。在更新时，需要将多个列之

间通过英文逗号 (,) 进行分隔。同样，如果指定 WHERE 子句，子句中有多个条件时，也需要使用英文逗号进行分隔。

【例 3-31】

如果 guideNo 列的值满足小于等于“2017005”的条件，那么更改对应数据的 guideAge 和 way 列的值。代码如下：

```
UPDATE GuideMessage SET guideAge=25,way=' 等待中 ....' WHERE guideNo<='2017005';
```

3.4.3 删除数据

数据库创建成功后，随着时间的变长，可能会出现一些无用的数据。这些无用的数据不仅会占用空间，还会影响修改和查询的速度，因此应该及时删除它们。

1. 删除符合条件的数据记录

开发者可以通过 DELETE 语句删除符合条件的数据记录。DELETE 语句的基本语法如下：

```
DELETE [TOP( 表达式 ) | [PERCENT]]
[FROM 表名 | 视图名 | < 表源 >]
[WHERE < 查找条件 > | ...]
                    /* 指定删除条件 */
```

上述 DELETE 语句的参数说明如下。

- [TOP(表达式) | [PERCENT]]：指定将要删除的任意行数或任意行的百分比。
- FROM 子句：说明从何处删除数据。一般情况下，开发者可以从表、视图和表源进行删除。
- WHERE 子句：删除操作指定提交。如果省略 WHERE 子句，则 DELETE 语句将删除所有数据。

【例 3-32】

用以下代码删除 GuideMessage 表中的前 20 条数据：

```
DELETE TOP(20) FROM GuideMessage
```

【例 3-33】

在 TOP 子句后可以跟关键字删除指定的百分比数据。如果要删除 GuideMessage 表中数据的 20%，可以使用以下语句：

```
DELETE TOP(20) PERCENT FROM GuideMessage
```

【例 3-34】

如果要删除指定提交的数据，需要添加 WHERE 子句。用以下代码删除 guideNo 列值为“2017001”的数据：

```
DELETE FROM GuideMessage WHERE guideNo=
'2017001'
```

【例 3-35】

如果要删除 GuideMessage 表中的全部数据，可以使用以下语句：

```
DELETE FROM GuideMessage
```

开发者在使用 DELETE 语句删除数据时需要注意以下几点。

- DELETE 语句不能删除单个列的值，只能删除整行数据。要删除单个列的值，可以使用 UPDATE 语句将其更新为 NULL。
- 使用 DELETE 语句只能删除表中的数据，不能删除表本身。如果要删除表，需要使用 DROP TABLE 语句。
- 同 INSERT 和 UPDATE 语句一样，从一个表中删除记录将引起其他表的参照完整性问题。这是一个潜在的问题，需要时刻注意。

2. 删除所有数据记录

如果要删除数据表中的所有数据，需要用到 TRUNCATE TABLE 语句，该语句又被称为清除表数据语句。

TRUNCATE TABLE 语句删除指定表中

的所有行，但是表结构及其列、约束、索引等保持不变，而新行标识所用的计数值重置为该列的初始值。如果要保留标识计数值，要使用 DELETE 语句。

TRUNCATE TABLE 语句的基本语法如下：

```
TRUNCATE TABLE
  [ { database_name .[ schema_name ] . | schema_name . } ]
  table_name
[ ; ]
```

其中，database_name 指数据库的名称；schema_name 指表所属架构的名称；table_name 指要截断的表的名称，或要删除其全部行的表的名称。table_name 必须是文字值，它不能是 OBJECT_ID() 函数或变量。

注意

TRUNCATE TABLE 语句之后不能跟 WHERE 子句。使用 TRUNCATE TABLE 删除表的数据后，如果表包含标识列，则列的计数器会重置为该列定义的种子值。如果未定义种子，则使用默认值 1。如果要保留标识计数器，则应该使用 DELETE 语句删除数据。另外，如果在删除表记录的同时删除表结构，则使用“DROP TABLE 表名”命令语句。

与 DELETE 语句相比，TRUNCATE TABLE 具有以下优点。

- 所用的事务日志空间较少。DELETE 语句每次删除一行，并在事务日志中为所删除的每行记录一个项。TRUNCATE TABLE 通过释放用于存储表数据的数据页来删除数据，并且在事务日志中只记录页释放。
- 使用的锁通常较少。当使用行锁执行 DELETE 语句时，将锁定表中各行以便删除。TRUNCATE TABLE 始终锁定表和页，而不是锁定各行。
- 如无例外，TRUNCATE TABLE 删除数据不会在表中留有任何页。

【例 3-36】

分别使用 DELETE、TRUNCATE TABLE 和 DROP TABLE 删除数据表，删除后执行 SELECT 语句查询表中数据。代码如下：

```
USE TourismManSys
GO
DELETE testobject;
TRUNCATE TABLE testobject2;
SELECT * FROM testobject;                    /* 显示没有记录 */
SELECT * FROM testobject2;                   /* 显示没有记录 */
GO
DROP TABLE testobject;
SELECT * FROM testobject;                    /* 显示错误信息，因为 testobject 已经没有了 */
```

在上述代码中，如果使用 DELETE、TRUNCATE TABLE 删除表中的数据，再执行 SELECT 语句查询数据时，数据表中没有任何记录。如果再通过 DROP TABLE 删除表，然后执行 SELECT 语句查询数据时会提示错误信息，指定表名无效，这是因为数据表已经不存在于数据库中了。

3.4.4 实践案例：界面方式操作数据

虽然通过 INSERT、UPDATE、DELETE 等语句可以方便地在数据表中添加、修改和删除数据，但是有些时候，开发者并不想执行 SQL 命令语句，这时可以利用 SQL Server Management Studio 图形界面工具进行操作。

通过界面方式操作数据时，在【对象资源管理器】中选择数据库要进行操作的表，然后右击鼠标，在弹出的快捷菜单中选择【编辑前 200 行】命令，这时系统打开表数据窗口。在该窗口中，表中的记录按行显示，每个记录占一行，下面以 VisitorMessage 表为例，分别介绍如何在该表中添加、修改和删除数据。

1. 插入数据

开发者刚开始输入数据时，光标定位在第 1 行，然后逐列输入列的值。输入完成后，将光标定位到当前表尾的下一行。插入记录将新记录添加在表尾，可以向表中插入多条记录。在输入数据时需要注意：

- 没有输入数据的记录所有列显示为 NULL。
- 如果表的某些列不允许为空值，则必须为该列输入值，否则系统显示错误信息。已经输入的内容列系统会有一个小图标提示，如图 3-10 所示。

USER-20160902DU.TourismManSys - dbo.VisitorMessage

	cardNumber	visitorName	visitorSex	visitorAge	visitorPhone	visitorGroup...	visitorDate	visitorGuide...	visitorRemark	visitorAddDate
	No1001	王萌萌	NULL	NULL	NULL	NULL	NULL	NULL	NULL	NULL
	NULL	NULL	NULL	NULL	NULL	NULL	NULL	NULL	NULL	NULL

1 /1

图 3-10　向数据表中输入内容时的效果

- 输入不允许为空值的列，其他列没有输入，光标定位就可以定位到下一行，此时设置默认值的列就会填入默认值，如图 3-11 所示。在该图中，visitorAge 列和 visitorDate 列允许空值，因此不输入时自动显示默认值。如果需要修改，开发者需手动输入，例如“陈三胜”的性别应该为男，添加时默认显示为“女”。

USER-20160902DU.TourismManSys - dbo.VisitorMessage

	cardNumber	visitorName	visitorSex	visitorAge	visitorPhone	visitorGroupName	visitorDate	visitorGuide...	visitorRemark	visitorAddDate
	No1001	王萌萌	女	27	15103210001	NULL	2017-05-28 13:29:36.613	NULL	NULL	NULL
	No1002	张三胜	[illegible]	33	15103210002	NULL	2017-05-28 13:30:16.050	NULL	这是男生	NULL
	NULL	NULL	NULL	NULL	NULL	NULL	NULL	NULL	NULL	NULL

2 /2

图 3-11　允许空值的数据自动显示默认值

- 输入的记录中的主键字段列不能重复值，否则在光标试图定位到下一行时系统显示错误信息，如图 3-12 所示。

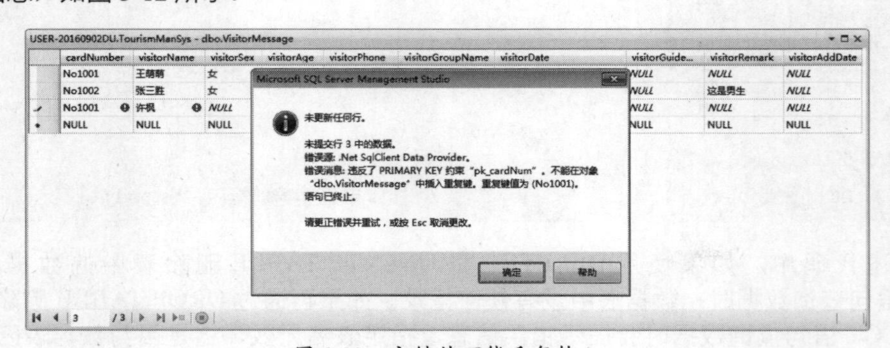

图 3-12　主键值不能重复输入

2. 删除数据

当表中的某些记录不再需要时，需要将其删除。在表数据窗口中定位需要删除的记录行，单击该行前面的黑色箭头处选择全行，右击，在弹出的快捷菜单中选择【删除】命令。执行【删除】命令后将出现一个对话框，如图 3-13 所示。单击其中的【是】按钮将删除所选择的记录，单击【否】按钮将不删除该记录。

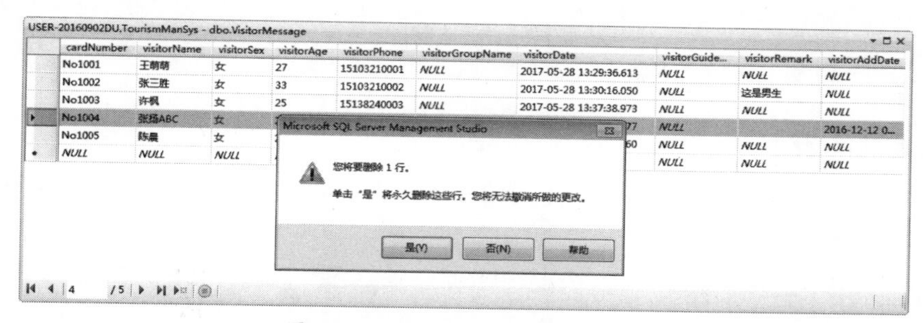

图 3-13　删除数据的对话框提示

3. 修改数据

开发者通过界面工具修改数据时，先定位被修改的记录的行，在列中直接进行修改，修改之后将光标移动到下一行即可保存修改的内容。例如，修改 cardNumber 列的值为“No1002”的记录，将该行记录中，visitorSex 列的值修改为“男”，如图 3-14 所示。

USER-20160902DU.TourismManSys - dbo.VisitorMessage

	cardNumber	visitorName	visitorSex	visitorAge	visitorPhone	visitorGroupName	visitorDate	visitorGuide...	visitorRemark	visitorAddDate
	No1001	王萌萌	女	27	15103210001	NULL	2017-05-28 13:29:36.613	NULL	NULL	NULL
▸	No1002	张三胜	[illegible]	33	15103210002	NULL	2017-05-28 13:30:16.050	NULL	这是男生	NULL
	No1003	许枫	女	25	15138240003	NULL	2017-05-28 13:37:38.973	NULL	NULL	NULL
	No1005	陈晨	女	28	15101230005	NULL	2017-05-28 13:38:42.960	NULL	NULL	NULL
*	NULL	NULL	NULL	NULL	NULL	NULL	NULL	NULL	NULL	NULL

2 /4

图 3-14　修改数据

 3.5　实践案例：完善超市管理系统的商品数据表

表是数据库中不可缺少的数据对象，也是关系模型中表示实体的方式。在 SQL Server 中，要想管理好数据库，必须先管理好数据表。本节实践案例在上一章案例的基础上继续增加内容，完善超市管理系统的商品 (ProductMessage) 表和商品类型 (ProductType) 表。

1. 创建商品类型表

超市管理系统中，商品类型表是必须存在的，每件商品属于不同的类型，例如矿泉水属于饮料，水彩笔属于学生文具，电脑属于电器等。下面首先创建商品类型表，类型表的结构非常简单，包含商品 ID、类型名称以及备注。代码如下：

```
USE SupermarkMemSys
GO
IF EXISTS(SELECT * FROM sysobjects WHERE name='ProductType')
    DROP TABLE ProductType
```

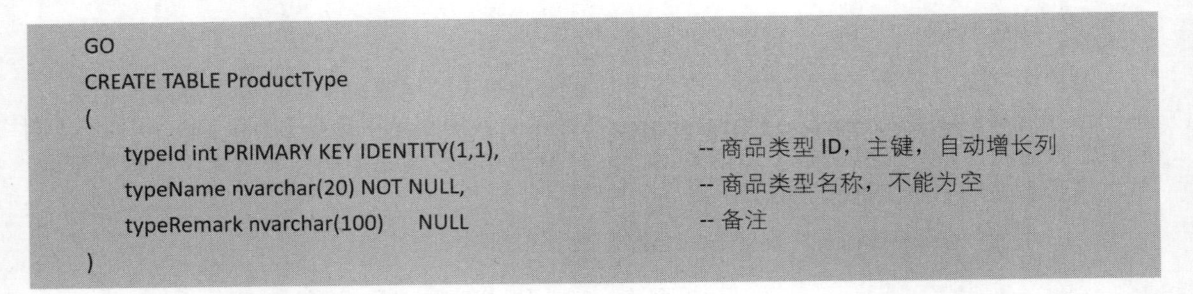

```
GO
CREATE TABLE ProductType
(
    typeId int PRIMARY KEY IDENTITY(1,1),              -- 商品类型 ID，主键，自动增长列
    typeName nvarchar(20) NOT NULL,                    -- 商品类型名称，不能为空
    typeRemark nvarchar(100)    NULL                   -- 备注
)
```

2. 创建商品表

商品表包含商品编号、商品名称、售卖价格、是否上架、上架日期、下架日期等多个字段。用以下代码创建商品表：

```
IF EXISTS(SELECT * FROM sysobjects WHERE name='ProductMessage')
    DROP TABLE ProductMessage
GO
CREATE TABLE ProductMessage
(
    proNo nvarchar(10) PRIMARY KEY,                    -- 商品编号，主键
    proName nvarchar(50) NOT NULL,                     -- 商品名称
    proTypeId int NOT NULL,                            -- 商品类型 ID，对应类型表
    proRealPrice float NOT NULL DEFAULT 0.0,           -- 商品真实价格
    proSalePrice float NOT NULL DEFAULT 0.0,           -- 商品售卖价格
    proMethod nvarchar(20) DEFAULT ' 个 ',             -- 商品计价方法，默认为个
    proIsOn bit,                                       --1 上架 true; 0 下架 false
    proOnDate datetime,                                -- 商品上架日期
    proOffDate datetime,                               -- 商品下架日期
)
```

3. 为表创建约束

表创建完毕后，需要为表创建各种约束，在前面创建数据表时虽然已经为表指定部分约束，例如主键约束、默认值约束、非空约束等，但是这并不全面。还需为 ProductType 表添加唯一约束和默认值约束。代码如下：

```
-- 为 typeId 添加唯一约束
ALTER TABLE ProductType ADD CONSTRAINT UK_typeId UNIQUE(typeId);
-- 为 typeRemark 添加默认值约束，默认为空
ALTER TABLE ProductType ADD CONSTRAINT DK_typeRemark DEFAULT('') FOR typeRemark;
```

为 ProductMessage 表添加以下约束：

```
-- 为 proNo 添加唯一约束
ALTER TABLE ProductMessage ADD CONSTRAINT UK_proNo UNIQUE(proNo);
```

```
-- 为 proIsOn 添加默认约束
ALTER TABLE ProductMessage ADD CONSTRAINT DK_proIsOn DEFAULT(1) FOR proIsOn;
-- 为 proOnDate 添加默认约束
ALTER TABLE ProductMessage ADD CONSTRAINT DK_proOnDate DEFAULT(GETDATE()) FOR proOnDate;
-- 为 proOffDate 添加默认约束
ALTER TABLE ProductMessage ADD CONSTRAINT DK_proOffDate DEFAULT('9999-12-31') FOR proOffDate;
-- 为 proTypeId 添加外键约束
ALTER TABLE ProductMessage ADD CONSTRAINT FK_ProType FOREIGN KEY (proTypeId) REFERENCES
ProductType(typeId);
```

4. 添加数据

数据表结构创建并设计完成后，需要为表添加数据。ProductType 表添加的数据代码如下：

```
INSERT INTO ProductType(typeName) VALUES(' 糖果 ');
INSERT INTO ProductType(typeName) VALUES(' 烟酒 ');
INSERT INTO ProductType(typeName) VALUES(' 调料 ');
INSERT INTO ProductType(typeName) VALUES(' 饮料 ');
/* 省略其他代码 */
```

ProductMessage 表添加的部分代码如下：

```
INSERT INTO ProductMessage(proNo,proName,proTypeId,proRealPrice,proSalePrice,proMethod)
VALUES('No1000',' 哇哈哈矿泉水 ',4,0.3,0.8,' 瓶 ');
INSERT INTO ProductMessage(proNo,proName,proTypeId,proRealPrice,proSalePrice,proMethod)
VALUES('No1001',' 哇哈哈矿泉水 ',4,2.1,5.8,' 桶 ');
/* 省略其他代码 */
```

5. 查询数据

为了确保数据添加成功，开发者可以执行 SELECT 语句进行查询。例如，商品类型表的数据如图 3-15 所示，商品表的效果如图 3-16 所示。

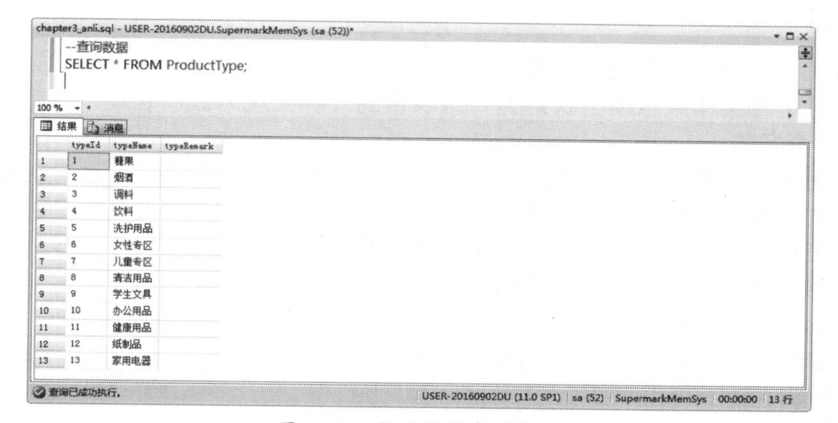

	typeId	typeName	typeRemark
1	1	糖果	
2	2	烟酒	
3	3	调料	
4	4	饮料	
5	5	洗护用品	
6	6	女性专区	
7	7	儿童专区	
8	8	清洁用品	
9	9	学生文具	
10	10	办公用品	
11	11	健康用品	
12	12	纸制品	
13	13	家用电器	

图 3-15　商品类型表的数据

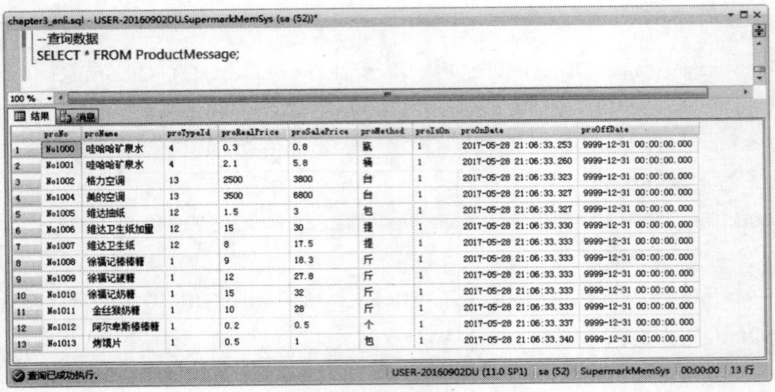

```
--查询数据
SELECT * FROM ProductMessage;
```

	proNo	proName	proTypeId	proRealPrice	proSalePrice	proMethod	proIsOn	proOnDate	proOffDate
1	No1000	哇哈哈矿泉水	4	0.3	0.8	瓶	1	2017-05-28 21:06:33.253	9999-12-31 00:00:00.000
2	No1001	哇哈哈矿泉水	4	2.1	5.8	桶	1	2017-05-28 21:06:33.260	9999-12-31 00:00:00.000
3	No1002	格力空调	13	2500	3800	台	1	2017-05-28 21:06:33.323	9999-12-31 00:00:00.000
4	No1004	美的空调	13	3500	6800	台	1	2017-05-28 21:06:33.327	9999-12-31 00:00:00.000
5	No1005	维达抽纸	12	1.5	3	包	1	2017-05-28 21:06:33.327	9999-12-31 00:00:00.000
6	No1006	维达卫生纸加量	12	15	30	提	1	2017-05-28 21:06:33.330	9999-12-31 00:00:00.000
7	No1007	维达卫生纸	12	8	17.5	提	1	2017-05-28 21:06:33.333	9999-12-31 00:00:00.000
8	No1008	徐福记棒棒糖	1	9	18.3	斤	1	2017-05-28 21:06:33.333	9999-12-31 00:00:00.000
9	No1009	徐福记硬糖	1	12	27.8	斤	1	2017-05-28 21:06:33.333	9999-12-31 00:00:00.000
10	No1010	徐福记奶糖	1	15	32	斤	1	2017-05-28 21:06:33.333	9999-12-31 00:00:00.000
11	No1011	金丝猴奶糖	1	10	28	斤	1	2017-05-28 21:06:33.333	9999-12-31 00:00:00.000
12	No1012	阿尔卑斯棒棒糖	1	0.2	0.5	个	1	2017-05-28 21:06:33.337	9999-12-31 00:00:00.000
13	No1013	烤馍片	1	0.5	1	包	1	2017-05-28 21:06:33.340	9999-12-31 00:00:00.000

查询已成功执行。 USER-20160902DU (11.0 SP1) | sa (52) | SupermarkMemSys | 00:00:00 | 13 行

图 3-16　商品表的数据

3.6　练习题

1. 填空题

(1) SQL Server 中的临时表分为本地临时表和 __________ 临时表两种。

(2) 开发者通过命令语句自定义数据类型时，需要调用 __________ 存储过程。

(3) 常用的整数数据类型有 4 种，分别是 __________、int、smallint 和 tinyint。

(4) 在 SQL Server 2016 提供的数据类型中，__________ 类型可以表示带时区偏移量。

(5) 下列代码表示向创建好的表结构中添加一列 dataAddTime，其中 __________ 处应该填写。

```
__________ visitor ADD visitorAddDate datetime;
```

(6) 假设某表的主键列的值变化规律如下所示，那么定义 IDENTITY 时，需要将初始值指定为 __________，每次递增量指定为 __________。

```
1,3,5,7,9,11,13,15,17,19,21,...
```

2. 选择题

(1) 下列关于数据表的描述，正确的是 __________。

A．表是将实体关系模型映射为二维表格的一种实现方式，在同一个数据库中，每一个表可以有多个名称

B．在同一个表中每一行的值具有唯一性。另外，列名在同一个表中也具有唯一性

C．数据表的行和列是有顺序排放的，必须将第一行第一列设置为主键

D．表由行和列组成。每一列表示一条完整的记录，对应于一个完整的数据实体

(2) 关于数据类型的优先级别，下面正确的是 __________。

A．date>float>real>money>int>text>nvarchar

B．nchar>nvarchar>char>nvarchar>binary

C．bigint>int>smallint>tinyint>text>ntext>bit

D．image>bigint>int>datetime>sql_variant

(3) ________ 表示平面空间数据类型，________ 表示地理空间数据类型。

A．uniqueidentifier，hierarchyid

B．hierarchyid，uniqueidentifier

C．geography，geometry

D．geometry，geography

(4) 在下列选项中，属于创建表的 SQL 语句是 ________。

A．DROP TABLE

B．ALTER TABLE

C．CREATE TABLE

D．以上都不是

(5) 假设表中的 typeId 列表示类型 Id，在下列数据类型中，________ 类型不可以存储 256 条数据。

A．bigint

B．int

C．smallint

D．tinyint

(6) 如果需要为表的字段列添加唯一约束，需要用到 ________ 关键字。

A．CHECK

B．PRIMARY KEY

C．NOT NULL

D．UNIQUE

(7) 假设 UserTestObject 表中一共有 5 条数据，下面选项 ________ 不能将表中的数据全部清除。

A．

```
DELETE TOP(5) FROM UserTestObject
```

B．

```
DELETE TOP(100) PERCENT FROM UserTestObject
```

C．

```
DELETE * FROM UserTestObject
```

D．

```
DELETE FROM UserTestObject
```

上机练习：向 SupermarkMemSys 数据库中添加用户表

本次上机联系要求读者通过命令语句向 SupermarkMemSys 数据库中创建 UserMessage 用户表，用户表的字段列及其说明如表 3-7 所示。

表 3-7　UserMessage 表的字段及其说明

字段名	数据类型	是否必填	是否为空	备　注
userNo	nvarchar(10)	是	否	用户编号，主键
userName	nvarchar(20)	是	否	用户名称
userSex	nvarchar(2)	是	否	用户性别，默认为“女”
userAge	int	否	是	用户年龄，默认为 20
userCardNo	nvarchar(18)	是	否	身份证号
userAddress	nvarchar(50)	否	是	居住地址，默认为空
userWorkYear	int	否	是	工作年限，默认为 0
userPhone	nvarchar(30)	是	否	联系电话
userPositionId	int	是	否	职位，对应 PositionMessage 表的主键
userWorkState	bit	否	是	工作状态，1(True) 在职，0(Flase) 离职
userAddDate	date	否	是	入职时间，默认为系统时间
userOffDate	date	否	是	离职时间，默认为 9999-12-31

在 UserMessage 表中，userPositionId 列的值引用 PositionMessage 表（职位表）的主键 ID 值。PositionMessage 表的字段及其说明如表 3-8 所示。

表 3-8　PositionMessage 表的字段及其说明

字段名	数据类型	是否必填	是否为空	备　注
positionId	int	是	否	职位 ID，主键，自动增长列
positionName	nvarchar(20)	是	否	职位名称
positionIntro	text	否	是	职位说明，默认为空

创建数据表完毕后，需要向表中添加数据，PositionMessage 的要求如下。

- 向该表中添加数据，职位名称分别为员工、组长、店长、区域经理、董事长。
- 删除表中职位名称为“组长”的数据列。
- 更改职位名称为“董事长”的数据列，将有关的备注说明修改为“创始人”。

UserMessage 表的数据要求如下。

- 向该表中添加 20 条数据，然后通过 SELECT INTO 语句将该表的全部数据添加到 UserBack 用户备份表中。
- 更改表中的数据，将所有在职职工的居住地址更改为“公司”。
- 查询工作年限在 5 年以上的职工信息。
- 执行 DELETE 命令语句删除表中 25% 的数据。

第 4 章

SQL 数据简单查询

针对 SQL 数据表的数据操作，除了添加、修改、删除以外，还有最重要的一个操作：查询。查询数据是操作数据库最基本的方式，也是最频繁的一种操作。在 SQL Server 数据库中，查询数据需要用到 SELECT 语句，SELECT 语句将查询结果以表格的形式输出。

读者在查询数据时，还可以针对查询到的结果进行筛选、排序、分组等。SELECT 语句的功能非常强大，本章介绍如何通过 SELECT 语句针对数据表的数据进行简单查询。

本章学习要点

- ◎ 熟悉 SELECT 语句的语法
- ◎ 掌握 SELECT 查询表中所有列的用法
- ◎ 掌握 SELECT 查询表中指定列的用法
- ◎ 掌握查询时为列添加别名的方法
- ◎ 掌握 DISTINCT 和 TOP 关键字的使用
- ◎ 掌握 WHERE 子句比较运算符的使用
- ◎ 掌握 WHERE 子句逻辑运算符的使用
- ◎ 掌握如何使用 LIKE 模糊查询
- ◎ 掌握如何使用 IS NULL 进行查询
- ◎ 掌握如何使用 BETWEEN AND 进行查询
- ◎ 掌握如何使用 IN 进行查询
- ◎ 掌握 GROUP BY 子句的使用
- ◎ 掌握 HAVING 子句的使用
- ◎ 掌握 ORDER BY 子句的使用

 4.1 简单查询

使用数据库和表的主要目的是存储数据，以便在需要时进行检索、统计或组织输出。开发者通过 SELECT 语句可以从表或视图中迅速方便地检索数据，下面从 SELECT 语句的语法开始介绍。

4.1.1 SELECT 语句

SELECT 语句是一个查询表达式，它以关键字 SELECT 开头，并且包含大量构成表达式的元素。该语句的基本语法如下：

```
SELECT [ALL | DISTINCT] select_list
FROM table_name
[WHERE <search_condition>]
[GROUP BY <group_by_expression>]
[HAVING <search_condition>]
[ORDER BY <order_expression> [ASC | DESC]]
```

在上述语法中，中括号 [] 内的子句是可选择的。常见参数格式及其说明如下。

- SELECT 子句：用来指定查询返回的列。
- ALL | DISTINCT：用来标识在查询结果集中对相同行的处理方式。关键字 ALL 表示返回查询结果集的所有行，其中包括重复行；关键字 DISTINCT 表示如果结果集中有重复行，那么只显示一行，默认值为 ALL。
- select_list：如果返回多列，各列名之间用“,”隔开；如果需要返回所有列的数据信息，则可以用“*”表示。
- FROM 子句：用来指定要查询的表名。
- WHERE 子句：用来指定限定返回行的搜索条件。
- GROUP BY 子句：用来指定查询结果的分组条件。
- HAVING 子句：与 GROUP BY 子句组合使用，用来对分组的结果进一步限定搜索条件。
- ORDER BY 子句：用来指定结果集的排序方式。
- ASC|DESC：ASC 表示升序排列；DESC 表示降序排列。

注意

在 SELECT 语句查询数据时，如果有指定条件，那么 FROM、WHERE、GROUP BY 和 ORDER BY 子句必须按照语法中列出的次序依次执行。如果把 GROUP BY 子句放在 ORDER BY 子句之后，就会出现语法错误。

4.1.2 查询全部行和列

查询数据就是根据列的名称查出这个列的数据，结果以列表的形式显示，包括列名和列的数据。SQL Server 2016 中查询数据有两种方式，一种是罗列表的所有字段列，另一种是使用通配符“*”进行查询。

1. 罗列所有的字段列

SELECT 语句罗列所有的字段列可以查询数据表中全部的行和列。基本语法如下：

```
SELECT 字段 1, 字段 2, 字段 3, 字段 4,..., 字段 n FROM 表名
```

【例 4-1】

通过 SELECT 语句查询 TourismManSys 数据库下 GuideMessage 表的所有信息。代码如下：

```
SELECT guideNo,guideName,guideSex,guideAge,guidePosition,languageList,way,leadDate
 FROM GuideMessage;
```

2. 使用通配符“*”

例 4-1 获取数据库基本信息时分别列出字段，如果字段列的值过多时，使用上述方法很麻烦，而且容易出错。最简单的一种方法就是使用“*”，它表示所有的字段列表。基本语法如下：

```
SELECT *FROM 表名
```

【例 4-2】

直接通过“*”获取数据库的基本信息。代码如下：

```
SELECT * FROM GuideMessage;
```

执行上述代码，获取到的结果如图 4-1 所示。

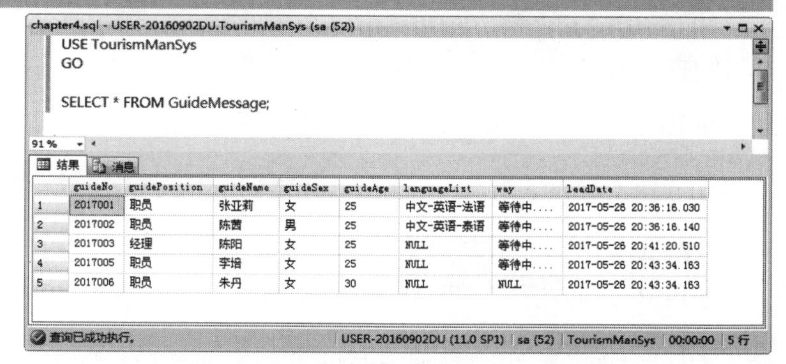

图 4-1　获取 GuideMessage 表的全部信息

4.1.3　查询部分列

当表中的字段过多时，我们可能并不需要查询所有的字段，而是显示部分指定的字段列。那么，如果查询部分列呢？很简单，将上小节 SELECT 语法中的“*”换成所需字段的字段列表就可以查询指定列的数据了。

【例 4-3】

获取 GuideMessage 表中 guideNo、guideName、guideAge、guidePosition 列的值。代码如下：

```
SELECT guideNo,guideName,guideAge,guidePosition FROM GuideMessage;
```

执行上述命令语句，输出结果如下：

```
guideNo   guideName   guideAge   guidePosition
2017001   张亚莉       25         职员
2017002   陈茜         25         职员
```

```
2017003  陈阳    25    经理
2017005  李培    25    职员
2017006  朱丹    30    职员
```

4.1.4 为列指定别名

在 SELECT 语句中，可以为查询的目标指定别名。使用别名也就是为表中的列名另起一个名字，通常有以下 3 种设定方法。

第一种是采用符合 ANSI 规则的标准方法，即在列表达式中给出列名。

第二种方法是使用“AS”连接表达式和别名。

第三种方法是使用 SQL Server 2016 支持的“=”符号连接表达式。

【例 4-4】

通过 sys.sysdatabases 获取数据库名称、状态号和版本号，采用符合 ANSI 规则的方法在列表达式中给出别名：

```
SELECT guideNo ' 编号 ',guideName ' 姓 名 ',guideAge ' 年龄 ',guidePosition ' 职 位 ' FROM GuideMessage;
```

执行上述代码，输出结果如图 4-2 所示。

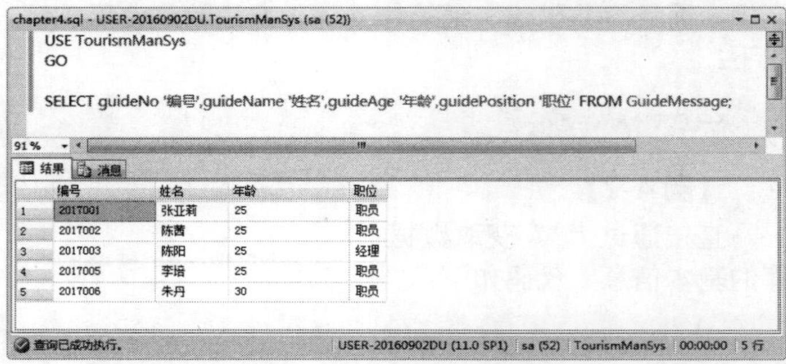

图 4-2 指定列的别名

【例 4-5】

使用第二种方法，利用 AS 连接表达式和别名。代码如下：

```
SELECT guideNo AS ' 编号 ',guideName AS ' 姓名 ',guideAge AS ' 年龄 ',guidePosition AS ' 职位 '
 FROM GuideMessage;
```

【例 4-6】

通过使用“=”符号连接表达式指定列的别名。代码如下：

```
SELECT ' 编号 '=guideNo,' 姓名 '=guideName,' 年龄 '=guideAge,' 职位 '=guidePosition FROM GuideMessage;
```

无论使用哪种方式对列添加别名，操作时都要注意以下 3 点。

- 当引用中文别名时，可以不加引号，但是不能使用全角引号，否则查询会出错。
- 当引用英文的别名超过两个单词时，则必须用引号将其包围起来。
- 可以同时使用以上三种方法，会返回同样的结果集。

4.1.5 查询前几行

开发者在查询信息时，有时并不需要显示全部的行和列，而是只显示部分内容，如显示数据表中前 n 行的信息，这时，就需要用到 SELECT 子句中的 TOP 关键字。语法格式如下：

```
SELECT TOP 整数数值 PERCENT * FROM 表名
```

具体语法如下。

- 使用 TOP 和整型数值，返回确定条数的数据。
- 使用 TOP 和百分比，返回结果集的百分比。
- 若 TOP 后的数值大于数据总行数，则显示所有行。

【例 4-7】

用以下代码获取导游表的前两条信息：

```
SELECT TOP(2) * FROM GuideMessage;
```

上述代码的执行结果如图 4-3 所示。

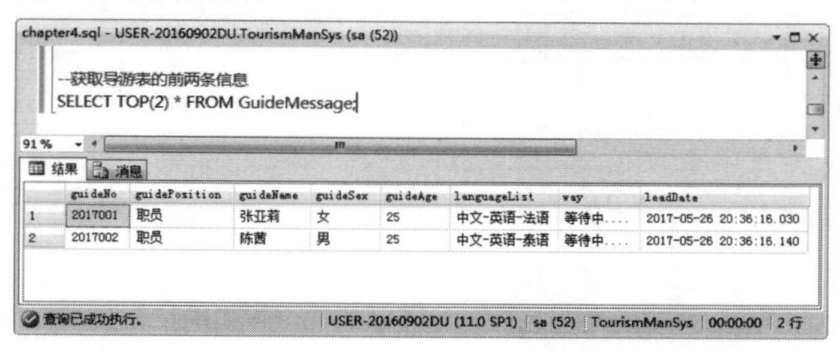

图 4-3　获取前两条信息

【例 4-8】

将 TOP 和 PERCENT 一起使用，返回总数据的百分比。以下代码获取导游表中全部数据的 20% 信息：

```
SELECT TOP(2)  PERCENT * FROM GuideMessage;
```

执行上述代码，输出结果如图 4-4 所示。

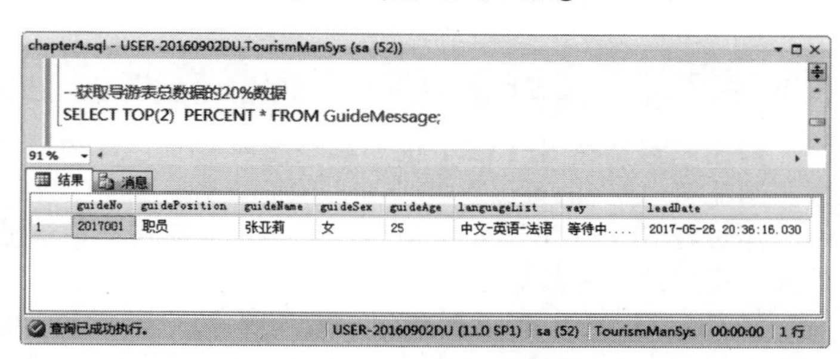

图 4-4　获取 20% 的信息

提示

将 TOP 关键字和 ORDER BY 结合使用，可以根据字段数据值排序并提取数据。

4.1.6　查询不重复数据

使用 DISTINCT 关键字筛选结果集，对于重复行只保留并显示一行。这里的重复行是指，结果集数据行的每个字段数据值都一样。

使用 DISTINCT 关键字的语法格式如下所示：

```
SELECT DISTINCT column 1[,column 2 ,..., column n]
FROM table_name
```

【例 4-9】

查询 TourismManSys 数据库中 GuideMessage 表 guidePosition 字段的所有数据。SELECT 语句如下：

```
SELECT guidePosition FROM GuideMessage;
```

查询结果如图 4-5 所示，从图中可以看到有很多重复的值。

更改上述代码，在 SELECT 语句中添加 DISTINCT 关键字筛选重复的值，语句如下：

```
SELECT DISTINCT guidePosition FROM GuideMessage;
```

执行上述代码，查询结果如图 4-6 所示。

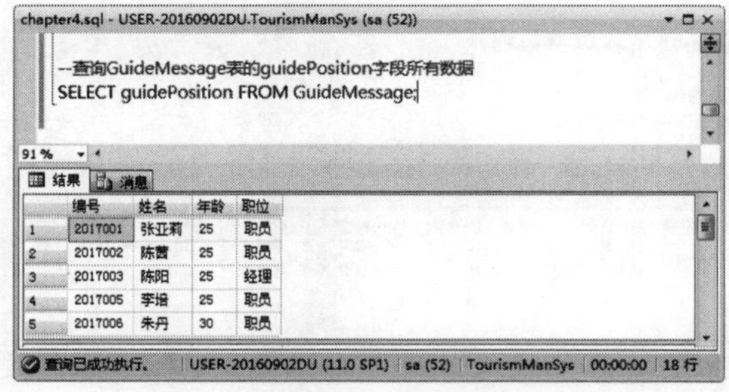

图 4-5　使用 DISTINCT 关键字前

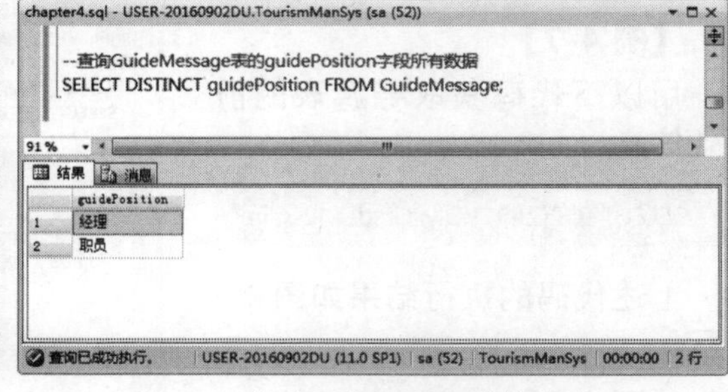

图 4-6　使用 DISTINCT 关键字后

4.1.7　实践案例：查询数据时使用计算列

前面已经通过 SELECT 语句实现多种查询，从前面的例子可以看出，SELECT 子句后可以跟通配符“*”，可以跟字段列，除此之外，SELCET 子句后的列也可以跟表达式。

通过在 SELECT 语句中使用计算列可以实现对表达式的查询，表达式是经过对某些列的计算而得到的结果数据。

例如，查询 TourismManSys 数据库下 VisitorMessage 表的数据信息，并显示该表的 carNumber 列、visitorName 列、visitorAge 列、visitorDate 列的值。除此之外，显示系统当前日期，假设 2017 年 6 月 1 日出发旅游，那么距离今天还需要等多少天，将天数显示出来。代码如下：

```
SELECT cardNumber ' 编号 ',visitorName ' 姓名 ',visitorAge ' 年龄 ',
 visitorDate ' 报团时间 ',
 GETDATE() ' 今天时间 ',
 DATEDIFF(day,GETDATE(),'2017-6-1') ' 距离出发还有 N 天 '
  FROM VisitorMessage;
```

上述代码中，GETDATE() 获取系统当前日期，DATEDIFF() 函数计算两个时间的差值，该函数的第一个参数 day 表示计算两个时间的差值，返回相差的天数。

运行上述代码，输出结果如图 4-7 所示。

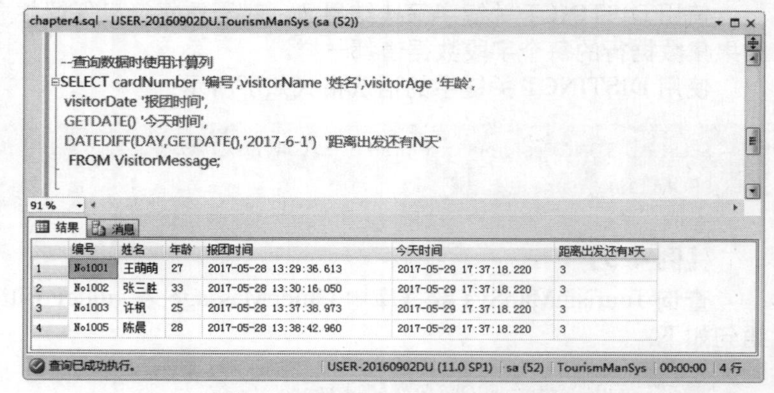

图 4-7　在 SELECT 中使用计算列

4.2 条件查询

在查询数据时，有时用户只需要查询表中的部分数据而不是全部数据。虽然通过 SELECT TOP 语句可以查询部分数据，但是该语句仅仅是查询前 N 条数据，并不能查询指定的数据，如中间的某条数据或者单个、多个条件的数据等。

为了解决上述问题，开发者可以在 SELECT 语句中使用条件查询子句，即 WHERE 子句查询。根据 WHERE 子句后面使用运算符的不同，可以分为很多种条件，本节首先介绍比较条件运算符和逻辑条件运算符的使用。

4.2.1 比较条件

比较条件就是用来将两个数值表达式对比。参与对比的表达式可以是具体的值，也可以是函数或表达式，但对比的两个参数数据类型要一致。字符型的数值要用单引号引用，如性别＝‘女’。

在 SQL Server 2016 中，常用的比较运算符及其说明如表 4-1 所示。

表 4-1　比较运算符

运算符	>	<	=	<>	>=	<=
含义	大于	小于	等于	不等于	大于等于	小于等于

参与比较的表达式以及比较运算符在 WHERE 中的语法如下所示：

```
WHERE 表达式 1 比较运算符 表达式 2
```

【例 4-10】

从 GuideMessage 表中查询年龄在 30 岁（包含 30 岁）元以上的导游编号、姓名、职位、掌握语言和路线。代码如下：

```
SELECT guideNo ' 编号 ',guideName ' 姓名 ',guidePosition ' 职位 ',languageList ' 掌握语言 ',way ' 路线 '
 FROM GuideMessage WHERE guideAge>=30;
```

执行上述代码，输出结果如图 4-8 所示。

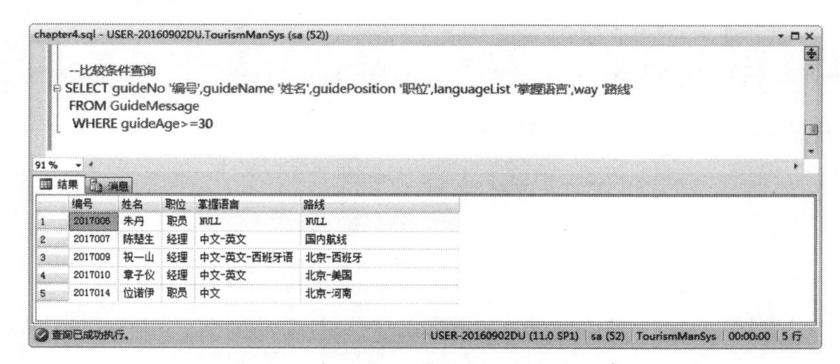

图 4-8　年龄大于等于 30 的导游信息

【例 4-11】

从 GuideMessage 表中查询“经理”的基本信息，代码如下：

```
SELECT * FROM GuideMessage WHERE guidePosition=' 经理 ';
```

上述语句的执行结果如图 4-9 所示。

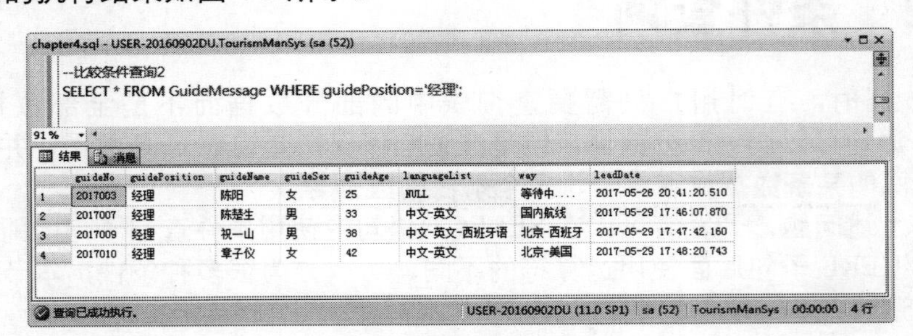

	guideNo	guidePosition	guideName	guideSex	guideAge	languageList	way	leadDate
1	2017003	经理	陈阳	女	25	NULL	等待中....	2017-05-26 20:41:20.510
2	2017007	经理	陈楚生	男	33	中文-英文	国内航线	2017-05-29 17:46:07.870
3	2017009	经理	祝一山	男	38	中文-英文-西班牙语	北京-西班牙	2017-05-29 17:47:42.160
4	2017010	经理	章子仪	女	42	中文-英文	北京-美国	2017-05-29 17:48:20.743

图 4-9 经理的基本信息

提示

为了更直观地看到比较的结果，这里向 GuideMessage 表中添加了新的数据。

4.2.2 逻辑条件

逻辑运算符用于连接一个或多个条件表达式，相关符号和具体含义，以及注意事项有：

AND(与)，当相连接的两个表达式都成立时，才成立。

OR(或)，当相连接的两个表达式中有一个成立时，就成立。

NOT(非)，原表达式成立，则不成立；原表达式不成立，则语句成立。

三个逻辑运算符的优先级从高到低为 NOT、AND、OR，可以使用小括号改变系统执行顺序。

逻辑运算符与 WHERE 子句结合的语法如下：

```
WHERE 表达式 AND 表达式
WHERE 表达式 OR 表达式
WHERE NOT 表达式
```

【例 4-12】

查询 GuideMessage 表中年龄大于等于 30 岁并且职位是“经理”的导游信息。执行语句代码如下：

```
SELECT * FROM GuideMessage WHERE guideAge>=30 AND guidePosition=' 经理 ';
```

上述语句代码的执行结果如图 4-10 所示。

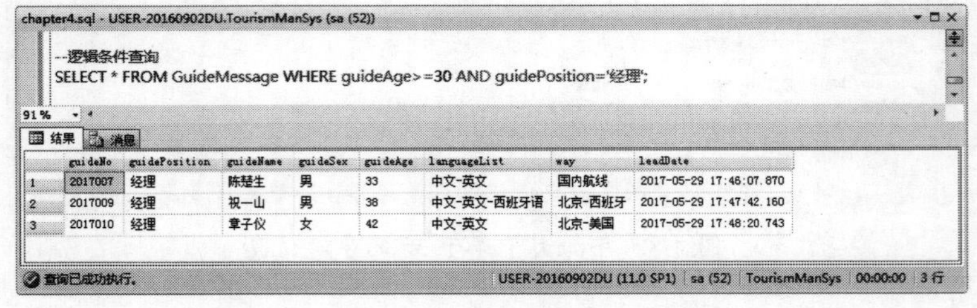

	guideNo	guidePosition	guideName	guideSex	guideAge	languageList	way	leadDate
1	2017007	经理	陈楚生	男	33	中文-英文	国内航线	2017-05-29 17:46:07.870
2	2017009	经理	祝一山	男	38	中文-英文-西班牙语	北京-西班牙	2017-05-29 17:47:42.160
3	2017010	经理	章子仪	女	42	中文-英文	北京-美国	2017-05-29 17:48:20.743

图 4-10 年龄大于等于 30 且是经理的信息

上述例子中，年龄大于等于 30 岁，职位是经理，这两个条件必须同时满足才会显示相应

的数据。更改例 4-11 的代码，将 AND 更改为 OR，要求只满足其中一个条件即可，此时的效果如图 4-11 所示。

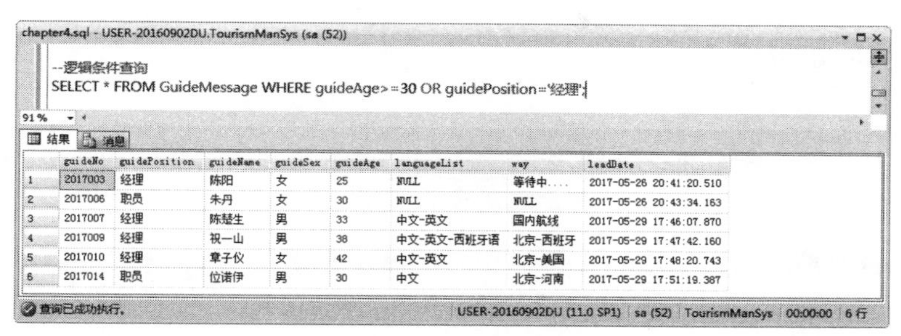

图 4-11 年龄大于等于 30 或是经理的信息

4.3 模糊查询

WHERE 语句后面可以跟多种类型的条件，除了上面介绍的比较运算符和逻辑运算符外，本节详细介绍与模糊条件查询有关的内容。

4.3.1 LIKE 查询

SELECT 中使用通配符和 LIKE 关键字实现模糊条件的查询，常见通配符及其说明如表 4-2 所示。

表 4-2 通配符及其说明

通配符	说明
%	一个或多个任意字符
_	单个字符
[]	自定范围内的字符
[^] 或 [!]	不在范围内的字符

下面针对上述通配符进行简单说明。

- %：使用字符与 % 结合，如查找姓名时使用‘王 %’找出所有姓王的人。
- _：使用字符与 _ 结合，与使用 % 相比，精确了字符个数，如‘王 _’只能是两个字并且第一个字为王。
- []：在 [] 内的任意单个字符，如 [H-J] 可以是 H、I 或 J。
- [^] 或 [!]：不在 [^] 或 [!] 内的任意单个字符，如 [^H-J] 可以是 1、2、3、d、e、A 等。

其中 _、[]、[^] 和 [!] 都是有明确字符个数的，% 可以是一个或多个字符。

【例 4-13】

从 GuideMessage 表中查询 languageList 列所有以“英语”开头的导游，并显示该导游的所有信息。代码如下：

```
SELECT * FROM GuideMessage WHERE languageList LIKE ' 英语 %';
```

由于 GuideMessage 表中 language 列的值均没有以“英语”开始，因此查询的结果并没有数据，如图 4-12 所示。

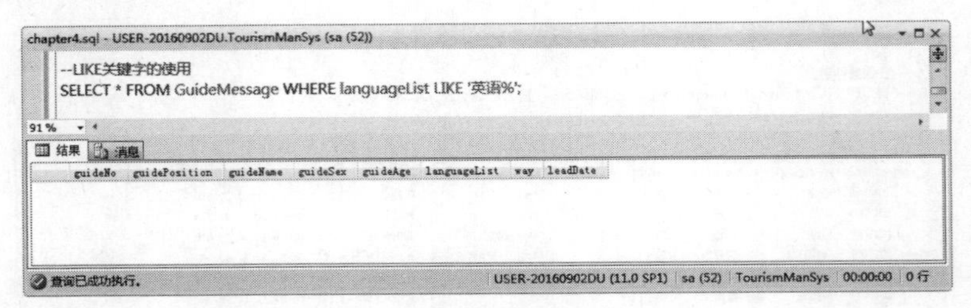

图 4-12　查询以“英语”开始的数据

更改上述例子的代码，模糊查询表中 languageList 列包含“英语”的数据，只要包含“英语”即可。代码如下：

```
SELECT * FROM GuideMessage WHERE languageList LIKE '% 英语 %';
```

执行上述代码，输出效果如图 4-13 所示。

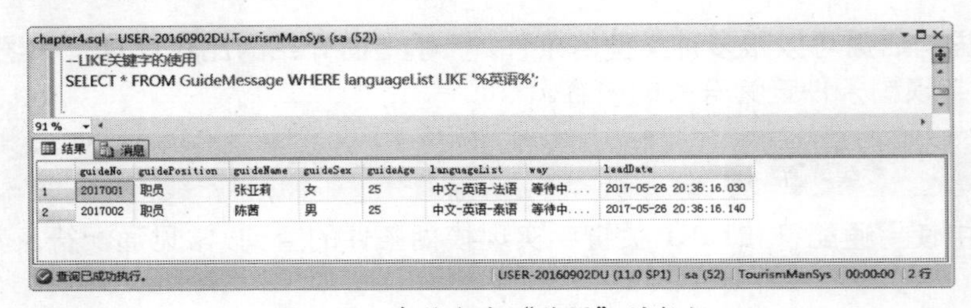

图 4-13　查询包含“英语”的数据

【例 4-14】

从 GuideMessage 表中查询姓名为两个字并且第一个字为“陈”的数据，除此之外，还必须满足该导游的职位是“经理”级别。代码如下：

```
SELECT * FROM GuideMessage WHERE guideName LIKE ' 陈 _' AND guidePosition=' 经理 ';
```

执行上述语句，输出结果如图 4-14 所示。

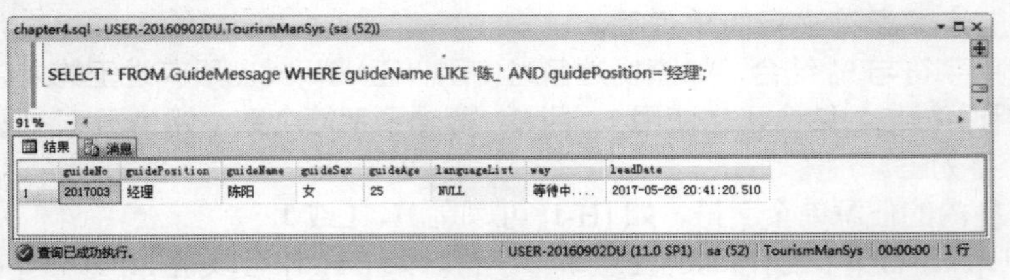

图 4-14　查询数据结果

4.3.2　IS NULL 查询

数据量大的情况下，漏填不可避免。使用 IS NULL 关键字可以查询数据库中为 NULL 的值。语法格式如下：

```
WHERE 字段名 IS NULL
```

【例 4-15】

从 GuideMessage 表中查询导游掌握语言 (languageList 列) 为空的数据，查询结果包含所有字段列。代码如下：

```
SELECT * FROM GuideMessage WHERE languageList IS NULL;
```

执行上述语句，效果如图 4-15 所示。

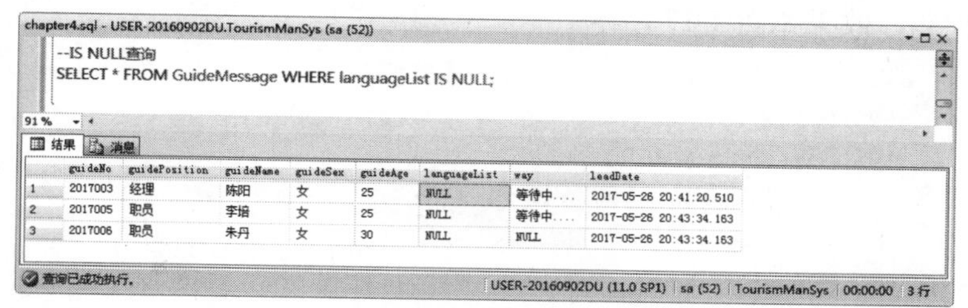

图 4-15　查询结果 (语言列为空)

与 IS NULL 相反的是 IS NOT NULL，使用 IS NOT NULL 可以查询数据表中不为空值的数据。语法格式如下：

```
WHERE 字段名 IS NOT NULL
```

【例 4-16】

查询 GuideMessage 表中掌握语言 (language 列) 不为空值的导游信息。代码如下：

```
SELECT * FROM GuideMessage WHERE languageList IS NOT NULL;
```

上述命令语句的执行结果如图 4-16 所示。

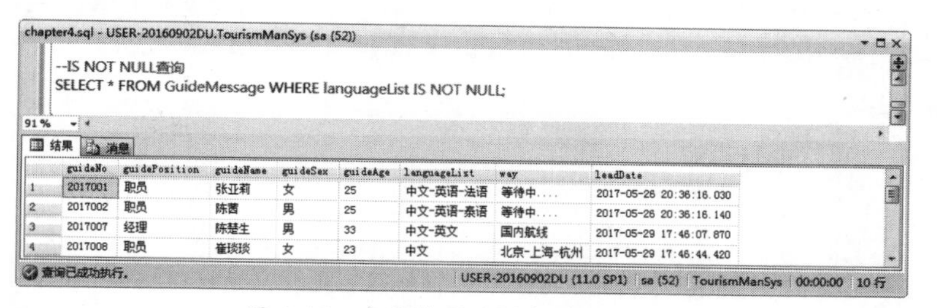

图 4-16　查询结果 (语言列不为空)

4.3.3　BETWEEN 查询

使用 BETWEEN AND 关键字和 NOT BETWEEN AND 关键字与 WHERE 关键字结合可以限制查询条件的范围，语法如下：

```
WHERE 列名 BETWEEN | NOT BETWEEN 表达式 1 AND 表达式 2
```

上述语法结构要满足以下两个条件。

- 两个表达式的数据类型要和 WHERE 后的列的数据类型一致。
- 表达式 1 ≤表达式 2。

【例 4-17】

查询 GuideMessage 表中导游年龄在 28 岁到 30 岁之间的导游信息，包含导游编号、姓名、年龄、职位、路线数据。代码如下：

```
SELECT guideNo ' 编号 ',guideName ' 姓名 ',guideAge ' 年龄 ',guidePosition ' 职位 ',way ' 路线 ' FROM GuideMessage
WHERE guideAge BETWEEN 28 AND 30;
```

执行上述代码，效果如图 4-17 所示。

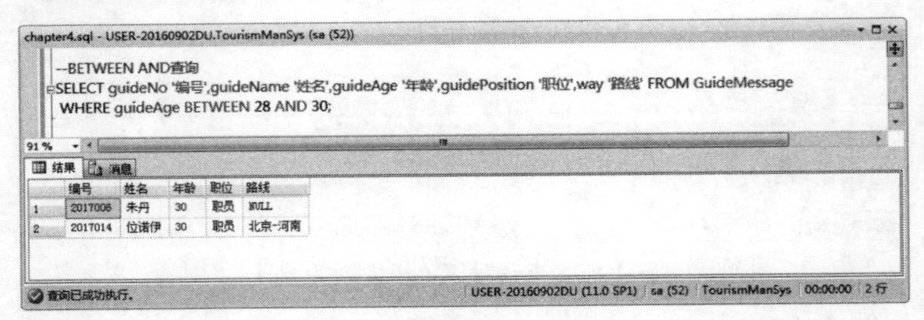

图 4-17 查询结果(例 4-17)

【例 4-18】

查询导游年龄小于 28 岁且大于 30 岁的导游信息，并显示导游编号、姓名、年龄、职位、路线。利用本节学习的知识，可以使用 NOT BETWEEN AND 关键字。实现代码如下；

```
SELECT guideNo ' 编号 ',guideName ' 姓名 ',guideAge ' 年龄 ',guidePosition ' 职位 ',way ' 路线 ' FROM GuideMessage
WHERE guideAge NOT BETWEEN 28 AND 30;
```

执行上述代码，效果如图 4-18 所示。

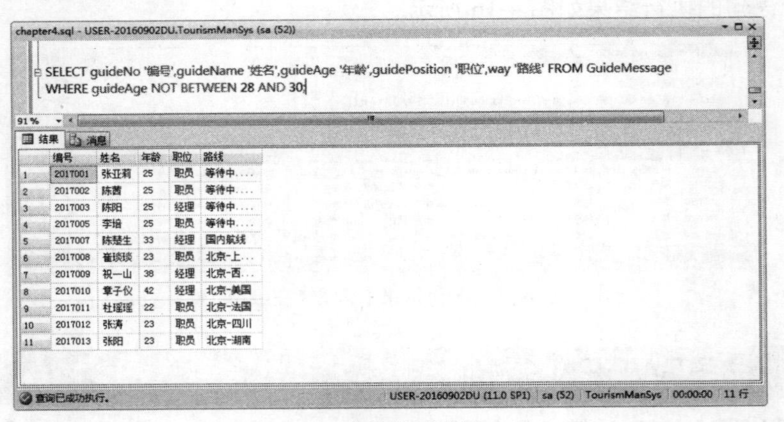

图 4-18 查询结果(例 4-18)

4.3.4 IN 查询

使用 IN 关键字指定一个包含具体数据值的集合，以列表形式展开，并查询数据值在这个列表内的行。列表可以有一个或多个数据值，放在小括号 () 内并用半角逗号隔开。具体语法如下：

```
WHERE 列名 IN 列表
```

【例 4-19】

从 GuideMessage 表中查询出年龄分别为 22、25、30 岁的导游信息。代码如下：

```
SELECT * FROM GuideMessage WHERE guideAge IN(22,25,30);
```

上述代码的执行结果如图 4-19 所示。

chapter4.sql - USER-20160902DU.TourismManSys (sa (52))

```
--IN关键字查询
SELECT * FROM GuideMessage WHERE guideAge IN(22,25,30);
```

91 %

结果 消息

	guideNo	guidePosition	guideName	guideSex	guideAge	languageList	way	leadDate
1	2017001	职员	张亚莉	女	25	中文-英语-法语	等待中....	2017-05-26 20:36:16.030
2	2017002	职员	陈茜	男	25	中文-英语-泰语	等待中....	2017-05-26 20:36:16.140
3	2017003	经理	陈阳	女	25	NULL	等待中....	2017-05-26 20:41:20.510
4	2017005	职员	李培	女	25	NULL	等待中....	2017-05-26 20:43:34.163
5	2017006	职员	朱丹	女	30	NULL	NULL	2017-05-26 20:43:34.163
6	2017011	职员	杜瑶瑶	女	22	中文-法语	北京-法国	2017-05-29 17:48:58.870
7	2017014	职员	位诺伊	男	30	中文	北京-河南	2017-05-29 17:51:19.387

查询已成功执行。 USER-20160902DU (11.0 SP1) | sa (52) | TourismManSys | 00:00:00 | 7 行

图 4-19 查询结果 (例 4-19)

同 BETWEEN 查询、IS NULL 查询一样，IN 对应的关键字是 NOT IN，使用 NOT IN 的查询结果与 IN 的查询结果相反。

【例 4-20】

从 GuideMessage 表中查询出年龄不包含 22、25、30 的导游信息。代码如下：

```
SELECT * FROM GuideMessage WHERE guideAge NOT IN(22,25,30);
```

上述代码执行结果如图 4-20 所示。

chapter4.sql - USER-20160902DU.TourismManSys (sa (52))

```
--NOT IN关键字查询
SELECT * FROM GuideMessage WHERE guideAge NOT IN(22,25,30);
```

91 %

结果 消息

	guideNo	guidePosition	guideName	guideSex	guideAge	languageList	way	leadDate
1	2017007	经理	陈楚生	男	33	中文-英文	国内航线	2017-05-29 17:46:07.870
2	2017008	职员	崔琰琰	女	23	中文	北京-上海-杭州	2017-05-29 17:46:44.420
3	2017009	经理	祝一山	男	38	中文-英文-西班牙语	北京-西班牙	2017-05-29 17:47:42.160
4	2017010	经理	章子仪	女	42	中文-英文	北京-美国	2017-05-29 17:48:20.743
5	2017012	职员	张涛	男	23	中文-英文	北京-四川	2017-05-29 17:49:52.423
6	2017013	职员	张阳	男	23	中文	北京-湖南	2017-05-29 17:50:31.133

查询已成功执行。 USER-20160902DU (11.0 SP1) | sa (52) | TourismManSys | 00:00:00 | 6 行

图 4-20 查询结果 (例 4-20)

4.4 分组查询

WHERE 子句只能对数据表进行筛选，以获得满足条件的数据。如果要对 SELECT 的查询结果进行操作，就需要借助于其他子语句，例如 ORDER BY 子句进行排序、GROUP BY 子句进行分组和 HAVING 子句进行统计等。

4.4.1 单列分组查询

使用 GROUP BY 关键字对查询结果集分组和数据处理。通过一定的规则将一个数据集

划分成若干个小的区域，然后对这些小的区域数据进行处理。语法格式如下：

```
SELECT 字段列表
FROM 表名 WHERE 表达式
GROUP BY [ALL] 字段列表 [WITH ROLLUP | CUBE]
```

其中，上述语法的常用关键字及其说明如下。

- 上述最后一行的字段列表必须包含SELECT后的字段列表。
- ALL：通常和WHERE一同使用，表示被GROUP BY分类的数据，即使不满足WHERE条件，也要显示在查询结果中。
- ROLLUP：在存在多个分组条件时使用，只返回第一个分组条件指定的列的统计行。
- CUBE：ROLLUP的扩展，除了返回GROUP BY子句指定的列以外，还要返回按照组统计的行。

提示

ISO标准的GROUP BY子句只能在数据库兼容级别时使用，设置数据库的兼容级别可以使用ALTER DATABASE语句。具体语法是“ALTER DATABASE 数据库名 SET COMPATBILITY_LEVEL={80|90|100|110|120}”，其中，80、90、100、110、120分别代表SQL Server 2000、SQL Server 2005、SQL Server 2008、SQL Server 2012和SQL Server 2014。

GROUP BY语句通常与聚合函数结合使用，聚合函数与数学公式类似，通过数据的计算返回单个值，见表4-3。

表4-3　常用的聚合函数及其说明

函数名	说　明
SUM()	表达式中数据值的和
AVG()	表达式中数据值的平均数
MAX()	表达式中数据值的最大数值
MIN()	表达式中数据值的最小数值
COUNT(*)	选定的行数
COUNT(表达式)	表达式中数据值的个数

【例4-21】

从GuideMessage表中查询数据，根据导游职称(guidePosition)列进行分组，然后统计结果集的个数。代码如下：

```
SELECT guidePosition '职称',COUNT(*) '总人数'
FROM GuideMessage GROUP BY guidePosition;
```

上述语句的执行结果如图4-21所示。

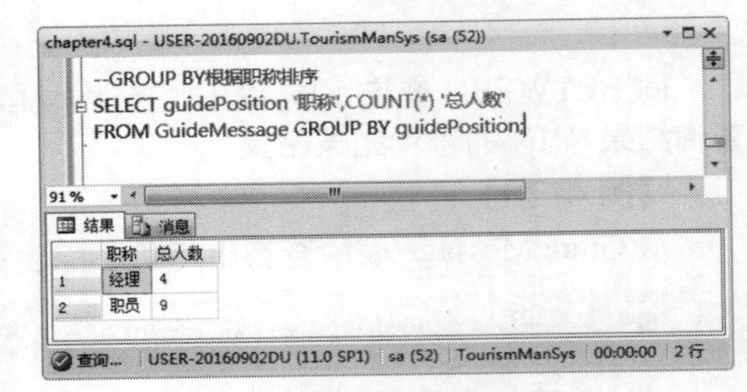

图4-21　统计结果

【例4-22】

从GuideMessage表中查询数据，根据导游职称(guidePosition)列进行分组，除了统计结果集的个数外，还需要显示在该分组下导游的最大年龄值和最小年龄值。代码如下：

```
SELECT guidePosition '职称',COUNT(*),MAX(guideAge)
'最大年龄',MIN(guideAge) '最小年龄'
FROM GuideMessage GROUP BY guidePosition;
```

执行上述语句，结果如图4-22所示。

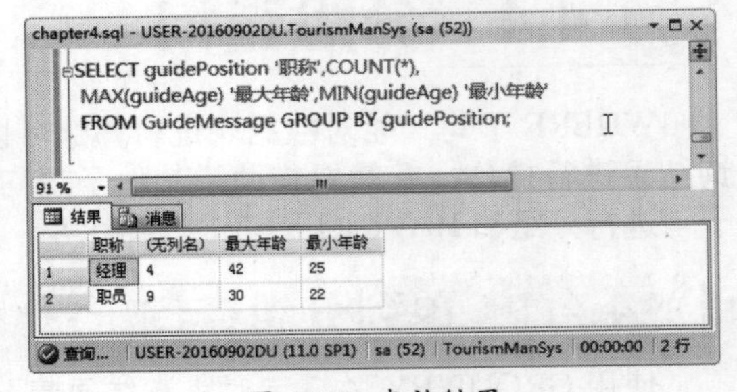

图4-22　查询结果

【例 4-23】

GROUP BY 语句可以和 WHERE 语句一起使用，使用顺序是：WHERE 子句在前，GROUP BY 子句在后。例如，从 GuideMessage 表中查询年龄在 25 到 35 之间的导游，并根据 guidePosition 列排序，然后统计结果集。代码如下：

```
SELECT guidePosition ' 职称 ',COUNT(*) FROM GuideMessage
 WHERE guideAge BETWEEN 25 AND 35 GROUP BY guidePosition;
```

上述语句执行结果如图 4-23 所示。

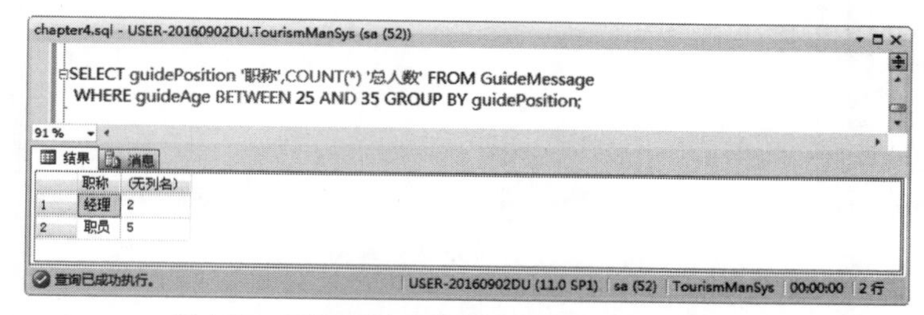

图 4-23　WHERE 子句和 GROUP BY 一起使用

【例 4-24】

SELECT 子句可以跟字段列表，但是字段列表必须是包含在聚合函数或者 GROUP BY 子句中。例如下面的代码：

```
SELECT guidePosition ' 职称 ',COUNT(*),guideName   FROM GuideMessage
 WHERE guideAge BETWEEN 25 AND 35   GROUP BY guidePosition;
```

执行上述代码的结果如图 4-24 所示。

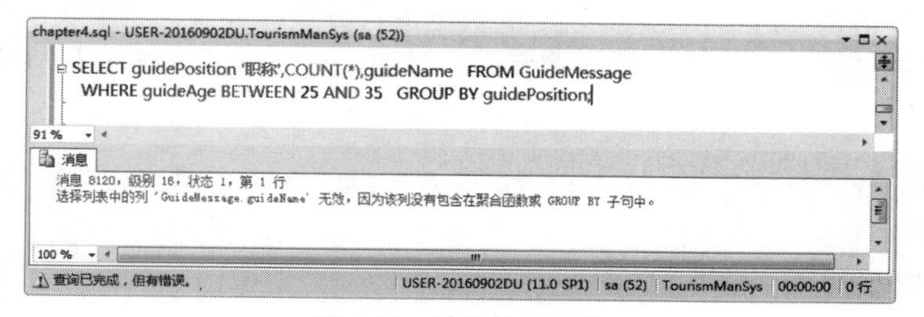

图 4-24　错误提示结果

4.4.2　多列分组查询

GROUP BY 关键字可以进行分组，上述例子介绍单列分组查询，实际上，GROUP BY 子句可以包含多列，从而实现多列分组查询的功能。多列分组时，需要使用英文逗号将列分开。

【例 4-25】

从 GuideMessage 表中查询导游的职位、年龄，并根据这两个字段列进行分组，统计结果集的个数。语句如下：

```
SELECT guidePosition ' 职位 ',guideAge ' 年龄 ',COUNT(*) ' 人数 ' FROM GuideMessage
```

```
GROUP BY guidePosition,guideAge;
```

执行上述代码的结果如图 4-25 所示。

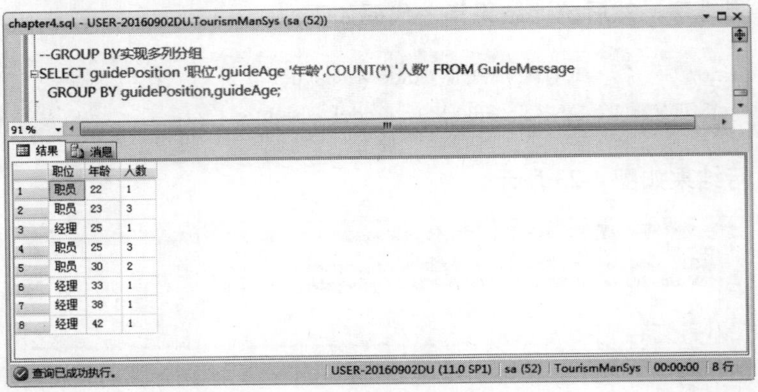

chapter4.sql - USER-20160902DU.TourismManSys (sa (52))

```
--GROUP BY实现多列分组
SELECT guidePosition '职位',guideAge '年龄',COUNT(*) '人数' FROM GuideMessage
  GROUP BY guidePosition,guideAge;
```

91 %

结果 | 消息

	职位	年龄	人数
1	职员	22	1
2	职员	23	3
3	经理	25	1
4	职员	25	3
5	职员	30	2
6	经理	33	1
7	经理	38	1
8	经理	42	1

查询已成功执行。 | USER-20160902DU (11.0 SP1) | sa (52) | TourismManSys | 00:00:00 | 8 行

图 4-25　多列分组查询结果

4.4.3　HAVING 条件

使用 HAVING 语句查询和 WHERE 关键字类似，在关键字后面插入条件表达式来规范查询结果，两者的不同体现在以下几点。

- WHERE 关键字针对的是列的数据，HAVING 针对结果组。
- WHERE 关键字不能与统计函数一起使用，而 HAVING 语句可以，且一般和统计函数结合使用。
- WHERE 关键字在分组前对数据进行过滤，HAVING 语句只过滤分组后的数据。

【例 4-26】

根据职位和年龄对 GuideMessage 表中的数据进行分组，并统计结果集的个数，然后只显示个数在 2 以上的结果。实现该功能时需要进行过滤，这时就可以使用 HAVING 语句。代码如下：

```
SELECT guidePosition ' 职位 ',guideAge ' 年龄 ',COUNT(*) ' 人数 ' FROM GuideMessage
 GROUP BY guidePosition,guideAge
 HAVING COUNT(*)>=2;
```

上述语句的执行结果如图 4-26 所示。

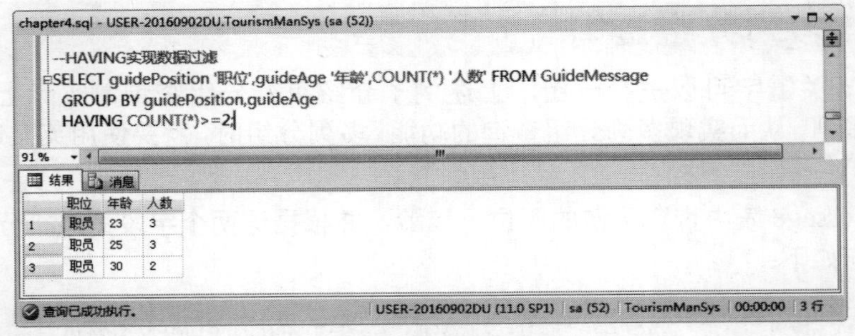

图 4-26　HAVING 关键字的使用

4.4.4 条件比较排序

使用 ORDER BY 子句可以对查询结果集的相应列进行排序。ASC 关键字表示升序，DESC 关键字表示降序，默认情况下为 ASC。其语法格式如下：

```
SELECT <derived_column>
FROM table_name
WHERE search_conditions
ORDER BY order_expression [ASC|DESC]
```

在语法格式中，<derived_column> 表示查询的字段列表；table_name 表示表名；search_conditions 指定查询条件；order_expression 指明了排序列或列的别名和表达式。当有多个排序列时，每个排序列之间用逗号隔开，而且列后都可以跟一个排序要求。

提示

ORDER BY 实现排序功能时可以使用多个字段，在第一个字段数据值相等时按第二个字段排序，之后是第三个字段，然后以此类推。

【例 4-27】

查询 GuideMessage 表中数据，并显示 guideNo、guidePosition、guideName、languageList 和 way 列的值，将查询的结果根据 guideNo 列排序，并且是降序排列。代码如下：

```
SELECT guideNo '编号',guidePosition '职位',guideName '姓名',languageList '掌握语言',way '路线'
FROM GuideMessage ORDER BY guideNo DESC;
```

执行上述代码的效果如图 4-27 所示。

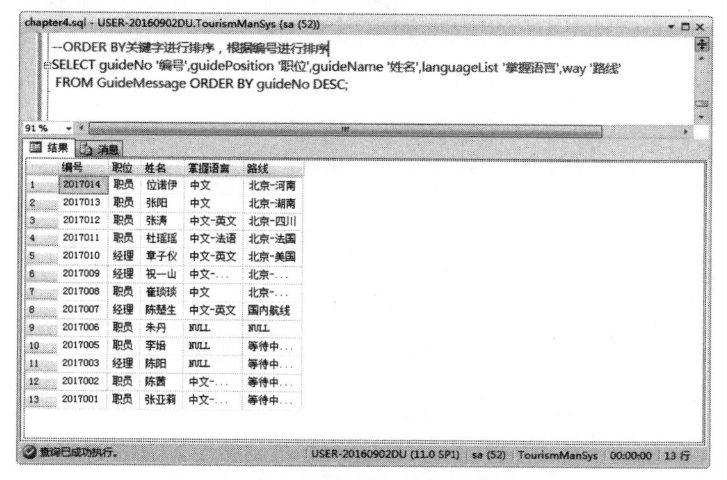

	编号	职位	姓名	掌握语言	路线
1	2017014	职员	位诺伊	中文	北京-河南
2	2017013	职员	张阳	中文	北京-湖南
3	2017012	职员	张涛	中文-英文	北京-四川
4	2017011	职员	杜瑶瑶	中文-法语	北京-法国
5	2017010	经理	章子仪	中文-英文	北京-美国
6	2017009	经理	祝一山	中文-...	北京-...
7	2017008	职员	崔琰琰	中文	北京-...
8	2017007	经理	陈楚生	中文-英文	国内航线
9	2017006	职员	朱丹	NULL	NULL
10	2017005	职员	李培	NULL	等待中...
11	2017003	经理	陈阳	NULL	等待中...
12	2017002	职员	陈茜	中文-...	等待中...
13	2017001	职员	张亚莉	中文-...	等待中...

图 4-27　根据 guideNo 列的值降序排序

【例 4-28】

当排序的条件是中文时，实际上是根据中文的拼音首个字母进行排序，如果首个字母相同，则根据第二个字母排序，然后依次类推即可。

```
SELECT guideNo '编号',guidePosition '职位',guideName '姓名',languageList '掌握语言',way '路线'
 FROM GuideMessage ORDER BY guideName DESC;
```

上述代码的执行结果如图 4-28 所示。

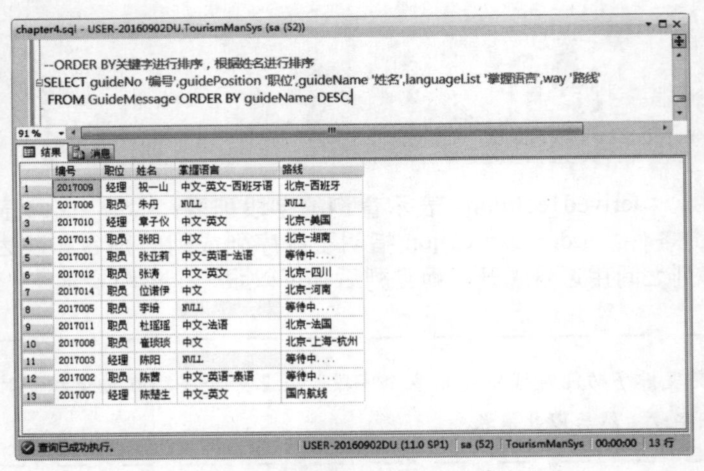

图 4-28　根据 guideName 列的值降序排序

ORDER BY 可以对多列进行排序，在使用多列进行排序时，SQL Server 会先按第一列进行排序，然后使用第二列对前面的排序结果中相同的值再进行排序，如例 4-26 所示。

【例 4-29】

查询 GuideMessage 表中的数据，并显示年龄、编号、姓名、掌握语言和路线，根据年龄进行升序排序、根据编号降序排序。代码如下：

```
SELECT guideAge '年龄',guideNo '编号',guideName '姓名',languageList '掌握语言',way '路线'
 FROM GuideMessage ORDER BY guideAge,guideNo DESC;
```

上述代码的执行结果如图 4-29 所示。

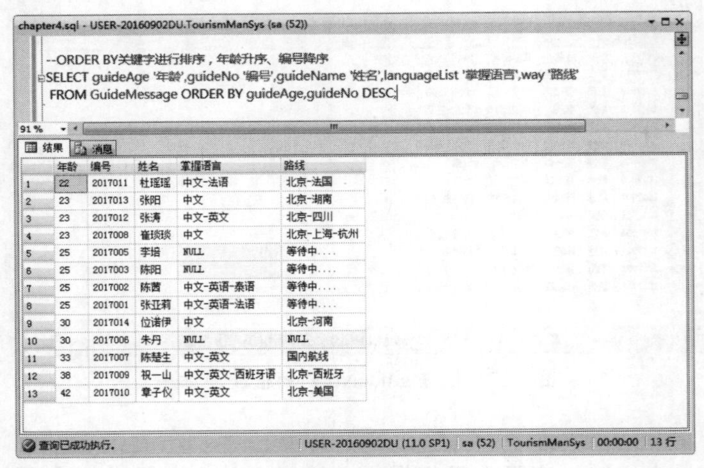

图 4-29　根据多列进行排序

提示

使用 ORDER BY 子句查询时，若存在 NULL 值，按照升序排序，则含 NULL 值的行将在最后显示，按照降序排序，则将在最前面显示。

4.5 实践案例：查询用户信息

在本章首先介绍了 SELECT 语句的语法，然后详细介绍了如何使用 SELECT 语句按照用户的需求从数据表中查询数据，并将查询结果进行格式化后输出。

本节以上一章添加的 UserMessage 表为例，使用 SELECT 语句进行各种数据的查询。具体操作步骤如下。

01 查询 UserMessage 表中的所有数据。语句如下：

```
SELECT * FROM UserMessage;
```

执行上述语句，查询结果如图 4-30 所示。

chapter4-anli.sql - USER-20160902DU.SupermarkMemSys (sa (52))

```
USE SupermarkMemSys
GO

--查询UserMessage表的全部数据
SELECT * FROM UserMessage;
```

100 %

结果 消息

	userNo	userName	userSex	userAge	userCardNo	userAddress	userWorkYear	userPhone	userPositionId	userWorkState	userAddDate	userOffDate
1	No0601001	张一山	男	23	41018219900517XXXX		1	15863210000	1	1	2016-06-01	9999-12-31
2	No0601002	张一明	男	33	410182198211110001		7	15863210001	1	1	2010-09-21	9999-12-31
3	No0601003	张一紫	女	28	20012541110000		4	15890026141	1	1	2013-05-04	9999-12-31
4	No0601004	陈逸峰	男	44	410182XXXXXXXXXXXX	NULL	12	15890000000	4	1	2007-05-04	9999-12-31
5	No0601005	陈怡阳	女	33	410182XXXXXXXXXXXX	河南省郑州市	11	15890000001	1	1	2006-05-04	9999-12-31
6	No0601006	陈逸飞	男	44	410182XXXXXXXXXXXX	河南省郑州市	13	15890000002	3	1	2004-10-08	9999-12-31
7	No06061007	宸翊萌	女	27	410182XXXXXXXXXXXX	NULL	3	15890000003	1	0	2014-02-15	2017-11-12
8	No06061008	陈一东	男	33	410182XXXXXXXXXXXX	NULL	6	15890000004	3	0	2011-01-04	2017-10-15
9	No06061009	王華華	女	28	410182XXXXXXXXXXXX	NULL	3	15890000005	1	0	2014-10-18	2017-08-19
10	No06061010	王双双	女	29	410182XXXXXXXXXXXX	河南省安阳市	5	15890000006	1	0	2012-06-25	2017-06-20
11	No06061011	王欢欢	女	28	410182XXXXXXXXXXXX	河南省安阳市	5	15890000007	3	0	2012-11-11	2017-12-12
12	No06061012	王益华	男	36	410182XXXXXXXXXXXX	河南省安阳市	10	15890000008	1	1	2007-06-01	9999-12-31
13	No06061013	杨瑞	男	26	410182XXXXXXXXXXXX	河南省安阳市	1	15890000009	1	1	2016-05-04	9999-12-31
14	No06061014	杨子	男	36	410182XXXXXXXXXXXX	河南省安阳市	1	15890000010	1	1	2016-05-04	9999-12-31
15	No06061015	杨飞	男	50	410182XXXXXXXXXXXX	海南省海口市	20	15890000011	4	1	1997-01-04	9999-12-31
16	No06061016	杨磊	男	20	410182XXXXXXXXXXXX	海南省海口市	0	15890000012	1	1	2017-06-01	9999-12-31
17	No06061017	杨梦	女	22	410182XXXXXXXXXXXX	山东省威海市	0	15890000013	1	1	2017-06-01	9999-12-31
18	No06061018	杨艳	女	22	410182XXXXXXXXXXXX	山东省威海市	0	15890000014	3	1	2017-06-01	9999-12-31
19	No06061019	朱一梦	女	29	410182XXXXXXXXXXXX	北京市	5	15890000015	1	1	2013-06-01	9999-12-31
20	No06061020	朱一华	男	29	410182XXXXXXXXXXXX	北京市	4	15890000016	1	1	2013-06-01	9999-12-31

查询已成功执行。 USER-20160902DU (11.0 SP1) | sa (52) | SupermarkMemSys | 00:00:00 | 20 行

图 4-30 查询全部数据

02 仅查询出 userNo 字段、userName 字段、userSex 字段、userPhone 字段和 userAddDate 字段。语句如下：

```
SELECT userNo,userName,userSex,userPhone,userAddDate FROM UserMessage;
```

03 同样是从 UserMessage 表中查询出 userNo 字段、userName 字段、userSex 字段、userPhone 字段和 userAddDate 字段。但是这里要求依次将字段列的值命名为“员工编号”“员工名称”“性别”“电话”和“入职日期”。语句如下：

```
SELECT userNo AS '员工编号',userName AS '员工姓名',userSex AS '性别',userPhone AS'‘电话',userAddDate
AS '入职日期' FROM UserMessage;
```

04 查询userSex字段所有数据，要求筛选重复的值，并使用“性别”作为别名。语句如下：

```
SELECT DISTINCT userSex '性别' FROM UserMessage;
```

05 查询前10条数据，并显示userNo字段、userName字段、userPhone字段和userAddress字段的值。代码如下：

```
SELECT top10 userNo,userName,userPhone,userAddress FROM UserMessage;
```

06 查询工作年限在5年以上的员工编号、名字、年龄以及电话。语句如下：

```
SELECT userNo '员工编号',userName '名字',userAge '年龄',userPhone '电话' FROM UserMessage
WHERE userWorkYear>5;
```

07 查询年龄在25岁以下或者工作年限在3年以下的员工编号、姓名、年龄、工作年限、居住地址。语句如下：

```
SELECT userNo '员工编号',userName '名字',userAge '年龄',userWorkYear '工作年限',userAddress' ‘居住
地址’ 'FROM UserMessage WHERE userAge<25 OR userWorkYear<3;
```

08 查询所有姓名名称以“王”开头的数据，包括员工编号、姓名、年龄、工作年限、居住地址。语句如下：

```
SELECT userNo '员工编号',userName '名字',userAge '年龄',userWorkYear '工作年限',userAddress '居
住地址' FROM UserMessage WHERE userName LIKE '王%';
```

09 查询出所有员工信息的编号、名称、性别、年龄、电话，要求按年龄降序排序，按编号升序排序显示。语句如下：

```
SELECT userNo '员工编号',userName '名字',userSex '性别',userAge '年龄',userPhone '电话' FROM
UserMessage ORDER BY userAge DESC,userNo;
```

10 统计在线员工和离职员工的人数。语句如下：

```
SELECT userWorkState '员工状态',COUNT(*) '总人数' FROM UserMessage GROUP BY userWorkState;
```

4.6 练习题

1. 填空题

(1) 在WHERE子句中使用字符匹配查询时，通配符 __________ 可以表示任意多个字符。

(2) WHERE子句中可以根据逻辑条件实现查询，常用的逻辑条件运算符有AND、OR和 __________。

(3) 如果要查询数据中某列不为NULL的值，可以使用 __________ 关键字。

(4) 使用 __________ 关键字指定一个包含具体数据值的集合，以列表形式展开，并查询数据值在这个列表内的行。

(5) 使用 __________ 函数可以返回表达式中所有值的平均值。

(6) 开发者可以通过 ORDER BY 进行排序，使用 ASC 关键字升序，使用 __________ 关键字降序。

2. 选择题

(1) 在 SELECT 查询语句中使用 __________ 关键字可以消除重复行。

A. TOP　　B. DISTINCT　　C. PERCENT　　D. 以上都不是

(2) 在为列名指定别名的时候，为了方便，有时可以省略 __________ 关键字。

A. AS　　B. =　　C. TOP　　D. IN

(3) 如果要查询 TestMessage 表中的前 5 条数据，下面语句正确的是 __________。

A.

```
SELECT TOP 5 FROM TestMessage;
```

B.

```
SELECT TOP 5 PERCENT FROM TestMessage;
```

C.

```
SELECT TOP(5) FROM TestMessage;
```

D.

```
SELECT TOP(5) PERCENT FROM TestMessage;
```

(4) 执行以下 SQL 命令语句，查询的结果不可能包含 __________。

```
SELECT testName FROM TestMessage WHERE testName LIKE '% 刘 %';
```

A. 张刘阳

B. 刘洋洋

C. 赵刘

D. 张洋洋

(5) 使用 __________ 关键字可以将返回的结果集数据按照指定的条件进行分组。

A. GROUP BY

B. HAVING

C. ORDER BY

D. DISTINCT

(6) 关于 HAVING 和 WHERE 的说明，下面说法不正确的是 __________。

A. WHERE 关键字针对的是列的数据，HAVING 针对结果组

B. WHERE 关键子和 HAVING 语句都可以与统计函数一起结合使用

C. WHERE 关键字不能与统计函数一起使用，而 HAVING 语句可以，且一般和统计函数结合使用

D. WHERE 关键字在分组前对数据进行过滤，HAVING 语句只过滤分组后的数据

上机练习：查询商品信息表的数据

SupermarkMemSys 数据库下包含 ProductMessage 数据表，该表包含多条数据。本次上机练习要求读者根据以下要求查询数据：

- 查询商品表的全部数据。
- 查询商品表的全部数据，并分别为表的字段列设置别名。
- 查询出每件商品的价格和上架时间。
- 查询商品表中商品名称中包含“水”的数据，并显示商品编号、名称、实际价格和售卖价格。
- 查询商品表中商品上架日期在 2017-01-01 到 2017-06-31 之间的数据，并显示商品编号、名称、售卖价格、上架日期。
- 根据商品类型列进行分类，统计每种分类下的商品数量。
- 查询商品的编号、名称、实际价格、售卖价格、上架时间字段列的值，并根据售卖价格降序排列、商品编号升序排列。
- 删除商品信息表中已经下架的商品信息。

第 5 章

SQL 高级查询

在 SQL Server 2016 数据库中，开发者通常需要实现一些比较复杂的业务逻辑，在实现业务时，需要从两张表、多张表甚至是多个数据库表中查询数据。这时，再利用第 4 章介绍的 SELECT 查询语句是不能满足需要的，需要新的 SELECT 查询语句。

本章为读者介绍 SQL Server 的高级查询语句，首先从子查询开始介绍，然后再介绍如何实现多表连接查询、内连接查询、外连接查询、交叉连接查询等内容。

本章学习要点

◎ 掌握 IN 和 NOT IN 子查询
◎ 掌握 EXISTS 子查询
◎ 了解多表连接与单表连接的区别
◎ 掌握多表连接查询
◎ 掌握内连接查询
◎ 掌握外连接查询
◎ 能够熟练应用交叉连接
◎ 掌握联合查询
◎ 掌握自连接查询

 5.1 子查询

使用子查询可以实现根据多个表中的数据获取查询结果。子查询遵守 SQL Server 查询规则，它可以运用在 SELECT、INSERT、UPDATE 等语句中。

5.1.1 简单子查询

最简单的一种查询就是在子查询语句中，开发者使用比较运算符进行一些逻辑判断，查询的结果集返回一个列表值。语法格式如下：

```
SELECT select_list
FROM table_source
WHERE expression operator [ANY|ALL|SOME] (subquery)
```

其中，operator 表示比较运算符，ANY、ALL 和 SOME 是 SQL 支持的在子查询中进行比较的关键字。ANY、ALL 和 SOME 的含义如下。

- ANY 和 SOME 表示相比较的两个数据集中，至少有一个值的比较为真，就满足搜索条件。若子查询结果集为空，则不满足搜索条件。
- ALL 与结果集中所有值比较都为真，才满足搜索条件。

【例 5-1】

从 VisitorMessage 表中读取数据，要求 visitorGuideNo 字段的值必须在 GuideMessage 表的 guideNo 字段中存在。代码如下：

```
SELECT * FROM VisitorMessage
 WHERE visitorGuideNo=ANY(
  SELECT guideNo FROM GuideMessage
);
```

上面语句首先执行括号内的子查询，在子查询中返回所有的导游编号，然后判断外部查询中的 visitorGuideNo 字段是否在子查询列表中。

执行上述代码，输出结果如图 5-1 所示。

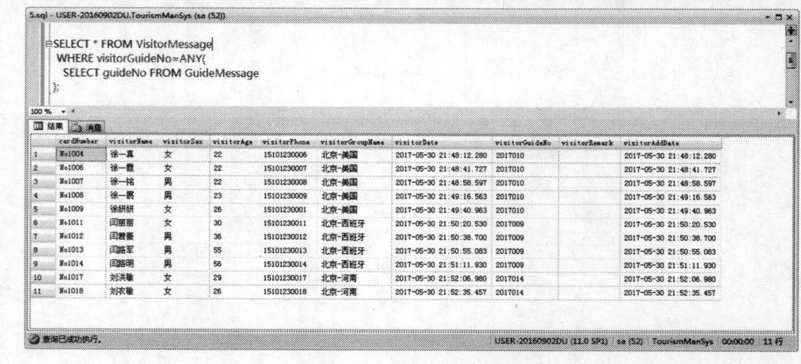

	cardNumber	visitorName	visitorSex	visitorAge	visitorPhone	visitorGroupName	visitorDate	visitorGuideNo	visitorRemark	visitorAddDate
1	No1004	徐一真	女	22	15101230006	北京-美国	2017-05-30 21:48:12.280	2017010		2017-05-30 21:48:12.280
2	No1006	徐一霞	女	22	15101230007	北京-美国	2017-05-30 21:48:41.727	2017010		2017-05-30 21:48:41.727
3	No1007	徐一铭	男	22	15101230008	北京-美国	2017-05-30 21:48:58.597	2017010		2017-05-30 21:48:58.597
4	No1008	徐一展	男	23	15101230009	北京-美国	2017-05-30 21:49:16.563	2017010		2017-05-30 21:49:16.563
5	No1009	徐妍妍	女	26	15101230001	北京-美国	2017-05-30 21:49:40.963	2017010		2017-05-30 21:49:40.963
6	No1011	闫丽丽	女	30	15101230011	北京-西班牙	2017-05-30 21:50:20.530	2017009		2017-05-30 21:50:20.530
7	No1012	闫君豪	男	36	15101230012	北京-西班牙	2017-05-30 21:50:38.700	2017009		2017-05-30 21:50:38.700
8	No1013	闫路军	男	55	15101230013	北京-西班牙	2017-05-30 21:50:55.083	2017009		2017-05-30 21:50:55.083
9	No1014	闫路明	男	56	15101230014	北京-西班牙	2017-05-30 21:51:11.930	2017009		2017-05-30 21:51:11.930
10	No1017	刘洪敏	女	29	15101230017	北京-河南	2017-05-30 21:52:06.980	2017014		2017-05-30 21:52:06.980
11	No1018	刘农敏	女	26	15101230018	北京-河南	2017-05-30 21:52:35.457	2017014		2017-05-30 21:52:35.457

图 5-1 输出结果

【例 5-2】

在 SELECT 子查询中，可以像外部 SELECT 语句那样添加 WHERE 子句、GROUP BY 和 ORDER BY 关键字实现条件筛选。例如，查询年龄在 40 岁以上的导游所带领的游客信息。代码如下：

```
SELECT * FROM VisitorMessage
 WHERE visitorGuideNo=ANY(
  SELECT guideNo FROM GuideMessage WHERE guideAge>=40
);
```

执行上述代码，输出结果如图 5-2 所示。

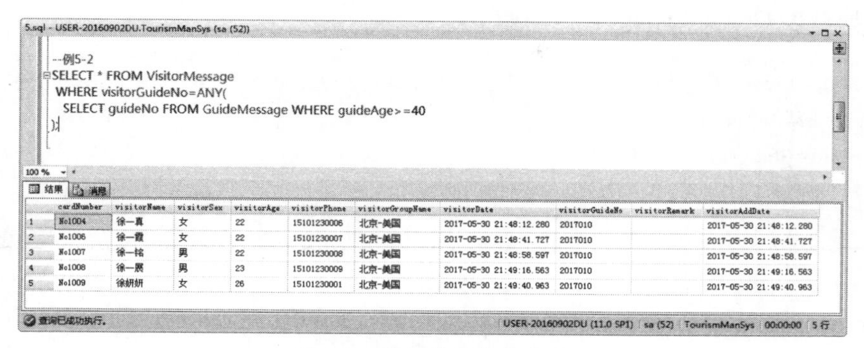

图 5-2　根据指定条件查询

在上述例子中，由于导游年龄保存在 GuideMessage 表中，因此需要编写一个子查询获取年龄大于等于 40 岁以上的导游编号，再根据导游编号在游客表 VisitorMessage 中查询游客编号、姓名、性别、年龄、联系电话等信息。

开发者在使用 ANY、ALL 比较关键字和比较运算符进行不同组合时，它们所表示的意义也不同，表 5-1 针对常见组合进行了说明。

表 5-1　比较运算符和进行比较的关键字的常见组合

类　别	说　明
>ANY	大于子查询结果中的某个值
>ALL	大于子查询结果中的所有值
<ANY	小于子查询结果中的某个值
<ALL	小于子查询结果中的所有值

（续表）

类　别	说　明
>=ANY	大于等于子查询结果中的某个值
>=ALL	大于等于子查询结果中的所有值
<=ANY	小于等于子查询结果中的某个值
<=ALL	小于等于子查询结果中的所有值
!=ANY(<>)	不等于子查询结果中的某个值
!=ALL (<>)	不等于子查询结果中的所有值

提示

单值子查询就是子查询的查询结果只返回一个值，然后将某一列值与这个返回的值进行比较。在返回单值的子查询中，比较运算符不需要使用 ANY、SOME 等关键字，在 WHERE 子句中可以直接使用比较运算符来连接子查询。

5.1.2　IN(NOT IN) 子查询

IN 关键字可以用来判断指定的值是否包含在另外一个查询结果集中。通过使用 IN 关键字将一个指定的值（或表的某一列）与返回的子查询结果集进行比较，如果指定的值与子查询的结果集一致或存在相匹配的行，则使用该子查询的表达式值为 TRUE。

使用 IN 关键字实现查询时，其语法格式如下：

```
SELECT select_list
FROM table_source
WHERE expression IN|NOT IN (subquery)
```

在上面的语法格式中，select_list 表示查询的字段列表，多个字段之间使用英文逗号进行分隔；table_source 指定表名或视图名；subquery 表示相应的子查询，括号外的查询将子查询结果集作为查询条件进行查询。

【例 5-3】

查询“祝一山”和“章子仪”带领哪些

游客去旅游，显示游客编号、姓名、性别和手机号码信息。在这里需要连接游客表 VisitorMessage 和导游表 GuideMessage。语句如下：

```
SELECT cardNumber ' 编号 ',visitorName ' 姓名 ',visitorSex ' 性别 ',visitorPhone ' 手机 '
 FROM VisitorMessage
 WHERE visitorGuideNo IN(
  SELECT guideNo FROM GuideMessage WHERE guideName=' 祝一山 ' OR guideName=' 章子仪 '
 )
```

上述 WHERE 子句内的 SELECT 语句用于从导游表 GuideMessage 中查询导游“祝一山”和“章子仪”的导游编号，这个查询返回两个值。IN 关键字则根据这两个值在游客表 VisitorMessage 中查询对应的信息。

执行上述语句，结果如图 5-3 所示。

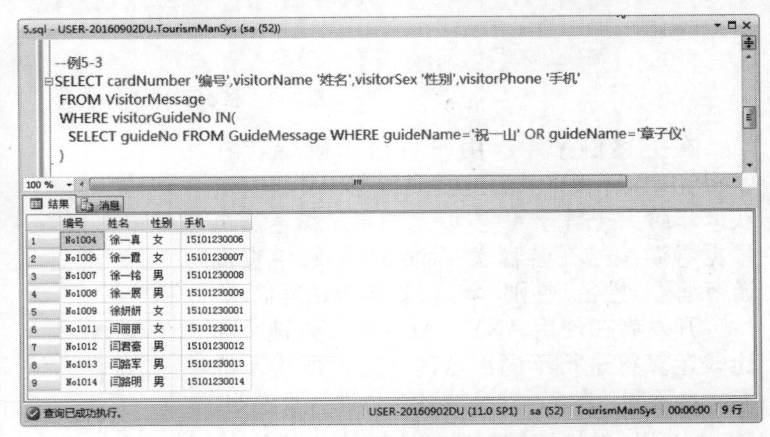

图 5-3　IN 子查询结果

【例 5-4】

如果在 IN 前面添加 NOT 关键字，则表示查询与上述相反的结果。查询语句及其执行结果如图 5-4 所示。

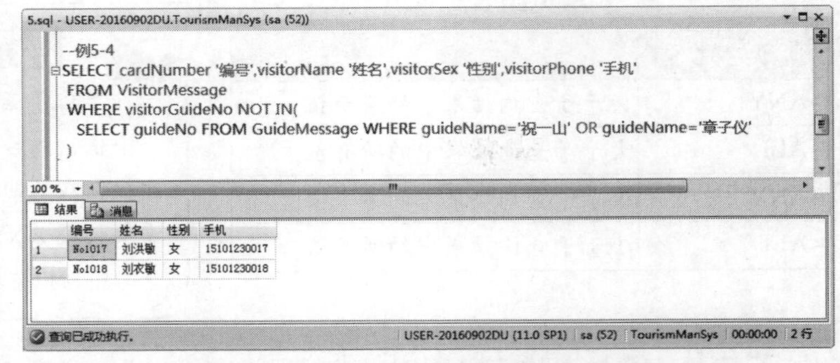

图 5-4　NOT IN 查询结果

5.1.3　EXISTS 子查询

EXISTS 关键字的作用是在 WHERE 子句中测试子查询返回的数据行是否存在，但是不会使用子查询返回的任何数据行，只产生逻辑值 TRUE 或 FALSE。语法格式如下：

```
SELECT select_list
FROM table_source
WHERE EXISTS|NOT EXISTS (subquery)
```

【例 5-5】

查询编号为“2017010”的导游是否有带团，如果有，则显示游客的基本信息，如游客编号、

姓名、性别、年龄和联系方式。语句如下：

```
SELECT cardNumber '编号',visitorName '姓名',visitorSex '性别',visitorAge '年龄',visitorPhone '联系方式'
 FROM VisitorMessage
 WHERE  EXISTS(
  SELECT guideNo FROM GuideMessage  WHERE guideNo='2017010'
 )
 AND visitorGuideNo='2017010';
```

上述代码通过 EXISTS 关键字判断导游表 GuideMessage 中是否有编号为 2017010 的记录，如果有，则查询游客信息。

执行上述语句，效果如图 5-5 所示。

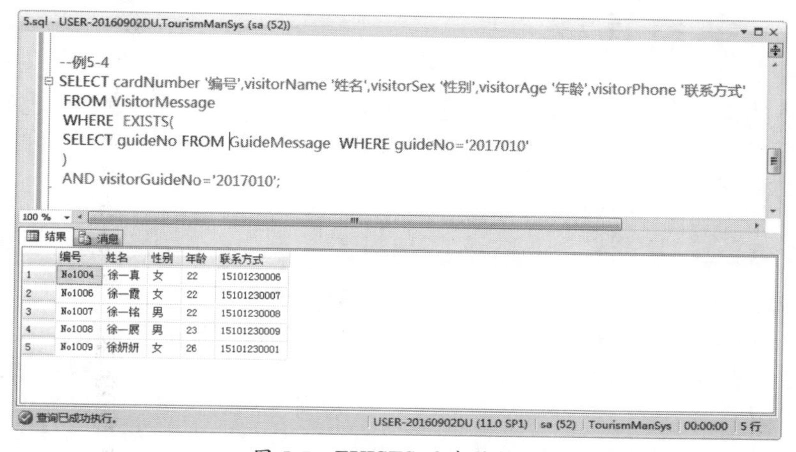

图 5-5　EXISTS 子查询结果

5.1.4　实践案例：嵌套子查询

在查询语句中包含一个或多个子查询，这种查询方式就是嵌套查询。通过前面几节的学习，读者对子查询都有了一定了解。嵌套子查询的执行不依赖于外部查询，通常放在括号内先被执行，并将结果传给外部查询，作为外部查询的条件来使用，然后执行外部查询，并显示整个查询结果。

为了方便演示查询结果，这里首先更改 VisitorMessage 表中 visitorGuideNo 字段列的值，将为空值的列更改值为 2017000。实际上，该值在 GuideMessage 表中并不与 guideNo 字段的值对应。代码如下：

```
UPDATE VisitorMessage SET visitorGuideNo='2017000' WHERE visitorGuideNo IS NULL;
GO
```

查询游客表中导游编号并不在 GuideMessage 表 guideNo 字段列的信息，并显示游客编号、姓名、性别、年龄、导游编号。代码如下：

```
SELECT cardNumber '游客编号',visitorName '姓名',visitorSex '性别',visitorAge '年龄',visitorGuideNo '导游编号'
```

```
FROM VisitorMessage
WHERE visitorGuideNo NOT IN(
 SELECT guideNo FROM GUideMessage
)
GO
```

执行上述语句，效果如图 5-6 所示。

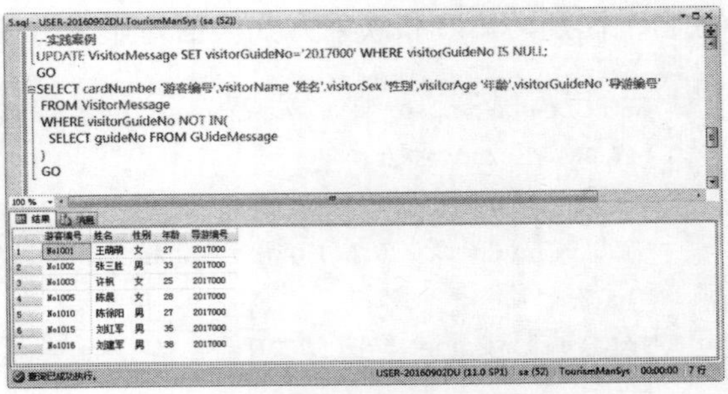

图 5-6　嵌套子查询效果

5.2　多表连接

涉及多个表的查询在实际应用中很常见，有简单的两个表之间的查询，也有多个表查询。多表连接语法结构其实很简单，但首先要清楚表之间的关联，这是多表查询的基础。将多个表结合在一起的查询也叫作连接查询。

5.2.1　连接语法

基本连接操作是建立在同一个数据库基础上的，语法结构与单表数据查询类似，多表查询和单表查询的语法比较如下。

单表查询语法：

```
SELECT 字段列表
FROM 表名
[WHERE 条件表达式 ]
```

多表查询语法：

```
SELECT 字段列表
FROM 表名
WHERE 同等连接表达式
```

以下是两种语法的对比以及多表连接的语法解释。

(1) 字段列表比较。

单表中的字段列表不用指明字段来源，每个字段源于同一个表，通过 FROM 来指定；多表中的字段为避免因不同表的相同字段名引起的查询不明确，要使用“表名 . 字段”的格式。

(2) 表名比较。

单表中只能存在一个表，当表名有多个时需要用逗号隔开。

(3)WHERE 条件比较。

单表中 WHERE 关键字后面跟着的是一条限制性的表达式，用来定义查询结果的范围，一般针对字段值。而在多表 WHERE 关键字后也是限制性的表达式，但多表连接 WHERE 表达式可以定义一个同等的条件，将多表数据联系在一起。

如果要在多表查询中加入对字段值的限制，也可以使用条件表达式，将条件表达式放在 WHERE 后面，使用 AND 与同等连接表达式结合在一起。这里的条件表达式最好放在括号内，以免因优先级的问题发生错误。

【例 5-6】

从 VisitorMessage 表中查询年龄在 25 岁到 30 岁之间的游客信息，显示游客编号、游客姓名、年龄和导游编号。语句如下：

```
SELECT cardNumber ' 游客编号 ',visitorName ' 游客姓名 ',visitorAge ' 年龄 ',visitorGuideNo ' 导游编号 '
 FROM VisitorMessage
 WHERE visitorAge BETWEEN 25 AND 30;
```

上述查询语句属于单表查询，执行效果如图5-7所示。

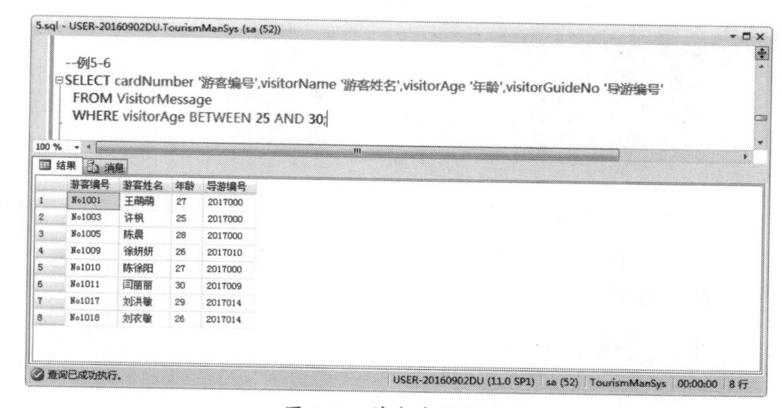

	游客编号	游客姓名	年龄	导游编号
1	No1001	王萌萌	27	2017000
2	No1003	许枫	25	2017000
3	No1005	陈晨	28	2017000
4	No1009	徐妍妍	26	2017010
5	No1010	陈徐阳	27	2017000
6	No1011	闫丽丽	30	2017009
7	No1017	刘洪敏	29	2017014
8	No1018	刘衣敏	26	2017014

图 5-7　单表查询结果

【例 5-7】

从 VisitorMessage 表中查询年龄在 25 到 30 岁之间的游客信息，但是要求显示游客所属的导游信息。由于游客信息是在 VisitorMessage 表中保存，导游信息是在 GuideMessage 表中保存，因此要实现这个查询需要连接多个表。语句如下：

```
SELECT cardNumber '游客编号',visitorName '游客姓名',visitorAge '年龄',
 guideNo '导游编号(哪个导游带领)',guideName '导游姓名',guidePosition '职位',way '路线'
 FROM VisitorMessage,GuideMessage
 WHERE visitorGuideNo=guideNo
 AND visitorAge BETWEEN 25 AND 30;
```

执行上述语句，结果如图 5-8 所示。比较图 5-7 和图 5-8 可以发现，多表连接查询出来的结果集更实用，这就是基本多表连接的意义。

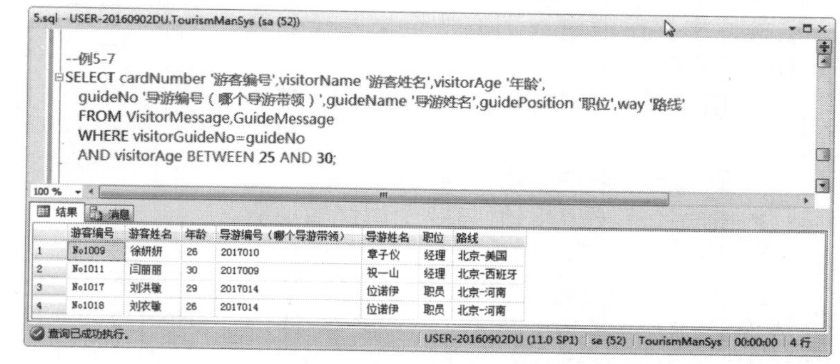

	游客编号	游客姓名	年龄	导游编号(哪个导游带领)	导游姓名	职位	路线
1	No1009	徐妍妍	26	2017010	章子仪	经理	北京-美国
2	No1011	闫丽丽	30	2017009	祝一山	经理	北京-西班牙
3	No1017	刘洪敏	29	2017014	位诸伊	职员	北京-河南
4	No1018	刘衣敏	26	2017014	位诸伊	职员	北京-河南

图 5-8　多表查询结果

提示

三个表以上的表连接的查询虽然可以实现，但表之间的复杂联系使这个过程和结果不好控制，容易出错。通常使用两个表的连接。可以一次连接两个表，将查询结果存为视图，再与第三个表连接。

5.2.2 使用别名

在多表连接查询中，列名与连接的表不重复时可以单独使用列名，但是列名如果出现重复，必须使用“表.列”的形式。除了这种形式外，开发者可以为表指定别名，通过“表别名.列”的形式进行调用。

在第 4 章介绍简单 SELECT 语句时曾介绍过 AS 关键字为列指定别名的方法。这里实现别名也是使用 AS 关键字，但增加了对表使用别名。对表使用别名除了增强可读性，还可以简化原有的表名，使用方便。语法格式如下：

```
USE 数据库名
SELECT 字段列表
FROM 原表 1 AS 表 1，原表 2 AS 表 2
WHERE 表 1. 字段名 = 表 2. 字段名
```

这里的 AS 也只是改变查询结果中的列名，对原表不产生影响；AS 关键字可以省略，使用空格隔开原名与别名。

注意

如果为表指定了别名，则只能用“表别名 . 列名”表示同名列，不能用“表名 . 列名”表示。

【例 5-8】

在上个例子的基础上进行更改，分别为 VisitorMessage 和 GuideMessage 表指定别名，通过“表别名 . 列名”获取列名：

```
SELECT v.cardNumber ' 游客编号 ',v.visitorName ' 游客姓名 ',v.visitorAge ' 年龄 ',
  g.guideNo ' 导游编号 ( 哪个导游带领 )',g.guideName ' 导游姓名 ',g.guidePosition ' 职位 ',g.way ' 路线 '
 FROM VisitorMessage v,GuideMessage g
 WHERE v.visitorGuideNo=g.guideNo
 AND v.visitorAge BETWEEN 25 AND 30;
```

5.2.3 使用 JOIN 关键字连接查询

前面介绍的主要是一些基本的连接操作，在这一节中介绍含有关键字 JOIN 的连接查询。

在含有 JOIN 关键字的连接查询中，其连接条件主要是通过以下方法定义两个表在查询中的关联方式。

- 指定每个表中要用于连接的列。典型的连接条件是在一个表中指定外键，在另一个表中指定与其关联的键。
- 指定比较各列的值时要使用比较运算符 (=、<> 等)。

连接可以在 SELECT 语句的 FROM 子句或 WHERE 子句中建立。连接条件与 WHERE 子句和 HAVING 子句组合，用于控制 FROM 子句引用的基表中所选定的行。

在 FROM 子句中指定连接条件有助于将这些连接条件与 WHERE 子句中可能指定的其他搜索条件分开，所以在指定连接条件时最好使用这种方法。连接查询的主要语法格式如下：

```
SELECT <select_list>
FROM <table_reference1> join_type <table_reference2> [ ON <join_condition> ]
[ WHERE <search_condition> ]
[ ORDER BY <order_condition> ]
```

其中，占位符 <table_reference1> 和 <table_reference2> 指定要查询的基表，join_type 指定所执行的连接类型，占位符 <join_condition> 指定连接条件。

连接查询可分为内连接、外连接和交叉连接查询等，下面各节将详细介绍每种连接的使用。

5.3 内连接查询

指定 INNER 关键字的连接称为内连接，内连接是按照 ON 所指定的连接条件合并两个表，返回满足条件的行。本节详细介绍 SQL Server 2016 中的内连接，包含语法格式、具体使用等内容。

5.3.1 语法格式

内连接是将两个表中满足连接条件的记录组合在一起。连接条件的一般格式为：

```
ON 表名 1. 列名 比较运算符 表名 2. 列名
```

内连接的完整语法格式有两种。

```
第一种格式：SELECT 列名列表 FROM 表名 l, 表名 2 WHERE 表名 1. 列名 = 表名 2. 列名
第二种格式：SELECT 列名列表 FROM 表名 l [INNER] JOIN 表名 2 ON 表名 1. 列名 = 表名 2. 列名
```

第一种格式之前使用过，是基本的两个表的连接。第二种格式使用 JOIN 关键字与 ON 关键字结合将两个表的字段联系在一起，实现多表数据的连接查询。由于内连接是系统默认的，可以省略 INNER 关键字，使用内连接后仍然可以使用 WHERE 子句指定条件。

5.3.2 等值连接

所谓等值连接就是在连接条件中使用等于号 (=) 运算符比较被连接列的列值，其查询结果中列出被连接表中的所有列，包括其中的重复列。换句话说，基表之间的连接是通过相等的列值连接起来的查询就是等值连接查询。

【例 5-9】

等值连接查询可以用两种表示方式来指定连接条件。例如，在游客表 VisitorMessage 表和导游表 GuideMessage 中之间创建一个查询。限定查询条件为两个表中的导游编号相等时才能返回结果，并要求显示游客编号、姓名、年龄以及导游编号、姓名、年龄。语句如下：

```
SELECT v.cardNumber ' 游 客 编 号 ',v.visitorName ' 游客姓名 ',v.visitorAge ' 游客年龄 ',
 g.guideNo ' 导 游 编 号 ',g.guideName ' 导 游 姓 名 ',g.guideAge ' 导游年龄 '
 FROM VisitorMessage v,GuideMessage g
 WHERE v.visitorGuideNo = g.guideNo;
```

执行上述语句，返回结果如图 5-9 所示。

5.sql - USER-20160902DU.TourismManSys (sa (52))

```
--例5-9
SELECT v.cardNumber '游客编号',v.visitorName '游客姓名',v.visitorAge '游客年龄',
 g.guideNo '导游编号',g.guideName '导游姓名',g.guideAge '导游年龄'
 FROM VisitorMessage v,GuideMessage g
 WHERE v.visitorGuideNo = g.guideNo;
```

	游客编号	游客姓名	游客年龄	导游编号	导游姓名	导游年龄
1	No1004	徐一真	22	2017010	章子仪	42
2	No1006	徐一霞	22	2017010	章子仪	42
3	No1007	徐一铭	22	2017010	章子仪	42
4	No1008	徐一展	23	2017010	章子仪	42
5	No1009	徐妍妍	26	2017010	章子仪	42
6	No1011	闫丽丽	30	2017009	祝一山	38
7	No1012	闫碧秦	36	2017009	祝一山	38
8	No1013	闫路军	55	2017009	祝一山	38
9	No1014	闫路明	56	2017009	祝一山	38
10	No1017	刘洪敏	29	2017014	位诸伊	30
11	No1018	刘衣敏	26	2017014	位诸伊	30

查询已成功执行。 USER-20160902DU (11.0 SP1) sa (52) TourismManSys 00:00:00 11 行

图 5-9　等值连接查询结果

【例 5-10】

如果要使用 INNER JOIN 实现等值连接查询，可以使用以下语句：

```
SELECT v.cardNumber ' 游 客 编 号 ',v.visitorName ' 游客姓名 ',v.visitorAge ' 游客年龄 ',
 g.guideNo ' 导 游 编 号 ',g.guideName' 导 游 姓 名 ',g.guideAge ' 导游年龄 '
 FROM VisitorMessage v
 INNER JOIN GuideMessage g
 ON v.visitorGuideNo=g.guideNo;
```

执行上述语句，其查询结果与图 5-9 所示的效果是完全一样的。

注意

连接条件中各连接列的类型必须是可比较的，但没有必要是相同的。例如，可以都是字符型，或都是日期型；也可以一个是整型，另一个是实型，整型和实型都是数值型，因此是可比较的。但若一个是字符型，另一个是整数型就不允许了，因为他们是不可比较的类型。

【例 5-11】

开发者可以对连接查询所得的查询结果利用 ORDER BY 子句进行排序。例如，将上述的等值连接查询的结果按“导游编号”列的降序进行排序。语句如下：

```
SELECT v.cardNumber ' 游 客 编 号 ',v.visitorName ' 游客姓名 ',v.visitorAge ' 游客年龄 ',
```

```
g.guideNo ' 导 游 编 号 ',g.guideName' 导 游 姓
名 ',g.guideAge ' 导游年龄 '
FROM VisitorMessage v
INNER JOIN GuideMessage g
ON v.visitorGuideNo=g.guideNo
ORDER BY g.guideNo DESC;
```

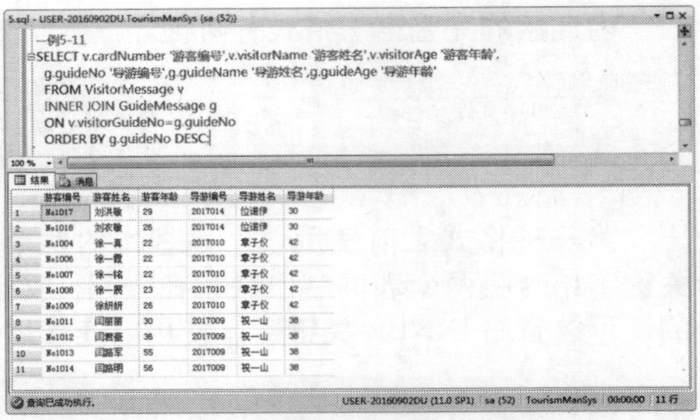

上述语句的执行结果如图 5-10 所示。从该图的结果中可以看出，该查询结果与图 5-9 中的内容是相同的，唯一不同的是，该查询结果根据“导游编号”对查询的结果进行降序排序。

图 5-10　对查询结果进行排序

5.3.3　非等值连接

在等值连接查询的连接条件中不使用等号，而使用其他比较运算符，就构成了非等值连接查询。也就是说，非等值连接查询的是在连接条件中使用除了等于运算符以外的其他比较运算符比较被连接列的值。

在非等值连接查询中，可以使用的比较运算符有 >、>=、<、<=、!=，还可以使用 BETWEEN AND 之类的关键字。

【例 5-12】

在前面例子的基础上添加新的代码，获取游客年龄不等于 22 岁的游客信息，且游客表的导游编号在导游表中存在。在最终的结果中，输出游客编号、姓名、年龄、性别和联系方式，并根据游客年龄进行降序排序。语句如下：

```
SELECT v.cardNumber ' 游客编号 ',v.visitorName ' 姓名 ',v.visitorAge ' 年龄 ',v.visitorSex ' 性别 ',v.visitorPhone
' 联系方式 '
FROM VisitorMessage v
INNER JOIN GuideMessage g
ON v.visitorGuideNo=g.guideNo AND v.visitorAge<>22
v.visitorAge DESC;
```

上述语句的执行结果如图 5-11 所示。

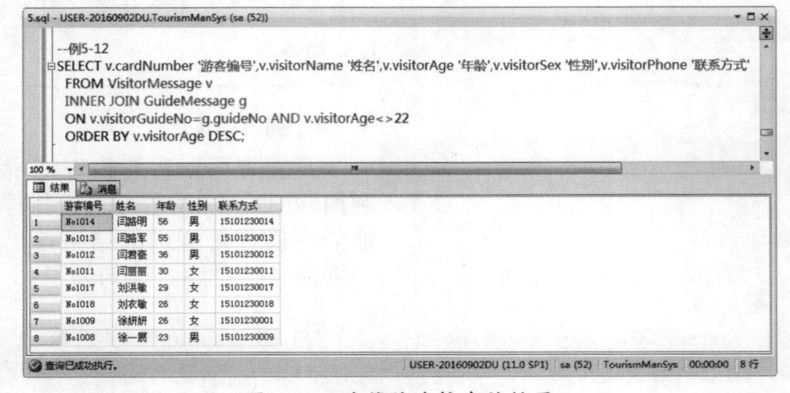

	游客编号	姓名	年龄	性别	联系方式
1	No1014	闫路明	56	男	15101230014
2	No1013	闫路军	55	男	15101230013
3	No1012	闫君豪	36	男	15101230012
4	No1011	闫丽丽	30	女	15101230011
5	No1017	刘洪敏	29	女	15101230017
6	No1018	刘衣敏	26	女	15101230018
7	No1009	徐妍妍	26	女	15101230001
8	No1008	徐一展	23	男	15101230009

图 5-11　非等值连接查询结果

5.4 外连接查询

指定 OUTER 关键字的连接为外连接，外连接的结果表不但包含满足连接条件的行，还包括相应表中的所有行。

5.4.1 外连接介绍

当至少有一个同属于两个表的行符合连接条件时，内连接才返回行。内连接消除与另一个表中的任何行不匹配的行，而外连接会返回 FROM 子句中提到的至少一个表或视图的所有行，只要这些行符合任何搜索条件。

因为在外连接中参与连接的表有主从之分，以主表的每行数据去匹配从表的数据行，如果符合连接条件，则直接返回到查询结果中；如果主表中的行在从表中没有找到匹配的行，与内连接不同的是，在内连接中将丢弃不匹配的行，而在外连接中主表的行仍然保留，并且返回到查询结果中，相应的从表中的行中被填上空值后也返回到查询结果中。

外连接返回所有的匹配行和一些或全部不匹配行，这主要取决于所建立的外连接的类型。SQL 支持 3 种类型的外连接。

- 左外连接 (LEFT OUTER JOIN)：LEFT 返回所有的匹配行并从关键字 JOIN 左边的表中返回所有不匹配的行。
- 右外连接 (RIGHT OUTER JOIN)：RIGHT 返回所有的匹配行并从关键字 JOIN 右边的表中返回所有不匹配的行。
- 完全连接 (FULL OUTER JOIN)：FULL 返回两个表中所有匹配的行和不匹配的行。

在前面进行内连接查询时，返回查询结果集中的仅是符合查询条件 (WHERE 搜索条件或 HAVING 条件) 和连接条件的行。而采用外连接查询时，它返回到查询结果集中的不仅包含符合连接条件的行，而且还包括左表 (左外连接时)、右表 (右外连接时) 或两个边接表 (完全连接时) 中的所有数据行。

5.4.2 左外连接

左外连接的结果集中包括了左表的所有记录，而不仅仅是满足连接条件的记录。如果左表的某记录在右表中没有匹配行，则该记录在结果集行中属于右表的相应列值均为 NULL。

左外连接的语法格式为：

```
SELECT 列名列表
FROM 表名 l LEFT [OUTER] JOIN 表名 2
ON 表名 1. 列名 = 表名 2. 列名
```

【例 5-13】

查询 VisitorMessage 表和 GuideMessage 表的值，将前者作为主表进行查询，即 VisitorMessage 表左外连接 GuideMessage 表。语句如下：

```
SELECT v.cardNumber,v.visitorName,v.visitorAge,v.
visitorGroupName,v.visitorGuideNo,
 g.guideNo,g.guidePosition,g.guideName,g.
guideSex,g.languageList
 FROM VisitorMessage v
 LEFT OUTER JOIN GuideMessage g
 ON v.visitorGuideNo = g.guideNo;
```

执行上述语句的效果如图 5-12 所示。从该图中可以看出，左外连接将左侧的表作为主表进行查询，同时保存右表的行，如果没有对应的值，则直接使用 NULL 进行填充。

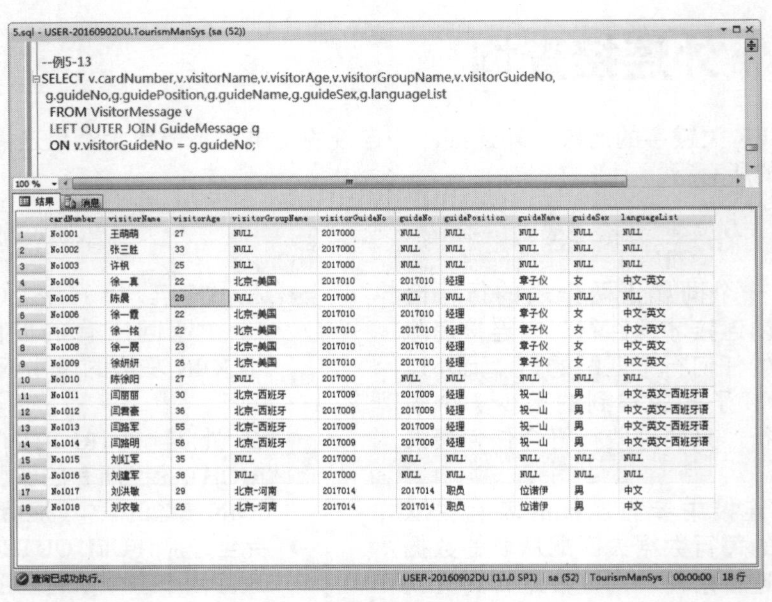

	cardNumber	visitorName	visitorAge	visitorGroupName	visitorGuideNo	guideNo	guidePosition	guideName	guideSex	languageList
1	No1001	王萌萌	27	NULL	2017000	NULL	NULL	NULL	NULL	NULL
2	No1002	张三胜	33	NULL	2017000	NULL	NULL	NULL	NULL	NULL
3	No1003	许枫	25	NULL	2017000	NULL	NULL	NULL	NULL	NULL
4	No1004	徐一真	22	北京-美国	2017010	2017010	经理	章子仪	女	中文-英文
5	No1005	陈晨	28	NULL	2017000	NULL	NULL	NULL	NULL	NULL
6	No1006	徐一霞	22	北京-美国	2017010	2017010	经理	章子仪	女	中文-英文
7	No1007	徐一铭	22	北京-美国	2017010	2017010	经理	章子仪	女	中文-英文
8	No1008	徐一展	23	北京-美国	2017010	2017010	经理	章子仪	女	中文-英文
9	No1009	徐妍妍	26	北京-美国	2017010	2017010	经理	章子仪	女	中文-英文
10	No1010	陈徐阳	27	NULL	2017000	NULL	NULL	NULL	NULL	NULL
11	No1011	闫丽丽	30	北京-西班牙	2017009	2017009	经理	祝一山	男	中文-英文-西班牙语
12	No1012	闫君豪	36	北京-西班牙	2017009	2017009	经理	祝一山	男	中文-英文-西班牙语
13	No1013	闫路军	55	北京-西班牙	2017009	2017009	经理	祝一山	男	中文-英文-西班牙语
14	No1014	闫路明	56	北京-西班牙	2017009	2017009	经理	祝一山	男	中文-英文-西班牙语
15	No1015	刘红军	35	NULL	2017000	NULL	NULL	NULL	NULL	NULL
16	No1016	刘建军	38	NULL	2017000	NULL	NULL	NULL	NULL	NULL
17	No1017	刘洪敏	29	北京-河南	2017014	2017014	职员	位诺伊	男	中文
18	No1018	刘衣敏	26	北京-河南	2017014	2017014	职员	位诺伊	男	中文

图 5-12　左外连接查询

作为对比，开发者可以将 LEFT OUTER JOIN 中的 LEFT OUTER 关键字去掉，然后再执行 SELECT 语句，此时执行效果如图 5-13 所示。仔细观察图 5-12 和图 5-13 可发现，图 5-13 中的查询结果隐藏了两个表中列为 NULL 的行。

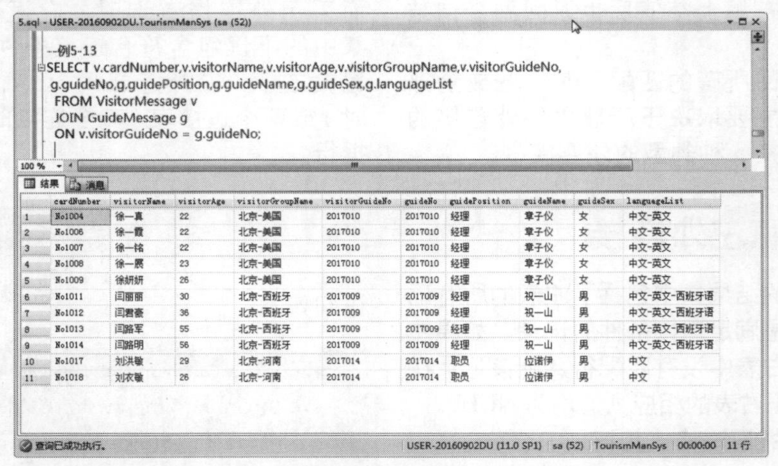

	cardNumber	visitorName	visitorAge	visitorGroupName	visitorGuideNo	guideNo	guidePosition	guideName	guideSex	languageList
1	No1004	徐一真	22	北京-美国	2017010	2017010	经理	章子仪	女	中文-英文
2	No1006	徐一霞	22	北京-美国	2017010	2017010	经理	章子仪	女	中文-英文
3	No1007	徐一铭	22	北京-美国	2017010	2017010	经理	章子仪	女	中文-英文
4	No1008	徐一展	23	北京-美国	2017010	2017010	经理	章子仪	女	中文-英文
5	No1009	徐妍妍	26	北京-美国	2017010	2017010	经理	章子仪	女	中文-英文
6	No1011	闫丽丽	30	北京-西班牙	2017009	2017009	经理	祝一山	男	中文-英文-西班牙语
7	No1012	闫君豪	36	北京-西班牙	2017009	2017009	经理	祝一山	男	中文-英文-西班牙语
8	No1013	闫路军	55	北京-西班牙	2017009	2017009	经理	祝一山	男	中文-英文-西班牙语
9	No1014	闫路明	56	北京-西班牙	2017009	2017009	经理	祝一山	男	中文-英文-西班牙语
10	No1017	刘洪敏	29	北京-河南	2017014	2017014	职员	位诺伊	男	中文
11	No1018	刘衣敏	26	北京-河南	2017014	2017014	职员	位诺伊	男	中文

图 5-13　不带 LEFT OUTER 的连接查询

5.4.3　右外连接

右外连接的结果集中包括了右表的所有记录，而不仅仅是满足连接条件的记录。如果右表的某记录在左表中没有匹配行，则该记录在结果集行中属于左表的相应列值均为 NULL。

右外连接的语法格式为：

```
SELECT 列名列表
FROM 表名 l RIGHT [OUTER] JOIN 表名 2
ON 表名 1. 列名 = 表名 2. 列名
```

【例 5-14】

在例 5-13 的基础上进行更改，VisitorMessage 表右外连接 GuideMessage 表，将 GuideMessage 表作为主表。语句如下：

```
SELECT v.cardNumber,v.visitorName,v.visitorAge,v.visitorGroupName,v.visitorGuideNo,
g.guideNo,g.guidePosition,g.guideName,g.guideSex,g.languageList
 FROM VisitorMessage v
 RIGHT OUTER JOIN GuideMessage g
 ON v.visitorGuideNo = g.guideNo;
```

由于这里是使用导游表 GuideMessage 作为外连接，所以结果将以 GuideMessage 表为基准进行查询。如果某个导游没有带领游客，那么对应的列将显示 NULL。

执行上述语句的结果如图 5-14 所示。

5.sql - USER-20160902DU.TourismManSys (sa (52))

```
--例5-14
SELECT v.cardNumber,v.visitorName,v.visitorAge,v.visitorGroupName,v.visitorGuideNo,
 g.guideNo,g.guidePosition,g.guideName,g.guideSex,g.languageList
  FROM VisitorMessage v
  RIGHT OUTER JOIN GuideMessage g
  ON v.visitorGuideNo = g.guideNo;
```

结果　消息

	cardNumber	visitorName	visitorAge	visitorGroupName	visitorGuideNo	guideNo	guidePosition	guideName	guideSex	languageList
1	NULL	NULL	NULL	NULL	NULL	2017001	职员	张亚莉	女	中文-英语-法语
2	NULL	NULL	NULL	NULL	NULL	2017002	职员	陈茜	男	中文-英语-泰语
3	NULL	NULL	NULL	NULL	NULL	2017003	经理	陈阳	女	NULL
4	NULL	NULL	NULL	NULL	NULL	2017005	职员	李培	女	NULL
5	NULL	NULL	NULL	NULL	NULL	2017006	职员	朱丹	女	NULL
6	NULL	NULL	NULL	NULL	NULL	2017007	经理	陈楚生	男	中文-英文
7	NULL	NULL	NULL	NULL	NULL	2017008	职员	崔琰琰	女	中文
8	No1011	闫丽丽	30	北京-西班牙	2017009	2017009	经理	祝一山	男	中文-英文-西班牙语
9	No1012	闫鬱豪	36	北京-西班牙	2017009	2017009	经理	祝一山	男	中文-英文-西班牙语
10	No1013	闫路军	55	北京-西班牙	2017009	2017009	经理	祝一山	男	中文-英文-西班牙语
11	No1014	闫路明	56	北京-西班牙	2017009	2017009	经理	祝一山	男	中文-英文-西班牙语
12	No1004	徐一真	22	北京-美国	2017010	2017010	经理	章子仪	女	中文-英文
13	No1006	徐一霞	22	北京-美国	2017010	2017010	经理	章子仪	女	中文-英文
14	No1007	徐一铭	22	北京-美国	2017010	2017010	经理	章子仪	女	中文-英文
15	No1008	徐一展	23	北京-美国	2017010	2017010	经理	章子仪	女	中文-英文
16	No1009	徐妍妍	26	北京-美国	2017010	2017010	经理	章子仪	女	中文-英文
17	NULL	NULL	NULL	NULL	NULL	2017011	职员	杜瑶瑶	女	中文-法语
18	NULL	NULL	NULL	NULL	NULL	2017012	职员	张涛	男	中文-英文
19	NULL	NULL	NULL	NULL	NULL	2017013	职员	张阳	男	中文
20	No1017	刘洪敏	29	北京-河南	2017014	2017014	职员	位诺伊	男	中文
21	No1018	刘衣敏	26	北京-河南	2017014	2017014	职员	位诺伊	男	中文

查询已成功执行。　USER-20160902DU (11.0 SP1) | sa (52) | TourismManSys | 00:00:00 | 21 行

图 5-14　右外连接查询结果

5.4.4　全外连接

全外连接的结果集中包括了左表和右表的所有记录。当某记录在另一个表中没有匹配记录时，则另一个表的相应列值为 NULL。

全外连接的语法格式为：

```
SELECT 列名列表
FROM 表名 l FULL [OUTER] JOIN 表名 2
ON 表名 1. 列名 = 表名 2. 列名
```

【例 5-15】

继续在前面例子的基础上进行演示，使用完全外连接游客表 VisitorMessage 和导游表 GuideMessage，并查询出游客和导游基本信息。语句如下：

```
SELECT v.cardNumber,v.visitorName,v.visitorAge,v.visitorGroupName,v.visitorGuideNo,
 g.guideNo,g.guidePosition,g.guideName,g.guideSex,g.languageList
 FROM VisitorMessage v
 RIGHT OUTER JOIN GuideMessage g
 ON v.visitorGuideNo = g.guideNo;
```

执行上述语句的结果如图 5-15 所示。

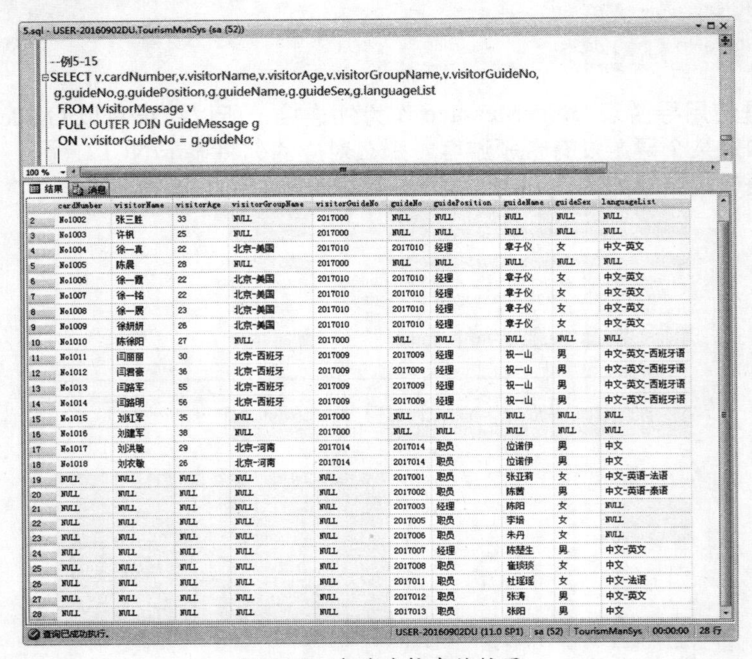

	cardNumber	visitorName	visitorAge	visitorGroupName	visitorGuideNo	guideNo	guidePosition	guideName	guideSex	languageList
2	No1002	张三胜	33	NULL	2017000	NULL	NULL	NULL	NULL	NULL
3	No1003	许枫	25	NULL	2017000	NULL	NULL	NULL	NULL	NULL
4	No1004	徐一真	22	北京-美国	2017010	2017010	经理	章子仪	女	中文-英文
5	No1005	陈晨	28	NULL	2017000	NULL	NULL	NULL	NULL	NULL
6	No1006	徐一霞	22	北京-美国	2017010	2017010	经理	章子仪	女	中文-英文
7	No1007	徐一铭	22	北京-美国	2017010	2017010	经理	章子仪	女	中文-英文
8	No1008	徐一展	23	北京-美国	2017010	2017010	经理	章子仪	女	中文-英文
9	No1009	徐妍妍	26	北京-美国	2017010	2017010	经理	章子仪	女	中文-英文
10	No1010	陈徐阳	27	NULL	2017000	NULL	NULL	NULL	NULL	NULL
11	No1011	闫丽丽	30	北京-西班牙	2017009	2017009	经理	祝一山	男	中文-英文-西班牙语
12	No1012	闫君豪	36	北京-西班牙	2017009	2017009	经理	祝一山	男	中文-英文-西班牙语
13	No1013	闫路军	55	北京-西班牙	2017009	2017009	经理	祝一山	男	中文-英文-西班牙语
14	No1014	闫路明	56	北京-西班牙	2017009	2017009	经理	祝一山	男	中文-英文-西班牙语
15	No1015	刘红军	35	NULL	2017000	NULL	NULL	NULL	NULL	NULL
16	No1016	刘建军	38	NULL	2017000	NULL	NULL	NULL	NULL	NULL
17	No1017	刘洪敏	29	北京-河南	2017014	2017014	职员	位诺伊	男	中文
18	No1018	刘衣敏	26	北京-河南	2017014	2017014	职员	位诺伊	男	中文
19	NULL	NULL	NULL	NULL	NULL	2017001	职员	张亚莉	女	中文-英语-法语
20	NULL	NULL	NULL	NULL	NULL	2017002	职员	陈茜	男	中文-英语-泰语
21	NULL	NULL	NULL	NULL	NULL	2017003	经理	陈阳	女	NULL
22	NULL	NULL	NULL	NULL	NULL	2017005	职员	李培	女	NULL
23	NULL	NULL	NULL	NULL	NULL	2017006	职员	朱丹	女	NULL
24	NULL	NULL	NULL	NULL	NULL	2017007	经理	陈楚生	男	中文-英文
25	NULL	NULL	NULL	NULL	NULL	2017008	职员	崔琰琰	女	中文
26	NULL	NULL	NULL	NULL	NULL	2017011	职员	杜瑶瑶	女	中文-法语
27	NULL	NULL	NULL	NULL	NULL	2017012	职员	张涛	男	中文-英文
28	NULL	NULL	NULL	NULL	NULL	2017013	职员	张阳	男	中文

图 5-15　全外连接查询结果

5.5　交叉连接

之前讲述的表联系都会通过两表之间的列将两个表的数据对应在一起，构成有一定条件的表连接查询。交叉连接没有这种限制，将两个表组合在一起而不限制两基表列之间的联系。它生成的是两个基表中各行的所有可能组合。

交叉连接使用 CROSS JOIN 连接两个基表，语法结构如下：

```
SELECT 列名列表
FROM 表名 1 [ CROSS JOIN ] 表名 2
[WHERE 条件表达式 ]
[ORDER BY 排序列 ]
```

不使用 WHERE 的交叉查询会将两个表不加任何约束地组合在一起，也就是将第一个表的所有记录分别与第二个表的每条记录拼接组成新记录，连接后结果集的行数就是两个表行数的乘积，结果集的列数就是两个表的列数之和。

【例 5-16】

为了方便交叉连接的演示，这里我们创建TestUserObject 和 TestUserObject2 两个新表。TestUserObject 表包含 testUserId 字段、testUserName 字段和 testUserPass 字段，具体数据如下：

testUserId	testUserName	testUserPass
100	张三	111111
101	李斯	111111
102	王武	111111

TestUserObject2 表同样包含 testUserId 字段、testUserName 字段和 testUserPass 字段。具体数据如下：

testUserId	testUserName	testUserPass
1	Lucy	123456
2	Jack	123456
3	Rose	123456

将两个表 TestUserObject 和 TestUser Object2 交叉连接，并显示所有的字段列的值。使用 CROSS JOIN 语句如下：

```
SELECT * FROM TestUserObject t1 CROSS JOIN
TestUserObject2 t2
```

上述语句执行结果如下：

testUserId	testUserName	testUserPass	testUserId	testUserName	testUserPass
100	张三	111111	1	Lucy	123456
101	李斯	111111	1	Lucy	123456
102	王武	111111	1	Lucy	123456
100	张三	111111	2	Jack	123456
101	李斯	111111	2	Jack	123456
102	王武	111111	2	Jack	123456
100	张三	111111	3	Rose	123456
101	李斯	111111	3	Rose	123456
102	王武	111111	3	Rose	123456

【例 5-17】

交叉连接也有 WHERE 限制条件，这里的一个条件表达式一般只针对一个表中的列，多个条件表达式之间使用 AND 连接。

将两个表 TestUserObject 和 TestUser Object2 交叉连接，查询 TestUserObject 表中 testUserId 列的值大于 100 的数据行。代码如下：

```
SELECT * FROM TestUserObject t1 CROSS JOIN TestUserObject2 t2 WHERE t1.testUserId>'100';
```

执行上述语句，输出结果如下：

testUserId	testUserName	testUserPass	testUserId	testUserName	testUserPass
101	李斯	111111	1	Lucy	123456
101	李斯	111111	2	Jack	123456
101	李斯	111111	3	Rose	123456
102	王武	111111	1	Lucy	123456
102	王武	111111	2	Jack	123456
102	王武	111111	3	Rose	123456

5.6 联合查询

联合查询是将多个查询结果组合在一起，使用 UNION 语句连接各个结果集，语法格式如下：

```
SELECT select_list FROM table_source [WHERE search_conditions]
{UNION [ALL]
SELECT select_list FROM table_source [WHERE search_conditions]}
[ORDER BY order_expression]
```

执行联合查询时需要注意以下几点。

- UNION 合并的各结果集的列数必须相同，对应的数据类型也必须兼容。
- 默认情况下，系统将自动去掉合并后的结果集中重复的行，使用关键字 ALL 将所有行合并到最终结果集。
- 最后结果集中的列名来自第一个 SELECT 语句。
- 执行联合查询时，查询结果的列标题为第一个查询语句的列标题。因此，要定义列标题必须在第一个查询语句中定义。要对联合查询结果排序时，也必须使用第一查询语句中的列标题。

【例 5-18】

联合查询合并的结果集通常是同样的基表数据在不同查询条件下的查询结果。查询 VisitorMessage 表中游客年龄在 35 岁以上的游客编号、姓名和年龄。代码如下：

```
SELECT cardNumber '游客编号',visitorName '游客姓名',visitorAge '游客年龄'
 FROM VisitorMessage WHERE visitorAge>=35;
```

上述语句的执行结果如下：

游客编号	游客姓名	游客年龄
No1012	闫君豪	36
No1013	闫路军	55
No1014	闫路明	56
No1015	刘红军	35
No1016	刘建军	38

查询 GuideMessage 表中导游年龄在 40 岁以上的导游编号、姓名和年龄。代码如下：

```
SELECT guideNo '导游编号',guideName '导游姓名',guideAge '年龄'
 FROM GuideMessage WHERE guideAge>=40;
```

上述语句的执行结果如下：

导游编号	导游姓名	年龄
2017010	章子仪	42

将两条查询语句结果联合在一起，语句如下：

```
SELECT cardNumber '游客编号',visitorName '游客姓名',visitorAge '游客年龄'
 FROM VisitorMessage WHERE visitorAge>=35
UNION
SELECT guideNo '导游编号',guideName '导游姓名',guideAge '年龄'
 FROM GuideMessage WHERE guideAge>=40;
```

上述语句的执行结果如图 5-16 所示。

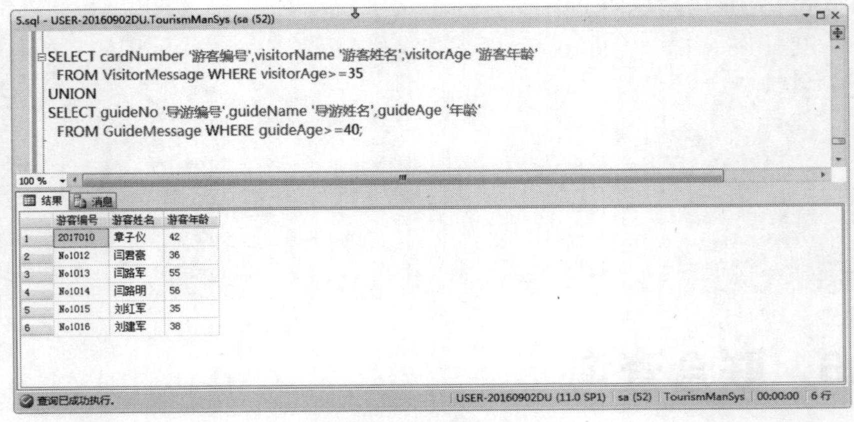

图 5-16　联合查询结果

5.7 实践案例：自连接查询

在 SELECT 高级查询语句中，存在一种自连接查询。与其他查询相比，自连接查询虽然并不经常被用到，但是开发者一定要进行掌握。

与其自身的概念一样，自连接就是将一个表与它自身连接。也就是说，将表如同分身一样分成两个，使用不同的别名，成为两个独立的表，之后的操作与多表连接的操作一致。通常用于查询表中具有相同列值的行数据。

例如，查询 VisitorMessage 表中年龄相同的男女游客信息，并显示游客姓名、性别和年龄。语句如下：

```
SELECT A.visitorName,A.visitorSex,A.visitorAge,B.visitorName,B.visitorSex,B.visitorAge
 FROM VisitorMessage A,VisitorMessage B
 WHERE A.visitorAge =B.visitorAge
 AND A.visitorSex=' 男 ' AND A.visitorSex<>B.visitorSex;
```

上述语句的执行结果如图 5-17 所示。

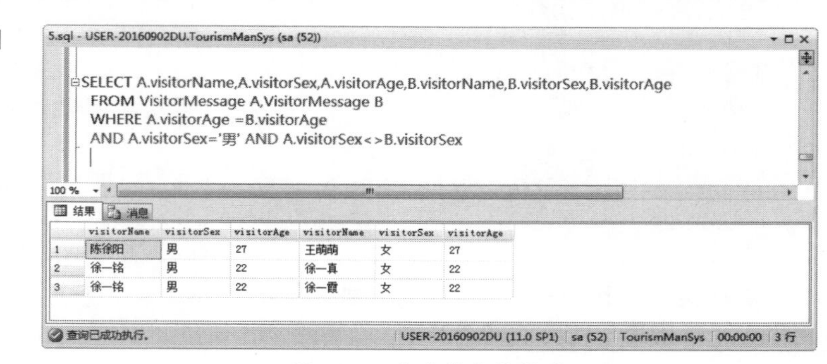

图 5-17 自连接查询结果

5.8 实践案例：查询超市商品的具体信息

表与表之间的联系决定了一些数据的查询要涉及多个表；也就是说，需要的数据往往不是一个简单的 SELECT 语句就查询到的。在前面各节中详细学习了 SELECT 查询多表和复杂数据查询的方法。

本节通过对超市管理系统数据库中的商品有关信息进行查询，演示多表查询的应用。实现查询功能时，涉及商品表 (ProductMessage)、商品类型表 (ProductType)、商品销售表 (ProductSaleMessage)、会员表 (Member) 等多张表。

具体查询内容如下。

01 查询商品表中哪些商品属于“糖果”分类，并显示商品编号、名称、实际价格、售价、单位、上架时间。语句如下：

```
SELECT proNo ' 商品编号 ',proName ' 名称 ',proRealPrice ' 实际价格 ',proSalePrice ' 售价 ',proMethod  ' 单位 ',proOnDate ' 上架时间 '
 FROM ProductMessage WHERE proTypeId IN(
```

```
SELECT typeId FROM ProductType WHERE
typeName=' 糖果 '
);
```

02 查询商品销售表中的所有信息，同时要求列出每张销售单对应的会员信息。语句如下：

```
SELECT ps.*,m.* FROM ProductSaleMessage ps
INNER JOIN Member m
ON ps.saleMemberNo=m.memNo;
```

03 查询商品销售表中的所有信息，同时要求列出每张销售单对应的会员信息。另外，只查询 2017 年 5 月 1 日到 2017 年 5 月 31 日的销售单据。语句如下：

```
SELECT ps.*,m.* FROM ProductSaleMessage ps
INNER JOIN Member m
ON ps.saleMemberNo=m.memNo
WHERE saleDate BETWEEN '2017-05-01' AND
'2017-05-31' ;
```

04 查询销售表中的所有信息，要求同时列出每一张销售单对应的会员名字。语句如下：

```
SELECT m.memName ' 会 员 名 字 ',ps.* FROM
ProductSaleMessage ps INNER JOIN Member m
ON ps.saleMemberNo=m.memNo;
```

05 使用左外连接查询会员表和销售表中的内容，并将会员表作为左外连接的主表，销售表作为左外连接的从表。语句如下：

```
SELECT m.*,ps.* FROM Member m
LEFT OUTER JOIN ProductSaleMessage ps
ON m.memNo=ps.saleMemberNo;
```

06 使用联合查询查询出用户信息表 UserInfo 中的所有男性用户和年龄大于 22 岁的用户的集合。语句如下：

```
SELECT * FROM Member WHERE memSex = ' 男 '
UNION
SELECT * FROM Member WHERE memAge > 22;
```

07 使用子查询查询哪些销售单据没有对应的会员卡。语句如下：

```
SELECT * FROM ProductSaleMessage
WHERE saleMemberNo NOT IN (
   SELECT memNo FROM Member
)
```

08 查询每张销售单对应的商品信息，在返回的结果中显示销售单编号、销售日期、会员号、销售商品编号、商品名称、销售数量、总价格以及商品类型名称。语句如下：

```
SELECT pm1.saleNo ' 销 售 单 号 ',pm1.saleDate '
销售日期 ',pm1.saleMemberNo ' 会员号 ',
 pm1.saleProductNo ' 商 品 编 号 ',pt.typeName '
商品分类 ',pm2.proName ' 商品名称 '
 ,pm1.saleNumber ' 销 售 数 量 ', pm2.
proSalePrice ' 售 价 ',(pm1.saleNumber*pm2.
proSalePrice) ' 总价格 '
  FROM ProductSaleMessage pm1 INNER JOIN
ProductMessage pm2
 ON pm1.saleProductNo=pm2.proNo
 INNER JOIN ProductType pt
 ON pm2.proTypeId=pt.typeId;
```

09 根据销售日期统计当天的销售商品总数，语句如下：

```
SELECT saleDate,COUNT(*) FROM ProductSale
Message GROUP BY saleDate
```

10 根据销售日期和商品编号统计出当天商品的总销售量，语句如下：

```
SELECT saleDate,saleProductNo,SUM(saleNumber)
' 销售总数 ' FROM ProductSaleMessage
 GROUP BY saleDate,saleProductNo;
```

11 根据销售日期和商品编号统计出当天商品的总销售量，并且根据销售日期降序排序、总销售量升序排序。语句如下：

```
SELECT saleDate,saleProductNo,SUM(saleNumber)
' 销售总数 ' FROM ProductSaleMessage
```

```
GROUP BY saleDate,saleProductNo
ORDER BY saleDate DESC,SUM(saleNumber);
```

12 筛选出当天商品总量销售小于 5 的销售结果，语句如下：

```
SELECT saleDate,saleProductNo,SUM(saleNumber) '销售总数' FROM ProductSaleMessage
 GROUP BY saleDate,saleProductNo
 HAVING SUM(saleNumber)<5;
```

5.9 练习题

1. 填空题

(1) 内连接是最常用的连接查询，一般用 __________ 关键字来指定内连接。

(2) SQL Server 2016 中支持 3 种外连接查询，分别为 __________、左外连接和右外连接。

(3) 在联合查询中添加 __________ 关键字可以返回所有的行，而不管查询结果中是否含有重复的值。

(4) __________ 关键字可以将两个或两个以上 SELECT 语句的查询结果集合并成一个结果集显示，即联合查询。

(5) SQL 执行交叉连接查询时需要用到 __________ 关键字。

2. 选择题

(1) 在子查询中，__________ 关键字用来判断指定的值是否包含在另一个查询结果集中。

A. IN
B. NOT IN
C. EXISTS
D. 以上都不是

(2) 等值连接就是在连接条件中使用 __________ 比较被连接列的列值。

A. 等于号 (=)
B. 不等于号 (<>)
C. 等于关键字 (Equals)
D. 不等于关键字 (NOT Equals)

(3) 实现全外连接时需要用到 __________ 关键字。

A. INNER JOIN
B. LEFT OUTER JOIN
C. RIGHT OUTER JOIN
D. FULL OUTER JOIN

(4) 关于 UNION 关键字联合查询语句，下面说明不正确的是 __________。

A. 联合查询每一结果集中列的数量都必须相等
B. 联合查询每一结果集的数据类型都必须相同或兼容
C. 如果对联合查询的结果进行排序，则必须把 ORDER BY 子句放在第一个 SELECT 子句后面
D. 如果对联合查询的结果进行排序，进行排序的依据必须是第一个 SELECT 列表中的列

(5) 关于自连接，下面说明错误的是________。

A. 在自连接中可以使用内连接和外连接

B. 在自连接中不能使用内连接和外连接

C. 自连接可以将自身表的一个镜像当作另一个表来对待，从而能够得到一些特殊的数据

D. 自连接是指一个表与自身相连接的查询，连接操作是通过给基表定义别名的方式来实现的

上机练习：查询学生管理系统表的数据

如果当前不存在 StudentSystem 数据库，需要创建该数据库。该数据库中包含教师表、学生表、课程表、院系表和选课表。这些表的说明如下。

- 教师表 (Teacher)：包含教师的基本信息字段，如教师编号 (teaNo)、教师姓名 (teaName)、教师性别 (teaSex)、联系方式 (teaPhone)、院系编号 (teaDepNo) 和所教的课程编号 (teaCourseNo)。其中，院系编号对应于院系表，课程编号对应课程表。
- 学生表 (Student)：包含学生的基本信息，如学生编号 (stuNo)、学生姓名 (stuName)、学生性别 (stuSex)、年龄 (stuAge)、籍贯 (stuJiGuan)、出生日期 (stuBirthDate)、入学日期 (stuInDate)、所在院系编号 (stuDepNo)。其中，所在院系编号对应于院系表。
- 课程表 (Course)：包含课程基本信息，如课程编号 (courseNo)、课程名称 (courseName)、所在系编号 (courseDepNo) 和是否为必修课程 (courseIsMust)。其中，所在系编号对应于院系表。
- 院系表 (Depart)：包含院系基本信息，例如院系编号 (depNo)、院系名称 (depName)、院系主任的教师编号 (depTeaNo)。其中，院系主任的教师编号对应于教师表。
- 选课表 (StudentCourse)：学生选课信息，字段包含学生编号 (scTeaNo)、课程编号 (scCourseNo)、任课教师编号 (scTeaNo) 和考试成绩 (scCourse)。其中，学生编号、课程编号和教师编号分别对应学生表、课程表和教师表。

创建上述各个表，创建完毕后向各个表中添加数据。根据以下要求查询表中的数据。

- 查询出生日期在 1990 年 1 月 1 日到 1995 年 5 月 1 日之间的学生信息，并显示编号、姓名、籍贯、出生日期和入学日期。
- 查询性别为“男”的学生信息，并显示编号、姓名、籍贯、出生日期和入学日期。
- 将上述两个语句的结果集联合在一起。
- 查询选课表中学生成绩在 90 分以上的学生编号、学生姓名、课程编号、课程名称和成绩。
- 查询选课表中学生成绩不在 85 分以上的学生编号、学生姓名、课程名称和成绩，然后根据成绩进行降序排列。
- 查询年龄最大的学生的选课科目、选课教师名称以及课程成绩。
- 针对教师表，根据院系编号和课程编号进行分组，显示院系编号、课程编号并统计显示教师总人数。
- 针对教师表，根据院系编号和课程编号进行分组，过滤教师人数小于 3 人的院系编号、课程编号、教师总人数。

第 6 章

T-SQL 语言编程基础

T-SQL 语言的全称是 Transact-SQL，它是 Microsoft 对标准化查询语言 (SQL) 的实现和扩展。T-SQL 是一种交互式查询语言，具有功能强大、简单易学的特点，既允许用户直接查询存储在数据库中的数据，也可以把语句嵌入高级程序设计语言中使用。

本章详细介绍 T-SQL 语言编程基础的有关内容，首先从 T-SQL 的特点、语言分类开始，接着依次介绍常量、变量、运算符、表达式、流程控制语句、内置函数、自定义函数、SQL 注释等内容，最后以一个综合的实践案例结束本章。

本章学习要点

◎ 了解 T-SQL 语言的特点和分类
◎ 掌握 T-SQL 中的常量和变量
◎ 掌握 T-SQL 中的运算符和表达式
◎ 掌握 T-SQL 中的流程控制语句
◎ 熟悉系统函数分类
◎ 掌握常用的一些系统函数
◎ 掌握如何定义和使用标题值函数
◎ 掌握如何定义和使用表值函数
◎ 掌握 T-SQL 的两种注释

6.1 了解 T-SQL 语言编程

T-SQL 是 SQL Server 2016 为用户提供的交互式查询语言。通过 Transact-SQL 编写的应用程序可以完成所有的数据库管理工作。Transact-SQL 对于 SQL Server 来说十分重要，在 SQL Server 中使用图形界面能够完成的所有功能，都可以利用 Transact-SQL 来实现。

6.1.1 什么是 T-SQL

SQL(Structure Query Language，结构化查询语言)是由美国国家标准协会(American National Standards Institute，ANSI)和国际标准化组织(International Standards Organization，ISO)定义的标准，而 Transact-SQL 是 Microsoft 对该标准的一个实现。

使用 Transact-SQL 操作时，与 SQL Server 通信的所有应用程序都通过向服务器发送 Transact-SQL 语句来进行，而与应用程序的界面无关。对于用户来说，Transact-SQL 是唯一可以与 SQL Server 2016 的数据库管理系统进行交互的语言。

T-SQL 语言的特点如下。

- 一体化：将数据定义语言、数据操作语言、数据控制语言和附加语言元素等集成为一体。
- 使用方式：Transact-SQL 语言有两种使用方式，即交互使用方式和嵌入高级语言中的使用方式。
- 非过程化语言：只需要提出“做什么”，不需要指出“如何做”，语句的操作过程由系统自动完成。
- 人性化：符合人们的思维方式，容易理解和掌握。

6.1.2 T-SQL 语言分类

根据其完成的具体功能，可以将 T-SQL 语言分为 4 类：数据定义语言(Data Definition Language，DDL)、数据操作语言(Data Manipulation Language，DML)、数据控制语言(Data Control Language，DCL)和一些其他的附加语言元素。

1. 数据定义语言

数据定义语言是最基础的 Transact-SQL 语言类型，用于创建数据库和数据库对象，为数据库操作提供对象。例如，数据库以及表、触发器、存储过程、视图、索引、函数、类型、用户等都是数据库中的对象，都需要通过定义才能使用。在数据定义语言中，主要的 Transact-SQL 语句包括 CREATE 语句、ALTER 语句、DROP 语句。

- CREATE 语句：用于创建数据库以及数据库中的对象，是一个从无到有的过程。
- ALTER 语句：用于更改数据库以及数据库对象的结构。
- DROP 语句：用于删除数据库或数据库对象的结构。

2. 数据操作语言

数据操作语言主要是用于操作表和视图中数据的语句。当创建表对象之后，该表的初始状态是空的，没有任何数据。如何向表中添加数据呢？这时需要使用 INSERT 语句。如何检索表中数据呢？可以使用 SELECT 语句。如果表中的数据不正确，可以使用 UPDATE 语句进行更新。当然，也可以使用 DELETE 语句删除表中的数据。实际上，数据操作语言正是包括了 INSERT、SELECT、UPDATE 及 DELETE 等语句。

- INSERT 语句：用于向已经存在的表或视图中插入新的数据。
- SELECT 语句：用于查询表或视图中的数据。
- UPDATE 语句：用于更新表或视图中的数据。
- DELETE 语句：用于删除表或视图中的数据。

3. 数据控制语言

数据控制语言用来执行有关安全管理的操作。通俗地说，使用数据控制语言可以设置或者更改数据库用户或角色权限。默认状态下，只能是sysadmin、dbcreator、db_owner或db_securityadmin等角色的用户成员才有权限执行数据控制语言。常用的数据控制语言包括GRANT、REVOKE和DENY三种，说明如下。

- GRANT语句：用于将语句权限或者对象权限授予其他用户和角色。
- REVOKE语句：用户删除授予的权限，但是该语句并不影响用户或者角色从其他角色中作为成员继承过来的权限。
- DENY语句：用于拒绝给当前数据库内的用户或者角色授予权限，并防止用户或角色通过组或角色成员继承权限。

> **提示**
>
> Transact-SQL语句数目和种类有很多，它的主体大约由40条语句组成，包括前面介绍的CREATE TABLE、DROP TABLE、INSERT、UPDATE、DELETE以及SELECT等语句，也包括与创建存储过程、触发器和索引等有关的语句。

6.2 常量和变量

和其他语言一样，T-SQL也需要使用常量、变量，以系统提供的数据类型为基础，当然用户可以自定义其数据类型。本节详细为大家介绍T-SQL语言的常量和变量。

6.2.1 常量

常量是指在程序运行过程中值不变的量。常量又被称为字面值或标量值，常量的使用格式取决于值的数据类型。

根据常量值的不同，开发者可以将常量分为字符串常量、整型常量、实型常量、日期时间常量、货币常量、唯一标识常量。

1. 字符串常量

字符串常量分为ASCII字符串常量和Unicode字符串常量。

(1) ASCII字符串常量。

ASCII字符串常量是用单引号括起来、由ASCII字符构成的符号串。如果单引号中的字符串包含引号，可以使用两个单引号来表示嵌入的单引号。

ASCII字符串常量中的每个字符使用一个字节存储。以下都是常见的ASCII字符串常量：

```
'Hello SQL Server 2016'
'Name'
'O" 姓名 "'
```

(2) Unicode字符串常量。

Unicode字符串常量与ASCII字符串常量相似，但是它前面有一个N标识符(N代表SQL-92标准中的国际语言)，N前缀必须为大写字母。

Unicode字符串常量中的每个字符使用两个字节存储。以下都是常见的Unicode字符串常量：

```
N'Chinese'
N' 下午好 '
```

2. 整型常量

整型常量按照不同的表示方式，可以分为十六进制常量、二进制常量和十进制常量。

- 十六进制常量：前缀0X后跟十六进制数字串。例如，0x69048AEFDD010E和0X。
- 二进制常量：即数字0或1，并且不适用引号。如果使用一个大于1的数字，

它将被转换为 1。

- 十进制常量：不带小数点的十进制数。例如，-101、+200 和 2018 都是十进制常量。

3. 实型常量

实型常量有定点表示和浮点表示两种形式。举例说明如下：

```
/* 定点常量 */
2017.1293
2.0
-2147489991
/* 浮点常量 */
101.5E5
0.5E+2
-12E5
```

4. 日期时间常量

日期时间常量用单引号将表示日期时间的字符串括起来构成。SQL Server 可以识别以下格式的日期和时间。

字母日期格式，例如‘April 20,2000’。

数字日期格式，例如‘4/5/2018’，‘2017-10-11’。

未分隔的字符串格式，例如‘20171112’。

5. 货币常量

货币常量是以“$”作为前缀的一个整型或实型常量数据。例如，$12、-$45.5、+$2017 都是常见的货币常量。

6. 唯一标识常量

唯一标识常量是用于表示全局唯一标识符值的字符串。可以使用字符串或十六进制字符串格式进行指定。

6.2.2 变量

与常量相反，在程序运行过程中变量的值可以改变。变量用于临时存放数据，变量中的数据随着程序的执行而变化。变量有名称及其数据类型两个属性。变量名用于标识该变量，变量的数据类型确定变量存放值的格式及其允许的运算。

1. 变量名称

变量名称是一个合法的标识符。标识符有两种，一种是常规标识符，另一种是分隔标识符。

- 常规标识符：以 ASCII 字母、Unicode 字母、下划线 (_)、@ 或 # 开头，后续可以跟一个或若干个 ASCII 字符、Unicode 字符、下划线 (_)、美元符号 ($)、@ 或 #，但是不能全为下划线 (_)、@ 或 #。
- 分隔标识符：包含在双引号 (") 或者方括号 ([]) 内的常规标识符或不符合常规标识符规则的标识符。

注意

常规标识符不能又是 T-SQL 的保留字，常规标识符中不允许嵌入空格或其他特殊字符。标识符允许的最大长度为 128 个字符，符合常规标识符格式规则的标识符可以分隔，也可以不分隔，对不符合标识符规则的标识符必须进行分隔。

2. 全局变量

按照变量的有效作用域，可以分为局部变量和全局变量。全局变量由系统提供且预先声明，通过在名称前加两个 @ 来区别于局部变量。T-SQL 全局变量作为函数引用，常用的全局变量及其说明如表 6-1 所示。

表 6-1　常用全局变量

全局变量名称	说　明
@@CONNECTIONS	返回 SQL Server 启动后，所接受的连接或试图连接的次数
@@CURSOR ROWS	返回游标打开后，游标中的行数
@@ERROR	返回上次执行 SQL 语句产生的错误数
@@LANGUAGE	返回当前使用的语言名称
@@OPTION	返回当前 SET 选项信息
@@PROCID	返回当前的存储过程标识符
@@ROWCOUNT	返回上一个语句所处理的行数
@@SERVERNAME	返回运行 SQL Server 的本地服务器名称
@@SERVICENAME	返回 SQL Server 运行时的注册名称
@@VERSION	返回当前 SQL Server 服务器的日期、版本和处理器类型

【例 6-1】

调用全局变量显示当前 SQL Server 2016 的服务器名称、语言。语句如下：

```
SELECT @@SERVERNAME ' 服 务 器 名 称 ',@@
LANGUAGE ' 语言 ';
```

在查询窗口中执行上述语句，结果如下所示：

```
服务器名称          语言
USER-20160902DU    简体中文
```

调用全局变量显示当前 SQL Server 2016 的版本。语句如下：

```
版本
Microsoft SQL Server 2016 (SP1) - 11.0.3128.0 (X64)
    Dec 28 2012 20:23:12
    Copyright (c) Microsoft Corporation
    Developer Edition (64-bit) on Windows NT 6.1
<X64> (Build 7601: Service Pack 1)
```

3. 局部变量的声明

局部变量可以保存单个特定类型数据值的对象，只在一定范围内起作用。Transact-SQL 中声明局部变量需要使用 DECLARE 语句，语法如下：

```
DECLARE
{
{{ @local_variable [AS] data_type } | [ = value ] }
  | { @cursor_variable_name CURSOR }
} [,...n]
   | { @table_variable_name [AS] <table_type_
definition> }
```

上述语法中的参数说明如下。

- @local_variable：变量的名称。变量名必须以“@”开头。
- data_type：变量的数据类型，可以是系统提供的或用户定义的数据类型，但不能是 text、ntext 或 image 数据类型。
- value：以内联方式为变量赋值。值可以是常量或表达式，但它必须与变量声明的数据类型匹配，或者可隐式转换为该类型。
- @cursor_variable_name：游标变量的名称。
- CURSOR：指定变量是局部游标变量。
- n：表示可以指定多个变量并对变量赋值的占位符。但声明表数据类型变量时，表数据类型变量必须是 DECLARE 语句中声明的唯一变量。
- @table_variable_name：表数据类型变量的名称。

- table_type_definition：定义表数据类型。

【例 6-2】

用以下语句声明一个用于保存用户联系方式的变量：

```
DECLARE @userPhone nvarchar(15)
```

上面的语句执行后，将声明一个名称为 @userPhone 的变量，变量数据类型是 nvarchar，长度是 15。

【例 6-3】

使用 DECLARE 语句还可以同时声明多个变量。例如，要声明变量表示会员编号、会员名称和会员出生日期。语句如下：

```
DECLARE @memNo nvarchar(10),@memName
nvarchar(20),@memBirthDate date;
```

上述代码声明了 3 个变量：nvarchar(10) 类型的 @memNo(会员编号) 变量、nvarchar(20) 类型的 @memName(会员姓名) 变量和 date 类型的 @memBirthDate(出生日期) 变量。

4. 局部变量的赋值

声明变量之后还没有值，也没有实际意义。为变量赋值可以在声明时进行，也可以在声明后使用 SET 语句或 SELECT 语句完成。赋值的语法形式如下：

```
SET @local_variable = expression
SELECT @local_variable = expression [, ...n]
```

其中，@local_variable 不可以是 cursor、text、ntext、image 或 table 类型变量的名称；expression 则表示任何有效的表达式。

一个 SELECT 语句可以同时为多个变量赋值，变量之间使用逗号分隔。SELECT 语句的 expression 返回多个值时，则将返回的最后一个值赋给变量。

【例 6-4】

直接声明 char(2) 类型的 @memSex 变量，将变量直接赋值为“女”。语句如下：

```
DECLARE @memSex char(2)='女'
```

分别声明 nvarchar(10) 类型的 @memNo 变量，nvarchar(18) 类型的 @memCardNumber 变量，int 类型的 @memAge 变量和 date 类型的 @memBirthDate 变量。代码如下：

```
DECLARE @memNo nvarchar(10) , @
memCardNumber nvarchar(18) , @memAge int ,
@memBirthDate date
```

通过 SET 语句为 @memNo 变量赋值，代码如下：

```
SET @memNo='1001'
```

通过 SELECT 语句为 @memCardNumber 变量赋值，代码如下：

```
SELECT @memCardNumber='41018219900112X
XXX'
```

通过 SELECT 语句为 @memAge 和 @memBirthDate 变量同时赋值，中间使用逗号进行分隔。代码如下：

```
SELECT @memAge=25,@memBirthDate
='1990-01-12'
```

通过 SELECT 语句查询声明的变量的值，代码如下：

```
SELECT @memNo '编号',@memCardNumber '
身份证号',@memAge '年龄',@memSex'性别',
@memBirthDate '出生日期';
```

由于局部变量只在一个程序块内有效，所以为变量赋值的语句应该与声明变量的语句一起执行。上述语句输出内容如下：

```
编号  身份证号             年龄  性别  出生日期
1001 41018219900112XXXX  25    女    1990-01-12
```

【例 6-5】

声明 nvarchar(2) 类型的 @sex 局部变量，并在 SELECT 语句中使用该局部变量查找 VisitorMessage 表中所有女游客的编号、姓名和年龄。语句如下：

```
DECLARE @sex nvarchar(2)
SET @sex=' 女 '
SELECT cardNumber ' 编号 ',visitorName ' 姓名 ',visitorAge ' 年龄 ' FROM VisitorMessage WHERE visitorSex=@
sex
```

上述语句的执行效果如图 6-1 所示。

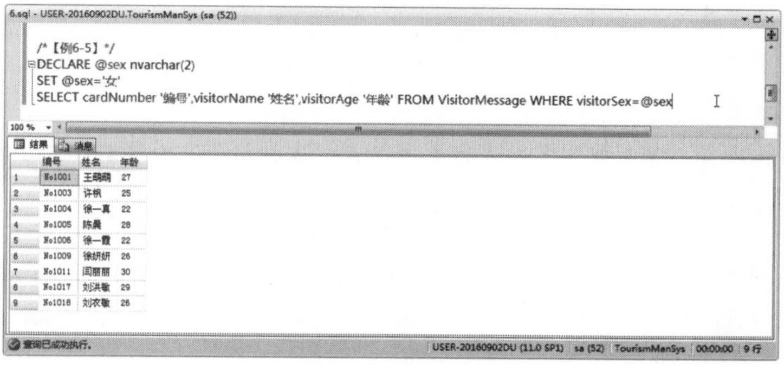

图 6-1　查询结果

【例 6-6】

开发者可以将查询的结果赋予变量。例如从 VisitorMessage 表中查询名字为“徐一真”的游客编号，将该编号的值赋给 nvarchar(50) 类型的 @carNumber 变量，执行 SELECT 语句查询。代码如下：

```
DECLARE @carNumber nvarchar(50)
SET @carNumber = (SELECT cardNumber FROM VisitorMessage WHERE visitorName=' 徐一真 ')
SELECT @carNumber ' 局部变量 @carNumber 的值 '
```

上述语句的执行结果如下：

```
局部变量 @carNumber 的值
No1004
```

6.3　运算符和表达式

运算符是一种符号，用来指定要在一个或多个表达式中执行的操作。表达式是符号和运算符的一种组合，它既可以简单，也可以复杂。下面首先介绍 SQL Server 常用的运算符，接着介绍运算符的优先级别，最后介绍表达式。

6.3.1　运算符

SQL Server 2016 提供多种运算符，例如算术运算符、位运算符、比较运算符、逻辑运算符、字符串连接运算符、一元运算符、赋值运算符。

1. 算术运算符

算术运算符用于对两个表达式进行数学运算，一般得到的结果是数值型。表 6-2 列出了 T-SQL 语言中的算术运算符。

表 6-2 算术运算符

运算符	说 明
+	加法运算
–	减法运算
*	乘法运算
/	除法运算，如果两个表达式值都是整数，那么结果只取整数值，小数值将忽略
%	取模运算，返回两数相除后的余数

其中，加 (+) 和减 (–) 运算符也可用于对 datatime 及 samlldatatime 值执行算术运算。而取模运算符 (求余运算) 返回一个除法的余数。例如，33%10=3，这是因为 33 除以 10，余数为 3。

【例 6-7】

声明 datetime 类型的 @userBirth 变量，计算 @userBirth 变量与系统当前时间的差获取用户年龄。语句如下：

```
DECLARE @userBirth datetime = '1990-05-17'
SELECT GETDATE() ' 当前时间 ',@userBirth ' 出生日期 ',DATEDIFF(YEAR,@userBirth,GETDATE()) ' 年龄 '
```

上述语句执行结果如下：

```
当前时间                    出生日期                   年龄
2017-06-01 18:14:43.280   1990-05-17 00:00:00.000   27
```

2. 位运算符

位运算符用于对两个表达式执行位操作，这两个表达式可以是整数或二进制字符串数据类型 (image 数据类型除外)，但两个操作数不能同时是二进制字符串数据类型。

SQL Server 2016 中的位运算符如表 6-3 所示。

表 6-3 位运算符

位运算符	含 义
& (位与)	位与逻辑运算。从两个表达式中取对应的位，当且仅当两个表达式中的对应位的值都为 1 时，结果中的位才为 1；否则，结果中的位为 0
| (位或)	位或逻辑运算。从两个表达式中取对应的位，如果两个表达式中的对应位只要有一个位的值为 1，结果的位就被设置为 1；两个位的值都为 0 时，结果中的位才被设置为 0
^ (位异或)	位异或运算。从两个表达式中取对应的位，如果两个表达式中的对应位只有一个位的值为 1，结果中的位就被设置为 1；而当两个位的值都为 0 或 1 时，结果中的位被设置为 0

【例 6-8】

使用上述表中的位运算符对 2018 和 2017 进行计算。语句如下：

```
DECLARE @num1 int,@num2 int,@num3 int
SET @num1 = 2018&2017
SET @num2 = 2018|2017
SET @num3 = 2018^2017
SELECT @num1 '2018&2017',@num2 '2018|2017',@num3 '2018^2017';
```

当对整型数据进行位运算时，整型数据会首先被转换为二进制数据，然后再对二进制数据进行位运算。

执行上述语句，输出结果如下：

```
2018&2017    2018|2017    2018^2017
2016         2019         3
```

3. 比较运算符

比较运算符，顾名思义就是比较两个数值的大小，比较完成之后，返回的值为布尔值。比较表达式通常作为控制语句的判断条件。

SQL Server 2016 中的比较运算符如表 6-4 所示，可以用于除了 text、ntext 或 image 数据类型的所有表达式。

表 6-4　比较运算符

比较运算符	含　义
=（等于）	A＝B，判断两个表达式 A 和 B 是否相等。如果相等，则返回 TRUE；否则返回 FALSE
>（大于）	A＞B，判断表达式 A 的值是否大于表达式 B 的值。如果大于，则返回 TRUE；否则返回 FALSE
<（小于）	A＜B，判断表达式 A 的值是否小于表达式 B 的值。如果小于，则返回 TRUE；否则返回 FALSE
>=（大于等于）	A>=B，判断表达式 A 的值是否大于等于表达式 B 的值。如果大于等于，则返回 TRUE；否则返回 FALSE
<=（小于等于）	A<=B，判断表达式 A 的值是否小于等于表达式 B 的值。如果小于等于，则返回 TRUE；否则返回 FALSE
<>（不等于）	A<>B，判断表达式 A 的值是否不等于表达式 B 的值。如果不等于，则返回 TRUE；否则返回 FALSE
!=（不等于）	A!=B，非 ISO 标准
!<（不小于）	A!<B，非 ISO 标准
!>（不大于）	A!>B，非 ISO 标准

除了 text、ntext 和 image 数据类型外，上述表中的比较运算符可以用于所有的表达式。

【例 6-9】

创建 int 类型的 @age 变量和 nvarchar(2) 类型的 @sex 变量，并且为这两个变量赋值。从 VisitorMessage 表中查询 visitorAge 列的值大于 @age 变量、并且 visitorSex 列的值等于 @sex 变量的数据。语句如下：

```
DECLARE @age int = 25,@sex nvarchar(2)='女'
SELECT * FROM VisitorMessage WHERE visitorAge>=@age AND visitorSex=@sex
```

4. 逻辑运算符

逻辑运算符是指对某些条件进行测试，返回最终结果。与比较运算符相同，逻

辑运算符的返回值为 TRUE(真)或 FALSE(假)。表 6-5 列出 SQL Server 2016 支持的逻辑运算符。

表 6-5　逻辑运算符

运算符	含义
ALL	如果一组的比较都为 TRUE，那么就为 TRUE
AND	如果两个布尔表达式都为 TRUE，那么就为 TRUE
ANY	如果一组的比较中任何一个为 TRUE，那么就为 TRUE
BETWEEN	如果操作数在某个范围之内，那么就为 TRUE
EXISTS	如果子查询包含一些行，那么就为 TRUE
IN	如果操作数等于表达式列表中的一个，那么就为 TRUE
LIKE	如果操作数与一种模式相匹配，那么就为 TRUE
NOT	对任何其他布尔运算符的值取反
OR	如果两个布尔表达式中的一个为 TRUE，那么就为 TRUE
SOME	如果在一组比较中，有些为 TRUE，那么就为 TRUE

表 6-5 中的运算符在前面章节中已经使用到，因此这里不再逐一进行举例说明。

5. 字符串连接运算符

字符串连接运算符是使用“+”实现两个字符串的连接运算。

【例 6-10】

分别创建 nvarchar(10) 类型和 nvarchar(20) 类型的 @name 变量和 @hobby 变量，然后使用 SET 关键字为这两个变量进行赋值，最后将这两个变量使用“+”运算符进行连接，并且输出连接后的内容。语句如下：

```
DECLARE @name nvarchar(10),@hobby nvarchar(20)
SET @name = '章萌萌'
SET @hobby = '唱歌、跳舞、画画、运动'
SELECT (@name+@hobby) AS '姓名爱好'
```

执行上述语句，输出内容如下：

```
姓名        爱好
章萌萌      唱歌、跳舞、画画、运动
```

6. 一元运算符

一元运算符仅能对一个表达式执行操作，SQL Server 2016 中提供的一元操作符有 +(正)、-(负)和 ~(位反)。其中，+(正)、-(负)运算符可以用于数字数据类型中的任一数据类型的表达式，而 ~(位反)运算符只能用于整数数据类型类别中任一数据类型的表达式。

【例 6-11】

声明一个 int 类型的 @num 变量，然后对该变量赋值，最后分别对变量执行取正、取负、取反操作。语句如下：

```
DECLARE @num int
SET @num=100
SELECT @num '数字',+@num '取正',-@num '取负',~@num '取反'
```

执行上述语句输出结果如下：

```
数字  取正  取负  取反
100   100   -100  -101
```

7. 赋值运算符

T-SQL 语言中赋值运算符只有等号“=”一个。赋值运算符有两个主要的用途，第一个用途是将表达式的值赋值给一个变量。

【例 6-12】

分别创建 @message、@tName 和 @tHobby 变量，并为后面两个变量赋值，将这两个变量的值相加后的结果赋予 @message 变量，赋值使用“=”运算符。代码如下：

```
DECLARE @message nvarchar(50),@tName
nvarchar(10),@tHobby nvarchar(20)
SELECT @tName=' 小白 ',@tHobby=' 睡觉 '
SET @message = @tName+@tHobby
SELECT @message                  -- 输出 " 小白睡觉 "
```

【例 6-13】

除了上述用途外，还有一种用途是在列标题和定义列值的表达式之间建立关系。语句代码如下所示：

```
SELECT ' 编号 '=cardNumber,' 姓名 '=visitorName,
visitorAge ' 年龄 '
  FROM VisitorMessage
  WHERE visitorAge BETWEEN 35 AND 40;
```

6.3.2 运算符优先级

当一个复杂的表达式有多个运算符时，运算符优先级决定执行运算的先后次序，执行顺序会影响所得到的运算结果。例如，表 6-6 为运算符的优先级别，在一个表达式中按先高（优先级数字小）后低（优先级数字大）的顺序进行运算。

表 6-6　运算符优先级

优先级	运算符
1	+(正)、-(负)、~(位反)
2	*(乘)、/(除)、%(取模)
3	+(加)、(+ 连接)、-(减)
4	=、>、<、>=、<=、<>、!=、!>、!<(比较运算符)
5	^(位异或)、|(位或)、&(位与)
6	NOT
7	AND
8	ALL、ANY、BETWEEN、IN、LIKE、OR、SOME
9	=(赋值)

当一个表达式中的两个运算符有相同级别的优先等级时，根据它们在表达式中的位置，一般而言，一元运算符按从右向左的顺序进行运算，二元运算符按从左到右的顺序进行运算。

表达式中可以使用括号改变运算符的优先级，先对括号内的表达式求值，然后再对括号外的运算符进行运算时使用该值。如果表达式中有嵌套的括号，则首先对嵌套最深的表达式求值。

6.3.3 表达式

表达式一般应用在 SELECT 以及 SELECT 语句的 WHERE 子句中。一个表达式就是常量、变量、列名、复杂计算、运算符和函数的组合。一个表达式通常可以得到一个值，与常量和变量一样，一个表达式的值也具有某种数据类型，可能的数据类型有字符类型、数值类型、日期时间类型。这样，根据表达式的值的类型，表达式可以分为字符型表达式、数值型表达式和日期时间型表达式。

另外，表达式还可以根据值的复杂性来分类。

- 如果表达式的结果只是一个值，例如一个数值、一个单词或一个日期，那么这种表达式叫作标量表达式。例如，100+201，‘a’ > ‘b’ 等。
- 如果表达式的结果是由不同数据类型的数据组成的一行值，这种表达式叫作行表达式。

● 如果表达式的结果为 0 个、1 个或多个行表达式的集合，那么这个表达式叫作表表达式。

6.4 流程控制语句

正常情况下，计算机的执行流程就是从左向右，从上到下。但是开发者在设计应用程序时，经常需要用到各种流程控制语句，改变计算机的执行流程以满足程序设计的需要。本节详细介绍 T-SQL 语言中的流程控制语句，例如条件语句、分支语句、循环语句等。

6.4.1 BEGIN-END 语句块

在 T-SQL 语句中可以定义 BEGIN-END 语句块，如果要执行多条 T-SQL 语句时，就需要使用 BEGIN-END 将这些语句定义成一个语句块，作为一组语句来执行。语法格式如下：

```
BEGIN
  {SQL 语句 | SQL 语句块 }
END
```

在上述语法中，BEGIN 是 T-SQL 语句块的起始位置，END 是同一个 T-SQL 语句块的结尾。“SQL 语句”是语句块中 T-SQL 语句，“语句块”表示使用 BEGIN-END 定义另外一个语句块，BEGIN-END 语句块是可以嵌套使用的。

【例 6-14】

在下方的 BEGIN-END 块中包含 3 条语句，它们将作为一个语句块进行处理。第一条语句用于声明 @visitorAge 变量；第二条语句为 @visitorAge 变量赋值；第三条语句从表 VisitorMessage 中查询符合条件的游客信息。语句如下：

```
BEGIN
  DECLARE @visitorAge int                                        -- 声明 @visitorAge 变量
  SET @visitorAge = 30                                           -- 为 @visitorAge 变量赋值
  SELECT * FROM VisitorMessage WHERE visitorAge=@visitorAge      -- 查询游客信息
END
```

6.4.2 IF-ELSE 条件语句

IF 语句是 Transact-SQL 语言中最简单的分支语句，它为分支代码的执行提供了一种便利的方法。IF 语句的最简单格式构成了单分支结构，此时表示“如果满足某种条件，就进行某种处理”。IF-ELSE 语句的格式如下：

```
IF 条件表达式
  {SQL 语句 | 语句块 }                    /* 条件表达式为真时执行 */
[ELSE
  {SQL 语句 | 语句块 }                    /* 条件表达式为假时执行 */
]
```

在上述语法中，“条件表达式”中含有SELECT语句，则必须用圆括号将SELECT语句括起来，运算结果为TRUE(真)或(FALSE)假。中括号的内容表示可选的，因此，条件语句分为带ELSE部分和不带ELSE部分两种形式。

1. 带ELSE语句

带ELSE部分的简写语法如下：

```
IF 条件表达式
  A
ELSE
  B
```

当条件表达式的值为真时执行A，然后执行IF语句的下一条语句；条件表达式的值为假时执行B，然后执行下一条语句。

【例6-15】

创建int类型的@inputAge变量，从VisitorMessage表中查询编号为“No1007”的游客年龄，并将查询的结果赋予@inputAge变量，通过IF-ELSE语句判断该变量的值，并输出对应的内容。代码如下：

```
DECLARE @inputAge int
SET @inputAge = (SELECT visitorAge FROM
VisitorMessage WHERE cardNumber='No1007')
IF @inputAge>=40
 BEGIN
  PRINT '前辈，您一定去过很多地方，请指教！';
 END
ELSE
 BEGIN
  PRINT '我的愿望就是今年多旅游，哈哈！';
 END
```

2. 不带ELSE语句

不带ELSE部分的简写语法如下：

```
IF 条件表达式
  A
```

当条件表达式的值为真时执行A，然后执行IF语句的下一条语句；条件表达式的值为假时直接执行IF语句的下一条语句。

【例6-16】

ELSE语句并不是必需的，可以直接将ELSE语句去掉。例如，查询VisitorMessage表中编号等于“No007”的游客年龄，并将查询的结果赋予@inputAge变量。如果@inputAge变量的值大于等于40，才输出内容，否则什么也不输出。

```
DECLARE @inputAge int
SET @inputAge = (SELECT visitorAge FROM
VisitorMessage WHERE cardNumber='No1007')
IF @inputAge>=40
 BEGIN
  PRINT '前辈，您一定去过很多地方，请指教！';
 END
```

开发者在使用IF-ELSE语句需要注意以下几点。

- 如果在IF-ELSE语句的IF区和ELSE区都使用CREATE TABLE语句或SELECT INTO语句，那么CREATE TABLE语句和SELECT INTO语句必须使用相同的表名。
- IF-ELSE语句可用在批处理、存储过程(经常使用这种结构测试是否存在着某个参数)以及特殊查询中。
- 可以在IF区或ELSE区嵌套另一个IF语句，嵌套层数没有限制。

【例6-17】

从VisitorMessage表中查询编号为“No1007”的游客的姓名，并通过IF-ELSE语句进行判断，根据不同的范围值输出不同的内容。代码如下：

```
IF(SELECT visitorAge FROM VisitorMessage WHERE
cardNumber='No1007')>=40
 PRINT '前辈，您一定去过很多地方，请指教！';
ELSE
 IF(SELECT visitorAge FROM VisitorMessage
WHERE cardNumber='No1007')>=25
```

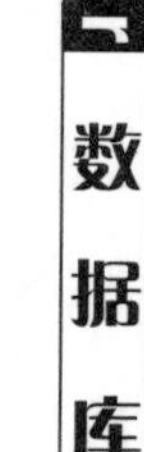

```
    PRINT '正在旅游途中，我的愿望是游览中国的全部名胜古迹';
ELSE
    PRINT '我还年轻，人生还有很多的路要走';
```

根据前面的介绍以及例子了解，图 6-2 显示了 IF 语句的执行流程。

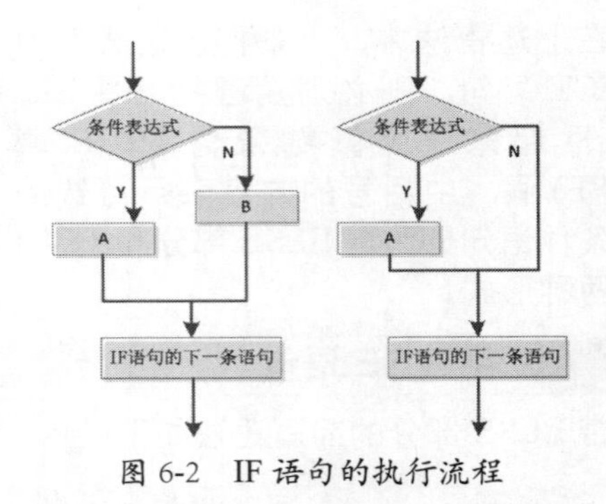

图 6-2　IF 语句的执行流程

6.4.3　CASE 多重分支语句

在 T-SQL 语言中，IF 语句一次最多只能判断两个条件，如果需要同时判断多个条件，则需要多个 IF 语句的嵌套，但是这种语法结构比较复杂。此时可以使用 CASE 语句，它可以同时进行多个条件的判断，并返回相应的值。

在 Transact-SQL 中 CASE 语句可以分为两种形式：简单 CASE 语句和 CASE 搜索语句。

1. 简单 CASE 语句

简单 CASE 语句用于将某个表达式与一组简单表达式进行比较以确定结果。其语法如下：

```
CASE input_expression
    WHEN when_expression THEN result_expression
    [ ...n ]
    [
        ELSE else_result_expression
    ]
END
```

语法说明如下。

- input_expression：要计算的表达，可以是任意有效的表达式
- when_expression：要与 input_expression 进行比较的简单表达式，可以是任意有效的表达式。input_expression 和每个 when_expression 的数据类型必须相同，或者可以隐式转换为相同类型。
- n：表明可以使用多个 WHEN when_expression THEN result_expression 子句。
- result_expression：当 input_expression = when_expression 这个表达式的比较结果为 TRUE 时返回的表达式，可以是任意有效的表达式。
- else_result_expression：当 input_expression = when_expression 这个表达式的比较结果为 FALSE 时返回的表达式，可以是任意有效的表达式。

注意

else_result_expression 和任何 result_expression 的数据类型必须相同，或者可以隐式转换为相同类型。

简单 CASE 语句的结果取值步骤如下。

01 计算 input_expression，然后按指定顺序对每个 WHEN 子句的 input_expression = when_expression 进行计算。

02 返回 input_expression = when_expression 的第一个计算结果为 TRUE 的 result_expression。

03 如果 input_expression = when_expression 的计算结果均不为 TRUE，则根据 ELSE 子句返回结果。如果指定了 ELSE 子句，返回 else_result_expression；如果没有指定 ELSE 子句，返回 NULL。

【例 6-18】

创建 char(1) 类型的 @level 变量，该变量用于保存成绩的等级，这里通过 SET 将其

值设置为 D。通过 CASE 语句判断 @level 的值，并输出相应的成绩范围。语句如下：

```
DECLARE @level char(1)
SET @level = 'D'
SELECT 'D 等级 ' =
    CASE @level
            WHEN 'A' THEN ' 成绩在 90 到 100 之间 '
            WHEN 'B' THEN ' 成绩在 80 到 89 之间 '
            WHEN 'C' THEN ' 成绩在 70 到 79 之间 '
            WHEN 'D' THEN ' 成绩在 60 到 69 之间 '
            ELSE ' 没有相应等级，成绩在 60 分以下 '
    END
```

上述语句执行时会将 @level 的值与 CASE 语句下每个 WHEN 子句进行比较，如果相同，则返回 THEN 后面的值；如果找不到相同的，则返回 ELSE。这里执行后输出“成绩在 90 到 100 之间”。

【例 6-19】

创建 int 类型的 @viAge 变量，并将该变量的值设置为编号“No1007”游客的年龄，判断年龄的值，根据不同的年龄输出不同的内容。语句如下：

```
DECLARE @viAge int
SET @viAge = (SELECT visitorAge FROM VisitorMessage WHERE cardNumber='No1007')
SELECT visitorName ' 姓名 ',visitorAge ' 年龄 ',' 导游备注 '=
    CASE @viAge
            WHEN 20 THEN '20 岁，突破心理障碍，才能超越自己 '
            WHEN 21 THEN '21 岁，要想获得更多，你只有比别人更努力 '
            WHEN 22 THEN '22 岁，花一样的年纪，不要辜负了自己 '
            WHEN 23 THEN '23 岁，你种下什么树，就会收获什么样的果实 '
            WHEN 24 THEN '24 岁，在最美好的年纪，遇见最美好的人 '
            ELSE ' 年龄大于等于 25 岁，已经工作 '
END
FROM VisitorMessage
WHERE cardNumber='No1007'
```

执行上述语句，输出结果如下：

```
姓名      年龄    导游备注
徐一铭    22      22 岁，花一样的年纪，不要辜负了自己
```

2. CASE 搜索语句

搜索 CASE 函数用于计算一组布尔表达式以确定结果。其语法如下：

```
CASE
    WHEN boolean_expression THEN result_expression
```

```
        [ ...n ]
        [
            ELSE else_result_expression
        ]
    END
```

语法说明如下。

- boolean_expression：要计算的布尔表达式，可以是任意有效的布尔表达式。
- result_expression：当 boolean_expression 表达式的结果为 TRUE 时返回的表达式，可以是任意有效的表达式。

搜索 CASE 函数的结果取值步骤如下。

01 按指定顺序对每个 WHEN 子句的 boolean_expression 进行计算。

02 返回 boolean_expression 的第一个计算结果为 TRUE 的 result_expression。

03 如果 boolean_expression 计算结果不为 TRUE，则根据 ELSE 子句返回结果。如果指定了 ELSE 子句，返回 else_result_expression；如果没有指定 ELSE 子句，返回 NULL。

【例 6-20】

查询 VisitorMessage 表中性别为“男”的游客姓名、年龄和导游寄语，导游寄语的值需要根据年龄的范围进行判断。语句如下：

```
SELECT visitorName ' 姓名 ',visitorAge ' 年龄 ',' 导游寄语 '=
    CASE
        WHEN visitorAge BETWEEN 20 AND 25 THEN ' 人生刚刚开始，请把握好！ '
        WHEN visitorAge BETWEEN 26 AND 39 THEN ' 你做好你的人生规划了吗？ '
        WHEN visitorAge BETWEEN 30 AND 35 THEN ' 我们都在慢慢长大，请做成熟的决定 '
        WHEN visitorAge BETWEEN 36 AND 50 THEN ' 时间越长，发现最亲的还是家人 '
        ELSE ' 人生在世，何不努力拼搏一把？ '
    END
 FROM VisitorMessage WHERE visitorSex=' 男 '
```

6.4.4 GOTO 语句

GOTO 跳转语句用于将执行流更改到标签处，也就是跳过 GOTO 后面的 T-SQL 语句，并从标签位置继续处理。GOTO 语句和标签可以在过程、批处理或语句块中的任何位置使用且可以嵌套使用。

GOTO 跳转语句的语法比较简单，如下：

```
GOTO label
```

其中，label 表示已设置的标签。如果 GOTO 语句指向该标签，则其为处理的起点。标签必须符合标识符规则，并且无论是否使用 GOTO 语句，标签均可作为注释方法使用。

提示

使用 GOTO 语句实现跳转将破坏结构化语句的结构，建议尽量不要使用 GOTO 语句。

【例 6-21】

从 VisitorMessage 表中查询编号为“No1005”的游客年龄，并将查询结果赋予 @visitorAge 变量，判断 @visitorAge 变量的值，根据判断结果跳转到不同的标签出。语句如下：

```
DECLARE @visitorAge int
SET @visitorAge = (SELECT visitorAge FROM
VisitorMessage WHERE cardNumber='No1005')
BEGIN
    IF @visitorAge>=25 AND @visitorAge<=30
        GOTO Vage1;
    ELSE
        GOTO vage2;
END
```

```
Vage1:
    SELECT visitorName,visitorSex,visitorRemark FROM VisitorMessage WHERE cardNumber='No1005'
    RETURN
Vage2:
    SELECT visitorName,visitorGroupName,visitorPhone FROM VisitorMessage WHERE cardNumber='No1005'
    RETURN
```

6.4.5 常用循环语句

WHILE 语句适用于需要重复一段代码直到不满足特定条件为止。WHILE 也是 Transact-SQL 唯一的循环语句，它需要一个条件表达式以及一个循环执行的语句块，只要表达式为 true，则一直执行语句块，直到表达式为 false 时结束。

WHILE 语句的语法格式如下：

```
WHILE 条件表达式
    {SQL 语句 | 语句块 }
/*T-SQL 语句序列构成的循环体 */
```

WHILE 语句的执行流程如图 6-3 所示。

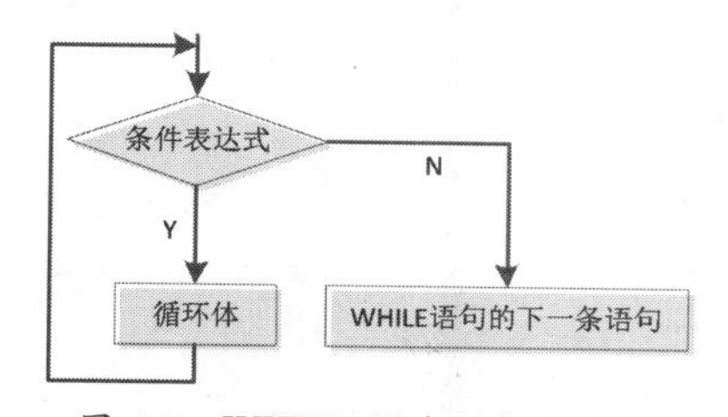

图 6-3 WHILE 语句的执行流程

从 WHILE 循环语句的执行流程可以看出其使用形式如下：

```
WHILE 条件表达式
    循环体
/*T-SQL 语句或语句块 */
```

当条件表达式为真时，执行构成循环体的 T-SQL 语句或语句块，然后再进行条件判断，重复上述条件，直到条件表达式的值为假，退出循环体的执行。

【例 6-22】

计算 1~10 之间整数的和，执行语句如下：

```
DECLARE @count int,@sum int
SELECT @count=1,@sum=0
WHILE @count<=10
    BEGIN
        SET @sum +=@count;
        SET @count = @count+1;
    END
SELECT @sum AS '1-10 相加的结果 ';
```

在上述语句中，首先声明 @count 和 @sum 两个变量，然后通过 SELECT 指定这两个变量的初始值，通过 WHILE 语句循环遍历 @count 的值，最终输出计算的结果。在 WHILE 语句中，首先为 @sum 变量赋值，该变量的值是 @count 变量值的每次叠加，相加完毕后将 @count 的值加 1，执行下一次循环。

上述语句执行结果如下：

```
1-10 相加的结果
55
```

WHILE 语句和高级语言中的 WHILE 循环语句几乎完全一样。WHILE 循环中可以利用 BREAK 和 CONTINUE 关键字对循环进行控制。

- CONTINUE 关键字用于结束本次循环，直接开始下一次循环。
- BREAK 关键字用于直接跳出 WHILE 循环语句。

注意

当 WHILE 循环嵌套时，CONTINUE 关键字和 BREAK 关键字只会作用于它们所处的 WHILE 循环之内，不会对外部 WHILE 循环产生作用。

【例 6-23】

从 1 循环到 10 并进行输出，当数字不是 2 的倍数时，直接输出数据，是 2 的倍数时，输出 2 的倍数提示，且结束本次循环并继续，当循环到 7 时，直接跳出 WHILE 循环。语句如下：

```
DECLARE @i int;
SET @i = 0;
WHILE(@i < 10)
BEGIN
  SET @i = @i + 1;
  IF(@i % 2 = 0)
  BEGIN
   PRINT(' 跳过 2 的倍数 ' + CAST(@i AS varchar));
    CONTINUE;
  END
  ELSE IF (@i = 7)
  BEGIN
   PRINT(' 到 ' + CAST(@i AS varchar) + ' 就跳出循环 ');
    BREAK;
  END
  PRINT @i;
END
```

上述语句执行结果如下：

```
1
跳过 2 的倍数 2
3
跳过 2 的倍数 4
5
跳过 2 的倍数 6
到 7 就跳出循环
```

6.4.6 RETURN 语句

RETURN 语句的格式如下：

```
RETURN [ 整数表达式 ]
```

在上述语法格式中，如果不提供“整数表达式”，则退出程序并返回一个空值；如果用在存储过程中，则可以返回整型值的“整数表达式”。

RETURN 语句通常用于从存储过程、批处理或语句块中无条件退出，不执行位于 RETURN 之后的语句。使用 RETURN 需要注意以下两点。

- 除非特别指明，否则所有系统存储过程返回 0 值表示成功，返回非 0 表示失败。
- 当用于存储过程时，RETURN 不能返回空值。

【例 6-24】

判断 VisitorMessage 表中是否存在编号为“No1019”的游客，如果存在则返回，否则通过 INSERT 语句添加游客，并查询该游客的信息。语句如下：

```
BEGIN
    IF EXISTS (SELECT * FROM VisitorMessage
WHERE cardNumber='No1019')
          RETURN
    ELSE
          INSERT INTO VisitorMessage(cardNumber,
visitorName,visitorAge,visitorPhone) VALUES
('No1019',' 张翠花 ',57,'15123456660');
        SELECT * FROM VisitorMessage WHERE
cardNumber='No1019';
END
```

6.4.7 延迟语句

WAITFOR 语句用于在达到指定时间或时间间隔之前，或者指定语句至少修改或返回之前，阻止（延迟）执行批处理、存储过程或事务。

WAITFOR 延迟语句的语法如下：

```
WAITFOR
{
```

```
    DELAY 'time_to_pass'
    | TIME 'time_to_execute'
    | [ ( receive_statement ) | ( get_conversation_
group_statement ) ]
    [ , TIMEOUT timeout ]
}
```

语法说明如下。

- DELAY：指定可以继续执行批处理、存储过程或事务之前必须经过的指定时段，最长可为 24 小时。
- time_to_pass：表示要等待的时段。可以使用 datetime 数据可接受的格式之一指定 time_to_pass，也可以将其指定为局部变量，但是不能指定日期。
- TIME：指定运行批处理、存储过程或事务的时间。
- time_to_execute：表示 WAITFOR 语句完成的时间。
- receive_statement：有效的 RECEIVE 语句。
- get_conversation_group_statement：有效的 GET CONVERSATION GROUP 语句。
- TIMEOUT timeout：指定消息到达队列前等待的时间（以毫秒为单位）。

【例 6-25】

使用 WAITFOR 语句延迟 2 小时再执行存储过程 sp_helpdb。代码如下：

```
BEGIN
  WAITFOR DELAY '02:00';
  EXECUTE sp_helpdb;
END;
```

【例 6-26】

使用 WAITFOR 语句的 TIME 选项指定到下午 18 时执行对 VisitorMessage 数据表的查询。代码如下：

```
BEGIN
    WAITFOR TIME '18:00'
    SELECT * FROM VisitorMessage
END
```

6.4.8 异常处理语句

TRY CATCH 语句用于对 T-SQL 程序执行时的错误进行捕捉和处理。方法是将 T-SQL 语句包含在 TRY 语句块中，如果 TRY 语句块内部发生错误，则会将控制传递给 CATCH 语句块中包含处理错误的语句。

TRY CATCH 语句的语法如下：

```
BEGIN TRY
    { sql_statement | statement_block }
END TRY
BEGIN CATCH
    [ { sql_statement | statement_block } ]
END CATCH
```

其中，sql_statement | statement_block 表示任何有效的 T-SQL 语句或语句块。

【例 6-27】

计算 10 除以 0 的结果，针对计算过程中出现的错误进行捕捉。代码如下：

```
BEGIN TRY
    SELECT 10/0 AS ' 结果 '
END TRY
BEGIN CATCH
    SELECT ERROR_NUMBER() AS ' 错误编码 ',ERROR_
MESSAGE() AS ' 错误信息 '
END CATCH
```

上述代码在捕获异常信息时，通过 ERROR_NUMBER() 返回错误编号，ERROR_MESSAGE() 返回错误消息的完整文本。此文本包括为任何可替换参数（如长度、对象名或时间）提供的值。

上述语句执行结果如下：

```
错误编码    错误信息
8134        遇到以零作除数错误。
```

在 TRY-CATCH 语句中，该语句经常会和 T-SQL 的错误处理函数一起使用，除了 ERROR_NUMBER() 函数和 ERROR_MESSAGE() 函数外，其他常用的错误函数及其说明如表 6-7 所示。

表 6-7　错误处理函数及其说明

函数名称	说　明
ERROR_SEVERITY()	返回错误严重性
ERROR_STATE()	返回错误状态号
ERROR_LINE()	返回导致错误的例程中的行号
ERROR_PROCEDURE()	返回出现错误的存储过程或触发器的名称

另外，开发者在使用 TRY CATCH 错误处理语句时应注意以下几点。

- TRY 块后必须紧跟相关联的 CATCH 块。
- TRY CATCH 语句不能跨越多个批处理。
- 如果 TRY 块所包含的代码中没有错误，则会将控制传递给紧跟相关联 END CATCH 语句之后的语句。
- 当 CATCH 块中的代码完成时，会将控制传递给紧跟在 END CATCH 语句之后的语句。
- TRY CATCH 语句可以嵌套。

6.5　系统函数

SQL Server 2016 内置了一些常用的函数，函数的目标是返回一个值。6.4 节介绍的错误处理函数以及第 5 章介绍的常用聚合函数都属于内置的系统函数。实际上，除了这些函数外，SQL Server 2016 还提供了多种函数，下面简单进行了解。

6.5.1　系统函数分类

开发者可以在【对象资源管理器】窗格中展开某一个数据库，展开【可编程性】|【函数】|【系统函数】节点，查看 SQL Server 2016 提供的所有系统内置函数。

在 SQL Server 2016 中，常用的系统函数分类及其说明如表 6-8 所示。

表 6-8　系统函数的分类及其说明

函数类型	说　明
聚合函数	对一组值执行计算，并返回单个值
配置函数	返回当前配置信息
游标函数	返回游标信息
日期和时间数据类型及函数	对日期和时间输入值执行运算，然后返回字符串、数字或日期和时间值
数学函数	基于作为函数的参数提供的输入值执行运算，然后返回数字值
元数据函数	返回有关数据库和数据库对象的信息
其他函数	例如 @@ERROR、Convert()、Host_Id()、Cast() 等
层次结构 ID 函数	返回与层次结构有关的信息

（续表）

函数类型	说　明
行集函数	使用该类函数会返回一个结果集，该结果集可以在 Transact-SQL 语句中当作表引用
安全函数	返回有关用户和角色的信息
字符串函数	对字符串 (char 或 varchar) 输入值执行运算，然后返回一个字符串或数字值
系统统计函数	返回系统的统计信息
文本和图像函数	对文本或图像输入值或列执行运算，然后返回有关值的信息

提示

大多数的函数都返回一个标量值，标量值代表一个数据单元或一个简单值。实际上，函数可以返回任何数据类型，包括表、游标等可返回完整的多行结果集的类型。

6.5.2　数学函数

虽然在表 6-8 中列出了多种函数分类，但是并不是每种分类都会用到。以数学函数为例，SQL Server 2016 提供了 20 多个用于处理整数与浮点值的数学函数。这些数学函数可在 T-SQL 的任何位置调用，表 6-9 针对最常用的数学函数，并对这些函数进行说明。

表 6-9　常用的数学函数及其说明

函数名称	说　明
ABS()	返回数值表达式的绝对值
EXP()	返回指定表达式以 e 为底的指数
CEILING()	返回大于或等于数值表达式的最小整数
FLOOR()	返回小于或等于数值表达式的最大整数
LN()	返回数值表达式的自然对数
LOG()	返回数值表达式以 10 为底的对
POWER()	返回对数值表达式进行幂运算的结果
RAND()	返回一个介于 0 到 1(不包括 0 和 1) 之间的伪随机 float 值
ROUND()	返回舍入到指定长度或精度的数值表达式
SIGN()	返回数值表达式的正号 (+)、负号 (−) 或零 (0)
SQUARE()	返回数值表达式的平方
SQRT()	返回数值表达式的平方根

【例 6-28】

用以下语句调用 RAND() 函数生成一个 100 以内的随机数：

```
DECLARE @rand int
```

```
SET @rand=RAND()*100
SELECT @rand '生成的随机数'
```

【例 6-29】

ABS()、POWER()、SQUARE() 和 SQRT() 函数的使用如下：

```
SELECT ABS('-23') AS '-23 的绝对值',POWER(2,6) '2 的 6 次幂',SQUARE(4) '4 的平方',SQRT(81) '81 的平方根'
```

执行上述语句，输出结果如下：

```
-23 的绝对值   2 的 6 次幂   4 的平方   81 的平方根
23             64            16         9
```

6.5.3 字符串函数

与数学函数一样，SQL Server 2016 为了方便用户进行字符数据的各种操作和运算，提供了功能全面的字符串函数。这些字符串函数都是具有确定性的函数。这意味着每次用一组特定的输入值调用它们时，都返回相同的值。如表 6-10 列出了常用字符串函数及说明。

表 6-10 字符串函数及其说明

函数名称	说 明
ASCII()	ASCII 函数，返回字符表达式中最左侧字符的 ASCII 代码值
CHAR()	ASCII 代码转换函数，返回指定 ASCII 代码的字符
LEFT()	从左求子串函数，返回字符串中从左边开始指定个数的字符
LEN()	返回指定字符串表达式的字符（而不是字节）数，其中不包含尾随空格
LOWER()	将大写字符数据转换为小写字符数据后返回字符表达式
LTRIM()	返回删除字符串左边空格之后的字符表达式
REPLACE()	替换函数，用第三个表达式替换第一个字符串表达式中出现的所有第二个指定字符串表达式的匹配项
REPLICATE()	复制函数，以指定的次数重复字符表达式
RIGHT()	从右求子串函数，返回字符串中从右边开始指定个数的字符
RTRIM()	返回删除字符串右边空格之后的字符表达式
SPACE()	空格函数，返回由重复的空格组成的字符串
STR()	数字向字符转换函数，返回由数字数据转换来的字符数据
SUBSTRING()	求子串函数，返回字符表达式、二进制表达式、文本表达式或图像表达式的一部分
UPPER()	将小写字符数据转换为大写字符数据后返回字符表达式

【例 6-30】

通过 UPPER() 和 LOWER() 函数对字符串进行大小写转换。语句如下：

```
DECLARE @testName nvarchar(20)
```

```
SET @testName='My Name is Jack'
SELECT UPPER(@testName) '转换为大写',LOWER
(@testName) '转换为小写'
```

上述语句执行结果如下：

```
转换为大写            转换为小写
MY NAME IS JACK      my name is jack
```

【例 6-31】

调用 SUBSTRING() 函数截取 @str 变量的值：

```
DECLARE @str varchar(100)
SET @str='我们都是中国人';
PRINT '从第 1 位开始取 3 位：'+SUBSTRING(@
str, 1, 3)
PRINT '从第 3 位开始取 3 位：'+SUBSTRING(@
str, 3, 3)
```

执行结果如下：

```
从第 1 位开始取 3 位：我们都
从第 3 位开始取 3 位：都是中
```

【例 6-32】

关于STR()、LEN()、REPLICATE()、REPLACE() 函数的使用如下：

```
DECLARE @str varchar(100)
SET @str='【Hello】';
PRINT '长度：'+STR(LEN(@str))
-- 获取 @str 的值的长度
SET @str=REPLICATE(@str,3)
    -- 重复 @str 的值 3 次
PRINT '使用 REPLICATE() 函数'
PRINT '内容：'''+@str+''''
PRINT '长度：'+STR(LEN(@str))
SET @str=REPLACE(@str,'l','5')
PRINT '使用 REPLACE() 函数'
PRINT '内容：'''+@str+''''
PRINT '长度：'+STR(LEN(@str))
```

上述语句输出内容如下：

```
长度：        7
使用 REPLICATE() 函数
内容：'【Hello】【Hello】【Hello】'
长度：        21
使用 REPLACE() 函数
内容：'【He55o】【He55o】【He55o】'
长度：        21
```

6.5.4 数据类型转换函数

当两个类型不一致的数据进行运算时必须转换为统一的类型。在默认情况下，SQL Server 2008 会对表达式中的类型进行自动转换，也称为隐式转换。例如，比较 char 和 datetime 表达式时，smallint 和 int 表达式或不同长度的 char 表达式。如果没有自动执行数据类型的转换，则需要调用数据类型转换函数将一种数据类型的值转换为另一种数据类型的值，这种转换称为显式转换。

SQL Server 2016 中的类型转换函数有 CAST() 和 CONVERT()，基本语法如下：

```
-- CAST 函数
CAST ( expression AS data_type [ (length ) ])
```

```
-- CONVERT 函数
CONVERT ( data_type [ ( length ) ] , expression [ ,
style ] )
```

参数说明如下。

- expression：任何有效的表达式。
- data_type：目标数据类型。这包括 xml、bigint 和 sql_variant。
- length：指定目标数据类型长度的可选整数。默认值为 30。
- style：指定 CONVERT 函数如何转换 expression 的整数表达式。如果样式为 NULL，则返回 NULL。

提示

CAST() 函数和 CONVERT() 函数还可用于获取各种特殊数据格式，并可用于选择列表、WHERE 子句以及允许使用表达式的任何位置中。

【例 6-33】

当一个字符串和一个浮点类型进行运算时必须进行类型转换，否则将出错。下面分别通过使用 CAST() 函数和 CONVERT() 函数将浮点类型转换为字符串类型。语句如下：

```
PRINT ' 使用 CAST() 函数 '
PRINT ' 随机数：'+CAST(RAND() AS char(20))
PRINT ' 使用 CONVERT() 函数 '
PRINT ' 随机数：'+CONVERT(char(20), RAND())
```

6.5.5 日期和时间函数

日期和时间函数用来操作和处理日期与时间，T-SQL 提供了多个与日期和时间有关的函数。根据日期和时间函数的实现功能的不同，可以将其分为多类，如用来获取日期和时间部分的函数、获取日期和时间差的函数、修改日期和时间值的函数以及设置或获取会话格式的函数等。

在 T-SQL 中提供了多个用来获取日期和时间部分的函数，其说明如表 6-11 所示。

表 6-11 获取日期和时间部分的函数

函数名称	说 明
DATEADD()	返回给指定日期加上一个时间间隔后的新 datetime 值
DATEDIFF()	返回跨两个指定日期的日期边界数和时间边界数
DATENAME()	返回表示指定日期的指定日期部分的字符串
DATEPART()	返回表示指定日期的指定日期部分的整数
DAY()	返回一个整数，表示指定日期的天 DATEPART 部分
GETDATE()	以 datetime 值的 SQL Server 2016 标准内部格式返回当前系统日期和时间
GETUTCDATE()	返回表示当前的 UTC 时间（通用协调时间或格林尼治标准时间）的 datetime 值。当前的 UTC 时间来自当前的本地时间和运行 SQL Server 2008 实例计算机操作系统中的时区设置
MONTH()	返回表示指定日期的“月”部分的整数
YEAR()	返回表示指定日期的年份的整数

在表 6-11 列出的函数中，DATENAME()、GETDATE() 和 GETUTCDATE() 具有不确定性。而 DATEPART 除了用作 DATEPART(dw,date) 外还具有确定性，其中 dw 是 weekday 的日期部分，取决于设置每周的第一天的 SET DATEFIRST 所设置的值。除此之外的上述日期函数都具有确定性。

【例 6-34】

查询 VisitorMessage 游客表中编号为“No1005”的游客信息，并将获取到的 visitorDate 列的值赋予 @visitorDate 变量，分别通过 YEAR()、MONTH() 和 DAY() 获取指定的年、月、日。语句如下：

```
DECLARE @visitorDate datetime
SET @visitorDate = (SELECT visitorDate FROM VisitorMessage WHERE cardNumber='No1005')
SELECT YEAR(@visitorDate) ' 年 ',MONTH(@visitorDate) ' 月 ',DAY(@visitorDate) ' 日 '
```

【例 6-35】

设置 DATENAME() 函数的不同参数获取指定日期的年、月、日、星期几、指定年的周数、天数及其属于哪个季度等。语句如下：

```
DECLARE @visitorDate datetime
SET @visitorDate = (SELECT visitorDate FROM VisitorMessage WHERE cardNumber='No1005')
SELECT DATENAME(yyyy,@visitorDate) AS ' 年 ',
    DATENAME(mm,@visitorDate) AS ' 月 ',
    DATENAME(dd,@visitorDate) AS ' 日 ',
    DATENAME(dw,@visitorDate) AS ' 星期几 ',
    DATENAME(wk,@visitorDate) AS ' 第几周 ',
    DATENAME(dy,@visitorDate) AS ' 第几天 ',
    DATENAME(qq,@visitorDate) AS ' 第几季度 '
```

在使用 DATENAME() 函数时，该函数和其他一些函数都接受 datepart 常量，该常量指定函数处理日期与时间所使用的时间单位，如表 6-12 列出了 datepart 常量可用的时间单位格式。

表 6-12　datepart 常量

值格式	含义	值格式	含义
yy 或 yyyy	年	dy 或 y	年日期 (1 到 366)
qq 或 q	季	dd 或 d	日
mm 或 m	月	Hh	时
wk 或 ww	周	mi 或 n	分
dw 或 w	周日期	ss 或 s	秒
ms	毫秒		

提示

除了用表 6-12 的值获取指定的内容外，DATENAME() 和 DATEPART() 函数的 depart 参数的值可以是 year、quarter、month、dayofyear、day、week、hour、minute、second、millisecond、microsecond、nanosecond。这些值的效果与表 6-12 列出的效果一样，例如 DATENAME(yyyy,@visitorDate) 等价于 DATENAME(year,@visitorDate)。

DATEDIFF() 函数返回指定的 startdate 和 enddate 之间所跨的指定 datepart 边界的计数（带符号的整数）。基本语法如下：

```
DATEDIFF( datepart, startdate, enddate)
```

【例 6-36】

下面语句通过 DATEDIFF() 函数计算两个指定日期之间相隔的年、月、日：

```
SELECT DATEDIFF(YEAR,'2017-01-01','2018-12-11') AS '年',
    DATEDIFF(MONTH,'2017-01-01','2018-12-11') AS '月',
      DATEDIFF(DAY,'2017-01-01','2018-12-11') AS '日'
```

【例 6-37】

DATEADD() 函数接受一个年日期常量、一个数量和一个日期作为参数，并返回给指定日期添加上指定数量的日期后的结果。例如，要在当前日期上增加 5 天，可以使用下列语句：

```
DATEADD(d,5,GETDATE())      -- 返回 5 天后的日期
```

又如，使用 GETDATE() 函数获取当前系统日期时间，并使用 DATEADD() 函数获取明天的日期和时间，语句如下：

```
SELECT GETDATE() AS '今天', DATEADD(DAY , 1 , GETDATE()) AS '明天'
```

SQL Server 2016 中还提供与验证日期有关的 ISDATE() 函数，该函数确定 datetime 或 smalldatetime 输入表达式是否为有效的日期或时间值。基本语法如下：

```
ISDATE ( expression )
```

其中，expression 是指字符串或者可以转换为字符串的表达式。如果 expression 是有效的 date、time 或 datetime 值，则返回 1；否则，返回 0。如果 expression 为 datetime2 值，则返回 0。

【例 6-38】

用以下代码判断声明的 datetime 类型的 @testTime 变量是否合法，并输出对应的内容：

```
DECLARE @testTime datetime
SET @testTime='2017-1-1 11:12:00'
IF ISDATE(@testTime)=1
    PRINT '@testTime 变量的值是日期类型'
ELSE
    PRINT '@testTime 变量的值不合法'
```

提示

除了上面介绍的几种函数外，SQL Server 2016 中还包含多种函数，例如 DB_ID() 函数、DB_NAME() 函数、TRY_CONVERT() 函数、NEWID() 函数等，这里不再逐一进行介绍。感兴趣的读者可以参考 SQL Server 2016 联机丛书。

6.6 用户自定义函数

在 SQL Server 2016 中允许用户创建自定义的函数以实现特殊的功能。自定义函数可以接受零个或多个输入参数，执行操作并将操作结果以值的形式返回，返回值可以是单个标量值或者结果集。用户自定义函数最多可支持 1024 个参数，但是不支持输出参数。

6.6.1 创建语法

开发者创建自定义函数需要使用 CREATE FUNCTION 语句。根据函数返回值多少，可以将函数分为标量函数和表值函数。如果函数返回单个值，则称为标量函数；如果返回一个表，则称为表值函数。

在创建用户自定义函数时，允许在函数主体内使用的有效T-SQL语句包括以下几种。

- DECLARE 语句：该语句用于定义函数局部变量和游标
- 除 TRY CATCH 之外的流程控制语句。
- SELECT 语句。该语句包含具有函数的局部变量的表达式的选择列表。
- EXECUTE 语句。该语句用于调用存储过程。
- 为函数局部变量赋值的语句，如使用 SET 为标量和表局部变量赋值。可以使用 INSERT、UPDATE、DELETE 语句修改函数内局部表变量。
- 游标操作。该操作引用在函数中声明、打开、关闭和释放的局部游标。不允许使用 FETCH 语句将数据返回到客户端，仅允许使用 FETCH 语句通过 INTO 子句给局部变量赋值。

注意

不能在函数内执行的操作包括：对数据库表的修改，对不在函数上的局部游标进行操作，发送电子邮件，尝试修改目录以及生成返回给用户的结果集。

6.6.2　标量值函数

标量值函数返回一个确定类型的标量值，其返回的值类型为除 text、ntext、image、cursor、timestamp 和 table 类型外的其他数据类型。

创建标量值函数的语法结构如下所示：

```
CREATE FUNCTION function_name
([{@parameter_name scalar_ parameter_data_
type [ = default ]}[,...n]])
RETURNS scalar_return_data_type
[WITH ENCRYPTION]
[AS]
BEGIN
 function_body
 RETURN scalar_expression
END
```

语法中各参数的含义如下。

- function_name：自定义函数的名称。
- @parameter_name：输入参数名。
- scalar_ para meter_data_type：输入参数的数据类型。
- RETURNS scalar_return_data_type：该子句定义了函数返回值的数据类型，该数据类型不能是 text、ntext、image、cursor、timestamp 和 table 类型。
- WITH：该子句指出了创建函数的选项。如果指定了 ENCRYPTION 参数，则创建的函数是被加密的，函数定义的文本将以不可读的形式存储在 syscomments 表中，任何人都不能查看该函数的定义，包括函数的创建者和系统管理员。
- BEGIN END：该语句块内定义了函数体 (function_body)，以及包含 RETURN 语句，用于返回值。

【例 6-39】

创建计算长方形体积的标量值函数，函数名称为 TJ，在该函数中传入 3 个 int 类型的参数，@width、@height 和 @high 分别表示长方形的长、宽、高。创建语句如下：

```
CREATE FUNCTION TJ(@width int,@height int,@
high int)
RETURNS int
AS
BEGIN
    RETURN @width*@height*@high
END
GO
```

创建完成后通过 SELECT 语句执行 TJ() 函数，并向函数中传入参数进行测试。语句如下：

```
SELECT dbo.TJ(10,5,3) AS ' 长方形体积 ';
```

上述语句的执行结果如下：

```
长方形体积
150
```

与创建数据库和数据表一样，在创建自定义函数时，开发者可以先判断该函数是否存在，如果存在，通过 DDROP FUNCTION 语句删除。判断自定义函数是否存在的语法如下：

```
IF EXISTS (SELECT * FROM sysobjects WHERE xtype='fn' AND name=' 函数名 ')
IF EXISTS (SELECT * FROM dbo.sysobjects WHERE id = object_id(N'[dbo].[ 函数名 ]')AND xtype in (N'FN', N'IF',
N'TF'))
```

【例 6-40】

创建 GetVisitorNameByNumber() 函数，该函数根据游客编号获取游客的姓名，需要向该函数中传入一个字符串参数。在创建该函数之前，首先通过 IF EXISTS 语句进行判断。代码如下：

```
IF EXISTS (SELECT * FROM sysobjects WHERE xtype='fn' AND name='GetVisitorNameByNumber')
    DROP FUNCTION GetVisitorNameByNumber
GO
CREATE FUNCTION GetVisitorNameByNumber(@cardNumber nvarchar(10))
RETURNS nvarchar(30)
AS
BEGIN
    DECLARE @visitorName nvarchar(30)
    SET @visitorName = (SELECT visitorName FROM VisitorMessage WHERE cardNumber=@cardNumber);
    RETURN @visitorName
END
GO
```

创建完毕后，SELECT 语句调用函数进行测试。语句如下：

```
SELECT dbo.GetVisitorNameByNumber('No1004') AS ' 游客姓名 '
GO
```

6.6.3 表值函数

表值函数又可以分为内联式表值函数和多语句式表值函数。

1. 内联表值函数

内联表值函数以表的形式返回一个返回值，即它返回的是一个表。内联表值函数没有由 BEGIN END 语句块中包含的函数体，而是直接使用 RETURN 子句，其中包含的 SELECT 语句将数据从数据库中筛选出来后形成一个表。语法格式如下：

```
CREATE FUNCTION [ schema_name. ] function_name                    /* 定义函数名部分 */
([ { @parameter_name [ AS ] [ type_schema_name. ] parameter_data_type        /* 定义参数部分 */
  [ = default ] }
  [,...n ]
 ]
)
```

```
RETURNS TABLE                                          /* 返回值为表类型 */
   [ WITH <function_option> [ ,...n ] ]
   [ AS ]
   RETURN [ ( ] select_stmt [ ) ]
[ ; ]
```

RETURNS 子句仅仅包含关键字 TABLE，表示该函数返回一个表，内联表值函数的函数体中仅有一个 RETURN 语句，并通过 select-stmt 指定的 SELECT 语句返回内联表值。

使用内联表值函数需要注意以下两点。

- 内联表值自定义函数可以提供参数化的视图功能。因为在 SQL Server 中不允许在视图的 WHERE 子句中使用多个参数作为搜索条件。
- 不能在视图中使用参数，限制了视图的灵活性。但是内联表值函数支持在 WHERE 子句中使用参数。

【例 6-41】

创建不带参数的 GetVisitorList() 函数，该函数用于获取 VisitorMessage 表中的全部数据。语句如下：

```
CREATE FUNCTION GetVisitorList()
RETURNS TABLE
AS
RETURN(
    SELECT * FROM VisitorMessage
)
GO
```

创建完毕后可以调用创建的表值函数，其调用和调用表是一样的。语句如下：

```
SELECT * FROM dbo.GetVisitorList()
```

执行上述语句，结果如图 6-4 所示。

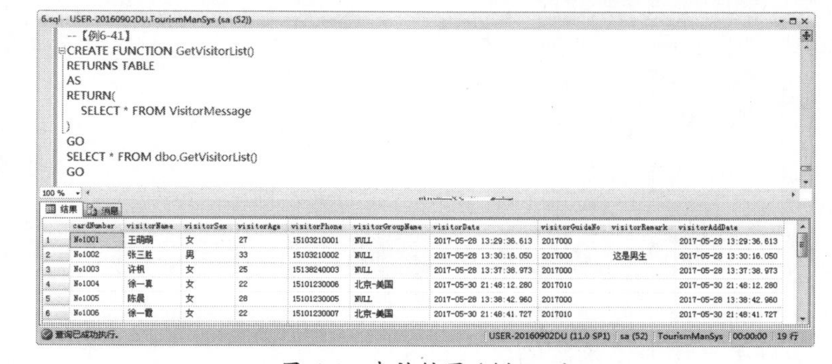

图 6-4　查询结果（例 6-41）

【例 6-42】

继续在上个例子的基础上进行更改，创建 GetQueryVisitorList() 函数，该函数用于查询满足年龄条件的游客信息，该函数需要传入一个 int 类型的参数。语句如下：

```
CREATE FUNCTION GetQueryVisitorList(@inputAgeNum int)
RETURNS TABLE
AS
RETURN(
    SELECT * FROM VisitorMessage WHERE visitorAge>=@inputAgeNum
```

```
)
GO
```

创建完毕后调用 GetQueryVisitorList() 函数，该函数需要传入一个参数，这里指定值为 40。语句如下：

```
SELECT * FROM dbo.GetQueryVisitorList(40)
```

执行上述语句，输出结果如图 6-5 所示。

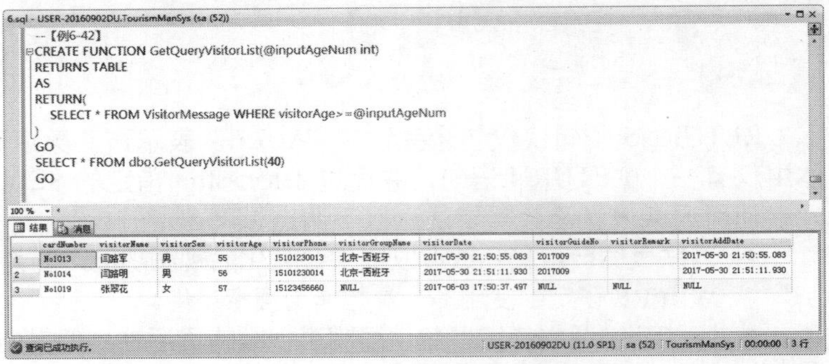

```
-- 【例6-42】
CREATE FUNCTION GetQueryVisitorList(@inputAgeNum int)
RETURNS TABLE
AS
RETURN(
    SELECT * FROM VisitorMessage WHERE visitorAge>=@inputAgeNum
)
GO
SELECT * FROM dbo.GetQueryVisitorList(40)
GO
```

	cardNumber	visitorName	visitorSex	visitorAge	visitorPhone	visitorGroupName	visitorDate	visitorGuideNo	visitorRemark	visitorAddDate
1	No1013	闫路军	男	55	15101230013	北京-西班牙	2017-05-30 21:50:55.083	2017009		2017-05-30 21:50:55.083
2	No1014	闫路明	男	56	15101230014	北京-西班牙	2017-05-30 21:51:11.930	2017009		2017-05-30 21:51:11.930
3	No1019	张翠花	女	57	15123456660	NULL	2017-06-03 17:50:37.497	NULL	NULL	NULL

查询已成功执行。 USER-20160902DU (11.0 SP1) sa (52) TourismManSys 00:00:00 3 行

图 6-5　查询结果 (例 6-42)

2. 多语句表值函数

多语句表值函数可以看作标量型和内联表值型函数的结合体。该类函数的返回值是一个表，但它和标量值函数一样使用 BEGIN END 语句块定义函数体，返回值表中的数据是由函数体中的语句插入的。由此可见，它可以进行多次查询，对数据进行多次筛选与合并，弥补了内联表值自定义函数的不足。

【例 6-43】

以下代码为创建多语句表值函数的例子：

```
CREATE FUNCTION TvPoints()
RETURNS @points TABLE (x float, y float)
AS
BEGIN
INSERT @points values(1,2);
INSERT @points values(3,4);
RETURN;
END
```

6.6.4　实践案例：创建切割字符串的表值函数

简单地了解用户如何自定义函数以后，本节通过一个实用的表值函数例子演示如何切割字符串。该表值函数的名称是 Split()，函数需要传入两个参数，第一个是要切割的字符串，第二个是要以什么字符串切割。实现语句如下：

```
CREATE FUNCTION Split(@Text NVARCHAR(4000),@Sign NVARCHAR(4000))
RETURNS  @tempTable TABLE(id INT IDENTITY(1,1) PRIMARY KEY,[VALUE] NVARCHAR(4000))
AS
BEGIN
  DECLARE @StartIndex INT           -- 开始查找的位置
  DECLARE @FindIndex  INT           -- 找到的位置
  DECLARE @Content    VARCHAR(4000)  -- 找到的值
```

```
-- 初始化一些变量
SET @StartIndex = 1 --T-SQL 中字符串的查找位置是从 1 开始的
SET @FindIndex=0
-- 开始循环查找字符串逗号
WHILE(@StartIndex <= LEN(@Text))
BEGIN
  -- 查找字符串函数 CHARINDEX 第一个参数是要找的字符串
  --                第二个参数是在哪里查找这个字符串
  --                第三个参数是开始查找的位置
  -- 返回值是找到字符串的位置
  SELECT @FindIndex = CHARINDEX(@Sign,@Text,@StartIndex)
  -- 判断有没有找到，没找到返回 0
  IF(@FindIndex =0 OR @FindIndex IS NULL)
  BEGIN
    -- 如果没有找到，则表示找完了
    SET @FindIndex = LEN(@Text)+1
  END
  -- 截取字符串函数 SUBSTRING 第一个参数是要截取的字符串
  --                第二个参数是开始的位置
  --                第三个参数是截取的长度
  --@FindIndex-@StartIndex 表示找到的位置 - 开始找的位置 = 要截取的长度
  --LTRIM 和 RTRIM 是去除字符串左边和右边的空格函数
  SET @Content = LTRIM(RTRIM(SUBSTRING(@Text,@StartIndex,@FindIndex-@StartIndex)))
  -- 初始化下次查找的位置
  SET @StartIndex = @FindIndex+1
  -- 把找到的值插入要返回的 Table 类型中
  INSERT INTO @tempTable ([VALUE]) VALUES (@Content)
 END
 RETURN
END
```

执行上述语句，创建完毕后进行调用，语句如下：

```
SELECT * FROM Split(' 中国 _ 河南 _ 上海 _ 北京 ','_')
```

执行上述语句时的输出结果如下：

```
id   VALUE
1    中国
2    河南
3    上海
4    北京
```

 6.7 SQL 注释

任何一门语言都少不了注释，注释是程序中不被执行的文本，主要用于对程序代码进行辅助说明。当程序中的代码非常多时，使用注释非常有必要。

注释不参与程序的编译，不影响执行结果。还可以把程序中暂时不用的语句注释掉，使它们暂时不参与执行。等需要使用这些语句时，再将它们恢复。

6.7.1 单行注释

T-SQL 中包含两类注释，即单行注释和多行注释。ANSI 标准的注释符 -- 用于单行注释，它表示用户提供的文本。可以将注释插入单独行中，嵌套在 T-SQL 命令行的结尾或嵌套在 T-SQL 语句中，服务器不对注释进行计算。

单行注释的基本语法如下：

```
-- text_of_comment
```

其中，text_of_comment 表示包含注释文本的字符串。

将两个连字符用于单行或嵌套的解释，用 -- 插入的注释由换行符终止。通过 -- 进行注释时，注释没有最大限制。

【例 6-44】

以下为单行注释的使用：

```
-- 声明 @userRemark 变量，该变量表示用户备注信息
DECLARE @userRemark text
```

技巧

如果要注释的内容过多，而且又想使用单行注释时，可以使用快捷键。将选定文本设为注释时的快捷键为 Ctrl+K、Ctrl+C；取消注释所选文本的快捷键为 Ctrl+K、Ctrl+U。

6.7.2 多行注释

除了使用 -- 进行单行注释外，还可以使用 /**/ 注释。/**/ 表示用户提供的文本，服务器不计位于 /* 和 */ 之间的文本。有时，将 /**/ 注释称为多行注释或块注释。基本语法如下：

```
/*
 text_of_comment
*/
```

其中，text_of_comment 是注释文本，它是一个或多个字符串。

注释可以插入单独行中，也可以插入 Transact-SQL 语句中。多行的注释必须用 /* 和 */ 指明。用于多行注释的样式规则是：第一行用 /* 开始，并且用 */ 结束注释。

【例 6-45】

以下为多行注释的使用：

```
/*
    获取 VisitorMessage 表的全部数据
    visitorAge: 用户年龄字段列
    visitorSex: 用户性别字段列
*/
SELECT * FROM VisitorMessage WHERE
visitorAge>=30 AND visitorSex=' 男 '
```

注意

多行注释支持嵌套注释，如果在现有注释内的任意位置上出现 /* 字符模式，便会将其视为嵌套注释的开始。因此，需要使用注释的结尾标记 */。如果没有注释的结尾标记，便会生成错误。

6.8 实践案例：通过流程控制语句输出菱形

本章已经详细为大家介绍了 T-SQL 语句的具体内容，本节利用前面介绍的流程控制输出一个图形，即菱形。具体实现代码如下：

```
DECLARE @M int=0                          -- 菱形的行数
DECLARE @N int=0                          -- 菱形的列数
WHILE @M<7
BEGIN
    IF@M<3                                –输出上半部分
    BEGIN
        WHILE @N<4
        BEGIN
                    PRINT SPACE(8-@N)+
REPLICATE ('*',@N*2+1)
                    SET @N = @N+1
        END
        SET @M=@M+1
    END
    ELSE                                  –输出下半部分
    BEGIN
        WHILE @N>0
        BEGIN
                    SET @N = @N-1
                    PRINT SPACE(9-@
N)+REPLICATE('*',@N*2-1)
        END
        SET @M=@M+1
    END
END
```

上述代码首先声明并初始化 int 类型的变量 @M 和 @N，前者控制图形的行数，后者控制图形的列数。接着通过 WHILE 语句进行遍历，在 WHILE 语句中通过 IF-ELSE 语句判断 @M 的值，并输出图形的上半部分和下半部分。

执行上述语句，输出图形如下：

```
   *
  ***
 *****
*******
 *****
  ***
   *
```

6.9 练习题

1. 填空题

(1) 执行下面代码时返回的结果是 ___________。

```
SELECT SUBSTRING(' 今年是个丰收年 ',2,3)
```

(2) T-SQL 语言根据其功能可以分为数据定义语言、数据操作语言、___________ 和其他附加语言元素 4 类。

(3) 字符串常量分为 ASCII 字符串常量和 ___________ 字符串常量两种。

(4) 根据变量的有效作用域，可以将变量分为 ___________ 和全局变量。

(5) 根据函数返回值多少，可以将函数分为标量函数和 ___________。

(6) 下列语句执行后的输出结果是 ___________。

```
DECLARE @result int
SET @result=POWER(3,2)
SET @result=SQUARE(4)+@result
PRINT @result
```

(7) ___________ 函数用于获取系统的当前日期和时间。

2. 选择题

(1) 全局变量 ________ 返回上次执行 SQL 语句产生的错误数。

A. @@ERROR　　B. @@LANGUAGE
C. @@OPTION　　D. @@ROWCOUNT

(2) 如果需要同时为多个变量进行赋值，可以使用 ________ 关键字。

A. SET　　B. SELECT　　C. DECLARE　　D. FUNCTION

(3) 在 *、NOT、AND、= 这 4 个运算符中，________ 运算符的级别最高。

A. *　　B. NOT　　C. AND　　D. =

(4) T-SQL 语言中的系统函数分类包含 ________。

A. 聚合函数　　B. 数学函数　　C. 字符串函数　　D. 以上都包含

(5) 在下面的空白处填写 ________ 和 ________，使 getMax() 可以返回 @num1 和 @num2 中的最大数。

```
CREATE __________ getMax(@num1 int,@num2 int)
RETURNS int
AS
BEGIN
    IF @num1>@num2
        __________ @num1
    ELSE
        RETURN @num2
END
```

A. FUNCTION，GOTO　　B. FUNCTION，RETURN
C. TABLE，GOTO　　D. TABLE，RETURN

上机练习 1：创建一个简单的奥运会倒计时程序

SQL Server 2016 为 T-SQL 语言提供了大量的系统函数，本次上机练习要求读者使用系统函数制作一个简单的奥运会倒计时程序。

上机练习 2：实现一个简易计算器

SQL Server 2016 中除了使用系统内置函数外，开发者还可以自定义函数。本次要求读者自定义函数，该函数实现一个简易计算器，要求根据输入的数字和操作符，执行相应的计算，并将结果进行输出。

上机练习 3：打印杨辉三角形

根据本章学习的内容打印出杨辉三角形，读者可能用到的知识点有 WHILE 循环语句、IF-ELSE 语句、单行注释和多行注释等。

第 7 章

XML 查询技术

XML 的全称是 eXtensible Markup Language，中文含义为可扩展标记语言。随着 XML 技术的广泛应用，SQL Server 从最早的 2000 就开始支持，而且在 SQL Server 2005 中首次增加了 XML 数据类型，添加了对 XQuery 技术的支持。

随着数据库版本的不断更新，SQL Server 2016 中的 XML 查询技术已经非常成熟，而且被开发者广泛应用。本章详细介绍 SQL Server 2016 中如何通过 XML 技术查询数据，主要内容包含 XML 数据类型、XML 数据类型方法、XQuery 技术、XML 高级查询等。

本章学习要点

◎ 了解 XML 数据类型
◎ 掌握 XML 数据类型 xml 的使用
◎ 了解 XML 类型的限制
◎ 熟悉 XML 类型的实现方法
◎ 了解 XQuery 查询语言
◎ 掌握 RAW 查询模式
◎ 掌握 AUTO 查询模式
◎ 掌握 EXPLICIT 查询模式
◎ 掌握 PATH 查询模式
◎ 掌握嵌套查询
◎ 掌握 XML 索引的创建和使用
◎ 熟悉 OPENXML() 函数
◎ 熟悉 XML DML 的常见操作

7.1 XML 数据类型

XML 文档以一个纯文本文件的形式存在，因此用户可以方便地阅读和使用，而文档的修改和维护也很容易，还可以通过 HTTP 或 SMTP 等标准协议进行传送。本节简单了解 XML 查询基础，包含 XML 数据类型以及与类型有关的方法。

7.1.1 了解 XML 数据类型

XML 数据类型可以用来保存整个 XML 文档，用户可以像使用 int 数据类型一样使用 XML 数据类型。开发者借助于基于 XML 模式的强类型化支持和基于服务器端的 XML 数据校验功能，可以对存储的 XML 文档进行轻松的远程修改。作为数据库开发者，许多人都必须大量地涉及 XML。

在 SQL Server 2016 中 XML 是一种真正的数据类型，这就意味着，用户可以使用 XML 作为表和视图中的列，XML 也可以用于 SQL 语句中或作为存储过程的参数。可以直接在数据库中存储、查询和管理 XML 文件。更重要的是，用户还能规定自己的 XML 必须遵从的模式。另外，如果应用程序需要处理 XML，XML 数据类型在大多数情况下将比 varchar(max) 数据类型更加适合完成任务。

XML 数据类型可以在 SQL Server 数据库中存储 XML 文档和片段 (XML 片段指缺少单个顶级元素的 XML 实例)，也可以创建 XML 类型的列和变量，并在其中存储 XML 实例。除此之外，XML 数据类型还提供一些高级功能，例如借助 XQuery 语句执行搜索。

7.1.2 使用 XML 数据类型

XML 数据类型与 SQL Server 2016 中的其他数据类型并没有根本的区别。开发者可以把它用在使用任何普通 SQL 数据类型的地方。

【例 7-1】

创建 xml 类型的 @XmlName 变量，并通过 SET 为该变量赋值。代码如下：

```
DECLARE @XmlName xml
SET @XmlName= '<VisitorName name="Brand"
/>'
```

【例 7-2】

在创建 XML 类型的变量时，开发者可直接赋值，还可使用一个查询和 SQL Server 的 FOR XML 语句填充一个 XML 变量。语句如下：

```
DECLARE @XmlData xml
SET @XmlData = (SELECT * FROM VisitorMessage
FOR XML AUTO)
```

【例 7-3】

XML 数据类型不仅可以作为变量使用，还可以应用于表中。创建名称为 TestDataBase 的数据库，在该数据库中创建 TestObject 表，该表包含 3 个字段列，其中有一个字段列为 XML 数据类型。代码如下：

```
CREATE DATABASE TestDataBase
GO
USE TestDataBase
GO
CREATE TABLE TestObject
(
  tid int PRIMARY KEY,
  tvalue xml,
  tremark text
)
```

【例 7-4】

XML 数据类型可以使用在任何普通 SQL 数据类型的地方，开发者还可以分配默认值，也可以支持非空的 NOT NULL 约束。

例如，重新创建 TestObject 表，为该表的 tvalue 字段列指定非空约束，并且设置其默认值。语句如下：

```
CREATE TABLE TestObject
(
  tid int PRIMARY KEY,
  tvalue xml NOT NULL DEFAULT '<Visitor />',
  tremark text
)
```

创建数据表完毕后，开发者可以通过 INSERT 语句向表中添加代码。部分代码如下：

```
INSERT INTO TestObject VALUES(1,'<Visitors>
<visitorNo value="060001"><visitorName>Rose
</visitor Name> <visitorAge>32</visitorAge>
</visitorNo></Visitors>','')
```

7.1.3 XML 类型限制

尽管在 SQL Server 2016 中 XML 数据类型与其他数据类型一样，但是在使用时还需要注意一些具体限制。

- 除了 string 类型外，没有其他数据类型能够转换成 XML。
- XML 列不能应用于 GROUP BY 语句中。
- XML 数据类型实例的存储表示形式不能超过 2GB。
- XML 列不能成为主键或者外键的一部分。
- sql_variant 实例的使用不能把 XML 作为一种子类型。
- XML 列不能指定为唯一的。
- COLLATE 子句不能被使用在 XML 列上。
- 存储在数据库中的 XML 仅支持 128 级的层次。
- 表中最多只能拥有 32 个 XML 列。
- XML 列不能加入规则中。
- 唯一可应用于 XML 列的内置标量函数是 ISNULL 和 COALESCE。
- 具有 XML 列的表不能有一个超过 15 列的主键。
- 具有 XML 列的表不能有一个 timestamp 数据类型作为它们的主键的一部分。
- 存储在数据库中的 XML 仅支持 128 级的层次。

7.1.4 XML 类型方法

SQL Server 2016 系统提供一些可用于 XML 数据类型的方法。与普通关系型数据不同的是，XML 数据是分层次的，具有完整的结构和元数据。在前面介绍 XML 数据类型的创建、使用和限制后，本节向读者介绍在 SQL Server 2016 中查询存储在 XML 类型的变量或列中的 XML 实例所要使用的一些方法。

1. query() 方法

query() 方法仅有一个字符串类型参数，用于指定查询 XML 节点（元素或者属性）的 XQuery 表达式。该方法返回是 XML 类型，这个值是一个非类型化的 XML 实例。

提示

XML 数据类型既可以存储类型化数据，也可以存储非类型化数据。

【例 7-5】

创建 XML 类型的 @xmlDoc 变量，并为该变量分配 XML 实例，分配完毕后调用 query() 方法对文档指定 XQuery 来查询根节点下的内容。语句如下：

```
DECLARE @xmlDoc xml
SET @xmlDoc =
'
  <Visitors>
        <visitorNo value="000106">
              <visitorName> 陈辰
              </visitorName>
              <visitorAge>30</visitorAge>
              <visitorSex> 男 </visitorSex>
        </visitorNo>
        <visitorNo value="000206">
```

```
                        <visitorName> 徐飞
                        </visitorName>
                        <visitorAge>28</visitorAge>
                        <visitorSex> 女 </visitorSex>
                </visitorNo>
        </Visitors>
        '
SELECT @xmlDoc.query('/Visitors') AS 游客信息
```

执行上述语句，输出结果如图 7-1 所示。单击图 7-1 中的结果，进入详细内容窗格，如图 7-2 所示。

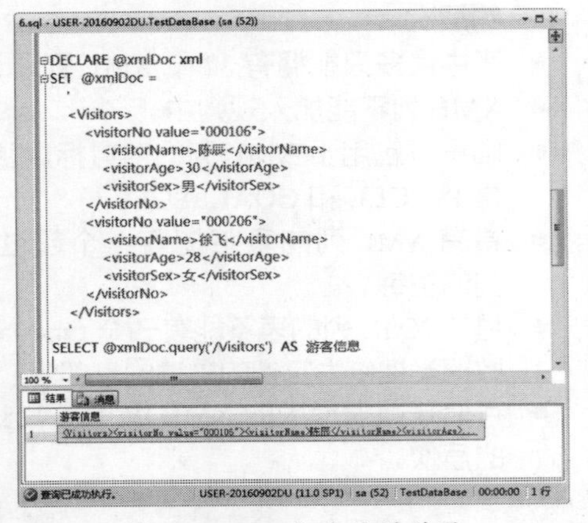

图 7-1　query() 方法的效果

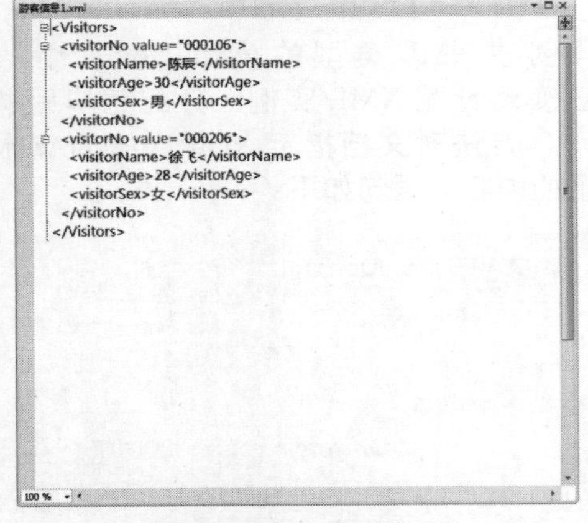

图 7-2　查看详细结果

【例 7-6】

在上述例子中，通过 query() 方法查询 xml 根节点下的内容。当然，开发者可以查询某个子节点的内容，例如查询 /Visitors/visitorNo/visitorName 节点下的内容。语句如下：

```
SELECT @xmlDoc.query('/Visitors/visitorNo/visitorName') AS 游客信息
```

执行上述语句，输出的 XML 内容如下：

```
<visitorName> 陈辰 </visitorName>、
<visitorName> 徐飞 </visitorName>
```

【例 7-7】

除了将 XML 实例存储在 XML 数据类型的变量中外，还可以将从数据表中查询的结果赋予创建的变量。语句如下：

```
DECLARE @selXmlData xml
SET @selXmlData = (SELECT tvalue FROM TestObject FOR XML RAW)
SELECT @selXmlData ' 查询结果 '
```

在上述代码中，首先创建 XML 类型的 @selXmlData 变量，然后将从数据表中查询的结果赋予该变量，最后执行 SELECT 语句进行查询。

2. value() 方法

value() 方法用于对 XML 执行 XQuery 查询，并返回 SQL 类型的标量值。通常，使用此方法从 XML 类型列、参数或变量内存储的 XML 实例中提取值。这样，就可以指定将 XML 数据与非 XML 列中的数据进行合并或比较的 SELECT 查询。

value() 方法有以下两个参数。

- XQuery：XQuery 表达式，一个字符串文字，从 XML 实例内部检索数据。XQuery 必须最多返回一个值，否则将返回错误。
- SQLType：要返回的 SQL 类型，此方法的返回类型要与 SQLType 参数匹配。

警告

SQLType 不能是 XML 数据类型、公共语言运行时 (CLR) 用户定义类型、image、text、ntext 或 sql_variant 数据类型，但 SQLType 可以是用户定义数据类型 SQL。

【例 7-8】

通过 value() 方法从 XML 中查询第一个子节点下 visitorName 子元素和 visitorAge 子元素的值，并将查询结果赋予指定的变量。语句代码如下：

```
DECLARE @xmlDoc1 xml
SET  @xmlDoc1 =
    '
    <Visitors>
            <visitorNo value="000106">
                    <visitorName> 陈辰 </visitorName>
                    <visitorAge>30</visitorAge>
                    <visitorSex> 男 </visitorSex>
            </visitorNo>
            <visitorNo value="000206">
                    <visitorName> 徐飞 </visitorName>
                    <visitorAge>28</visitorAge>
                    <visitorSex> 女 </visitorSex>
            </visitorNo>
    </Visitors>
    '
DECLARE @getName nvarchar(20)                    -- 声明 @getName 保存读取的姓名
DECLARE @getAge int                              -- 声明 @getAge 读取保存的年龄
SET @getName=@xmlDoc1.value('(/Visitors/visitorNo/visitorName)[1]','nvarchar(20)')
SET @getAge=@xmlDoc1.value('(/Visitors/visitorNo/visitorAge)[1]','int')
SELECT @getName ' 姓名 ',@getAge ' 年龄 '
```

执行上述语句，输出结果如下：

```
姓名   年龄
陈辰   30
```

【例 7-9】

如果要从 @xmlDoc1 变量的 XML 文档实例中获取 visitorNo 子元素中 value 属性的值，可以使用以下语句：

```
DECLARE @getNo nvarchar(10)
SET @getNo=@xmlDoc1.value('(/Visitors/
visitorNo/@value)[1]','nvarchar(10)')
SELECT @getNo ' 编号 '
```

执行上述语句，输出结果如下：

```
编号
000106
```

⚠注意

query() 和 value() 方法之间的不同在于，query() 方法返回一个 XML 数据类型，这个数据类型包含查询的结果；而 value() 方法返回一个带有查询结果的非 XML 数据类型。另外，value() 方法仅能返回单个值（或标量值）。

3. exist() 方法

exist() 方法用于判断指定 XML 型结果集中是否存在指定节点。该方法需要传入一个参数 XQuery，它是一个 XQuery 表达式，表示字符串文字。exist() 方法的返回结果如下。

- 返回值为 1：表示 True(如果查询中的 XQuery 表达式返回一个非空结果)，即至少返回一个 XML 节点。

- 返回值为 0：表示 False(说明返回一个空结果)。
- 返回值为 NULL：如果执行查询的 XML 数据类型，实例包含 NULL。

【例 7-10】

创建 int 类型的 @isNo 变量，通过 exist() 方法获取 XML 实例中 /Visitors/visitorNo 节点下是否存在 value 属性，并将结果保存到 @isNo 变量中，通过 IF-ELSE 语句进行判断，根据判断值输出不同的内容。语句如下：

```
DECLARE @isNo int
SET @isNo = @xmlDoc1.exist('/Visitors/
visitorNo/@value')
IF @isNo=1
    PRINT 'true，存在'
ELSE
    PRINT 'false，不存在'
```

【例 7-11】

对于返回非空结果的 XQuery 表达式，exist() 方法返回 1。如果在 exist() 方法中指定 true() 或 false() 函数，则 exist() 方法将返回 1，因为 true() 和 false() 函数将分别返回布尔值 true 和 false，也就是说，它们返回非空结果。

例如，创建非空的 @setXmlData 变量，将 true() 和 false() 函数作为参数传入到 exist() 方法中。执行语句如下：

```
DECLARE @setXmlData xml
SET @setXmlData = ''
SELECT @setXmlData.exist('true()')
    -- 返回结果：1
SELECT @setXmlData.exist('false()')
    -- 返回结果：1
```

4. modify() 方法

modify() 方法可以修改 XML 文档的内容，该方法的参数 XML_DML 是 XML 数据操作语言 (DML) 中的字符串，然后根据此表达式更新 XML 文档。

使用 modify() 方法可以修改 XML 类型变量或列的内容，该方法使用 XML DML 语句在 XML 数据中插入、更新或删除节点。但是需要注意，modify() 方法只能在 UPDATE 语句的 SET 子句中使用。

【例 7-12】

下面使用 modify() 方法向 XML 文档中添加两个节点：

```
DECLARE @xmlDoc2 xml
SET @xmlDoc2 =
  '
    <Visitors>
            <visitorNo value="000106">
                    <visitorName>陈辰
                    </visitorName>
                    <visitorAge>30
                    </visitorAge>
                    <visitorSex>男
                    </visitorSex>
                    <visitorPhone>15838012621
                    </visitorPhone>
            </visitorNo>
    </Visitors>
  '
SELECT @xmlDoc2 '插入节点以前'
SET @xmlDoc2.modify('insert <student id="5"
result="70"/> after (/Visitors/visitorNo)[1]')
SET @xmlDoc2.modify('insert<visitorNo
value="0002006"><visitorName>王 章
</visitorName><visitorAge>22</visitorAge><visitorSex>
男 </visitorSex><visitorPhone>XXXXXX</visitorPhone>
</visitorNo> after (/Visitors/visitorNo)[1]')
SELECT @xmlDoc2 '插入节点以后'
```

上述代码首先创建 @xmlDoc2 变量，并将 XML 文档的内容赋予 @xmlDoc2 变量，接着通过 modify() 方法添加两个节点，节点的位置位于第一个 visitorNo 节点之后。

5. nodes() 方法

nodes() 方法允许把 XML 分解到一个表结构中，其目的是指定哪些节点映射到一个新数据集的行。语法格式如下：

```
nodes(XQuery) as Table(Column)
```

上述语法中的参数说明如下。

- XQuery：指定 XQuery 表达式。如果语句返回节点，那么节点包含在结果行集中。类似地，如果表达式的结果为空，那么结果行集也为空。
- Table(Column)：指定结果行集的表名称和字段名称。

【例 7-13】

使用 nodes() 方法将 /Visitors/visitorNo 节点映射到数据集行。语句如下：

```
DECLARE @xmlDoc3 xml
SET @xmlDoc3 =
    '
    <Visitors>
            <visitorNo value="000106">
                    <visitorName> 张章 </visitorName>
                    <visitorPhone>15838012621</visitorPhone>
            </visitorNo>
            <visitorNo value="000206">
                    <visitorName> 朱荣 </visitorName>
                    <visitorPhone>15838012621</visitorPhone>
            </visitorNo>
            <visitorNo value="000306">
                    <visitorName> 许蓝 </visitorName>
                    <visitorPhone>15838012621</visitorPhone>
            </visitorNo>
    </Visitors>
    '
SELECT Visitors.visitorNo.query('.')
AS 结果
FROM @xmlDoc3.nodes('/Visitors/visitorNo')Visitors(visitorNo)
```

在上述语句中，使用 nodes() 方法识别 XQuery 语句结果中的节点，并把它们作为一个行集合返回，每一个游客信息都是一行。

执行上述语句，结果如图 7-3 所示。

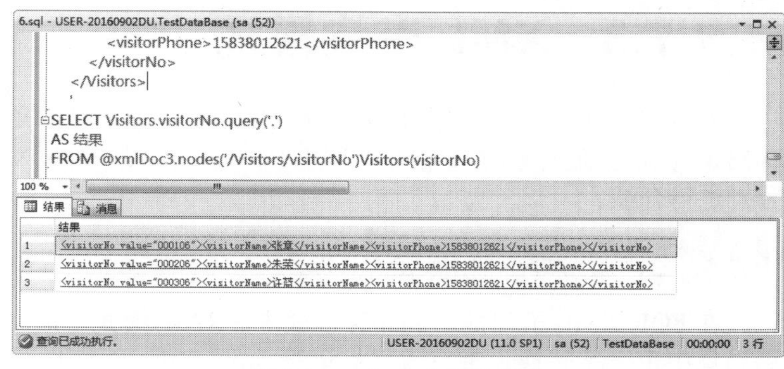

图 7-3　nodes() 方法的使用

数据库

7.2　XQuery 简介

XQuery 是一种 XML 查询语言，可以查询结构化或者半结构化的 XML 数据。XQuery 是一种灵活的查询语言，适合查询具有分层结构的 XML 文档。XQuery 基于现有的 XPath 查询语言，并且支持迭代、对结果集的排序，以及对查询的 XML 结果规范化的功能。通常情况下，开发人员可以结合 T-SQL 语句使用 XQuery 查询 xml 数据类型中保存的数据。

如果要查询 XML 类型的变量或字段中存储的 XML 实例，可以使用 XML 数据类型方法。例如，可以声明一个 XML 类型的变量，然后使用 XML 数据类型的 query() 方法来查询该变量。

【例 7-14】

query() 方法查询的结果不仅可以返回多个元素值，还可以返回单个元素的值。例如，在例 7-13 的基础上添加 query() 查询代码：

```
SELECT @xmlDoc3.query('/Visitors') AS ' 返回根元素下的所有内容 '
SELECT @xmlDoc3.query('/Visitors/visitorNo') AS ' 返回所有 visitorNo 元素 '
SELECT @xmlDoc3.query('(/Visitors/visitorName)') AS ' 返回所有的 visitorName 元素 '
SELECT @xmlDoc3.query('(/Visitors/visitorNo)[2]') AS ' 返回第 2 个 visitorNo 元素 '
```

【例 7-15】

除了获取元素的内容外，使用 query() 方法还可以获取指定的元素属性，还可以指定属性的范围，根据范围进行搜索。例如查询 /Visitors/visitorNo 下 value 属性的值等于“000206”的节点内容：

```
SELECT @xmlDoc3.query('(/Visitors/visitorNo[@value="000206"])')
```

执行上述语句，输出结果如下：

```
<visitorNo value="000206">
  <visitorName> 朱荣 </visitorName>
  <visitorPhone>15838012621</visitorPhone>
</visitorNo>
```

 7.3 XML 查询模式

通过在 SELECT 语句中使用 FOR XML 子句可以把 SQL Server 2016 系统中表的数据查询出来并且自动生成 XML 格式。SQL Server 2016 的 FOR XML 子句支持 4 种模式，下面将分别进行介绍。

7.3.1 RAW 模式

在 FOR XML 子句提供的 4 种模式中，RAW 模式是最简单的一种。RAW 模式会把查询结果集中每一行转换为带有通用标记符 <row> 或可能提供元素名称的 XML 元素。在默认情况下，行集中非 NULL 的列都将映射为 <row> 元素的一个属性。也就是说，RAW 模式表示元素名称是 row，属性名称是列名或列的别名。

【例 7-16】

将旅游管理系统数据库中 VisitorMessage 表的所有字段值以 RAW 模式显示出来。语句如下：

```sql
SELECT * FROM VisitorMessage
FOR XML RAW;
```

执行上述语句，将会返回一行结果集，单击该行可在进入的窗口中查看更多返回结果集的内容，这些是以符合 XML 结构的 RAW 模式出现的，效果如图 7-4 所示。


```
XML_F52E2B61-18A1-11d1-B105-00805F49916B1.xml
<row cardNumber="No1001" visitorName="王萌萌" visitorSex="女" visitorAge="27" visitorPhone="15103210001" v
<row cardNumber="No1002" visitorName="张三胜" visitorSex="男" visitorAge="33" visitorPhone="15103210002" v
<row cardNumber="No1003" visitorName="许枫" visitorSex="女" visitorAge="25" visitorPhone="15138240003" visi
<row cardNumber="No1004" visitorName="徐一真" visitorSex="女" visitorAge="22" visitorPhone="15101230006" v
<row cardNumber="No1005" visitorName="陈晨" visitorSex="女" visitorAge="28" visitorPhone="15101230005" visi
<row cardNumber="No1006" visitorName="徐一霞" visitorSex="女" visitorAge="22" visitorPhone="15101230007" v
<row cardNumber="No1007" visitorName="徐一铭" visitorSex="男" visitorAge="22" visitorPhone="15101230008" v
<row cardNumber="No1008" visitorName="徐一展" visitorSex="男" visitorAge="23" visitorPhone="15101230009" v
<row cardNumber="No1009" visitorName="徐妍妍" visitorSex="女" visitorAge="26" visitorPhone="15101230001" v
<row cardNumber="No1010" visitorName="陈徐阳" visitorSex="男" visitorAge="27" visitorPhone="15101230010" v
<row cardNumber="No1011" visitorName="闫丽丽" visitorSex="女" visitorAge="30" visitorPhone="15101230011" v
<row cardNumber="No1012" visitorName="闫君豪" visitorSex="男" visitorAge="36" visitorPhone="15101230012" v
<row cardNumber="No1013" visitorName="闫路军" visitorSex="男" visitorAge="55" visitorPhone="15101230013" v
<row cardNumber="No1014" visitorName="闫路明" visitorSex="男" visitorAge="56" visitorPhone="15101230014" v
<row cardNumber="No1015" visitorName="刘红军" visitorSex="男" visitorAge="35" visitorPhone="15101230015" v
<row cardNumber="No1016" visitorName="刘建军" visitorSex="男" visitorAge="38" visitorPhone="15101230016" v
<row cardNumber="No1017" visitorName="刘洪敏" visitorSex="女" visitorAge="29" visitorPhone="15101230017" v
<row cardNumber="No1018" visitorName="刘衣敏" visitorSex="女" visitorAge="26" visitorPhone="15101230018" v
<row cardNumber="No1019" visitorName="张翠花" visitorSex="女" visitorAge="57" visitorPhone="15123456660" v
100 %
```


图 7-4　RAW 模式的显示结果

从图 7-4 中可以看出，在返回的 XML 中，结构清晰地按照 XML 数据格式展现了 VisitorMessage 游客表的查询结果，表中的每一行数据都对应一个 <row> 元素，每一列的值都对应于 <row> 元素中的一个属性。

提示

以 RAW 模式查询数据表中的数据时，如果某一记录行中的某字段的值为 NULL，格式化 XML 文本时将会忽略该字段。

【例 7-17】

从 VisitorMessage 表中读取 cardNumber、visitorName、visitorPhone 和 visitorDate 这 4 个字段值，并将结果以 FOR XML RAW 模式进行显示。语句如下：

```sql
SELECT cardNumber,visitorName,visitorPhone,visitorDate FROM VisitorMessage FOR XML RAW;
```

执行上述语句，效果如图 7-5 所示。


```
XML_F52E2B61-18A1-11d1-B105-00805F49916B5.xml
<row cardNumber="No1001" visitorName="王萌萌" visitorPhone="15103210001" visitorDate="2017-05-28T13:29:36.613" />
<row cardNumber="No1002" visitorName="张三胜" visitorPhone="15103210002" visitorDate="2017-05-28T13:30:16.050" />
<row cardNumber="No1003" visitorName="许枫" visitorPhone="15138240003" visitorDate="2017-05-28T13:37:38.973" />
<row cardNumber="No1004" visitorName="徐一真" visitorPhone="15101230006" visitorDate="2017-05-30T21:48:12.280" />
<row cardNumber="No1005" visitorName="陈晨" visitorPhone="15101230005" visitorDate="2017-05-28T13:38:42.960" />
<row cardNumber="No1006" visitorName="徐一霞" visitorPhone="15101230007" visitorDate="2017-05-30T21:48:41.727" />
<row cardNumber="No1007" visitorName="徐一铭" visitorPhone="15101230008" visitorDate="2017-05-30T21:48:58.597" />
<row cardNumber="No1008" visitorName="徐一展" visitorPhone="15101230009" visitorDate="2017-05-30T21:49:16.563" />
<row cardNumber="No1009" visitorName="徐妍妍" visitorPhone="15101230001" visitorDate="2017-05-30T21:49:40.963" />
<row cardNumber="No1010" visitorName="陈徐阳" visitorPhone="15101230010" visitorDate="2017-05-30T21:50:03.487" />
<row cardNumber="No1011" visitorName="闫丽丽" visitorPhone="15101230011" visitorDate="2017-05-30T21:50:20.530" />
<row cardNumber="No1012" visitorName="闫君豪" visitorPhone="15101230012" visitorDate="2017-05-30T21:50:38.700" />
<row cardNumber="No1013" visitorName="闫路军" visitorPhone="15101230013" visitorDate="2017-05-30T21:50:55.083" />
<row cardNumber="No1014" visitorName="闫路明" visitorPhone="15101230014" visitorDate="2017-05-30T21:51:11.930" />
<row cardNumber="No1015" visitorName="刘红军" visitorPhone="15101230015" visitorDate="2017-05-30T21:51:34.290" />
<row cardNumber="No1016" visitorName="刘建军" visitorPhone="15101230016" visitorDate="2017-05-30T21:51:47.950" />
<row cardNumber="No1017" visitorName="刘洪敏" visitorPhone="15101230017" visitorDate="2017-05-30T21:52:06.980" />
<row cardNumber="No1018" visitorName="刘衣敏" visitorPhone="15101230018" visitorDate="2017-05-30T21:52:35.457" />
<row cardNumber="No1019" visitorName="张翠花" visitorPhone="15123456660" visitorDate="2017-06-03T17:50:37.497" />
100 %
```


图 7-5　以 RAW 模式读取表中的部分列

【例 7-18】

以 FOR XML RAW 模式显示读取的 VisitorMessage 表中的 cardNumber、visitorName、visitorAge、visitorSex、visitorPhone 字段值，并为这些列指定别名。语句如下：

```sql
SELECT cardNumber '编号',visitorName '姓 名',visitorAge '年龄',visitorSex '性别',visitorPhone '手机'
  FROM VisitorMessage FOR XML RAW;
```

执行上述语句，结果如图 7-6 所示。


```
XML_F52E2B61-18A1-11d1-B105-00805F49916B8.xml
<row 编号="No1001" 姓名="王萌萌" 年龄="27" 性别="女" 手机="15103210001" />
<row 编号="No1002" 姓名="张三胜" 年龄="33" 性别="男" 手机="15103210002" />
<row 编号="No1003" 姓名="许枫" 年龄="25" 性别="女" 手机="15138240003" />
<row 编号="No1004" 姓名="徐一真" 年龄="22" 性别="女" 手机="15101230006" />
<row 编号="No1005" 姓名="陈晨" 年龄="28" 性别="女" 手机="15101230005" />
<row 编号="No1006" 姓名="徐一霞" 年龄="22" 性别="女" 手机="15101230007" />
<row 编号="No1007" 姓名="徐一铭" 年龄="22" 性别="男" 手机="15101230008" />
<row 编号="No1008" 姓名="徐一展" 年龄="23" 性别="男" 手机="15101230009" />
<row 编号="No1009" 姓名="徐妍妍" 年龄="26" 性别="女" 手机="15101230001" />
<row 编号="No1010" 姓名="陈徐阳" 年龄="27" 性别="男" 手机="15101230010" />
<row 编号="No1011" 姓名="闫丽丽" 年龄="30" 性别="女" 手机="15101230011" />
<row 编号="No1012" 姓名="闫君豪" 年龄="36" 性别="男" 手机="15101230012" />
<row 编号="No1013" 姓名="闫路军" 年龄="55" 性别="男" 手机="15101230013" />
100 %
```


图 7-6　为读取的字段列指定别名

7.3.2 AUTO 模式

使用 FOR XML AUTO 模式同样可以返回 XML 文档，不过使用 AUTO 模式和使用 RAW 模式得到的 XML 文档结构不同。在 AUTO 模式中，SQL Server 2016 使用表名作为元素名，使用列名称作为属性名，而在 SELECT 关键字后面，列的顺序用于确定 XML 文档的层次。

【例 7-19】

以 FOR XML AUTO 模式显示 VisitorMessage 表中的全部字段值。语句如下：

```
SELECT * FROM VisitorMessage FOR XML AUTO;
```

执行上述语句，效果如图 7-7 所示。

在图 7-7 显示的结果集中，表名称 VisitorMessage 作为元素名称、表中的字段列则作为元素的属性出现。同时，比较 RAW 模式和 AUTO 模式的查询结果可以得到两者的不同。


```
XML_F52E2B61-18A1-11d1-B105-00805F49916B10.xml
"2017-05-28T13:29:36.613" visitorGuideNo="2017000" visitorRemark="" visitorAddDate="2017-05-28T13:29:36.613" />
"2017-05-28T13:30:16.050" visitorGuideNo="2017000" visitorRemark="这是男生" visitorAddDate="2017-05-28T13:30:16.050" />
017-05-28T13:37:38.973" visitorGuideNo="2017000" visitorRemark="" visitorAddDate="2017-05-28T13:37:38.973" />
Name="北京-美国" visitorDate="2017-05-30T21:48:12.280" visitorGuideNo="2017010" visitorRemark="" visitorAddDate="2017-05-30T21:4
017-05-28T13:38:42.960" visitorGuideNo="2017000" visitorRemark="" visitorAddDate="2017-05-28T13:38:42.960" />
Name="北京-美国" visitorDate="2017-05-30T21:48:41.727" visitorGuideNo="2017010" visitorRemark="" visitorAddDate="2017-05-30T21:4
Name="北京-美国" visitorDate="2017-05-30T21:48:58.597" visitorGuideNo="2017010" visitorRemark="" visitorAddDate="2017-05-30T21:4
Name="北京-美国" visitorDate="2017-05-30T21:49:16.563" visitorGuideNo="2017010" visitorRemark="" visitorAddDate="2017-05-30T21:4
Name="北京-美国" visitorDate="2017-05-30T21:49:40.963" visitorGuideNo="2017010" visitorRemark="" visitorAddDate="2017-05-30T21:4
"2017-05-30T21:50:03.487" visitorGuideNo="2017000" visitorRemark="" visitorAddDate="2017-05-30T21:50:03.487" />
Name="北京-西班牙" visitorDate="2017-05-30T21:50:20.530" visitorGuideNo="2017009" visitorRemark="" visitorAddDate="2017-05-30T2
Name="北京-西班牙" visitorDate="2017-05-30T21:50:38.700" visitorGuideNo="2017009" visitorRemark="" visitorAddDate="2017-05-30T2
Name="北京-西班牙" visitorDate="2017-05-30T21:50:55.083" visitorGuideNo="2017009" visitorRemark="" visitorAddDate="2017-05-30T2
Name="北京-西班牙" visitorDate="2017-05-30T21:51:11.930" visitorGuideNo="2017009" visitorRemark="" visitorAddDate="2017-05-30T2
"2017-05-30T21:51:34.290" visitorGuideNo="2017000" visitorRemark="" visitorAddDate="2017-05-30T21:51:34.290" />
100 %
```


图 7-7　以 AUTO 模式显示表的字段值

- AUTO 模式得到结果的元素名称是表名称；而 RAW 模式得到结果的元素名称是 row。
- AUTO 模式的结果集可以形成简单的层次关系，而 RAW 模式不能。
- AUTO 模式的结果集可以将为 NULL 的字段显示出来，而 RAW 并不显示，会将其忽略。

【例 7-20】

以 AUTO 模式获取每个导游带领的游客信息，例如游客编号、姓名、年龄、性别和联系方式等，并将它们显示出来。语句如下：

```
SELECT g.guideNo,g.guideName,g.guidePosition,g.languageList,
    v.cardNumber,v.visitorName,v.visitorAge,v.visitorSex,v.visitorPhone
    FROM GuideMessage g LEFT JOIN VisitorMessage v
    ON g.guideNo=v.visitorGuideNo
    FOR XML AUTO;
```

执行上述语句，结果如图 7-8 所示。从图中可以看到，第二个表 (VisitorMessage 游客表) 的数据嵌套在第一个表 (GuideMessage 导游表) 的数据中。

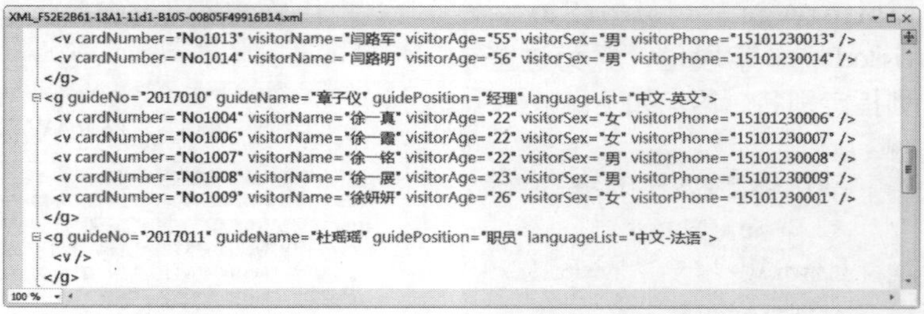

```
XML_F52E2B61-18A1-11d1-B105-00805F49916B14.xml
  <v cardNumber="No1013" visitorName="闫路军" visitorAge="55" visitorSex="男" visitorPhone="15101230013" />
  <v cardNumber="No1014" visitorName="闫路明" visitorAge="56" visitorSex="男" visitorPhone="15101230014" />
</g>
<g guideNo="2017010" guideName="章子仪" guidePosition="经理" languageList="中文-英文">
  <v cardNumber="No1004" visitorName="徐一真" visitorAge="22" visitorSex="女" visitorPhone="15101230006" />
  <v cardNumber="No1006" visitorName="徐一露" visitorAge="22" visitorSex="女" visitorPhone="15101230007" />
  <v cardNumber="No1007" visitorName="徐一铭" visitorAge="22" visitorSex="男" visitorPhone="15101230008" />
  <v cardNumber="No1008" visitorName="徐一展" visitorAge="23" visitorSex="男" visitorPhone="15101230009" />
  <v cardNumber="No1009" visitorName="徐妍妍" visitorAge="26" visitorSex="女" visitorPhone="15101230001" />
</g>
<g guideNo="2017011" guideName="杜瑶瑶" guidePosition="职员" languageList="中文-法语">
  <v />
</g>
100 %
```


图 7-8　查询结果

注意

在使用 AUTO 模式时，如果查询字段中存在计算字段 (即不能直接得出字段值的查询字段) 或者聚合函数，将不能正常执行。可以为计算字段或者聚合函数的字段添加相应的别名，再使用该模式。

7.3.3　EXPLICIT 模式

使用 FOR XML EXPLICIT 模式可以准确得到用户需要的 XML 数据，此时可以定义层次结构中的每一层次以及每一层次的样式。

EXPLICIT 模式与 AUTO 和 RAW 模式相比，能够更好地控制从查询结果生成的 XML 的形状。如果编写具有嵌套的查询，该模式又不及 PATH 模式简单。使用该模式后，查询结果集将被转换为 XML 文档，该 XML 文档的结构与结果集中的结果一致。

注意

如果直接将 EXPLICIT 模式用在 SELECT 子句中，将会产生提示为"FOR XML EXPLICIT 要求第一列包含代表 XML 标记 ID 的正整数"的错误信息。

如果要正确地使用 EXPLICIT 模式，需要 SELECT 语句中的前两个字段必须分别命名为 TAG 和 PARENT。这两个字段是元数据字段，使用它们可以确定查询结果集的 XML 文档中元素的父子关系，即嵌套关系。

(1) TAG 字段。

该字段表示查询字段列表中的第一个字段，用于存储当前元素的标记值。字段名称必须是 TAG，标记号可以使用的值是 1 到 255。

(2) PARENT 字段。

用于存储当前元素的父元素标记号，字段名称必须是 PARENT。如果这一列中的值是 NULL 或者 0，该行就会被放置在 XML 层次结构的顶层。

在使用 EXPLICIT 模式时，在添加上述两个附加字段后，还应该至少包含一个数据列。这些数据列的语法格式如下：

```
ElementName!TagNumber!AttributeName!Directive
```

上述语法的参数语法说明如下。

- ElementName：所生成元素的通用标识符，即元素名。
- TagNumber：分配给元素的唯一标记值。根据两个元数据字段 TAG 和 PARENT 信息，此值将确定所得 XML 中元素的嵌套。
- AttributeName：提供要在指定的 ElementName 中构造的属性名称。
- Directive：为可选项，可以使用它来提供有关 XML 构造的其他信息。Directive 选项的可用值如表 7-1 所示。

表 7-1　可用 Directive 值

Directive 值	描　述
element	返回的结果都是元素，不是属性
hide	允许隐藏节点
xmltext	如果数据中包含了 XML 标记，允许把这些标记正确地显示出来
xml	与 element 类似，但是并不考虑数据中是否包含了 XML 标记
cdata	作为 cdata 段输出数据
ID、IDREF 和 IDREFS	用于定义关键属性

最后需要注意的是，一般仅仅使用一个 SELECT 语句往往不能体现出 FOR XML EXPLICIT 子句的优势。因此，为了使用 FOR XML EXPLICIT 子句，通常至少应该两个 SELECT 语句，并且使用 UNION 子句将它们连接起来。

【例 7-21】

使用 EXPLICIT 模式查询导游表中每个导游带领的游客信息。以 EXPLICIT 模式显示数据时，根据 AUTO 模式的显示结果，我们可以知道这个结果中需要两个级别的层次结构，因此开发者需要编写两个 SELECT 查询并且使用 UNION ALL 进行连接。具体实现步骤如下。

01 首先是第一个层次结构，就是获取导游编号和导游名称。在进行查询时，将值 1 赋予导游信息元素的 Tag，将 NULL 赋给 Parent，因为它是一个顶级元素。转换后的 SELECT 语句如下：

```
SELECT DISTINCT 1 AS TAG,
```

```
        NULL AS PARENT ,
      g.guideNo AS [ 导游 !1! 编号 ],
   g.guideName AS [ 导游 !1! 名称 ] ,
        NULL AS [ 游客 !2! 编号 ],
        NULL AS [ 游客 !2! 名称 ],
        NULL AS [ 游客 !2! 手机 ],
        NULL AS [ 游客 !2! 线路 ]
FROM GuideMessage g LEFT JOIN VisitorMessage v
ON g.guideNo=v.visitorGuideNo
```

02 接下来是第二个层次结构，获取游客信息的内容，如游客编号、游客姓名、游客手机以及报团路线。这里要将值 2 赋予“<游客信息>”元素的 Tag，将 1 值赋予 Parent，从而将“<导游>”元素标识为父元素。此部分的 SELECT 语句如下：

```
SELECT 2 AS TAG,
    1 AS PARENT,
    g.guideNo,
    g.guideName,
    v.cardNumber,
    v.visitorName,
    v.visitorPhone,
    v.visitorGroupName
FROM GuideMessage g LEFT JOIN VisitorMessage v
ON g.guideNo=v.visitorGuideNo
ORDER BY  [ 导游 !1! 编号 ],[ 游客 !2! 编号 ]
FOR XML EXPLICIT
```

03 使用 UNION ALL 组合这些查询，应用 FOR XML EXPLICIT 子句，并使用 ORDER BY 子句按“导游编号”和“游客编号”排序。如果执行下面这个不带 FOR XML 子句的查询，将会看到一个普通的结果集。如下所示为最终使用带 FOR XML EXPLICIT 子句的查询语句：

```
SELECT DISTINCT 1 AS TAG,
        NULL AS PARENT ,
      g.guideNo AS [ 导游 !1! 编号 ],
   g.guideName AS [ 导游 !1! 名称 ] ,
        NULL AS [ 游客 !2! 编号 ],
        NULL AS [ 游客 !2! 名称 ],
        NULL AS [ 游客 !2! 手机 ],
        NULL AS [ 游客 !2! 线路 ]
FROM GuideMessage g LEFT JOIN VisitorMessage v
ON g.guideNo=v.visitorGuideNo
UNION ALL
SELECT 2 AS TAG,
    1 AS PARENT,
    g.guideNo,
    g.guideName,
    v.cardNumber,
    v.visitorName,
    v.visitorPhone,
    v.visitorGroupName
FROM GuideMessage g LEFT JOIN VisitorMessage v
ON g.guideNo=v.visitorGuideNo
ORDER BY  [ 导游 !1! 编号 ],[ 游客 !2! 编号 ]
FOR XML EXPLICIT
```

04 执行上述语句，以 EXPLICIT 模式返回结果集的详细内容如图 7-9 所示。该结果集与 AUTO 模式的结果集有些类似，但 SELECT 语句不同，而且在 EXPLICIT 模式中可以自定义层次结构 1(导游表) 和层次结构 2(游客信息表) 中的元素内容。

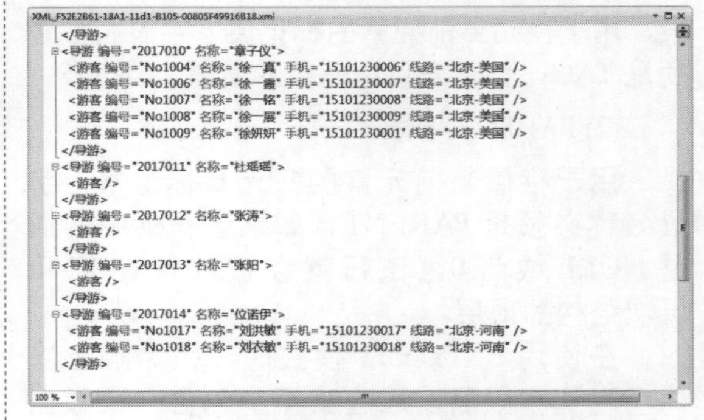

图 7-9　以 EXPLICIT 模式读取数据

注意

对通用表中的行进行排序很重要，因为这使得 FOR XML EXPLICIT 可以按顺序处理行集并生成所需的 XML。

【例 7-22】

在查询数据时，可以使用表 7-1 列出的 Directive 值，这样将会改变输出结果集的层次结构。例如在上个例子基础上进行更改，使用 ELEMENT 指令可以将查询出的游客信息生成以元素为中心的 XML。查询语句如下：

```
SELECT DISTINCT 1 AS TAG,
        NULL AS PARENT ,
      g.guideNo AS [ 导游 !1! 编号 ],
    g.guideName AS [ 导游 !1! 名称 ] ,
        NULL AS [ 游客 !2! 编号 !ELEMENT],
        NULL AS [ 游客 !2! 名称 !ELEMENT],
        NULL AS [ 游客 !2! 手机 ! ELEMENT],
        NULL AS [ 游客 !2! 线路 !ELEMENT]
FROM GuideMessage g LEFT JOIN VisitorMessage v
ON g.guideNo=v.visitorGuideNo
UNION ALL
SELECT 2 AS TAG,
    1 AS PARENT,
    g.guideNo,
    g.guideName,
    v.cardNumber,
    v.visitorName,
    v.visitorPhone,
    v.visitorGroupName
FROM GuideMessage g LEFT JOIN VisitorMessage v
ON g.guideNo=v.visitorGuideNo
ORDER BY  [ 导游 !1! 编号 ],[ 游客 !2! 编号 !
ELEMENT]
FOR XML EXPLICIT
```

执行上述语句，效果如图 7-10 所示。该例子的查询语句与上个例子相同，只是在列名中添加 ELEMENT 指令，因此，向“游客”元素添加“编号”“名称”“手机”和“路线”元素子节点，而并非属性。

更改上述代码，将 ELEMENT 指令更改为 CDATA 指令，此时效果如图 7-11 所示。

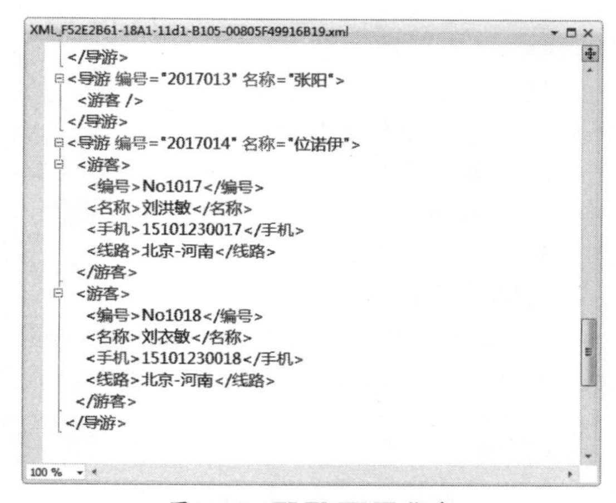

图 7-10　ELEMENT 指令

图 7-11　CDATA 指令

7.3.4　PATH 模式

PATH 模式提供一种简单的方式来混合元素和属性，并引入表示复杂属性的其他嵌套。开发者可以使用 FOR XML EXPLICIT 模式从行集中构造这种 XML，但是 PATH 模式为可能很烦琐的 EXPLICIT 模式提供一种更简单的替代方法。

通过运用 PATH 模式以及用于编写嵌套 FOR XML 查询功能和返回 XML 类型实例的 TYPE 指令，可以编写简单的查询。它为编写大多数 EXPLICIT 模式查询提供一个替化方式。默认情况下，PATH 模式为结果集中的每一行生成一个名称为 row 的元素，另外，还可以自定义元素名称，这时指定的名称将用作元素名称。

PATH 模式可以在各种条件下映射行集中的列，例如没有名称的列、具有名称的列以及名称指定为通配符的列等。

1. 没有名称的列

任何一个没有名称的列都将成为内联列。例如，不指定任何列别名或者嵌套标量查询将生成没有名称的列。如果该列是 XML 类型，那么将插入该数据类型实例的内容。否则，列内容将作为文本节点插入。

【例 7-23】

使用通配符 * 查询 VisitorMessage 表中的所有数据，并以 PATH 模式显示。语句如下：

```
SELECT * FROM VisitorMessage FOR XML PATH;
```

执行上述语句，效果如图 7-12 所示。

```
XML_F52E2B61-18A1-11d1-B105-00805F49916B22.xml
<row>
  <cardNumber>No1001</cardNumber>
  <visitorName>王萌萌</visitorName>
  <visitorSex>女</visitorSex>
  <visitorAge>27</visitorAge>
  <visitorPhone>15103210001</visitorPhone>
  <visitorDate>2017-05-28T13:29:36.613</visitorDate>
  <visitorGuideNo>2017000</visitorGuideNo>
  <visitorRemark></visitorRemark>
  <visitorAddDate>2017-05-28T13:29:36.613</visitorAddDate>
</row>
<row>
  <cardNumber>No1002</cardNumber>
  <visitorName>张三胜</visitorName>
  <visitorSex>男</visitorSex>
  <visitorAge>33</visitorAge>
  <visitorPhone>15103210002</visitorPhone>
  <visitorDate>2017-05-28T13:30:16.050</visitorDate>
  <visitorGuideNo>2017000</visitorGuideNo>
  <visitorRemark>这是男生</visitorRemark>
```

图 7-12　查询结果

2. 具有名称的列

如果使用具有名称的列，在列名称中可以包含以下信息。

(1) 列名以 @ 符号开头。

如果列名以 @ 符号开头，并且不包含斜杠标记 (/)，将创建包含相应列值的 <row> 元素的属性。

(2) 列名不以 @ 符号开头。

如果列名不以 @ 符号开头，并且不包含斜杠标记 (/)，将创建一个 XML 元素，该元素是行元素 (默认情况下为 <row>) 的子元素。

(3) 列名不以 @ 符号开头并包含斜杠标记 (/)。

如果列名不以 @ 符号开头并包含斜杠标记 (/)，那么该列名指明一个 XML 层次结构。

(4) 多个列共享同一前缀。

如果若干后续列共享同一个路径前缀，则它们将被分组到同一名称下。如果它们使用的是不同的命名空间前缀，则即使它们被绑定到同一命名空间，也被认为是不同的路径。

(5) 一列具有不同的名称。

如果列之间出现具有不同名称的列，则该列将会打破分组。

【例 7-24】

查询导游下面带领的游客信息，执行 SELECT 语句并以 PATH 模式进行显示。语句如下：

```
SELECT g.guideNo AS ' 导游编号 ',
       g.guideName AS ' 导游名称 ',
       v.cardNumber AS ' 游客编号 ',
       v.visitorName AS ' 游客名称 ',
       v.visitorPhone AS ' 手机号码 '
FROM GuideMessage g JOIN VisitorMessage v
ON g.guideNo = v.visitorGuideNo
FOR XML PATH
```

上述语句的执行结果如图 7-13 所示。

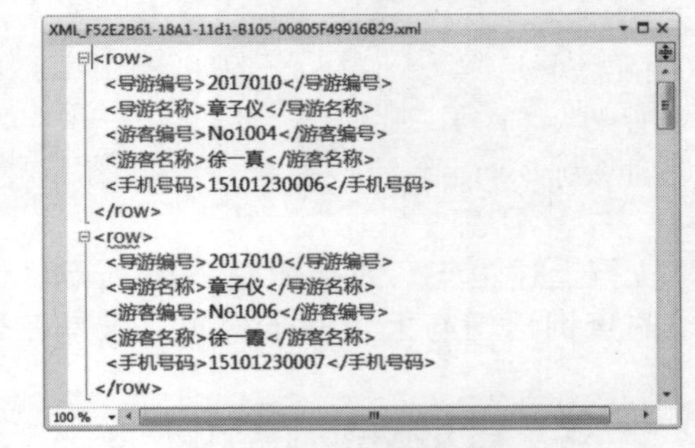

图 7-13　PATH 模式显示

【例 7-25】

上个例子列名没有包含 @ 并且没有包含斜杠标记，本次在上个例子的基础上添加代码，设置包含 guideNo 值的列名以 @ 开头。语句如下：

```sql
SELECT g.guideNo AS '@导游编号',
       g.guideName AS '导游名称',
       v.cardNumber AS '游客编号',
       v.visitorName AS '游客名称',
       v.visitorPhone AS '手机号码'
FROM GuideMessage g JOIN VisitorMessage v
ON g.guideNo = v.visitorGuideNo
```

执行上述语句，效果如图 7-14 所示。

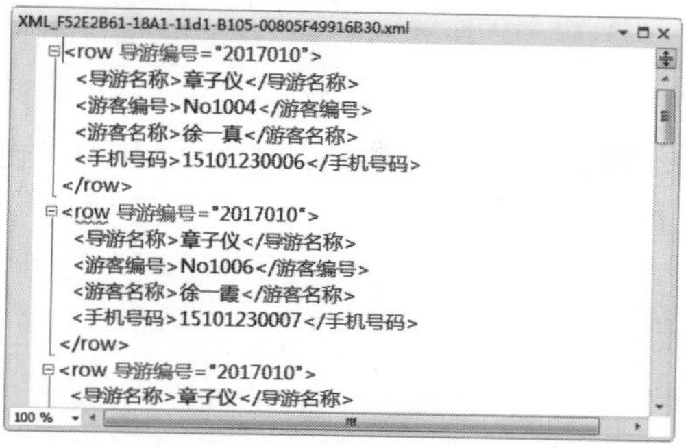

```xml
XML_F52E2B61-18A1-11d1-B105-00805F49916B30.xml
<row 导游编号="2017010">
  <导游名称>章子仪</导游名称>
  <游客编号>No1004</游客编号>
  <游客名称>徐一真</游客名称>
  <手机号码>15101230006</手机号码>
</row>
<row 导游编号="2017010">
  <导游名称>章子仪</导游名称>
  <游客编号>No1006</游客编号>
  <游客名称>徐一霞</游客名称>
  <手机号码>15101230007</手机号码>
</row>
<row 导游编号="2017010">
  <导游名称>章子仪</导游名称>
```

图 7-14　列名以 @ 符号开头

【例 7-26】

继续在前面例子的基础上添加代码，为游客编号、游客名称和手机添加斜杠标记，这时代码中既包含 @ 符号，又包含斜杠标记。语句如下：

```sql
SELECT g.guideNo AS '@导游编号',
       g.guideName AS '导游名称',
       v.cardNumber AS '游客/编号',
       v.visitorName AS '游客/名称',
       v.visitorPhone AS '游客/手机'
FROM GuideMessage g JOIN VisitorMessage v
ON g.guideNo = v.visitorGuideNo
FOR XML PATH
```

执行上述语句，效果如图 7-15 所示。

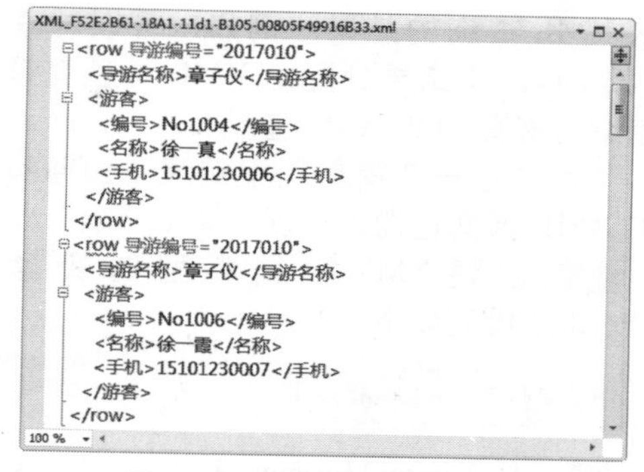

```xml
XML_F52E2B61-18A1-11d1-B105-00805F49916B33.xml
<row 导游编号="2017010">
  <导游名称>章子仪</导游名称>
  <游客>
    <编号>No1004</编号>
    <名称>徐一真</名称>
    <手机>15101230006</手机>
  </游客>
</row>
<row 导游编号="2017010">
  <导游名称>章子仪</导游名称>
  <游客>
    <编号>No1006</编号>
    <名称>徐一霞</名称>
    <手机>15101230007</手机>
  </游客>
</row>
```

图 7-15　包含 @ 和斜杠标记

【例 7-27】

查询 GuideMessage 导游表中导游带领的游客的基本信息，游客信息中包含斜杠标记。语句如下：

```sql
SELECT g.guideNo AS '导游编号',
       g.guideName AS '导游名称',
       v.cardNumber AS '游客/编号',
       v.visitorName AS '游客/名称',
       v.visitorPhone AS '游客/手机'
FROM GuideMessage g JOIN VisitorMessage v
ON g.guideNo = v.visitorGuideNo
FOR XML PATH
```

执行上述语句，效果如图 7-16 所示。

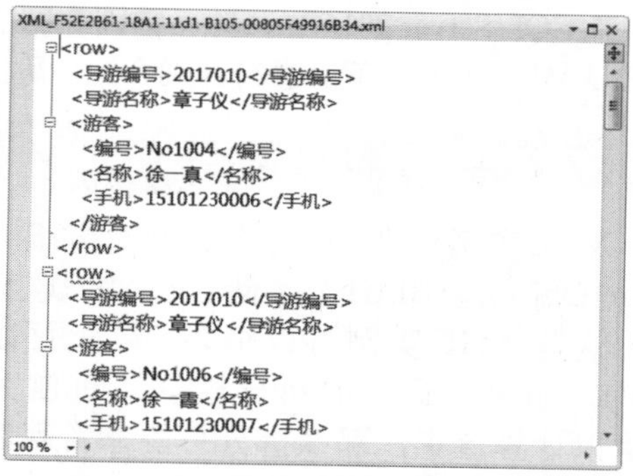

```xml
XML_F52E2B61-18A1-11d1-B105-00805F49916B34.xml
<row>
  <导游编号>2017010</导游编号>
  <导游名称>章子仪</导游名称>
  <游客>
    <编号>No1004</编号>
    <名称>徐一真</名称>
    <手机>15101230006</手机>
  </游客>
</row>
<row>
  <导游编号>2017010</导游编号>
  <导游名称>章子仪</导游名称>
  <游客>
    <编号>No1006</编号>
    <名称>徐一霞</名称>
    <手机>15101230007</手机>
```

图 7-16　仅仅包含斜杠标记

7.4　实践案例：嵌套查询

从 SQL Server 2005 开始，SQL Server 就支持 XML 数据类型，这样可以通过指定 TYPE 指令请求将 FOR XML 查询的结果作为 XML 数据类型返回，从而方便地在服务器上处理

FOR XML 查询的结果。例如，可以对其指定 XQuery，将结果分配给 XML 类型变量，或者编写嵌套 FOR XML 查询。

下面通过一个简单的案例演示如何实现 FOR XML 嵌套查询。实现步骤如下。

01 创建 XML 数据类型的变量 @selResult，代码如下：

```
DECLARE @selResult xml
```

02 从 VisitorMessage 和 GuideMessage 表中获取编号为“No1004”的游客的游客编号、姓名、手机，所带领导游的导游编号和导游名称，并以 PATH 模式显示，同时使用 TYPE 指令指定返回一个 XML 类型的结果。将查询的结果赋予 @selResult 变量。语句如下：

```
SET @selResult=(SELECT g.guideNo AS '导游编号',
    v.cardNumber AS '游客/编号',
    v.visitorName AS '游客/名称',
    v.visitorPhone AS '游客/手机',
    v.visitorGuideNo AS '游客/带领导游编号',
    g.guideName AS '游客/带领导游名称'
  FROM VisitorMessage v JOIN GuideMessage g
  ON v.visitorGuideNo=g.guideNo
  WHERE v.cardNumber='No1004'
  FOR XML PATH,TYPE)
```

03 查询 @selResult 变量的值，且通过 query() 方法查询结果的“/row/游客”元素并返回。语句如下：

```
SELECT @selResult.query('/row/游客') AS '查询结果'
```

04 执行上述语句，查询的 XML 结果如下：

```
<游客>
  <编号>No1004</编号>
  <名称>徐一真</名称>
  <手机>15101230006</手机>
  <带领导游编号>2017010</带领导游编号>
  <带领导游名称>章子仪</带领导游名称>
</游客>
```

7.5 XML 高级查询

在 SQL Server 2016 中，除了前面介绍的内容外，还可以在 XML 数据类型上定义索引和使用 OPENXML() 函数，下面进行详细介绍。除此之外，还将向读者介绍如何通过 DML 操作 XML。

7.5.1 XML 索引

XML 实例是作为二进制大型对象 (Binary Large Objects，BLOB) 存储在 XML 类型列中，这些 XML 实例可以很多（最大可以为 2GB）。如果在运行时拆分这些二进制大型对象以计算查询，那么拆分可能非常耗时，因此，需要创建合适的索引，以提高检索的效率。

XML 索引可以分为两类：主索引和辅助索引。

1. 主索引

XML 类型列的第一个索引必须是主 XML 索引，它是 XML 数据类型列中的 XML BLOB 的已拆分和持久的表示形式。对于列中的每个 XML 二进制大型对象，索引将创建几个数据行（该索引中的行数大约等于 XML 二进制大型对象中的节点数），每行存储以下节点信息。

- 标记名，例如元素名或者属性名。
- 节点类型，例如元素节点、属性节点或文本节点等。
- 文档顺序信息，由内部节点标识符表示。
- 路径，从每个节点到 XML 树的根的路径。搜索此列可获得查询中的路径表达式。
- 节点的值。

注意

主 XML 索引对 XML 列中 XML 实例内的所有标记、值和路径进行索引。一个 XML 类型的列上只能创建一个 XML 主索引。如果要为 XML 类型的列创建主 XML 索引，则表中必须有一个聚集主键，而且主键包含的列数必须小于 16。

2. 辅助索引

必须在创建了主 XML 索引后才能创建辅助索引。辅助索引是为了增强搜索的功能，可以有 3 种类型的辅助索引。

(1) PATH 辅助 XML 索引。

用于创建索引的文档路径。如果查询通常对 XML 类型列指定路径表达式，则需要创建 PATH 辅助索引。

(2) VALUE 辅助 XML 索引。

用于创建索引的文档值。VALUE 索引的键列是主 XML 索引的节点值和路径。如果经常查询 XML 实例中的值，但不知道包含这些值的元素名称或属性名称，则需要创建 VALUE 辅助索引。

(3) PROPERTY 辅助 XML 索引。

用于创建索引的文档属性。PROPERTY 索引是对主 XML 索引的列 (PK、Path 和节点值) 创建的，其中 PK 是基表的主键。如果从单个 XML 实例检索一个或多个值，则需要创建 PROPERTY 辅助索引。

3. 创建索引

无论是主索引还是辅助索引都需要用到 CREATE XML INDEX 语句。基本语法如下：

```
CREATE [ PRIMARY ] XML INDEX index_name
ON <object> ( xml_column_name )
 [ USING XML INDEX xml_index_name
 [ FOR { VALUE | PATH | PROPERTY } ] ]
<object> :: =
{
 [ database_name. [ schema_name ] . | schema_
name. ]
table_name
}
```

针对上述语法的参数进行说明。

- [PRIMARY] XML：为指定的 XML 列创建 XML 索引。指定 PRIMARY 时，会使用由用户表的聚集键形成的聚集键和 XML 节点标识符来创建聚集索引。每个表最多可具有 249 个 XML 索引。
- index_name：索引的名称。索引名称在表中必须唯一，但在数据库中不必唯一，并且必须符合标识符的规则。主 XML 索引的名称不能使用的字符有 #、##、@ 或 @@。
- xml_column_name：索引所基于的 XML 列。在一个 XML 索引定义中只能指定一个 XML 列；但可以为一个 XML 列创建多个辅助 XML 索引。
- USING XML INDEX xml_index_name 指定创建辅助 XML 索引时要使用的主 XML 索引。
- FOR { VALUE | PATH | PROPERTY }：指定辅助 XML 索引的类型。其中的可选参数前面曾经介绍过。
- <object> :: = { [database_name. [schema_name] . | schema_name.] table_name }：要为其建立索引的完全限定对象或者非完全限定对象。其中 database_name 为数据库的名称；schema_name 为表所属架构的名称；table_name 为要索引的表的名称。

【例 7-28】

为 TestDataBase 数据库下的 TestObject 表的 tvalue 列创建主索引，索引名称为 PIndex，语句如下：

```
USE TestDataBase
GO
CREATE PRIMARY XML INDEX PIndex
ON TestObject(tvalue)
```

【例 7-29】

为 TestDataBase 数据库下的 TestObject

表的 tvalue 列创建辅助索引，索引名称为 FIndex，语句如下：

```
CREATE XML INDEX FIndex
ON TestObject(tvalue)
USING XML INDEX  TestObject FOR PATH
```

4. 修改索引

建立 XML 索引后，可以在使用过程中对其修改或删除。修改索引需要用到 ALTER INDEX 语句，基本语法如下：

```
ALTER INDEX { index_name | ALL } ON <object> {
REBUILD | DISABLE }
```

上述语法的参数说明如下。

- index_name：索引的名称。
- ALL：指定与表或视图相关联的所有索引，而不考虑是什么索引类型。
- REBUILD：启用已禁用的索引。
- DISABLE：将索引标记为已禁用，从而不能由数据库引擎使用。
- <object>：参考创建索引的语法。

【例 7-30】

用以下代码表示重建 TestObject 表的 Findex 索引：

```
ALTER INDEX Findex ON TestObject REBUILD
```

5. 删除索引

使用 DROP INDEX 语句可以删除现有的主（或辅助）XML 索引和非 XML 索引。在删除主索引时，与其相关的所有辅助索引也会被删除。其简单语法格式如下：

```
DROP INDEX index_name ON <object>
```

其中，index_name 表示要删除的索引名称。对于 <object> 信息参考创建索引的语法。

【例 7-31】

用以下代码删除 Findex 索引：

```
DROP INDEX Findex ON TestObject
```

7.5.2 OPENXML() 函数

读者不仅可以使用 FOR XML 子句检索 XML 文档形式的数据，也可以使用 OPENXML() 函数插入以 XML 文档形式表示的数据。OPENXML() 函数是一个行集函数，类似于表或视图，提供内存中 XML 文档的行集。

OPENXML() 函数通过提供 XML 文档内部表示形式的行集视图，允许访问 XML 数据，就像是关系行集一样。行集中的记录可以存储在数据库表中，OPENXML() 可以用在指定源表或源视图的 SELECT 和 SELECT INTO 语句中。

1. sp_xml_preparedocument 系统存储过程

如果要使用 OPENXML() 函数编写对 XML 文档执行的查询，必须先调用 sp_xml_preparedocument 存储过程，该存储过程将分析 XML 文档并向准备使用的已分析文档返回一个句柄，已分析文档以文档对象模型树的形式说明 XML 文档中的各种节点。该文档句柄传递给 OPENXML()，然后它根据传递给的参数提供一个该文档的行集视图。

sp_xml_preparedocument 创建的 XML 文档会一直存在内存中，直到显式地删除或者终止调用 sp_xml_preparedocument 的连接。语法格式如下：

```
sp_xml_preparedocument
hdoc
OUTPUT
[ , xmltext ]
[ , xpath_namespaces ]
```

参数说明如下。

- hdoc：新创建文档的句柄。hdoc 是一个整数。
- [xmltext]：需要被解析的 XML 文档。MSXML 分析器分析该 XML 文档。xmltext 是一个文本参数：char、nchar、

varchar、nvarchar、text、ntext 或 xml。默认值为 NULL，在此情况下将创建一个空 XML 文档的内部表示形式。

- [xpath_namespaces]：记录和字段的命名空间表达式。xpath_namespaces 是一个文本参数：char、nchar、varchar、nvarchar、text、ntext 或 xml。

2. OPENXML() 函数

执行 sp_xml_preparedocument 系统存储过程后如果分析正确，则返回值 0，否则返回大于 0 的整数。在调用完这个存储过程并把句柄保存到文档之后，就可以使用 OPENXML() 返回该文档的行集数据。

OPENXML() 函数的语法形式为：

```
OPENXML( @idoc , rowpattern , [ flags ] )
[ WITH ( SchemaDeclaration | TableName ) ]
```

上述参数说明如下。

- @idoc：表示已经准备的 XML 文档句柄。
- rowpattern：表示将要返回哪些数据行，使用 XPATH 模式提供了一个起始路径。
- flags：指示应在 XML 数据和关系行集间如何使用映射解释元素和属性，是一个可选输入参数，在表 7-2 中列出 flags 的可选值。

表 7-2　flags 参数

值	说　明
0	默认值，使用以属性为中心的映射
1	以属性为中心的映射
2	以元素为中心的映射
8	可与 XML_ATTRIBUTES 或 XML_ELEMENTS 组合使用（逻辑或）。在检索的上下文中，该标志指示不应将已使用的数据复制到溢出属性 @mp:xmltext

- SchemaDeclaration：指定需要使用的数据集架构，例如字段及字段类型等。
- TableName：如果已存在一个具有指定架构的数据表，而且无须对字段类型进行任何限制，此时可以使用一个数据表名来替代前面的 XML 架构。

3. sp_xml_removedocument 系统存储过程

完成 XML 文档到数据表的转换之后，可以使用系统存储过程 sp_xml_removedocument 来释放转换句柄所占用的内存资源。该存储过程的语法如下：

```
sp_xml_removedocument hDoc
```

其中 hDoc 为需要释放的句柄。

【例 7-32】

如果说 FOR XML 子句可以把关系型数据检索为 XML，那么使用 OPENXML() 则可以把 XML 文档转为关系型数据表。在了解过有关的存储过程和 OPENXML() 函数以后，下面通过一个详细的案例演示它们的使用。具体实现步骤如下。

01 定义两个变量，即 @AlreadyXML 和 @NoXML，这两个变量分别用来存储分析过的 XML 文档的句柄和将要分析的 XML 文档。语句如下：

```
DECLARE @AlreadyXML int -- 分析过的 XML 文档
DECLARE @NoXML xml -- 将要分析的 XML 文档
```

02 使用 SET 语句为 @NoXML 赋值。语句如下：

```
SET @NoXML=
'
<userList>
<user>
 <userNickName> 蓝色天空 </userNickName>
 <userName> 张—— </userName>
 <userAge>34</userAge>
 <userPosition> 经理 </userPosition>
 <userWorkYear>3</userWorkYear>
 <userWorkCon> 参加公司高层领导会议，组织员工旅游，提高员工积极性等 </userWorkCon>
</user>
<user>
 <userNickName> 徐海洋 </userNickName>
 <userName> 徐海洋 </userName>
 <userAge>22</userAge>
 <userPosition> 职员 </userPosition>
```

```
    <userWorkYear>1</userWorkYear>
    <userWorkCon> 完成商品的 PS 处理，统计员工迟到情况 </userWorkCon>
   </user>
   </userList>
   '
```

03 使用 sp_xml_preparedocument 系统存储过程分析由 @NoXML 变量表示的 XML 文档，将分析得到的句柄赋予 @AlreadyXML 变量。语句如下：

```
EXEC SP_XML_PREPAREDOCUMENT  @AlreadyXML OUTPUT,@NoXML
```

04 在 SELECT 语句中使用 OPENXML() 函数，返回行集中的指定数据。语句如下：

```
SELECT * FROM OPENXML( @AlreadyXML,'/userList/user',2)
WITH (
     userNickName nvarchar(10),
     userName varchar(10),
     userAge int,
     userPosition nvarchar(10),
     userWorkYear int,
     userWorkCon nvarchar(300)
   )
```

05 使用 sp_removedocument 系统存储过程删除 @AlreadyXML 变量所表示的内存中的 XML 文档结构。语句如下：

```
EXEC SP_XML_REMOVEDOCUMENT
@AlreadyXML
```

06 截止到这里，案例的代码操作已经完成。执行前面的 SQL 语句，运行效果如图 7-17 所示。

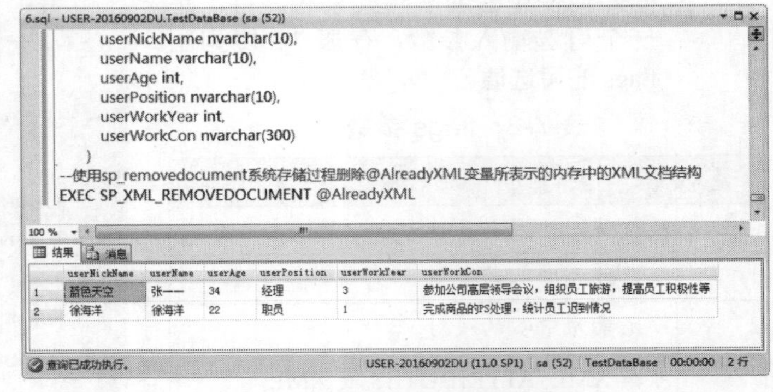

图 7-17　OPENXML() 函数的使用

7.5.3　XML DML

XML DML 是 XQuery 语言的扩展，XML DML 又被称为 XML 数据修改语言 。根据 W3C 的定义，XQuery 语言缺少数据操作 (DML) 部分。本节介绍 SQL Server 2016 中的 XML DML，使用它们可以对 XML 数据类型进行操作。

1. insert 插入

使用针对 XML 的 DML 语句 insert 可以向 XML 文档中插入属性或元素，而且还可以指定插入的位置。insert 语法如下：

```
insert
  Expression1(
    {as first|as last} into | after | before
      Expression2
  )
```

上述语句的参数说明如下。

- Expression1 用于标识要插入的一个或多个节点。Expression2 是一个普通的标识节点。
- into 可以将 Expression1 标识的节点作为 Expression2 标识的节点的直接后代（子节点）插入。如果 Expression2 中的节点已有一个或多个子节点，则必须使用 as first 或 as last 来指定新节点的添加位置。
- after 参数将 Expression1 标识的节点作为 Expression2 标识的节点的同级节点直接插入其后面。
- before 参数作用与 after 相反，会将 Expression1 标识的节点作为 Expression2 标识的节点的同级节点直接插入其前面。

【例 7-33】

首先创建 XML 类型的 @dmlOper 变量，并为该变量赋值，然后调用 modify() 方法向 XML 文档的 student 元素下添加一个子元素，该元素的位置位于首位。添加完成后通过 SELECT 查询。语句如下：

```
DECLARE @dmlOper xml
SET @dmlOper = '<student no="1001">
                        <name> 陈初一 </name>
                        <sub> 语文 </sub>
                        <score>98</score>
               </student>'
SET @dmlOper.modify(
'insert <grade> 三 年 级 </grade> as first into
(/student)[1]'
)
SELECT @dmlOper
```

执行上述语句，添加后的 XML 文档内容如下：

```
<student no="1001">
 <grade> 三年级 </grade>
 <name> 陈初一 </name>
 <sub> 语文 </sub>
 <score>98</score>
</student>
```

2. delete 删除

Delete 语句可以删除 XML 文档中的元素。语法如下：

```
Delete Expression
```

参数 Expression 用于标识要删除节点的 XQuery 表达式。执行时会删除该表达式选择的所有节点，以及所选节点中的所有节点或值，但是这个表达式不能是根节点。

【例 7-34】

用以下语句删除 XML 文档中的 /student/sub 元素：

```
SET @dmlOper.modify( 'delete /student/sub' )
```

执行上述语句，删除后XML文档内容如下：

```
<student no="1001">
 <grade> 三年级 </grade>
 <name> 陈初一 </name>
 <score>98</score>
</student>
```

3. replace value of

replace value of 子句可以对 XML 文档中的节点进行更新。语法形式如下：

```
replace value of
  Expression1
with
  Expression2
```

在上述语法中，Expression1 是要更新的节点，它必须仅标识一个单个节点，即必须是一个静态单独节点。如果 XML 已类型化，则节点的类型必须是简单类型，如果选择多个节点，则会出现错误。Expression2 是新节点的值，如果该值是值列表，则 update 语句将使用此列表替换旧值。

【例 7-35】

用以下代码修改 XML 文档的内容，将 student 元素下 name 节点的文本“陈初一”更改为“陈初二”：

```
SET @dmlOper.modify(
  'replace value of (/student/name[1]/text())[1] with " 陈初二 " '
)
```

注意

在修改类型化的 XML 实例中，Expression2 必须是 Expression1 的相同类型或子类型，否则将返回错误。

7.6 练习题

1. 填空题

(1) XML 中使用的查询语言是__________。

(2) 使用 XML 数据类型的__________方法可以通过 XQuery 表达式判断 XML 文档中元素或属性是否存在。

(3) XML 查询的 4 种模式分别是 RAW 模式、AUTO 模式、__________和 PATH 模式。

(4) 在 FOR XML__________模式中，该模式会把查询结果集中每一行转换为带有通用标记符 <row> 或可能提供元素名称的 XML 元素。

(5) 为了解决查询 XML 数据的速度和性能问题，SQL Server 2016为 XML 类型提供的索引类型分为两类：__________和辅助 XML 索引。

(6) XML DML 执行内容修改时，需要用到__________子句。

2. 选择题

(1) 在下面的横线处填写__________使语句完整，并且可以查询出所有“<teacher>”元素的信息。

```
DECLARE @xml_info xml
SET @xml_info='
<teachers>
    <teacher name=" 李丽 " sex=" 女 "/>
    <teacher name=" 王非 " sex=" 女 "/>
    <teacher name=" 许男 " sex=" 男 "/>
```

```
</teachers>
'
SELECT @xml_info.query ( '__________' ) AS 教师信息
```

A．/teachers/teacher
B．/teachers
C．/teachers/all
D．以上都可以

(2) 在 __________ 模式中SELECT语句中的前两个字段必须分别命名为TAG和PARENT。

A．AUTO 模式
B．EXPLICIT 模式
C．PATH 模式
D．RAW 模式

(3) XML 类型的 __________ 方法返回 0 或者 1 表示是否存在指定元素。

A．query()
B．modify()
C．nodes()
D．exist()

(4) 下面有关 FOR XML 子句的描述，正确的是 __________。

A．元素名称是表名称
B．元素名称是 row
C．在查询的结果中不可以出现层次
D．在查询的结果中可能出现层次

(5) __________ 函数是一个行集函数，类似于表或视图，提供内存中 XML 文档的行集。

A．sp_xml_preparedocument
B．sp_removedocument
C．OPENXML()
D．XMLOPEN()

上机练习：XML 文档的常见操作

假设已经存在 @queryOper 变量，并为该变量指定 XML 文档。语句如下：

```
DECLARE @queryOper xml
SET @queryOper=
'
<Employee>
<empName> 赵毅明 </empName>
<empAge>32</empAge>
<empDepart> 美工部 </empDepart>
<empPosi> 职员 </empPosi>
</Employee>
'
```

读者需要根据以下要求进行操作。

- 读取 @queryOper 变量中的数据，分别以 RAW 和 PATH 的模式进行显示。
- 获取 @queryOper 变量保存的 XML 文档根元素下的所有内容。
- 从 @queryOper 变量中查询 empName 元素的值。
- 判断 Employee 元素中是否存在 empNo 属性，如果存在则输出该属性的值，否则提示“empNo 表示员工编号，但是并不存在”。
- 在 <empName></empName> 节点后面添加 <empNo>BH0001</empNo> 节点。
- 修改 <empDepart> 美工部 </empDepart> 的内容，将其更改为 <empDepart> 技术 - 美工部 </empDepart>
- 删除 XML 文档中的 <empAge>32</empAge> 元素。

第 8 章

视图和游标

视图是一种数据库对象，是从一个或者多个数据表或视图中导出的表，视图的结果和数据是对数据表进行查询的结果。简单地说，视图是由 SELECT 语句组成的查询定义的虚拟表，是原始数据库中数据的一种交换。

另外，一个对表进行操作的 T-SQL 语句通常都可以产生或处理一组记录，但是许多应用程序，尤其是 T-SQL 嵌入的主语言，通常不能把整个结果集作为一个单元来处理，这些应用程序就需要用一种机制来保证每次处理结果集中的一行或几行，游标就可以提供这种机制。

本章为读者详细介绍视图和游标，例如视图的分类、优缺点、如何创建、修改、删除和查看，游标的声明、打开、读取、关闭等内容。

本章学习要点

◎ 了解视图包含的内容、分类和优缺点
◎ 掌握如何创建和修改视图
◎ 掌握如何为视图重命名或删除
◎ 熟悉查看视图信息的几种方法
◎ 掌握操作视图数据的注意事项
◎ 掌握如何对视图数据执行增、删、改操作
◎ 掌握游标声明的两种方法
◎ 掌握如何打开、关闭和删除游标
◎ 掌握 FETCH 如何读取游标数据
◎ 掌握如何针对游标数据执行修改和删除操作

8.1 视图

视图是从一个或多个表（称为基本表）导出的表，视图所对应的数据不进行实际存储，是一个虚拟表，即数据库中只存储视图的定义，在对视图的数据进行操作时，系统根据视图的定义去操作与视图相关的基本表。

8.1.1 了解视图

从数据库系统外部来看，视图就如同一张表一样，对表能够进行一般的操作都可应用于视图，如查询、插入、修改以及删除等。从用户角度来看，一个视图是从一个特定的角度来查看数据库中的数据。

在定义一个视图时，只是把其定义存放在系统数据中，而不直接存储视图对应的数据，直到用户使用视图时才去查找对应的数据。在视图中被查询的表称为视图的基表。定义一个视图后，就可以把它当作表来引用。在每次使用视图时，视图都是从基表提取所包含的行和列，用户再从中查询所需要的数据。所以视图结合了基表和查询两者的特性。

在创建视图时，视图的内容可以包括以下几个方面。

- 基表中列的子集或者行的子集：视图可以是基表的一部分。
- 两个或者多个基表的联合：视图是多个基表联合检索的产物。
- 两个或者多个基表的连接：视图通过对多个基表的连接生成。
- 基表的统计汇总：视图不仅是基表的映射，还可以是通过对基表的各种复杂运算得到的结果集。
- 其他视图的子集：视图既可以基于表，也可以基于其他的视图。
- 视图和基表的混合：视图和基表可以起到同样查看数据的作用。

另外，视图可以使应用程序和数据库表在一定程度上独立。如果没有视图，应用程序一定建立在表上。有了视图之后，程序可以建立在视图上，从而程序与数据库表被视图分割开来。视图可以在以下几个方面使程序与数据独立。

- 如果应用建立在数据库表上，当数据库表发生变化时，可以在表上建立视图，通过视图屏蔽表的变化，从而应用程序可以不动。
- 如果应用建立在数据库表上，当应用发生变化时，可以在表上建立视图，通过视图屏蔽应用的变化，从而使数据库表不动。
- 如果应用建立在视图上，当数据库表发生变化时，可以在表上修改视图，通过视图屏蔽表的变化，从而应用程序可以不动。
- 如果应用建立在视图上，当应用发生变化时，可以在表上修改视图，通过视图屏蔽应用的变化，从而数据库可以不动。

8.1.2 视图优点

视图可以是一个数据表的一部分，也可以是多个基表的联合，也可以由一个或多个其他视图产生。视图具有以下优点。

(1) 数据集中显示。

视图着重于用户感兴趣的某些特定数据及所负责的特定任务，可以提高数据操作效率。

(2) 简化对数据的操作。

在对数据库进行操作时，用户可以将经常使用的连接、投影、联合查询等定义为视图，这样在每次执行相同的查询时，就不必再重新写这些查询语句，而可以直接地在视图中查询，从而可以大大地简化用户对数据的操作。

(3) 自定义数据。

视图可以让不同的用户以不同的方式看

到不同或者相同的数据集。

(4) 导出和导入数据。

用户可以使用视图将数据导出至其他应用程序。

(5) 合并分割数据。

在一些情况下，由于表的数据量过大，在表的设计过程中可能需要经常对表进行水平分割或者垂直分割，表的这种变化会对使用它的应用程序产生不小的影响。使用视图则可以重新保持原有的结构关系，从而使外模式保持不变，应用程序仍可以通过视图来重载数据。

(6) 安全机制。

视图可以作为一种安全机制，通过视图，用户只能查看和修改他们能够看到的数据。其他数据库或表既不可见也不可访问，如果某一用户想要访问视图的结果集，必须被授予访问权限，视图所引用表的访问权限与视图权限的设置互不影响。

视图的安全性可以防止未授权用户查看特定的行或列，通过在表中增加一个标志用户名的列来建立视图，使用户只能看到标有自己用户名的行，或者把视图授权给其他用户，使该用户只能看到表中特定行，从而保证数据的安全性。

但是，用户在使用视图时，需要注意以下两点。

- 用户只能在当前数据库中创建视图，视图的命名必须遵循标识符命名规则，不能与表同名。
- 不能把规则、默认值或触发器与视图相关联。

8.1.3　视图分类

在 SQL Server 2016 中，可以把视图分为索引视图、分区视图和系统视图 3 种，这些视图在数据库中起着特殊的作用。

1. 索引视图

索引视图是被具体化了的视图，用户可以为视图创建索引，即对视图创建一个唯一的聚集索引。索引视图可以显著提高某些类型查询的性能。

索引视图特别适用于聚合许多行的查询，但是它们不太适于经常更新的基本数据集。

2. 分区视图

连接同一个 SQL Server 实例中的成员表的视图是一个本地分区视图。分区视图在一台或多台服务器间水平连接一组成员表中的分区数据。这样，数据看上去如同来自一个表。

3. 系统视图

系统视图公开目录元数据，用户可以使用系统视图返回与 SQL Server 实例或在该实例中定义的对象有关的信息。例如，可以查询 sys.databases 目录视图以便返回与实例中提供的用户定义数据库有关的信息。SQL Server 2016 提供了多种系统视图，常见视图及其说明如表 8-1 所示。

表 8-1　常见系统视图及其说明

系统视图	说　明
sys.databases	为 SQL Server 实例中的每个数据库都包含一行
sys.database_files	每个存储在数据库本身的数据库文件在表中占用一行。这是一个基于每个数据库的视图
sys.master_files	每个存储在 master 数据库中的数据文件各占一行，这是一个系统范围视图
sys.data_spaces	每个数据空间在表中对应一行。数据空间可以是文件组、分区方案或 FILESTREAM 数据文件组

（续表）

系统视图	说　明
sys.filegroups	每个作为文件组的数据空间都在表中对应一行
sys.all_columns	显示属于用户定义对象和系统对象的所有列的联合
sys.all_objects	显示所有架构范围内的用户定义对象和系统对象的 UNION
sys.all_parameters	显示属于用户定义对象或系统对象的所有参数的并集
sys.all_views	显示所有用户定义视图和系统视图的 UNION
sys.columns	为包含列的对象（如视图或表）的每一列返回一行
sys.objects	在数据库中创建的每个用户定义的架构作用域内的对象在该表中均对应一行
sys.parameters	接受参数的对象的每个参数在表中对应一行。如果对象是标量函数，则另有一行说明返回值
sys.procedures	属于同类过程并且 sys.objects.type = P、X、RF 和 PC 的每个对象各对应一行
sys.stat	为 SQL Server 的数据库中的表、索引和索引视图对应的每个统计信息对象都包含一行
sys.stat_columns	sys.stats 统计信息包含的每列对应一行
sys.triggers	每个类型为 TR 或 TA 的触发器对象对应一行
sys.views	对于 sys.objects.type=V 的每个视图对象都包含一行
sys.tables	为 SQL Server 中的每个用户表返回一行
sys.system_views	SQL Server 2016 附带的每个系统视图都在表中对应一行
sys.sql_modules	对每个 SQL 语言定义的模块对象都返回一行。类型为 P、RF、V、TR、FN、IF、TF 和 R 的对象均有关联的 SQL 模块

【例 8-1】

调用 sys.tables 视图获取当前数据库中的所有表信息。执行语句如下：

```
USE master
GO
SELECT name,object_id,schema_id,type_desc,create_date,modify_date FROM sys.tables
```

执行上述语句，效果如图 8-1 所示。

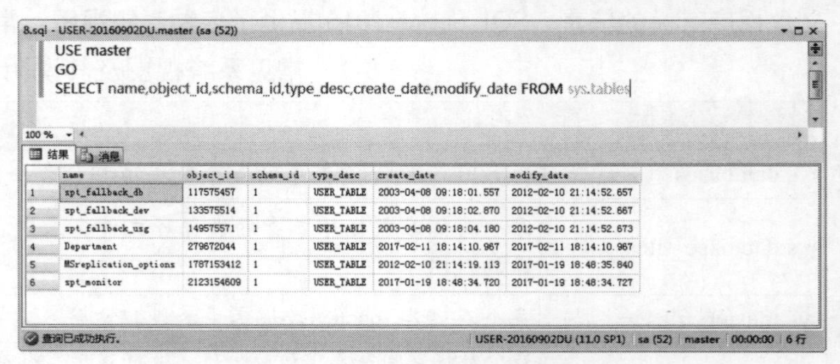

图 8-1　获取当前数据库的表信息

8.2　SQL 语句操作视图

在了解过视图的概念和类型后，本小节介绍如何通过 SQL 语句操作视图，例如创建视图、查看视图、修改视图、命名视图、删除视图等。

8.2.1　创建视图

视图在数据库中是作为一个对象来存储的，SQL 语句创建视图要用 CREATE VIEW 语句。在创建视图前，要保证创建视图的用户已被数据库所有者授权可以使用 CREATE VIEW 语句，并且有权操作视图所涉及的表或其他视图。

CREATE VIEW 语句创建视图的主体语法如下：

```
CREATE VIEW [ 架构名 .] 视图名 [WITH < 视图属性 >[,...]]
  AS SELECT 语句 [;]
[WITH CHECK OPTION]
```

1. 语句主体

针对上述语句主体中的参数，具体说明如下。

- 架构名：视图所属架构的名称，可以省略。
- 视图名：要创建的视图的名称。
- WITH <视图属性>：创建视图时指出视图的属性。
- 关键字 AS：指定视图要执行的操作。
- SELECT 语句：用来创建视图的语句，源表可以是基本表，可以是视图。但是有以下的限制。
  定义视图的用户必须对所参照的表或视图有查询(即可执行 SELECT 语句)权限。
  不能使用 ORDER BY 子句。
  不能使用 INTO 子句。
  不能在临时表或表变量上创建视图。
- WITH CHECK OPTION：指出在视图上所进行的修改都要符合 SELECT 语句所指定的限制条件，这样可以确保数据修改后，仍可通过视图看到修改的数据。

2. <视图属性>定义

<视图属性>定义的具体格式如下：

```
< 视图属性 >::=
{
  [ENCRYPTION]
  [SCHEMABINDING]
  [VIEW_METADATA]
}
```

上述取值说明如下。

- ENCRYPTION：表示对 sys.syscomments 表中包含 CREATE VIEW 语句文本的项进行加密。
- SCHEMABINDING：将视图与其所依赖的表或视图结构相关联。
- VIEW_METADATA：指定为引用视图的查询请求浏览模式的元数据时，SQL Server 实例将向 DB-Library、ODBC 和 OLE DB API 返回有关视图的元数据信息，而不返回基表的元数据信息。

注意

在创建视图时，可先验证视图定义中所引用的对象是否存在，视图名称是否符合命名规则等，因为视图的外表和表的外表是一样的，因此应使用一种能与表区别开的命名机制，这样容易分辨出视图和表，如在视图名称前使用 V_ 作为前缀。

【例 8-2】

首先通过 IF EXISTS 判断 V_Guide_Visitors 视图是否存在，如果存在，则删除该视图，否则通过 CREATE VIEW 语句创建该视图。该视图用于查询编号为“2017010”的

导游所带领的游客信息，如游客名称、手机、参加的旅游团体线路等。创建语句如下：

```
IF EXISTS(SELECT 1 FROM sys.views WHERE name='V_Guide_Visitors')
    DROP VIEW V_Guide_Visitors
GO
CREATE VIEW V_Guide_Visitors
AS
SELECT g.guideNo,g.guideName,v.visitorName,v.visitorPhone,v.visitorGroupName
    FROM GuideMessage g JOIN VisitorMessage v
    ON g.guideNo=v.visitorGuideNo
    WHERE guideNo='2017010'
GO
```

执行上述语句，如果成功会有“命令已成功完成。”的提示。

用户成功创建视图之后就可以使用 SELECT 语句进行查询。与查询表的 SELECT 语句格式一样，具体的查询语句和结果如图 8-2 所示。

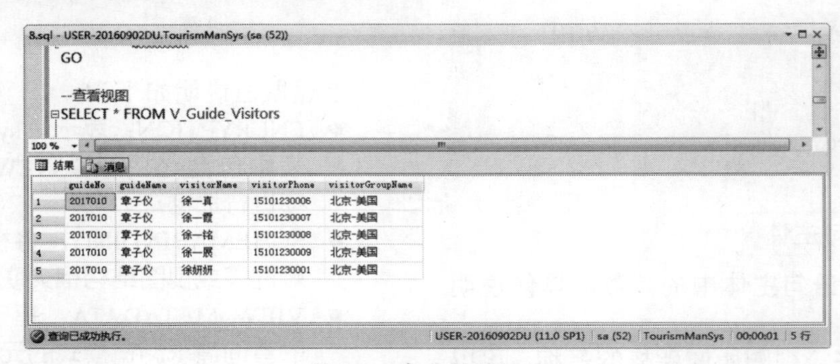

	guideNo	guideName	visitorName	visitorPhone	visitorGroupName
1	2017010	章子仪	徐一真	15101230006	北京-美国
2	2017010	章子仪	徐一霞	15101230007	北京-美国
3	2017010	章子仪	徐一铭	15101230008	北京-美国
4	2017010	章子仪	徐一展	15101230009	北京-美国
5	2017010	章子仪	徐妍妍	15101230001	北京-美国

图 8-2　查看视图结果

【例 8-3】

用户在创建视图时，可以在 SELECT 语句中为查询列指定别名，当然还可以在创建视图后的小括号内为查询结果中的每个列定义了一个别名。创建语句如下：

```
IF EXISTS(SELECT 1 FROM sys.views WHERE name='V_Guide_Visitors')
    DROP VIEW V_Guide_Visitors
GO
CREATE VIEW V_Guide_Visitors
( 导游编号，导游姓名，游客姓名，游客手机，选择旅游路线 )
AS
SELECT g.guideNo,g.guideName,v.visitorName,v.visitorPhone,v.visitorGroupName
    FROM GuideMessage g JOIN VisitorMessage v
    ON g.guideNo=v.visitorGuideNo
    WHERE guideNo='2017010'
GO
```

创建完毕后执行 SELECT 语句进行查询，效果如图 8-3 所示。

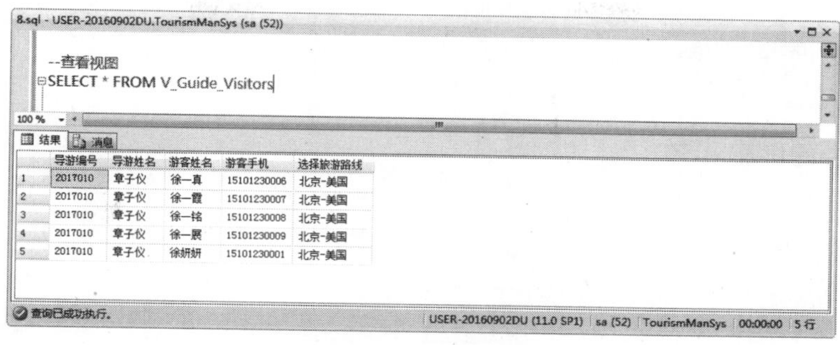

图 8-3 查询结果

注意

视图就是一个表，在视图中不能传递参数，如果要传递参数，可以使用自定义的表值函数或者使用存储过程。

8.2.2 查看视图

在 SQL Server 2016 中，用户可以使用多种方法获取与视图有关的信息。

1. sys.sql_modules

sys.sql_modules 对每个 SQL 语言定义的模块对象都返回一行。类型为 P、RF、V、TR、FN、IF、TF 和 R 的对象均有关联的 SQL 模块。在此视图中，独立的默认值，即 D 类型的对象也具有 SQL 模块定义。

【例 8-4】

用以下语句获取视图的 SQL 文本和其他内容：

```
SELECT definition, uses_ansi_nulls, uses_quoted_identifier, is_schema_bound
    FROM sys.sql_modules WHERE object_id = OBJECT_ID('V_Guide_Visitors')
GO
```

针对上述语句的字段列，说明如下。

- definition：用于定义此模块的 SQL 文本，NULL 表示已加密。
- uses_ansi_nulls：表示模块是使用 SET ANSI_NULLS ON 创建的。对于规则和默认值，其值始终为 0。
- uses_quoted_identifier：表示模块是使用 SET QUOTED_IDENTIFIER ON 创建的。
- is_schema_bound：表示模块是使用 SCHEMABINDING 选项创建的。

其中，definition 的数据类型是 nvarchar(max)，而 uses_ansi_nulls、uses_quoted_identifier 和 is_schema_bound 的数据类型是 bit。

2. sp_helptext

用户使用 sp_helptext 存储过程可以显示规则、默认值、未加密的存储过程、自定义函数、触发器或视图的文本。

【例 8-5】

用以下语句使用 sp_helptext 获取 V_Guide_Visitors 视图的创建文本：

```
EXEC sp_helptext V_Guide_Visitors
```

执行上述语句，输出效果如图 8-4 所示。

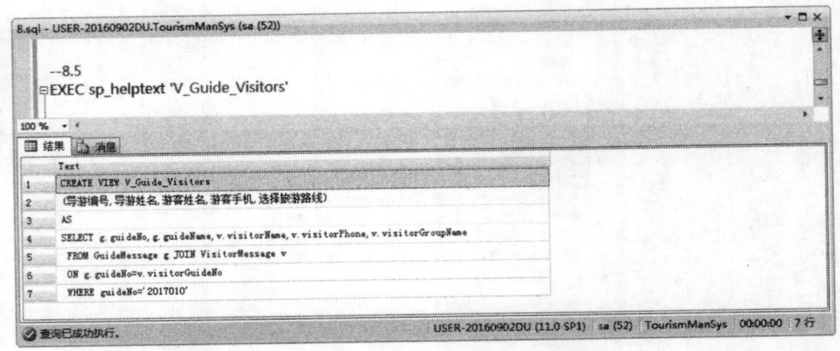

图 8-4　sp_helptext 获取文本内容

3. sp_depends

用户使用 sp_depends 存储过程显示有关数据库对象相关性的信息。例如，依赖表或视图的视图和过程，以及视图或过程所依赖的表和视图。

【例 8-6】

如下语句演示 sp_depends 获取依赖 V_Guide_Visitors 视图的数据库对象：

```
EXEC sp_depends 'V_Guide_Visitors'
```

执行上述语句，效果如图 8-5 所示。

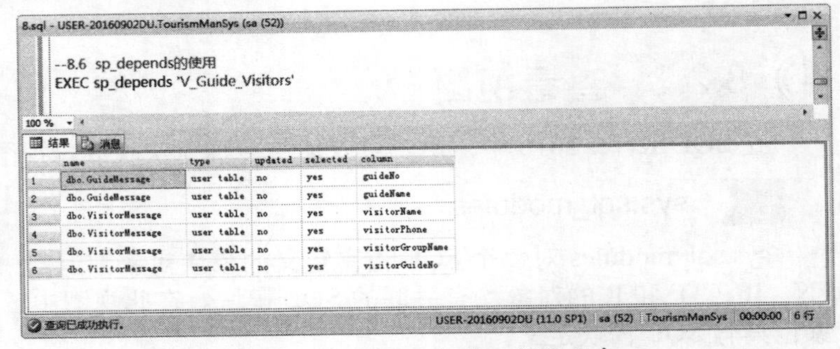

图 8-5　sp_depends 获取视图信息

在图 8-5 中，name 列表示存在相关性的项目名称；type 表示项目类型；updated 表示是否更新项目；selected 列表示项目是否用于 SELECT 语句；column 列表示存在相关性的列或参数。

8.2.3　修改视图

有时候，用户需要对定义的视图进行修改，通过 T-SQL 语句修改视图时需要用到 ALTER VIEW 语句。ALTER VIEW 语句的基本语法如下：

```
ALTER VIEW 视图名 [WITH< 视图属性 >[,...]]
  AS SELECT 语句 [;]
[WITH CHECK OPTION]
```

其中，< 视图属性 >、SELECT 语句等参数与 CREATE VIEW 语句中的含义相同。

【例 8-7】

视图中不能传递参数，因此前面创建的 V_Guide_Visitors 视图有一定的局限性，只能查询导游编号是“2017010”所带领的游客信息。这里对其进行更改，语句如下：

```
ALTER VIEW V_Guide_Visitors
(导游编号,导游姓名,游客姓名,游客手机,选择旅游路线)
AS
```

```
SELECT g.guideNo,g.guideName,v.visitorName,v.visitorPhone,v.visitorGroupName
    FROM GuideMessage g JOIN VisitorMessage v
    ON g.guideNo=v.visitorGuideNo
GO
```

通过 SELECT 语句查询 V_Guide_Visitor 视图，执行语句及其效果如图 8-6 所示。

如果要查看某个导游带领的游客信息，可以在查询时指定 WHERE 子句。如下语句查看导游编号列值为“2017014”带领的游客信息：

```
SELECT * FROM V_Guide_Visitors WHERE 导游编号='2017010'
```

```
SELECT g.guideNo,g.guideName,v.visitorName,v.visitorPhone,v.visitorGroupName
   FROM GuideMessage g JOIN VisitorMessage v
   ON g.guideNo=v.visitorGuideNo
GO
SELECT * FROM V_Guide_Visitors;
```

	导游编号	导游姓名	游客姓名	游客手机	选择旅游路线
1	2017010	章子仪	徐一真	15101230006	北京-美国
2	2017010	章子仪	徐一霞	15101230007	北京-美国
3	2017010	章子仪	徐一铭	15101230008	北京-美国
4	2017010	章子仪	徐一展	15101230009	北京-美国
5	2017010	章子仪	徐妍妍	15101230001	北京-美国
6	2017009	祝一山	闫丽丽	15101230011	北京-西班牙
7	2017009	祝一山	闫君秦	15101230012	北京-西班牙
8	2017009	祝一山	闫路军	15101230013	北京-西班牙
9	2017009	祝一山	闫路明	15101230014	北京-西班牙
10	2017014	位诺伊	刘洪敏	15101230017	北京-河南
11	2017014	位诺伊	刘衣敏	15101230018	北京-河南

图 8-6 修改视图

8.2.4 命名视图

用户可以通过 sp_rename 重新对视图进行命名。基本语法如下：

```
sp_rename 'object_name' , 'new_name'
```

其中，object_name 表示要修改的旧视图的名称；new_name 表示要修改的新视图名称。

【例 8-8】

用以下语句将 V_Guide_Visitors 修改为 V_GuideVisitors：

```
EXEC sp_rename 'V_Guide_Visitors','V_GuideVisitors'
```

注意

虽然用户可以对视图进行重命名，但是一般情况下并不建议这样做。最常用的方法是让用户删除视图，然后使用新名称重新创建一个视图。通过重新创建视图，用户可以更新视图中引用的对象的依赖关系信息。

8.2.5 删除视图

用户在删除视图时，有以下两种限制。

- 删除视图时，将从系统目录中删除视图的定义和有关视图的其他信息，还将删除视图的所有权限。
- 使用 DROP TABLE 删除的表上的任何视图都必须使用 DROP VIEW 显式删除。

DROP VIEW 语句从当前数据库中删除一个或多个视图。基本语法如下：

```
DROP VIEW [ schema_name . ] view_name [ ...,n ] [ ; ]
```

其中，schema_name 表示视图所属架构的名称；view_name 表示要删除的视图的名称。如果要删除多个视图，可以在视图之间使用英文逗号进行分隔。

提示

DROP VIEW 删除视图时，将从系统目录中删除视图的定义和有关视图的其他信息，还将删除视图的所有权限。对索引视图执行 DROP VIEW 语句时，将自动删除视图上的所有索引。如需要显示视图上的索引，可使用 sp_helpindex 存储过程。

【例 8-9】

下面的语句使用 DROP VIEW 删除视图：

```
DROP VIEW V_GuideVisitors;
```

8.3 SQL 语句操作数据

使用视图不仅可以完成对数据的查询操作，还可以对查询的数据进行修改。使用视图修改数据其实就是对基表中的数据进行修改，因为视图并不是一个实际存在的表，而是由一个或多个基表组合的虚拟表，所以它并不存储数据，数据只是存在于基表中。

修改视图数据包含数据插入、数据更新和数据删除 3 类，但是需要注意，当 CREATE VIEW 语句包含下列内容时，视图中的数据是不允许修改的。

- SELECT 列表中含有 DISTINCE。
- SELECT 列表中含有表达式，例如计算列、函数等。
- 在 FORM 子句中引用多个表。
- 引用不可更新的视图。
- 使用 GROUP BY 或 HAVING 子句。

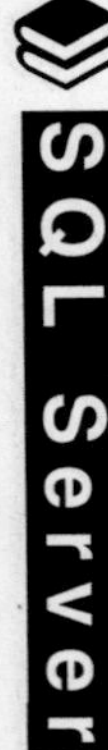

8.3.1 插入数据

通过视图插入数据同在基表中插入数据一样，可以使用 INSERT 语句实现。插入数据的操作是针对视图中的列，而不是基表中的所有列。由于视图不同于基表，因此使用视图插入数据要满足一定的限制条件。具体的限制条件如下。

- 使用 INSERT 语句进行数据插入的视图必须能够在基表中插入数据，否则插入数据操作会失败。
- 如果视图上没有包含基表中所有属性为 NOT NULL 的列，那么插入操作会由于那些列的 NULL 值而失败。
- 如果在视图中包含使用统计函数的结果或者是包含多个列值的组合，则插入操作不成功。
- 不能在使用 DISTINCE、GROUP BY 或 HAVING 语句的视图中插入数据。
- 如果创建视图的 CREATE VIEW 语句中使用 WITH CHECK OPTION，那么所有对视图进行修改的语句必须符合 WITH CHECK OPTION 中限定的条件。
- 对于由多个基表连接而成的视图，一个插入操作只能作用于一个基表。

【例 8-10】

在旅游管理系统中基于游客表 VisitorMessage 创建一个名称为 V_Visitors 的视图，要求视图中包含游客编号、姓名、年龄和手机号码等信息，在创建之前首先判断该视图是否存在，如果存在，则删除。语句如下：

```
IF EXISTS(SELECT 1 FROM sys.views WHERE name='V_Visitors')
    DROP VIEW V_Visitors
GO
CREATE VIEW V_Visitors
AS
SELECT cardNumber,visitorName,visitorAge,visitorPhone
    FROM VisitorMessage
GO
```

视图创建完毕后，可以通过 SELECT 语句进行查询，如图 8-7 所示。

接下来使用 INSERT 语句向视图中插入一条数据，可以使用以下语句：

```
INSERT INTO V_Visitors
VALUES('No1020','查菲菲',44,'18680001111')
```

数据插入完毕后，使用两条查询语句查询视图和基表中的数据，效果如图 8-8 所示。从该图中可以看出，V_visitors 视图和基表 VisitorMessage 都已经成功插入了编号为 No1020 的游客信息。

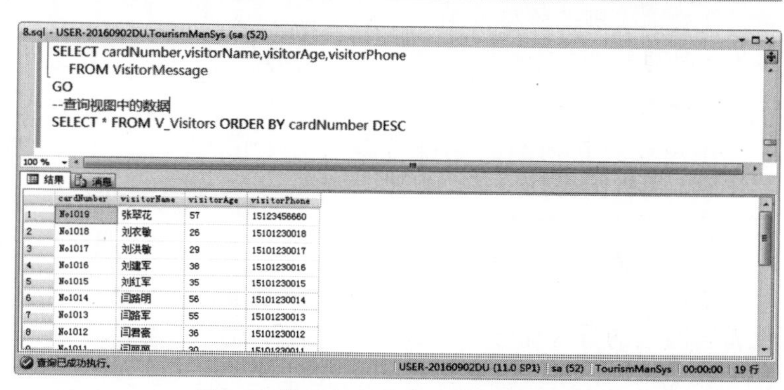

图 8-7　插入数据前查询视图中的数据

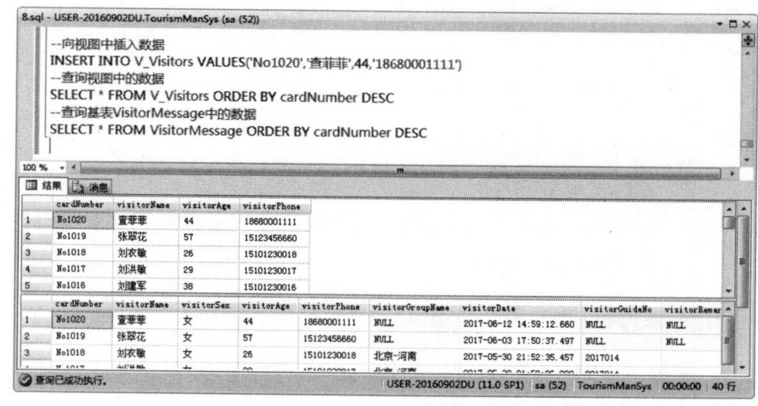

图 8-8　插入数据后查询视图和基表中的数据

提示

向视图中插入数据的时候，务必确认该视图中包含基表中所有不允许为空的列，否则将会提示错误。

8.3.2 修改数据

修改视图中的数据与修改数据表中的数据是一样的，适用于 INSERT 语句的许多限制同样适用于 UPDATE 语句。使用 UPDATE 语句可以更改由视图引用的一个或多个列或行的值。

【例 8-11】

通过 UPDATE 语句更改 V_visitors 视图中编号为“No1020”的游客姓名，将“查菲菲”更改为“查霏霏”。代码如下：

```
UPDATE V_Visitors SET visitorName=' 查霏霏 ' WHERE cardNumber='No1020'
```

数据修改完毕后可以通过 SELECT 语句查询修改后的视图和基表中的数据，语句及其执行效果如图 8-9 所示。将图 8-9 和图 8-8 进行比较，发现无论是视图，还是基表，其有关的数据都已修改。

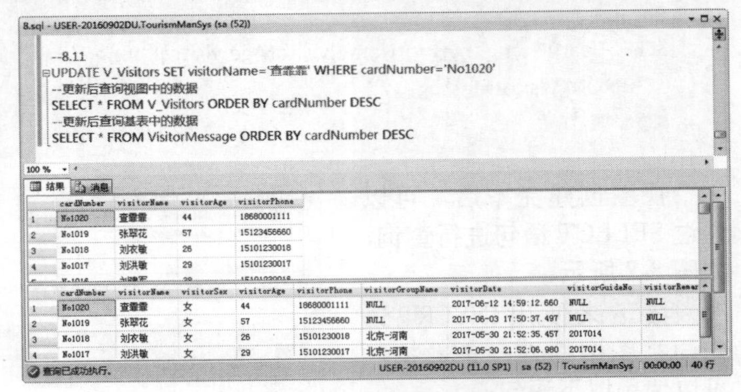

图 8-9 修改数据后查询数据

【例 8-12】

用户在更新视图的数据时需要注意，当视图是基于多个表时，每次更新操作只能更新一个基表中数据列的值。具体步骤如下。

01 创建名称为 V_VisitorsGuide 的视图，该视图用于获取游客表中游客的基本信息，以及游客对应的导游编号和导游姓名。语句如下：

```
IF EXISTS(SELECT 1 FROM sys.views WHERE name='V_VisitorsGuide')
    DROP VIEW V_VisitorsGuide
GO
CREATE VIEW V_VisitorsGuide
AS
SELECT v.cardNumber,v.visitorName,v.visitorPhone,v.visitorGroupName,
    g.guideNo,g.guideName
    FROM VisitorMessage v JOIN GuideMessage g
    ON v.visitorGuideNo=g.guideNo
GO
```

02 视图创建完毕后执行 SELECT 语句查询视图中的数据。代码如下：

```
SELECT * FROM V_VisitorsGuide
```

03 执行前面两个步骤的代码，查询效果如图 8-10 所示。

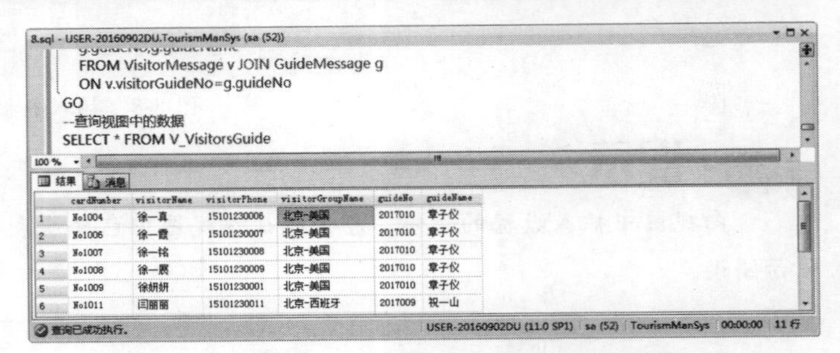

图 8-10 查询 V_VisitorsGuide 视图中的数据

04 执行 UPDATE 语句，更改编号为“No1004”的游客信息，将旅游行程“北京 - 美国”修改为“中国北京 - 美国纽约”。同时更改导游的姓名，将“章子怡”更改为“章子怡ZZY”。执行语句及其效果如图 8-11 所示。从图 8-11 中可以看出，视图基于多个表时，同时更改多个表的数据会提示错误。

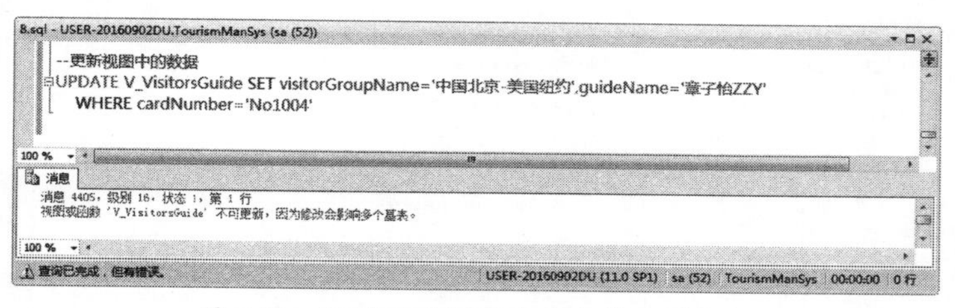

图 8-11 同时更改视图中多个基表的数据

05 修改上述 UPDATE 语句，分别修改视图中的对应数据：

```
UPDATE V_VisitorsGuide SET visitorGroupName=' 中国北京 - 美国纽约 ' WHERE cardNumber='No1004'
UPDATE V_VisitorsGuide SET guideName=' 章子怡 ZZY' WHERE cardNumber='No1004'
```

06 执行 UPDATE 语句后，执行对应的 SELECT 语句分别查询视图和基表的数据确认是否修改成功，执行语句及其效果如图 8-12 所示。

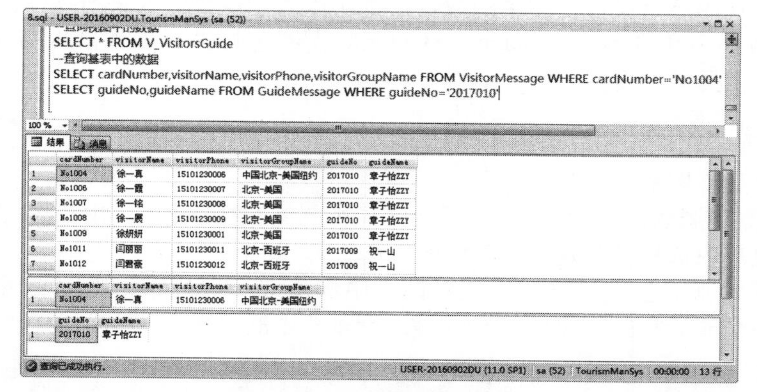

	cardNumber	visitorName	visitorPhone	visitorGroupName	guideNo	guideName
1	No1004	徐一真	15101230006	中国北京-美国纽约	2017010	章子怡ZZY
2	No1006	徐一甄	15101230007	北京-美国	2017010	章子怡ZZY
3	No1007	徐一铭	15101230008	北京-美国	2017010	章子怡ZZY
4	No1008	徐一展	15101230009	北京-美国	2017010	章子怡ZZY
5	No1009	徐妍妍	15101230001	北京-美国	2017010	章子怡ZZY
6	No1011	闫丽丽	15101230011	北京-西班牙	2017009	祝一山
7	No1012	闫君豪	15101230012	北京-西班牙	2017009	祝一山

	cardNumber	visitorName	visitorPhone	visitorGroupName
1	No1004	徐一真	15101230006	中国北京-美国纽约

	guideNo	guideName
1	2017010	章子怡ZZY

图 8-12 修改数据后进行查询

8.3.3 删除数据

通过视图删除数据的方法与通过基表删除数据的方法是一样的，通过视图删除数据最终还是体现为从基表中删除数据。需要用户注意的是，当一个视图基于两个或两个以上的基表时，不允许删除视图中的数据。

另外，许多适用于 INSERT 语句或 UPDATE 语句的限制也适用于 DELETE 语句。但是，如果视图的列来自常数或几个字符串列值的和，那么尽管在 INSERT 语句和 UPDATE 语句中不允许，在 DELETE 语句中却是可以执行的。在视图中删除数据时，即使基表中不是所有列都是视图定义的一部分，也可以删除行。

【例 8-13】

删除 V_Visitors 视图中编号为“No1020”的游客信息，语句如下：

```
DELETE FROM V_Visitors WHERE cardNumber='No1020'
```

删除后执行SELECT语句分别查询视图和基表中对应的数据，执行语句及其效果如图8-13所示。从表中可以看出，视图中的数据查询结果为空，同样，基表中这一行的行数也已经被删除。

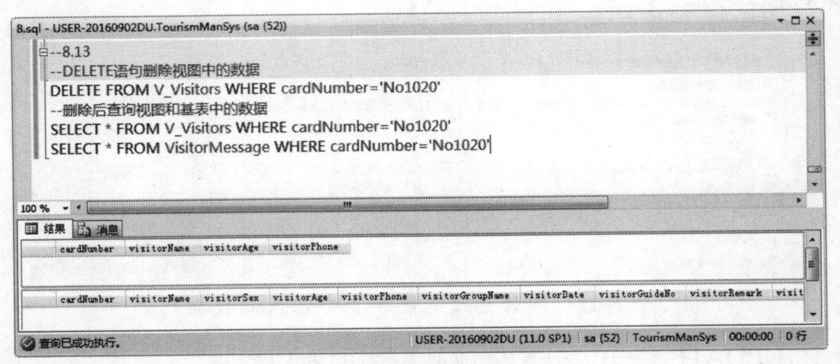

图 8-13 删除数据后进行查询

 8.4 实践案例：图形界面工具操作视图

无论是操作视图还是操作视图中的数据，都可以通过两种方式进行操作，除了SQL语句外，用户可以通过SQL Server Management Studio视图工具进行操作。本节实践案例演示如何通过图形界面工具操作视图。

1. 创建视图

图形界面创建视图的基本步骤如下。

01 在【对象资源管理器】窗格中展开要创建视图的数据库节点，找到【视图】选项并右击，在弹出的快捷菜单中选择【新建视图】命令。

02 弹出【添加表】对话框，在该对话框中选择GuideMessage表，如图8-14所示。如果要创建基于多个表的视图，需要按Ctrl键进行多个表的选择。

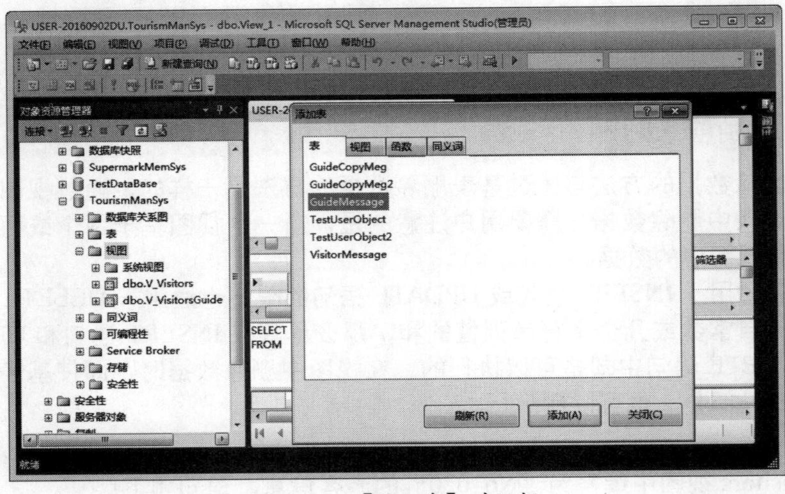

图 8-14 【添加表】对话框

03 选择完成之后先单击【添加】按钮添加到视图，再单击【关闭】按钮关闭【添加表】对话框。

04 在视图设计器窗口最上的为【关系图】窗格，在这里可以选择查询中要包含的列；中间的为【条件】窗格，这里显示了所选择的列名，而且可以设置排序类型、排序顺序以筛选器；再往下是【显示 SQL】窗格，这里显示了对上面两个窗体操作后生成的 SQL 语句；最下方的是【结果】窗格，用于显示视图执行的结果，默认为空。例如，图 8-15 所示视图为最终设计后的关系、条件和 SQL 语句。

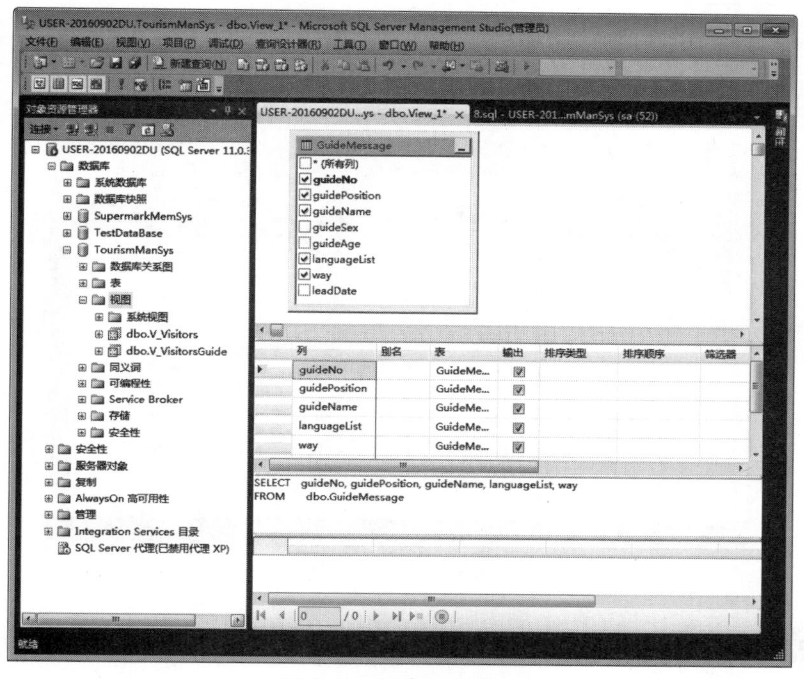

图 8-15 创建视图窗口

05 单击 按钮执行视图，将在【显示结果】窗格中显示查询出的结果集，如图 8-16 所示。

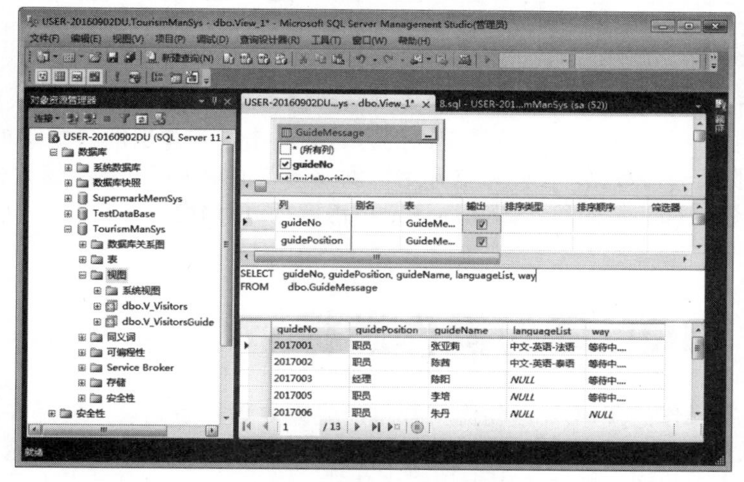

图 8-16 查询视图结果

单击🖫按钮或按 Ctrl+F5 快捷键保存视图。在弹出的【选择名称】窗口中输入视图名称“V_Guides”，单击【确定】按钮即可。

2. 删除视图

在对应数据库中的【视图】下选择需要删除的视图，然后右击鼠标，在弹出的快捷菜单上执行【删除】命令，出现【删除】对话框，单击【确定】按钮即可删除指定的视图。

3. 查看视图

刷新数据库下的视图，展开该数据库的【视图】节点，然后右击鼠标，在弹出的快捷菜单中选择【设计】命令，可以查看并修改视图结构，选择【编辑前 200 行】命令，可以查看视图数据，如图 8-17 所示。

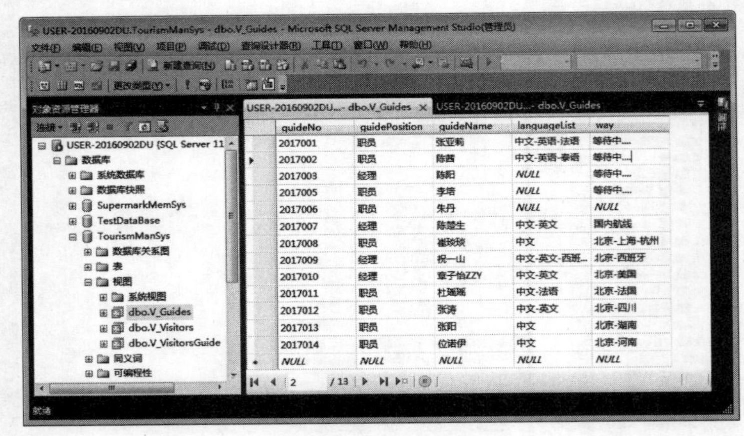

图 8-17 查看视图

注意

如果视图关联的基本表中添加了新字段，则必须重新创建视图才能包含新字段。如果与视图相关联或视图被删除，则不能再使用该视图。

4. 数据操作

在图 8-16 所示的界面中，如果要添加某一行数据，直接在最后一行输入内容即可；如果要删除某一行数据，可以在选择该行最前面的区域后右击，在弹出的快捷菜单中选择【删除】命令；如果要修改某一行数据，直接将鼠标定位到要修改的单元格，直接修改即可。添加数据、修改数据和删除数据都非常简单，因此，这里不再详细进行介绍。

8.5 SQL 语句操作游标

一个对表进行操作的 T-SQL 语句通常都可产生或处理一组记录，但是许多应用程序，尤其是 T-SQL 嵌入的主语言，通常不能把整个结果集作为一个单元来处理，这些应用程序就需要用一种机制来保证每次处理结果集中一行或几行，游标 (cursor) 正好提供了这种机制。

8.5.1　声明游标

在 SQL Server 中，有两类游标可以应用在程序中：前端（客户端）游标和后端（服务器端）游标。服务器游标是由数据库服务器创建和管理的游标，而客户端游标是由 ODBC 和 DB-Library 支持、在客户端实现的游标。同时，它完全支持通过服务器游标的游标操作，因此应尽量不使用客户端游标。

SQL Server 对游标的使用要遵循：声明游标，打开游标，读取数据，关闭游标和删除游标。T-SQL 中声明游标使用 DECLARE CURSOR 语句，该语句有两种形式，下面分别进行说明。

1. SQL-92 标准形式

SQL-92 标准形式声明游标的语法格式如下：

```
DECLARE 游标名 [INSENSITIVE][SCROLL] CURSOR
  FOR SELECT 语句
[FOR {READ ONLY|UPDATE[OF 列名 [,...]]}]
```

其中，上述参数的说明如下。

- 游标名：它是与某个查询结果集相联系的符号名，要符合 SQL Server 标识符命名规则。
- INSENSITIVE：指定系统将创建供所定义的游标使用数据的临时项目，对游标的所有请求都从 tempdb 中的临时表中得到应答。因此，在对该游标进行提取操作时返回的数据中不反映对基本表所做的修改，并且该游标不允许修改。如果省略该关键字，则任何用户对基本表提交的删除和更新都反映在后面的提取中。
- SCROLL：所声明的游标可以前滚、后滚，FETCH 语句可以使用所有的提取选项 (FIRST、LAST、PRIOR、NEXT、RELATIVE、ABSOLUTE)。如果省略该关键字，则只能使用 NEXT 提取选项。
- SELECT 语句：由该查询产生与所声明的游标相关联的结果集。
- READ ONLY：说明所声明的游标为只读的。UPDATE 指定游标中可以更新的列。如果参数 OF 列名 [,...]，则只能修改给出的这些列，如果 UPDATE 中未指出列，则可以修改所有列。

【例 8-14】

下面的语句定义一个符合 SQL-92 标准的游标声明，该游标的名称为 YB_visitors，且该游标与单个表的查询结果集相关联，而且是只读的，游标只能从头到尾有顺序地提取数据，相当于下面所介绍的只进游标。声明代码如下：

```
DECLARE YB_visitors CURSOR
    FOR
            SELECT cardNumber,visitorName,
visitorSex,visitorPhone FROM VisitorMessage
WHERE visitorGroupName=' 北京 - 西班牙 '
    FOR READ ONLY
GO
```

2. T-SQL 扩展

T-SQL 扩展游标的语法如下：

```
DECLARE 游标名 CURSOR
[LOCAL | GLOBAL]
/* 游标作用域 */
[FORWORD_ONLY|SCROLL]
/* 游标移动方向 */
[STATIC|KEYSET|DYNAMIC|FAST_FORWARD]
/* 游标类型 */
[READ_ONLY|SCROLL_LOCKS|OPTIMISTIC]
/* 访问属性 */
[TYPE_WARNING]
/* 类型转换警告信息 */
FOR SELECT 语句
/*SELECT 查询语句 */
[FOR UPDATE[OF 列名 [,...]]]
/* 可修改的列 */
```

其中，针对上述参数的说明如下。

- 游标作用域：LOCAL 表示声明的游标

为局部游标，其作用域为创建它的批处理、存储过程或触发器对象。在这些对象的 OUTPUT 参数中，游标可以由局部游标变量引用，在这些对象终止时，该游标就自动释放。但是如果 OUTPUT 参数将游标传递回来，则游标仍可引用。GLOBAL 表示声明的游标为全局游标，它在由连接执行的任何存储过程或批处理中都可以使用，在连接释放时，游标自动释放。如果两者都未指定，则默认由 default to local cursor 数据库选项的设置控制。

- 游标移动方向：FORWARD_ONLY 表示游标只能从第一行滚动到最后一行，即该游标只能支持 FETCH 的 NEXT 提取选项。SCROLL 支持游标的所有移动。
- 游标类型：STATIC 指定游标为静态游标；DYNAMIC 指定游标为动态游标，这是默认值；FAST_FORWARD 表示定义一个快速只进游标；KEYSET 定义一个键集驱动游标。
- 访问属性：READ_ONLY 表示所声明的游标是只读的，不能通过该游标更新数据；SCROLL_LOCKS 说明通过游标完成的定位更新或定位删除可以成功。OPTIMISTIC 说明如果行自从被读入游标以来已得到更新，则通过游标进行的定位更新或定位删除不成功。如果声明中已指定 FAST_FORWARD，则不能指定 SCROLL_LOCKS 和 OPTIMISTIC。
- 类型转换警告信息：TYPE_WARNING 指定如果游标从所请求的类型隐性转换为另一种类型，则给客户端发送警告消息。
- SELECT 查询语句：查询语句，由该查询产生与所声明的游标相关联的结果集。
- 可修改的列：指出游标中可以更新的列，如果有参数 OF 列名，则只能修改给出的这些列，如果在 UPDATE 中没有指出列，则可以修改所有列。

【例 8-15】

定义一个 T-SQL 游标扩展声明，指定该游标是一个动态游标，可以前后滚动，可以针对指定的字段列修改。语句如下：

```
DECLARE YB_visitors2 CURSOR
    DYNAMIC
    FOR
            SELECT cardNumber,visitorName,visitorSex,visitorPhone FROM VisitorMessage WHERE
visitorGroupName=' 北京 - 西班牙 '
    FOR UPDATE OF visitorName,visitorPhone
GO
```

8.5.2 打开游标

声明游标后，需使用游标从中提取数据，提取数据前必须打开游标。语法如下：

```
OPEN{{[GLOBAL] 游标名 }| 游标变量名 }
```

其中，“游标名”表示要打开的游标名称；“游标变量名”表示引用一个游标；GLOBAL 说明打开的是全局游标，否则打开局部游标。

使用 OPEN 语句打开游标，执行游标定义语句中指定的 T-SQL 语句来填充游标，即生成与游标相关联的结果集。打开游标时有两种情况。

- 如果打开的是静态游标，那么将创建一个临时表以保存结果集。
- 如果打开的是键集驱动游标，那么将创建一个临时表以保存键集。临时表都存储在 tempdb 数据库中。

【例 8-16】

用以下语句打开上个例子创建的 YB_visitors2 游标：

```
OPEN YB_visitors2
```

8.5.3　读取游标

游标打开以后，可以使用FETCH语句从中读取数据。FETCH的基本语法如下：

```
FETCH
[ [NEXT|PRIOR|FIRST|LAST|ABSOLUTE n|@
nvar|RELATIVE n|@nvar ]/* 指定读取位置 */
FROM
]
[GLOBAL] cursor_name
[INTO @variable_name[,....]]
```

其中，上述主要参数说明如下。

- NEXT：读取当前行的下一行。如果是对游标的第一次提取操作，则读取的是结果集的第一行。
- PRIOR：读取当前行的前一行。如果是对游标的第一次提取操作，则无值返回且游标置于第一行之前。
- FIRST：读取游标中的第一行。
- LAST：读取游标中的最后一行。
- ABSOLUTE n|@nvar和RELATIVE n|@nvar：指定读取数据的位置与游标头或当前位置的关系。其中，n必须为整型常量，变量@nvar必须为smallint、tinyint或int类型。同时，将读取的行变成新的当前行。
    - 对于ABSOLUTE n|@nvar而言，如果n或@nvar为正数，则读取从游标头开始的第n行；如果n或@nvar为负数，则读取游标尾之前的第n行；如果n或@nvar为0，则没有行返回。
    - 对于RELATIVE n|@nvar而言，如果n或@nvar为正数，则读取当前行之后的第n行；如果n或@nvar为负数，则读取当前行之前的第n行；如果n或@nvar为0，则读取当前行。
    - 如果在对游标的第一次提取操作时n或@nvar为负数和0，则没有行返回。
- cursor_name：表示要从中提取数据的游标名。
- GLOBAL：全局游标。
- INTO：将读取的游标数据存放到指定的变量中。
- @variable_name：变量，存放指定的游标数据。

【例8-17】

创建名称为YB_VisitorCursor的游标，打开游标后读取游标的数据。步骤如下。

01 创建YB_VisitorCursor游标，该游标用于读取VisitorMessage表中年龄在25岁到35岁之间的数据，并且只显示cardNumber字段。语句如下：

```
DECLARE YB_VisitorCursor CURSOR
    SCROLL
    FOR
    SELECT cardNumber FROM VisitorMessage
WHERE visitorAge BETWEEN 25 AND 35
GO
```

02 通过OPEN语句打开YB_VisitorCursor游标：

```
OPEN YB_VisitorCursor
```

03 通过FETCH语句从游标中读取数据，例如第一行的数据、最后一行的数据、当前行的下一行数据等。读取语句如下：

```
FETCH FIRST FROM YB_VisitorCursor
FETCH RELATIVE 3 FROM YB_VisitorCursor
FETCH NEXT FROM YB_VisitorCursor
FETCH ABSOLUTE 4 FROM YB_VisitorCursor
FETCH NEXT FROM YB_VisitorCursor
FETCH LAST FROM YB_VisitorCursor
FETCH PRIOR FROM YB_VisitorCursor
SELECT * FROM VisitorMessage WHERE visitorAge
BETWEEN 25 AND 35
```

04 依次执行上述步骤，读取的结果如图8-18所示。通过图中结果的对比，可以很

明显地发现各个关键字的使用。

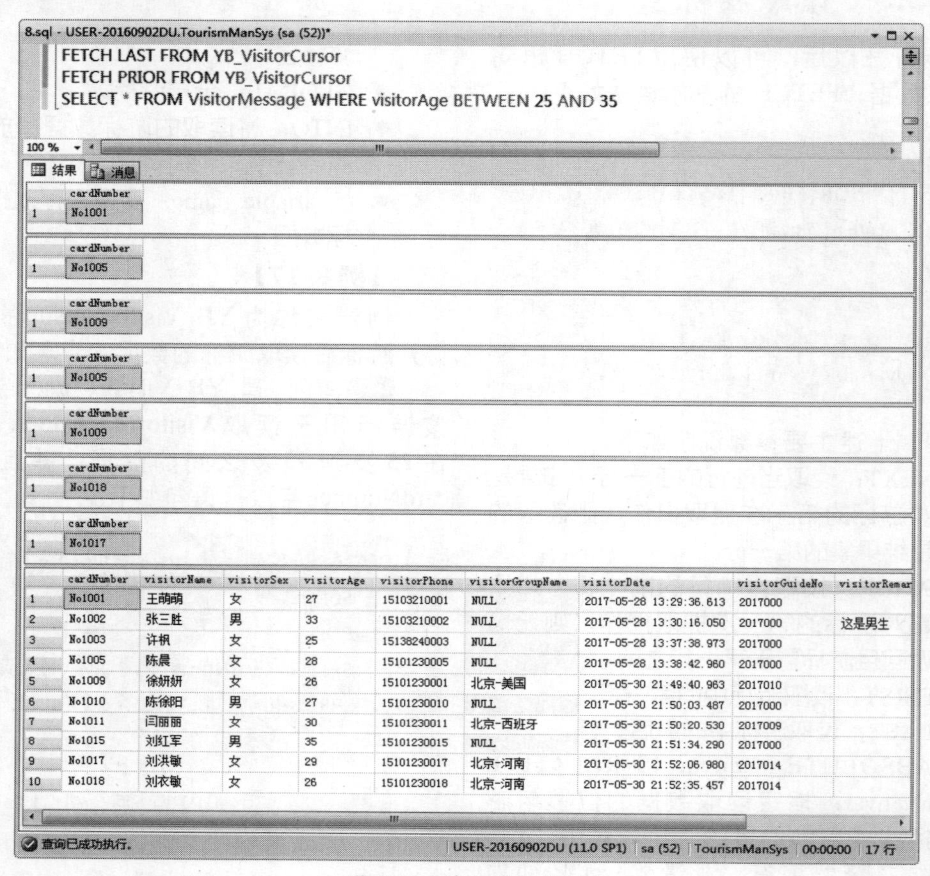

图 8-18　读取游标数据

【例 8-18】

在读取游标数据时，可以将读取的数据赋值给变量。步骤如下。

01 声明 nvarchar(10) 类型的 @cardNumber 变量，语句如下：

```
DECLARE @cardNumer nvarchar(10)
```

02 读取从游标头开始的第 3 行数据，并将读取的结果赋予 @cardNumber 变量。语句如下：

```
FETCH ABSOLUTE 3 FROM YB_VisitorCursor INTO @cardNumer
```

03 查询 @cardNumber 变量的值，并为读取的结果指定别名。语句如下：

```
SELECT @cardNumer AS ' 编号 '
```

04 从 VisitorMessage 表中读取年龄在 25 岁到 35 岁之间的游客信息。语句如下：

```
SELECT *  FROM VisitorMessage WHERE visitorAge BETWEEN 25 AND 35
```

05 执行上述内容，结果如图 8-19 所示。

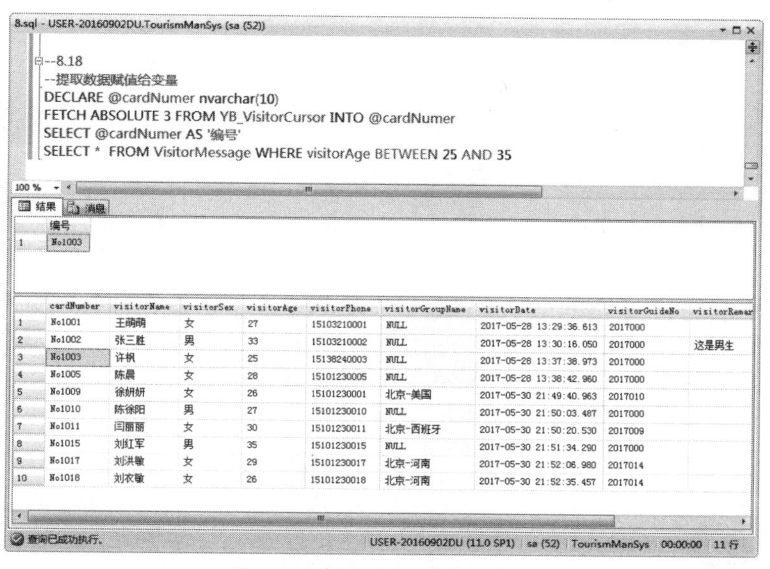

图 8-19 提取数据赋值给变量

用户可以通过检测全局变量 @@FETCH_STATUS 的值，获得提取状态信息，该状态用于判断 FETCH 语句返回数据的有效性。当执行一条 FETCH 语句之后，@@FETCH_STATUS 可能出现 3 种值：0 表示 FETCH 语句成功。–1 表示 FETCH 语句失败或行不在结果集中。–2 表示提取的行不存在。

【例 8-19】

@@FETCH_STATUS 全局变量获取的状态值可以帮你判断提取数据的成功与否。以下代码演示 @@FETCH_STATUS 全局变量的使用：

```
DECLARE @cardNumber2 nvarchar(10)
FETCH ABSOLUTE 3 FROM YB_VisitorCursor INTO @cardNumber2
WHILE @@FETCH_STATUS=0 -- 提取成功，进行下一条数据的提取操作
BEGIN
  SELECT @cardNumber2 AS ' 编号 '
  FETCH NEXT FROM YB_VisitorCursor INTO @cardNumber2 -- 移动游标
END
```

以上代码首先声明 @cardNumber2 变量，将从 YB_VisitorCursor 中读取的值赋予 @cardNumber2 变量，然后通过 @@FETCH_STATUS 全局变量判断是否提取成功，如果成功执行 WHILE 语句，循环进行下一条数据的提取操作。

8.5.4 关闭游标

游标在使用完之后要及时关闭，关闭游标需要使用 CLOSE 语句。基本格式如下：

```
CLOSE {{[GLOBAL] 游标名 }|@ 游标变量名 }
```

上述说法中的参数与 OPEN 语句中的相同，这里不再详细解释说明。

【例 8-20】

以下语句将关闭游标 YB_VisitorCursor：

```
CLOSE YB_VisitorCursor
```

8.5.5 删除游标

游标关闭以后，其定义仍然存在，需要时可用 OPEN 语句打开再次使用。如果确认游标不再需要，需要释放其定义占用的系统空间，即删除游标。删除游标使用 DEALLOCATE 语句，基本格式如下：

```
DEALLOCATE {{[GLOBAL] 游标名 }|@ 游标变量名 }
```

上述语句参数的含义与 OPEN 语句中的相同，这里不再详细解释。

【例 8-21】

用以下语句删除游标 YB_VisitorCursor：

```
DEALLOCATE YB_VisitorCursor
```

【例 8-22】

用户在删除游标前可以先判断该游标是否存在，如果存在则进行删除。语句如下：

```
IF CURSOR_STATUS('GLOBAL','YB_VisitorCursor')
<>-3
BEGIN
  DEALLOCATE YB_VisitorCursor
END
```

上述语句使用 CURSOR_STATUS() 标量函数判断游标是否存在，同时可以检测游标的状态。该函数允许存储过程的调用方确定针对一个给定参数，该过程是否返回游标和结果集。CURSOR_STATUS() 函数的基本格式如下：

```
CURSOR_STATUS (
  { LOCAL, 'cursor_name' }
  | { 'GLOBAL' , 'cursor_name' }
  | { 'VARIABLE' , 'cursor_variable' }
)
```

其中，上述语法的参数说明如下。

- LOCAL：指定一个常量，该常量表明游标的源是一个本地游标名。
- cursor_name：游标名。
- GLOBAL：指定一个常量，该常量表明游标的源是一个全局游标名。
- VARIABLE：指定一个常量，该常量表明游标的源是一个本地变量。
- cursor_variable：游标变量的名称。必须使用 cursor 数据类型定义游标变量。

CURSOR_STATUS() 标量函数的返回类型为 smallint，其返回值及其说明如表 8-2 所示。

表 8-2 CURSOR_STATUS() 标量函数的返回值及其说明

返 回 值	游 标 名	游标变量
1	游标的结果集至少有一行，并且对于不感知游标和键集游标，结果集至少有一行。对于动态游标，结果集可以有零行、一行或多行	分配给该变量的游标已经打开，并且对于不感知游标和键集游标，结果集至少有一行。对于动态游标，结果集可以有零行、一行或多行
0	游标的结果集为空	分配给该变量的游标已经打开，然而结果集肯定为空
-1	游标被关闭	分配给该变量的游标被关闭

（续表）

返回值	游标名	游标变量
−2	不可用	可以是先前调用的过程并没有将游标指派给OUTPUT变量。先前调用的过程给OUTPUT变量指派了游标，然而在过程结束时，游标处于关闭状态。因此，游标被释放，并且没有返回给调用过程。没有将游标指派给已声明的游标变量
−3	带有指定名称的游标不存在	带有指定名称的游标变量并不存在，或即使存在这样一个游标变量，但并没有给它分配游标

除了 CURSOR_STATUS() 标量函数外，开发者还可以通过 SELECT 语句查询指定的游标是否存在，但是并不能检测状态。SELECT 语句如下：

```
SELECT * FROM MASTER.dbo.syscursors WHERE cursor_name=' 游标名称 '
```

8.6　实践案例：利用游标更新和删除数据

FETCH 语句可以从游标中读取数据，那么用户能不能修改和删除游标中的数据呢？答案是肯定的。

游标修改当前数据需要用到 UPDATE 语句，语法如下：

```
UPDATE 基表名 SET 列名 = 值 [,...] WHERE Current of 游标名  -- 游标修改当前数据语法
```

游标删除当前数据需要用到 DELETE 语句，语法如下：

```
DELETE 基表名  WHERE Current of 游标名  -- 游标删除当前数据语法
```

如何针对游标中的数据修改和删除呢？下面通过一个简单的案例进行介绍，主要步骤如下。

01 创建名称为 YB_Visitorcursor2 的游标，该游标用于读取 VisitorMessage 表中游客性别为男的编号、姓名和手机号码，在创建游标之前首先判断该游标是否存在。语句如下：

```
IF EXISTS  (SELECT * FROM MASTER.dbo.syscursors WHERE cursor_name='YB_Visitorcursor2')
    DEALLOCATE YB_Visitorcursor2
GO
DECLARE YB_Visitorcursor2 CURSOR
    SCROLL
    FOR
            SELECT cardNumber,visitorName,visitorPhone FROM VisitorMessage WHERE visitorSex=' 男 '
    FOR UPDATE OF visitorPhone
GO
```

02 用 OPEN 语句打开游标 YB_Visitorcursor2：

```
OPEN YB_Visitorcursor2
```

03 为了方便用户针对数据的修改和删除，用户可以先通过 SELECT 语句查询游标中存储的符合条件的游客。语句及其查询结果如图 8-20 所示。

```
GO
--打开游标
OPEN YB_Visitorcursor2
--通过SELECT语句获取游标中存储的符合条件的内容
SELECT * FROM VisitorMessage WHERE visitorSex='男'
```

	cardNumber	visitorName	visitorSex	visitorAge	visitorPhone	visitorGroupName	visitorDate	visitorGuideNo	visitorRemar
1	No1002	张三胜	男	33	15103210002	NULL	2017-05-28 13:30:16.050	2017000	这是男生
2	No1007	徐一铭	男	22	15101230008	北京-美国	2017-05-30 21:48:58.597	2017010	
3	No1008	徐一展	男	23	15101230009	北京-美国	2017-05-30 21:49:16.563	2017010	
4	No1010	陈徐阳	男	27	15101230010	NULL	2017-05-30 21:50:03.487	2017000	
5	No1012	闫君豪	男	36	15101230012	北京-西班牙	2017-05-30 21:50:38.700	2017009	
6	No1013	闫路军	男	55	15101230013	北京-西班牙	2017-05-30 21:50:55.083	2017009	
7	No1014	闫路明	男	56	15101230014	北京-西班牙	2017-05-30 21:51:11.930	2017009	
8	No1015	刘红军	男	35	15101230015	NULL	2017-05-30 21:51:34.290	2017000	
9	No1016	刘建军	男	38	15101230016	NULL	2017-05-30 21:51:47.950	2017000	

查询已成功执行。 USER-20160902DU (11.0 SP1) | sa (52) | TourismManSys | 00:00:00 | 9 行

图 8-20 操作数据之前的内容

04 声明游标提取数据所需要存放的变量，并且从游标中读取数据并进行赋值，如果提取数据成功，进行下一条数据的提取，在 WHILE 语句中通过 IF 语句判断 @cardNum 变量的值，根据不同的值分别执行更改和删除数据的操作。完整语句如下：

```
-- 声明游标提取数据所要存放的变量
DECLARE @cardNum nvarchar(10) ,@visitorName varchar(20),@visitorPhone nvarchar(20)
-- 定位游标到哪一行，INTO 的变量数量必须与游标查询结果集的列数相同
FETCH FIRST FROM YB_Visitorcursor2 INTO @cardNum,@visitorName,@visitorPhone
WHILE @@FETCH_STATUS=0 -- 提取成功，进行下一条数据的提取操作
BEGIN
    IF @cardNum='No1008'
            BEGIN
                    UPDATE VisitorMessage SET visitorPhone='150XXXX0001' WHERE CURRENT OF  YB_
Visitorcursor2 -- 修改当前行
            END
    IF @cardNum='No1007'
            BEGIN
                    DELETE VisitorMessage WHERE CURRENT OF  YB_Visitorcursor2  -- 删除当前行
            END
    FETCH NEXT FROM YB_Visitorcursor2 INTO @cardNum,@visitorName,@visitorPhone  -- 移动游标
END
```

05 执行上述语句代码查看结果，为了进一步验证更新和删除数据是否成功，可以重新操作 SELECT 语句查询数据，语句及其结果如图 8-21 所示。

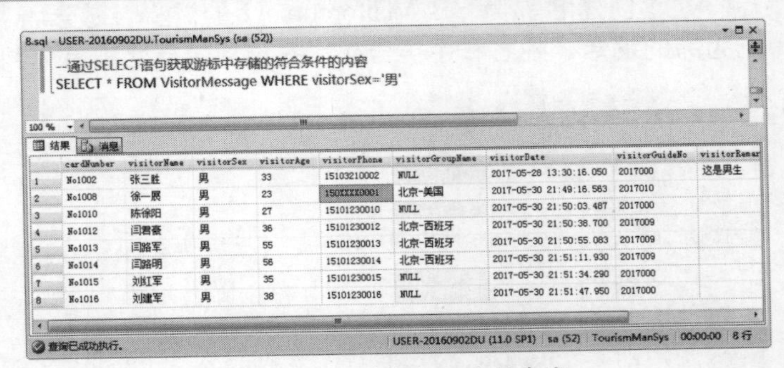

图 8-21 操作数据之后的内容

06 游标使用完毕后根据需要进行关闭或删除。这里关闭游标 YB_Visitorcursor2：

```
CLOSE YB_Visitorcursor2
```

SQL Server 数据库

8.7 练习题

1. 填空题

(1) 在 SQL Server 2016 中的视图可以分为 ________、分区视图和系统视图 3 种。

(2) 创建视图需要使用 ________ 语句。

(3) 使用 ________ 存储过程可以显示规则、默认值、未加密的存储过程、自定义函数、触发器或视图的文本。

(4) 如果需要对视图的名称重新命名，可以使用 ________ 语句。

(5) 声明游标时，如果将游标类型设置为 ________，表示定义一个快速只进游标。

(6) 如果需要读取游标中的数据，那么需要用到 ________ 语句。

(7) ________ 标量函数判断游标是否存在，同时可以检测游标的状态。

二、选择题

(1) 关于视图的说明，下面选项 ________ 是正确的。

A．视图可以基于一个表或者多个表进行创建，但是只能针对视图中的数据进行读取，不能执行其他操作，例如添加、删除和修改

B．视图可以使程序与数据独立，如果应用建立在数据库表上，当表发生变化时可在表上建立视图，通过视图屏蔽表的变化，从而应用程序可以不动

C．视图只能基于一个表进行创建，同时可以对视图中的数据执行增删改查操作

D．用户如果要修改视图中的数据，那么必须在 SELECT 列表中包含 DISTINCT 或者 HAVING 子句

(2) ________ 语句用于删除视图。

A．CREATE VIEW　　B．ALTER VIEW

C．DROP VIEW　　D．DELETE VIEW

(3) 关于向视图中插入数据的说明，下面选项 ________ 是正确的。

A．使用 INSERT 语句进行数据插入的视图并不要求能够在基表中插入数据

B．使用 INSERT 语句进行数据插入时，视图必须包含基表中的所有列，否则将失败

C．对于由多个基表连接而成的视图，一个插入操作可作用于一个或多个基表

D．不能在使用 DISTINCE、GROUP BY 或 HAVING 语句的视图中插入数据

(4) 打开游标需要用到 ________ 语句。

A．OPEN UP　　B．OPEN　　C．TURN ON　　D．SWITCH

(5) 关于读取游标数据时的说明，不正确的是 ________。

A．使用 PRIOR 读取当前行的前一行。如果是对游标的第一次提取操作，则无值返回且游标置于第一行之前

B．使用 NEXT 读取当前行的下一行。如果是对游标的第一次提取操作，则读取的是结果集的第一行

C．使用 RELATIVE n|@nvar 表示读取当前行之后的第 n 行

D．读取游标时，INTO 表示将读取的游标数据存放到指定的变量中

(6) 删除游标可以使用 ________ 语句。

A．DEALLOCATE　　B．DELETE　　C．DROP　　D．从上均可

(7) 如果需要加密视图的定义文本，可以在创建视图时使用 ________ 子句。

A．WITH CHECK OPTION　　B．WITH SCHEMABINDING
C．WITH NOCHECK　　D．WITH ENCRYPTION

上机练习 1：熟练掌握视图的基本操作

假设超市管理系统数据库 SupermarkMemSys 中包含 ProductSaleMessage(商品销售表)、UserMessage(会员表)、ProductMessage(商品表)以及 ProductType(商品分类表)。这些表的简单说明如下。

- ProductSaleMessage 表：包含 saleNo(销售单号)、saleDate(销售日期)、saleProductNo(商品编号)、saleMemberNo(会员编号)以及 saleNumber(销售数量)字段，其中 saleProductNo 对应 ProductMessage 表，saleMemberNo 对应 UserMessage 表。
- UserMessage 表：包含 userNo(会员编号)、userName(姓名)、userSex(性别)、userAge(年龄)、userCardNo(身份证号)、userAddress(居住地址)、userWorkYear(工作年限)、userPhone(联系方式)、userWorkState(工作状态)、userAddDate(入职日期)等字段。
- ProductMessage 表：包含 proNo(商品编号)、proName(名称)、proTypeId(类型 id)、proRealPrice(实际价格)、proSalePrice(售价)、proMethod(计算单位)、proIsOn(是否上架)、proOnDate(上架时间)、proOffDate(下架使劲按)字段。其中，proTypeId 对应 ProductType 表。
- ProductType 表：包含 typeId、typeName、typeRemark 字段。

如果上述表不存在，读者需要根据上述说明进行创建，并且向表中添加数据。然后根据需要执行以下操作。

01 创建名称为 V_ProductSaleView 的视图，该视图用于获取商品销售信息，包含销售单号、销售日期、商品编号、商品名称、会员编号、会员名称、销售数量、售价、商品总价等信息。

02 创建名称为 V_ProductDetailsInfo 的视图，该视图用户获取商品基本信息，包含商品编号、名称、类型 Id、类型名称、实际价格、售价等信息。

03 执行前两步的操作，分别读取 V_ProductSaleView 视图和 V_ProductDetailsInfo 视图中的数据。

04 将名称为 V_ProductSaleView 的视图更改为名称 V_ProductSaleInfo。

05 删除名称为 V_ProductSaleInfo 的视图。

06 在 V_ProductDetailsInfo 视图中分别执行数据添加、修改和删除操作。

上机练习 2：熟练掌握游标的基本操作

在前面上机练习 1 的基础上演示游标的具体使用，这里不做具体要求，读者可以根据需要编写执行语句，但是读者必须实现对游标中数据的读取、更新和删除操作功能。

第 9 章

存储过程

存储过程 (Stored Procedure) 是在大型数据库系统中，一组为了完成特定功能的 SQL 语句集，经编译后存储在数据库中，用户通过指定存储过程的名字并给出参数 (如果该存储过程带有参数) 来执行它。在 SQL Server 中可以自定义存储过程，也可以使用系统内置的存储过程。

简单来说，存储过程可以理解成数据库的子程序，在客户端和服务器端可以直接调用它。本章将会向读者详细介绍存储过程的知识，例如存储过程的分类、常用的系统存储过程、无参存储过程和有参存储过程的创建与使用等。

本章学习要点

◎ 了解存储过程的优点和类型
◎ 掌握常用的一些系统存储过程
◎ 掌握如何调用存储过程
◎ 掌握如何创建常见的几种存储过程
◎ 掌握查看存储过程的方法
◎ 掌握如何修改和删除存储过程
◎ 掌握如何创建带参数的存储过程
◎ 掌握 OUTPUT 关键字的使用
◎ 掌握存储过程如何实现分页

9.1 什么是存储过程

简单来说，存储过程是一组由 T-SQL 语句组成的程序，执行速度比普通 T-SQL 语句更快，并且拥有可重用性，方便数据的查询。本节分别通过存储过程的优点、存储过程的分类和系统存储过程 3 个方面进行介绍。

9.1.1 存储过程的优点

在 SQL Server 2016 中，使用 T-SQL 语句可编写存储过程。存储过程可以接收输入参数、调用数据定义语言语句和数据操作语言语句，返回输出参数，如输出参数可以是表格或标量结果、消息等。

用户使用存储过程具有以下优点。

- 存储过程在服务器端运行，执行速度快。
- 存储过程执行一次，就驻留在高速缓冲存储器。在以后的操作过程中，只需从高速缓冲存储器中调用已经编译好的二进制代码执行，提供系统性能。
- 使用存储过程可以完成所有的数据库操作，并且可以通过编程方式控制对数据库信息访问的权限，确保数据库安全。
- 自动完成需要预先执行的任务。存储过程可以在 SQL Server 启动时自动执行，而不必在系统启动后再进行手工操作，大大方便了用户的使用，可以自动完成一些需要预先执行的任务。

9.1.2 存储过程的分类

存储过程是一个被命名并存储在服务器上的 T-SQL 语句的集合，是封装重复性工作的一种方法，支持用户声明的变量、条件执行和其他强大的编程功能。

在 SQL Server 2016 中有多种可用的存储过程，下面主要介绍系统存储过程、扩展存储过程和用户存储过程。

1. 系统存储过程

系统存储过程是由 SQL Server 提供的存储过程，可以作为命令执行。系统存储过程主要存储在系统数据库 master 中，其前缀是“sp_”。系统存储过程主要从系统表中获取信息，从而为 SQL Server 系统管理员提供支持。

2. 扩展存储过程

扩展存储过程是指在 SQL Server 环境之外，使用编程语言(例如 C# 语言)创建的外部例程形成的动态链接库(Dynamic-Link Libraries，DLL)。使用时，先将 DLL 加载到 SQL Server 中，并且按照使用系统存储过程的方法执行。

扩展存储过程在 SQL Server 实例地址空间中运行，通过前缀“xp_”来标识。但是因为扩展存储过程不易撰写，而且可能会引发安全性问题，因此微软可能会在未来的 SQL Server 中删除这一功能，本书将不详细介绍扩展存储过程。

3. 用户存储过程

用户存储过程由用户编写，是指封装了可重用代码的模块或者例程。用户存储过程可以使用 T-SQL 语言编写，也可以使用 CLR 方式编写。

(1)T-SQL 存储过程。

在本书中，T-SQL 存储过程就称为存储过程。存储过程保存 T-SQL 语句集合，可以接收和返回用户提供的参数。存储过程可以包含根据客户端应用程序提供的信息，以及在一个或多个表中插入新行所需的语句。存储过程也可以从数据库向客户端应用程序返回数据。

例如，电子商务 Web 应用程序可能根据联机用户指定的搜索条件，使用存储过程返回有关特定产品的信息。

(2)CLR 存储过程。

CLR 存储过程是对 Microsoft .NET Framework 公共语言运行时 (CLR) 方法的引用，可以接收和返回用户提供的参数。

9.1.3 系统存储过程

系统存储过程允许系统管理员执行修改系统表的数据管理任务，可以在任何一个数据库中执行。SQL Server 2016 提供许多系统存储过程，通过执行系统存储过程，可以实现一些比较复杂的操作。大体上，可以将系统存储过程分为如表 9-1 所示的几类。

表 9-1 系统存储过程分类

类 型	说 明
活动目录存储过程	用于在 Windows 的活动目录中注册 SQL Server 实例和 SQL Server 数据库
目录访问存储过程	用于实现 ODBC 数据字典功能，并且隔离 ODBC 应用程序，使之不受基础系统表更改的影响
游标存储过程	用于实现游标变量功能
数据库引擎存储过程	用于 SQL Server 数据库引擎的常规维护
分布式查询存储过程	用于实现和管理分布式查询
全文搜索存储过程	用于实现和查询全文索引
日志传送存储过程	用于配置、修改和见识日志传送配置
自动化存储过程	用于在 T-SQL 批处理中使用 OLE 自动化对象
通知服务存储过程	用于管理 SQL Server 2016 系统的通知服务
复制存储过程	用于管理复制操作
安全性存储过程	用于管理安全性
Profile 存储过程	在 SQL Server 代理中用于管理计划和事件驱动活动
Web 任务存储过程	用于创建网页
XML 存储过程	用于 XML 文本管理

虽通过系统存储过程，SQL Server 中许多管理性或者信息性的活动都可以被顺利有效地完成。尽管这些系统存储过程被放在 master 数据库中，但是仍然可以在其他数据库中对其进行调用，在调用时不必在存储过程名前加上数据库名。而且，当创建一个数据库时，一些系统存储过程会在新数据库中被自动创建。

例如，表 9-2 列出了 SQL Server 2016 中常用的系统存储过程，这些存储过程用于对 SQL Server 2016 实例进行常规维护。

表 9-2 常用系统存储过程

sp_add_data_file_recover_suspect_db	sp_help	sp_recompile
sp_addextendedproc	sp_helpconstraint	sp_refreshview
sp_addextendedproperty	sp_helpdb	sp_releaseapplock
sp_add_log_file_recover_suspect_db	sp_helpdevice	sp_rename
sp_addmessage	sp_helpextendedproc	sp_renamedb

（续表）

sp_addtype	sp_helpfile	sp_resetstatus
sp_addumpdevice	sp_helpfilegroup	sp_serveroption
sp_altermessage	sp_helpindex	sp_setnetname
sp_autostats	sp_helplanguage	sp_settriggerorder
sp_attach_db	sp_helpserver	sp_spaceused
sp_attach_single_file_db	sp_helpsort	sp_tableoption
sp_bindefault	sp_helpstats	sp_unbindefault
sp_bindrule	sp_helptext	sp_unbindrule
sp_bindsession	sp_helptrigger	sp_updateextendedproperty
sp_certify_removable	sp_indexoption	sp_updatestats
sp_configure	sp_invalidate_textptr	sp_validname
sp_control_plan_guide	sp_lock	sp_who
sp_create_plan_guide	sp_monitor	sp_createstats
sp_create_removable	sp_procoption	sp_cycle_errorlog
sp_datatype_info	sp_detach_db	sp_executesql
sp_dbcmptlevel	sp_dropdevice	sp_getapplock
sp_dboption	sp_dropextendedproc	sp_getbindtoken
sp_dbremove	sp_dropextendedproperty	sp_droptype
sp_delete_backuphistory	sp_dropmessage	sp_depends

9.2 调用存储过程

无论是系统存储过程还是用户创建的存储过程，都需要进行调用。否则，这些存储过程将没有任何存在的意义，本节详细介绍如何调用存储过程，并以常用的系统存储过程为例进行介绍。

9.2.1 调用语法介绍

存储过程与自定义的函数一样，都需要调用。在 SQL Server 2016 中可以使用 EXECUTE 语句执行存储过程，EXECUTE 可以直接简写为 EXEC。语法格式如下：

```
[[EXEC[USE]]
{
  [@return_status=]
  {procedure_name[;number]|@procedure_name_var}
    [[@parameter=]{value|@variable[OUTPUT]|
[DEFAULT]
}
[,...n]
[WITH RECOMPILE]
```

其中，常用参数及其说明如下。

- @return_status：可选的整型变量，存储模块的返回状态。这个变量在用于

EXECUTE 语句前，必须在批处理、存储过程或函数中声明过。

- procedure_name：表示存储过程名称。
- @procedure_name_var：表示局部定义的变量名。用于保存存储过程或用户定义函数的名称。
- @parameter 和 value：分别表示参数名和参数值。为 CREATE PROCEDURE 或 CREATE FUNCTION 语句中定义的参数名，value 为实参，如果省略 @parameter 参数，则后面的实参顺序要与定义时参数的顺序一致。在使用 @parameter=value 格式时，参数名称和实参不必按在存储过程或函数中定义的顺序提供。但是，如果任何参数使用 @parameter= value 格式，则对后续的所有参数必须使用该格式。
- @variable：用来存储参数或返回参数的变量。用于保存 OUTPUT 参数返回的值。
- DEFAULT　DEFAULT 关键字：表示不提供实参，而是使用对应的默认值。

用户在执行存储过程时需要注意以下两点。

- 如果存储过程名称的前缀是“sp_”，SQL Server 会首先在 master 数据库中寻找符合该名称的系统存储过程。如果没有找到合法的过程名，SQL Server 才会寻找架构名称为 dbo 的存储过程。
- 在执行存储过程时，如果语句是批处理中的第一个语句，则不一定要指定 EXEC 或者 EXECUTE 关键字。

9.2.2　常用系统存储过程

简单了解过调用存储过程的基本语法后，下面以表 9-2 中的常用系统存储过程为例进行介绍。

1. sp_helpdb 存储过程

sp_helpdb 存储过程用于报告有关指定数据库或所有数据库的信息，语法格式如下：

```
sp_helpdb [ [ @dbname= ] 'name' ]
```

其中，@dbname 参数用于指定数据库名称。

【例 9-1】

用以下语句显示有关运行 SQL Server 的服务器上的所有数据库的信息：

```
EXEC sp_helpdb
```

【例 9-2】

如果要返回单个数据库的信息，可以在 sp_helpdb 后面跟数据库名称。用以下语句显示有关数据库 master 的信息：

```
EXEC sp_helpdb master
```

2. sp_who 存储过程

sp_who 存储过程用于查看当前用户、会话和进程的信息。该存储过程可以筛选信息以便只返回那些属于特定用户或特定会话的非空闲进程。语法格式如下所示：

```
sp_who [ [ @loginame = ] 'login' | session ID |
'ACTIVE' ]
```

其中，login 用于标识属于特定登录名的进程，session ID 是属于 SQL Server 实例的会话标识号，ACTIVE 排除正在等待用户发出下一个命令的会话。

【例 9-3】

用以下语句查看 TourismManSys 数据库中所有的当前用户信息：

```
USE TourismManSys
GO
EXEC sp_who
```

【例 9-4】

用户可以通过登录名查看有关单个当前用户的信息。例如，查看 sa 用户的信息，语句如下：

```
USE TourismManSys
EXEC sp_who sa
GO
```

3. sp_configure 存储过程

sp_configure 存储过程显示或更改当前服务器的全局配置设置。语法形式如下：

```
sp_configure [ [ @configname = ] 'name' ]
  [ , [ @configvalue = ] 'value' ]
```

上述参数及其说明如下。

- [@configname =] 'name'：配置选项的名称。name 的数据类型为 varchar(35)，默认值为 NULL。SQL Server 理解作为配置名称一部分的任何独特的字符串。如果没有指定，则返回整个选项列表。
- [@configvalue =] value：新的配置设置。value 的数据类型为 int，默认值为 NULL。

【例 9-5】

如果要显示高级配置选项，需要先将 show advanced option 设为 1。用以下语句显示如何设置并列出所有的配置选项：

```
USE master
EXEC sp_configure 'show advanced option', '1'
```

执行上述语句，更改成功的提示如下：

```
更改后，执行不带参数的 sp_configure 可以显示所有的配置选项。
```

更改配置选项成功后，执行不带参数的 sp_configure 可以显示所有的配置选项。如下所示：

```
RECONFIGURE
EXEC sp_configure
```

【例 9-6】

用以下语句将系统恢复间歇设置为3分钟：

```
USE master
EXEC sp_configure 'recovery interval', '3'
RECONFIGURE WITH OVERRIDE
```

9.3 创建存储过程

简单了解过系统存储过程和调用之后，本节详细了解存储过程的创建，首先从语法和创建注意事项开始介绍，接着分别介绍如何创建普通存储过程、加密存储过程和临时存储过程。

9.3.1 创建语法和限制

存储过程只能在当前数据库中定义，可以使用 T-SQL 命令或 SQL Server Management Studio 图形界面工具创建。在 SQL Server 中创建存储过程，必须具有相应的创建权限。

1. 创建语法

CREATE PROCEDURE 的基本语法如下：

```
CREATE PROC[EDURE]procedure_name[;number]
[{@parameter data_type}
[VARYING][=default][OUTPUT]][,...n]
[WITH
{RECOMPILE|ENCRYPTION|RECOMPILE,ENCRYPTION}]
[FOR REPLICATION]
AS sql_statement[...n]
```

上述主要参数的说明如下。

- procedure_name：用于指定存储过程的名称。
- number：用于指定对同名的过程分组。
- @parameter：用于指定存储过程中的参数。
- data_type：用于指定参数的数据类型。
- VARYING：指定作为输出参数支持的结果集，仅适用于游标参数。
- default：用于指定参数的默认值。
- OUTPUT：指定参数是输出参数。

- RECOMPILE：指定数据库引擎不缓存该过程的计划，该过程在运行时编译。
- ENCRYPTION：指定SQL Server加密syscomments表中包含CREATE PROCEDURE语句文本的条目。
- FOR REPLICATION：指定不能在订阅服务器上执行为复制创建的存储过程。
- <sql_statement>：要包含在过程中的一个或者多个T-SQL语句。

注意

在命名自定义存储过程时，建议不要使用"sp_"作为名称前缀，因为"sp_"前缀是用于标识系统存储过程的。如果指定的名称与系统存储过程相同，由于系统存储过程的优先级高，那么自定义的存储过程永远也不会执行。

2. 注意事项

在创建存储过程时需要注意以下几点。

- 用户定义的存储过程只能在当前数据库中创建。存储过程名称存储在sysobjects系统中，而语句的文本存储在syscomments中。
- SQL Server启动时可以自动执行一个或多个存储过程，这些存储过程必须由系统管理员在master数据库中创建，并在sysadmin固定服务器角色下作为后台过程执行，这些过程不能有任何输入参数。
- CREATE PROCEDURE的权限默认授予sysadmin固定服务器角色成员、db_owner和db_ddladmin固定数据库角色成员。sysadmin固定服务器角色成员和db_owner固定服务器角色成员可以将CREATE PROCEDURE权限转让给其他用户。

3. SQL语句的限制

理论上，CREATE PROCEDURE定义自身可以包括任意数量和类型的SQL语句。但是有一些语句可能会使存储过程在执行时造成程序逻辑上的混乱，所以禁止使用这些语句，具体如表9-3所示。

表9-3　CREATE PROCEDURE定义中不能出现的语句

CREATE AGGREGATE	CREATE RULE
CREATE DEFAULT	CREATE SCHEMA
CREATE 或者 ALTER FUNCTION	CREATE 或者 ALTER TRIGGER
CREATE 或者 ALTER PROCEDURE	CREATE 或者 ALTER VIEW
SET PARSEONLY	SET SHOWPLAN_ALL
SET SHOWPLAN_TEXT	SET SHOWPLAN_XML
USE Database_name	

另外，在创建存储过程时，在CREATE TABLE、ALETER TABLE、DROP TABLE、TURNCATE TABLE、CREATE INDEX、DROP INDEX、UPDATE STATISTICS及其DBCC语句中，必须使用对象的架构名对数据库对象进行限定。

9.3.2　普通存储过程

了解过存储过程的创建语法以后，本小节及后面的小节为大家介绍不带参数的存储过程的创建。

【例9-7】

要创建一个用于从数据库TourismManSys获取导游简要信息的存储过程，包括编号、姓名、

年龄、职位和带团路线。语句如下：

```
USE TourismManSys
GO
CREATE PROCEDURE Proc_GuideMessage
AS
BEGIN
    SELECT guideNo,guideName,guideAge,guide
Position,way FROM GuideMessage
END
```

上述语句执行后会在 TourismManSys 数据库的 GuideMessage 表上创建名为 Proc_GuideMessage 的存储过程，在 BEGIN END 语句块中是存储过程包含的语句，这里仅使用了一个 SELECT 语句。

存储过程创建以后需要执行，语句如下：

```
EXEC Proc_GuideMessage
```

如果 Proc_GuideMessage 存储过程是批处理的第一条处理语句，那么可以直接使用该存储过程，省略 EXEC。语句如下：

```
Proc_GuideMessage
```

提示

在实际应用程序中，存储过程可能会包含更为复杂的业务逻辑处理，例如指定查询条件、联合查询多个表的数据、查询结果需要用到聚合函数、数据插入后再次执行查询等，在本章中作为示例仅包含了最简单的 SELECT 语句。

【例 9-8】

可以像创建数据表、视图那样，在创建存储过程时先判断存储过程是否存在，如果存在则删除。判断语句如下：

```
IF EXISTS (SELECT * FROM sys.objects WHERE
name = 'Proc_GuideMessage')
    DROP PROC Proc_GuideMessage
GO
```

9.3.3 加密存储过程

如果需要对创建的存储过程进行加密，仍然需要使用 CREATE PROCEDURE 则可以使用 WITH ENCRYPTION 子句。加密后的存储过程将无法查看其文本信息。

【例 9-9】

创建一个加密的存储过程，该存储过程联合查询导游表 GuideMessage 和游客表 VisitorMessage，获取导游带领的游客信息，并显示导游编号、导游姓名、游客姓名、游客编号、游客年龄、游客手机号。在创建存储过程之前，首先判断该存储过程是否存在。完整语句如下：

```
IF EXISTS (SELECT * FROM sys.objects WHERE
name = 'Proc_GuideVisitorMessage')
    DROP PROC Proc_GuideVisitorMessage
GO
CREATE PROCEDURE Proc_GuideVisitorMessage
WITH ENCRYPTION
AS
BEGIN
    SELECT g.guideNo,g.guideName, v.visitorName,v.
cardNumber,v.visitorAge,v.visitorPhone
            FROM GuideMessage g JOIN
VisitorMessage v
            ON g.guideNo=v.visitorGuideNo
END
```

在上述语句中，首先指定存储过程名称 Proc_GuideVisitorMessage，然后使用 WITH ENCRYPTION 子句对其加密，最后定义 SELECT 查询语句。

在 Proc_GuideVisitorMessage 存储过程创建完成后，如果使用以下语句查看其内容信息：

```
EXEC sp_helptext Proc_GuideVisitorMessage
```

在执行结果中会看到提示文本已加密，如图 9-1 所示。从图 9-1 中可以看到，刚才

创建的存储过程 Proc_GetNameAndClass 的图标上带有一个钥匙标记，说明该存储过程是一个加密存储过程。

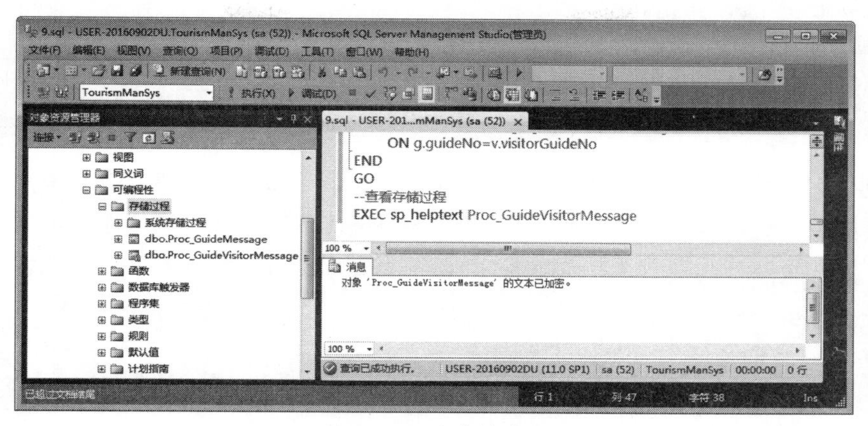

图 9-1　加密存储过程

9.3.4　临时存储过程

临时存储过程又分为本地临时存储过程和全局临时存储过程。与创建临时表类似，通过给名称添加“#”和“##”前缀的方法进行创建。其中“#”表示本地临时存储过程，“##”表示全局临时存储过程。SQL Server 关闭后，这些临时存储过程将不复存在。

【例 9-10】

创建一个临时的存储过程，该存储过程获取导游带领的游客信息，存储过程的结果来源于导游表 GuideMessage 和游客表 VisitorMessage。创建语句如下：

```
CREATE PROCEDURE #Proc_GuideVisitorMessage
AS
BEGIN
    SELECT g.guideNo,g.guideName, v.visitorName,v.cardNumber,v.visitorAge,v.visitorPhone
            FROM GuideMessage g JOIN VisitorMessage v
            ON g.guideNo=v.visitorGuideNo
END
```

以上语句创建名称为 #Proc_GuideVisitorMessage 的存储过程，执行完毕后可以通过 EXEC 查询存储过程中的数据。但是需要用户注意的是，当 SQL Server 服务关闭或者重启之后 #Proc_GetNameAndClass 存储过程将无效。

9.3.5　实践案例：嵌套存储过程

所谓嵌套存储过程，是指在一个存储过程中调用另一个存储过程。嵌套存储过程的层次最高可达 32 级，每当调用的存储过程开始执行时嵌套层次就增加一级，执行完成后嵌套层次就减少一级。

在实现存储过程嵌套时，可以通过 @@NESTLEVEL 全局变量返回当前的嵌套层次。具体实现步骤如下。

01 创建名称为 Proc_QTtestA 的存储过程，该存储过程首先调用 @@NESTLEVEL 全局变量返回当前的嵌套层次，然后执行 SELECT 语句查询 GuideMessage 表中的数据。代码如下：

```
CREATE PROC Proc_QTtestA AS
    SELECT @@NESTLEVEL AS '内层存储过程'
    SELECT * FROM GuideMessage
GO
```

02 创建名称为 Proc_QTtestB 的存储过程，首先调用 @@NESTLEVEL 全局变量输出外层存储过程的层次，然后调用 EXEC 执行 Proc_QTtestA 存储过程。代码如下：

```
CREATE PROCEDURE Proc_QTtestB AS
    SELECT @@NESTLEVEL AS '外层存储过程'
    EXEC Proc_QTtestA
GO
```

03 调用 EXEC 语句执行存储过程 B，语句和输出结果如图 9-2 所示。

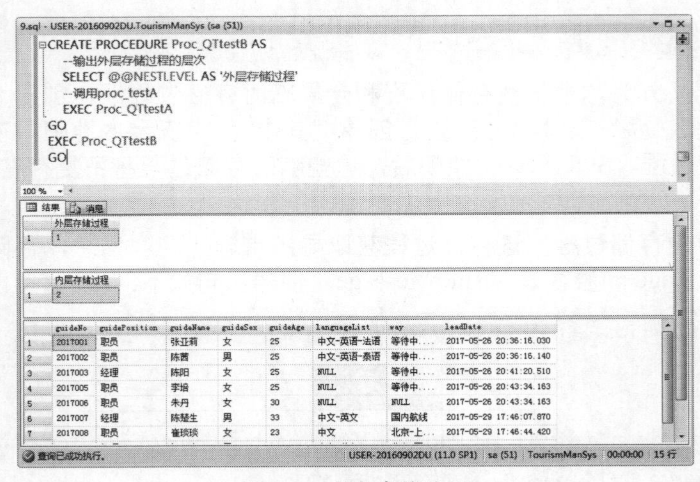

图 9-2 嵌套存储过程

 9.4 管理存储过程

存储过程与表、视图以及关系图这些数据库对象一样，在创建之后可以根据需求对它进行修改和删除操作。

9.4.1 查看存储过程

对于已经创建好的存储过程，SQL Server 2008 提供了查看其文本信息、基本信息以及详细信息的方法，下面详细介绍具体的应用。

1. sp_helptext 查看文本信息

查看存储过程文本信息最简单的方法是调用 sp_helptext 系统存储过程。

【例 9-11】

用以下语句查看 Proc_GuideMessage 存储过程的文本信息：

```
sp_helptext Proc_GuideMessage
```

执行上述语句，效果如图 9-3 所示。

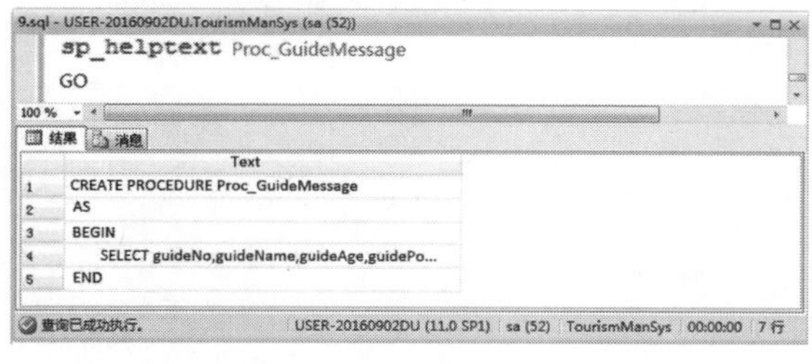

	Text
1	CREATE PROCEDURE Proc_GuideMessage
2	AS
3	BEGIN
4	SELECT guideNo,guideName,guideAge,guidePo...
5	END

图 9-3　查看文本信息

2. OBJECT_DEFINITION() 函数查看文本

用户还可以调用 OBJECT_DEFINITION () 函数查看存储过程的文本信息，其作用与 sp_helptext 一致。

【例 9-12】

同样查看 Proc_GuideMessage 存储过程的文本信息，使用 OBJECT_DEFINITION() 函数的语句如下：

```
SELECT OBJECT_DEFINITION(OBJECT_ID(N'Proc_GuideMessage'))
  AS [存储过程 Proc_GuideMessage 的文本信息]
```

3. sp_help 存储过程查看基本信息

使用 sp_help 系统存储过程可以查看存储过程的基本信息，包括存储过程的名称、所有者、类型和创建时间。语法形式如下：

```
sp_help [ [ @objname = ] name ]
```

【例 9-13】

使用 sp_help 查看存储过程的名称、所有者、类型和创建时间。语句如下：

```
EXEC sp_help Proc_GuideMessage
```

执行上述语句，输出结果如下：

```
Name Owner Type Created_datetime
Proc_GuideMessage dbo stored procedure
2017-06-15 17:15:27.393
```

9.4.2　修改存储过程

用户使用 ALTER PROCEDURE 语句可以修改已存在的存储过程并保留以前赋予的许可内容。ALTER PROCEDURE 语句的语法如下：

```
ALTER PROCEDURE procedure_name[;number]
[{@parameter data_type}
[VARYING][=default][OUTPUT]]
[,...n]
[WITH
{RECOMPILE|ENCRYPTION|RECOMPILE,ENCRYPTION}]
[FOR REPLICATION]
AS
sql_statement[...n]
```

上述语句的语法参数与 CREATE PROCEDURE 语句的参数一样，这里不再详细介绍。

用户在使用 ALTER PROCEDURE 语句时，应注意以下事项。

- 如果要修改具有任何选项的存储过程，必须在 ALTER PROCEDURE 语句中包括该选项以保留该选项提供的功能。
- ALTER PROCEDURE 语句只能修改一个单一的过程，如果过程调用其他存储过程，嵌套的存储过程不受影响。
- 在默认状态下，允许该语句的执行者是存储过程最初的创建者、sysadmin 服务器角色成员和 db_owner 与 db_ddladmin 固定的数据库角色成员，用户不能授权执行 ALTER PROCEDURE 语句。

注意

修改存储过程与删除和重建存储过程不同，修改存储过程仍保持存储过程的权限不发生变化。而删除和重建存储过程将会撤销与该存储过程关联的所有权限。

【例 9-14】

修改名称为 Proc_GuideMessage 的存储过程，获取年龄在 25 岁到 35 岁之间的导游信息，并将编号、姓名、年龄、职位和路线显示出来。语句如下：

```
ALTER PROCEDURE Proc_GuideMessage
AS
BEGIN
    SELECT guideNo,guideName,guideAge,guidePosition,way FROM GuideMessage
            WHERE guideAge BETWEEN 25 AND 35
END
GO
```

执行上述语句，效果如图 9-4 所示。

提示

建议不要直接修改系统存储过程，可以通过从现有的存储过程中复制语句来创建用户定义的存储过程，然后修改它以满足要求。

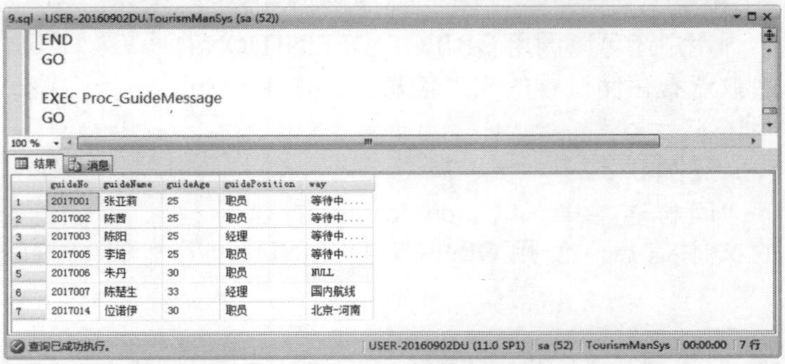

图 9-4 修改查询过程

9.4.3 删除存储过程

当不再使用一个存储过程时，就要把它从数据库中删除。删除存储过程需要用到 DROP PROCEDURE 语句，该语句可以永久性删除存储过程。但是在删除存储过程之前，必须确认该存储过程没有任何依赖关系。基本语法如下：

```
DROP {PROC|PROCEDURE{[ 架构名 .] 过程名 }[,...]}
```

其中，“过程名”是指要删除的存储过程或存储过程组的名称。

【例 9-15】

用以下语句首先从 sys.objects 表中判断是否存在 Proc_GuideMessage 存储过程，如果存在，则通过 DROP PROC 语句删除：

```
IF EXISTS (SELECT * FROM sys.objects WHERE name = 'Proc_GuideMessage')
    DROP PROC Proc_GuideMessage
GO
```

9.5 使用存储过程参数

以上介绍的存储过程均没有任何参数，但是实际上，用户在创建存储过程时可能会用到参数。以例 9-14 为例，修改 Proc_GuideMessage 存储过程时，在 SELECT 语句中将年龄作为条件进行查询，假如要更改年龄区间的值，要么重新更改存储过程，要么创建新的存储过程，要么自定义函数，那么有没有一种简单的方法呢？有。那就是为存储过程指定参数。

9.5.1 参数的定义

存储过程的优势不仅在于存储在服务器端、运行速度快，还有更重要的一点就是存储过程可完成的功能非常强大，例如存储过程中可以使用参数：输入参数和输出参数、参数用于在存储过程以及应用程序之间交换数据。关于参数，用户需要了解以下几点。

- 输入参数允许用户将数据值传递到存储过程或者函数。
- 输出参数允许存储过程将数据值或者游标变量传递给用户。
- 每个存储过程向用户返回一个整数代码，如果存储过程没有显示设置返回代码的值，则返回代码为 0。

在设置存储过程的参数时，需要在 CREATE PROCEDURE 语句和 AS 之间进行定义，每个参数都要指定参数名和数据类型，参数名必须以 @ 符号为前缀，另外还可以为其指定默认值。如果是输出参数，则应用 OUTPUT 关键字描述，各个参数定义之间需要用英文逗号隔开。语法如下：

```
@parameter_name data_type [=default][OUTPUT]
```

其中，@parameter_name 表示参数名称；data_type 表示参数数据类型，default 表示为参数指定默认值，OUTPUT 关键字如果存在，表示该参数为输出参数。

9.5.2 指定输入参数

输入参数是指在存储过程中有一个条件，在执行存储过程时为这个条件指定值，通过存储过程返回相应的信息。用户使用输入参数可以用同一个存储过程多次查找数据库。

1. 输入参数基本示例

参考 Proc_GuideMessage 存储过程的内容进行更改，通过建立两个参数实现数据的查询，如例 9-16 所示。

【例 9-16】

创建名称为 Proc_GuideMessageByAge 的存储过程，为该存储过程指定两个参数，@minAge 表示年龄的最小值，@maxAge 表示年龄的最大值，在 SELECT 语句查询中直接使用参数值，而非具体的数值。语句如下：

```
CREATE PROCEDURE Proc_GuideMessageByAge
    @minAge int,
    @maxAge int
AS
    BEGIN
            SELECT guideNo,guideName,guide
Age,guidePosition,way FROM GuideMessage
            WHERE guideAge BETWEEN @
minAge AND @maxAge
    END
GO
```

执行上述语句，在调用存储过程名后直接指定参数，语句及其查询结果如图 9-5 所示。

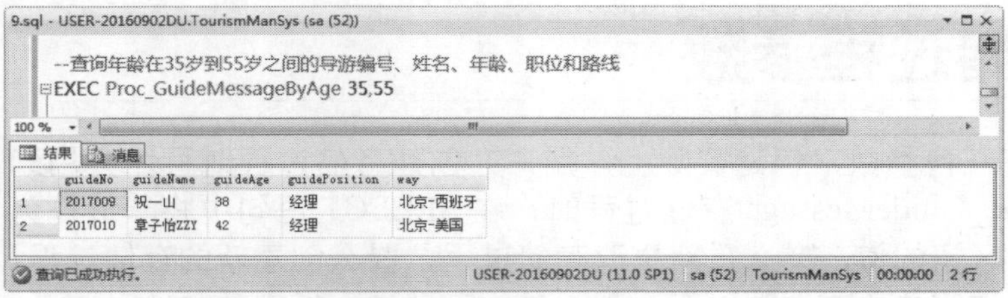

图 9-5　查询结果

2. 按位置传递参数

执行带有参数的存储过程时，SQL Server 2016 提供两种传递参数的方式，其中之一是按位置传递参数。这种方式是在执行存储过程的语句中，直接给出参数的值。当有多个参数时，给出参数的顺序与创建存储过程语句中参数的顺序一致，即参数传递的顺序就是参数定义的顺序。例如，例 9-16 执行存储过程，设置参数时，参数按位置传递。

3. 通过参数名传递

通过参数名传递的方式是在执行存储过程的语句中，使用“参数名 - 参数值”的形式给出参数值。通过参数名传递参数的好处是参数可以以任意顺序给出。

【例 9-17】

以下语句与图 9-5 中的执行语句效果一致：

```
EXEC Proc_GuideMessageByAge @minAge=35,@maxAge=55
```

调整参数的顺序，执行语句结果仍然一致。语句如下：

```
EXEC Proc_GuideMessageByAge @maxAge=55,@minAge=35
```

9.5.3 为参数设置默认值

在执行带输入参数的存储过程时，如果没有指定参数，则系统运行就会出错。如果希望不给出参数时仍然可以正确运行程序，那么用户可以给参数设置默认值。

【例 9-18】

更改 Proc_GuideMessageByAge 存储过程中的代码，分别设置 @minAge 变量和 @maxAge 变量的值，将年龄的最小值设置为 40，年龄的最大值设置为 55。语句如下：

```
CREATE PROCEDURE Proc_GuideMessageByAge
    @minAge int=40,
    @maxAge int =55
AS
    BEGIN
        SELECT guideNo,guideName,guideAge,guidePosition,way FROM GuideMessage
        WHERE guideAge BETWEEN @minAge AND @maxAge
    END
GO
```

直接执行 Proc_GuideMessageByAge 存储过程，不设置任何参数。语句如下：

```
EXEC Proc_GuideMessageByAge
```

默认情况下，不设置参数，这时会查询年龄在 40 到 55 岁之间的导游信息。输出结果如下：

guideNo	guideName	guideAge	guidePosition	way
2017010	章子怡 ZZY	42	经理	北京 - 美国

9.5.4　指定输出参数

用户通过指定输出参数，可以从存储过程中返回一个或者多个值，为了使用输出参数，必须在 CREATE PROCEDURE 语句和 EXECUTE 语句中指定关键字 OUTPUT。用户在执行存储过程时，如果忽略 OUTPUT 关键字，那么存储过程仍然会执行，但是并不返回值。

【例 9-19】

根据用户传入的导游编号，输出用户的姓名和职位。首先需要创建有关的存储过程 Proc_GuideMessageByNo，语句如下：

```
IF EXISTS (SELECT * FROM sys.objects WHERE name = 'Proc_GuideMessageByNo')
    DROP PROC Proc_GuideMessageByNo
GO
CREATE PROCEDURE Proc_GuideMessageByNo
@guideNo nvarchar(10),
@guideName nvarchar(20) OUTPUT,
@guidePosition nvarchar(50) OUTPUT
AS
BEGIN
SELECT @guideName=guideName,@guidePosition=guidePosition FROM GuideMessage WHERE guideNo=@guideNo
END
GO
```

以上代码创建名称为 Proc_GuideMessageByNo 的存储过程，该存储过程有一个输入参数，用于指定要查询的导游编号，还有两个输出参数，分别返回导游姓名和职位。

为了接受某一存储过程的返回值，需要一个变量来存放返回参数的值，在该存储过程的调用语句中，必须为这个变量加上 OUTPUT 关键字来声明。语句如下：

```
DECLARE @name nvarchar(10),@position nvarchar(50)
EXEC Proc_GuideMessageByNo '2017002',@name OUTPUT,@position OUTPUT
SELECT '2017002'=' 编号 ',@name ' 姓名 ',@position ' 职位 '
```

以上代码显示如何调用 Proc_GuideMessageByNo 存储过程，并将得到的结果返回到 @name 和 @position 中，运行效果如图 9-6 所示。

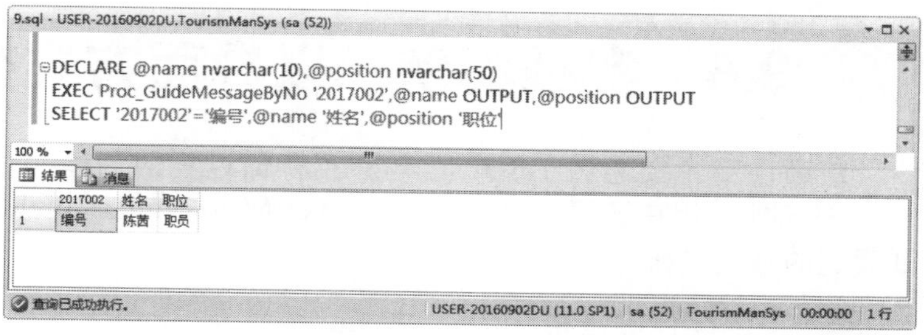

图 9-6　执行结果

【例 9-20】

用户可以使用带有通配符参数的存储过程。例如，创建名称为 Proc_GuideMessageByName 的存储过程，该存储过程查询指定游客的基本信息和导游名称。代码如下：

```
IF EXISTS (SELECT * FROM sys.objects WHERE name = 'Proc_GuideMessageByName')
    DROP PROC Proc_GuideMessageByName
GO
CREATE PROCEDURE Proc_GuideMessageByName
@selName nvarchar(10) =' 刘 %'
AS
SELECT v.cardNumber,v.visitorName,v.visitorAge,v.visitorSex,g.guideName,g.way
    FROM VisitorMessage v JOIN GuideMessage g
    ON v.visitorGuideNo=g.guideNo
    WHERE v.visitorName LIKE @selName
GO
```

执行 Proc_GuideMessageByName 存储过程：

```
EXEC Proc_GuideMessageByName
```

由于参数使用默认值，因此执行结果会显示所有"刘"姓游客信息，如图 9-7 所示。

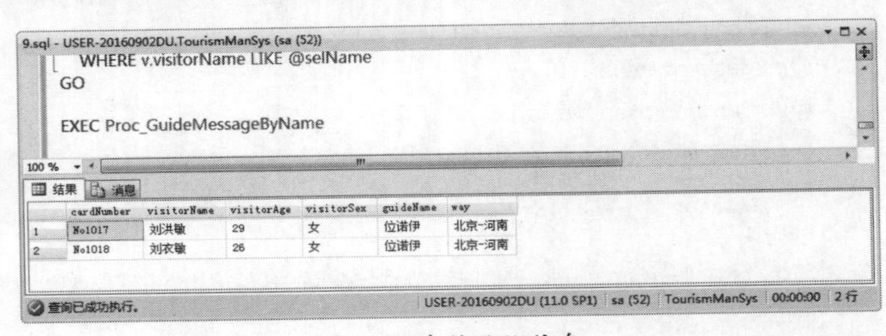

图 9-7　查询默认信息

如果要查询"徐"姓的游客信息，执行语句及其结果如图 9-8 所示。

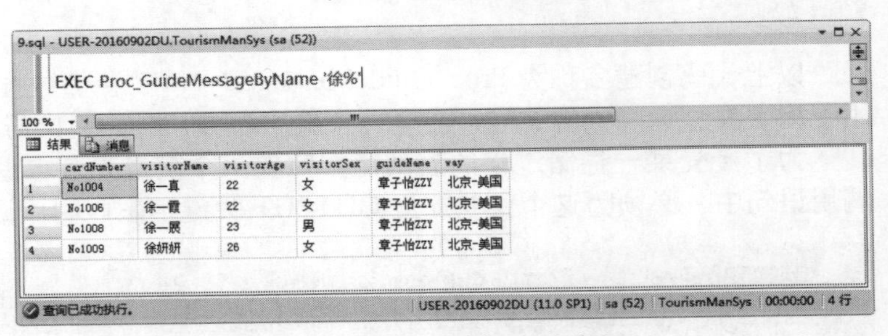

图 9-8　查询"徐"姓的游客

9.6　实践案例：以界面方式操作存储过程

前面小节主要通过 T-SQL 语句介绍存储过程的创建、查看、修改、删除等操作，除了 SQL 语句外，用户还可以通过 SQL Server Management Studio 图形界面进行创建，本节以实践案例的形式进行介绍。

1. 创建存储过程

在【对象资源管理器】窗格中展开【数据库】节点，选择要创建存储过程的数据库后展开该数据库，在【可编程性】下选择【存储过程】并右击，在弹出的快捷菜单中选择【新建存储过程】命令，这时会打开【查询分析器编辑】窗口，界面生成了初始 T-SQL 代码，如图 9-9 所示。用户可以删除分析器的这些代码，在窗口输入创建语句。

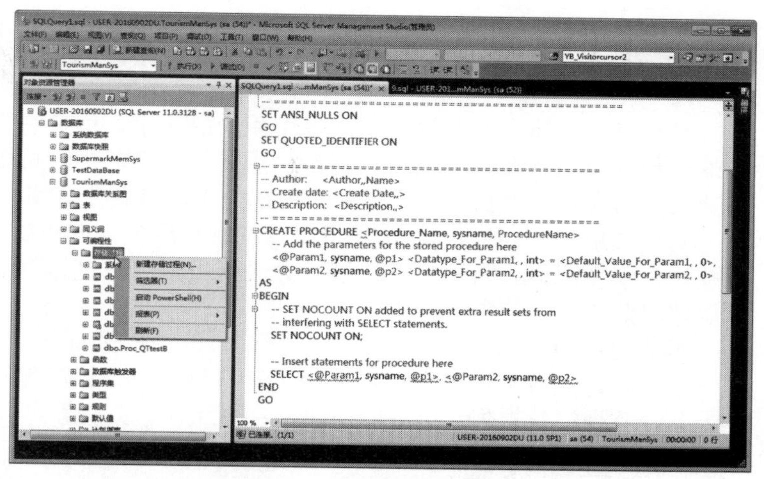

图 9-9　创建存储过程界面

2. 执行存储过程

在图 9-9 左侧的【对象资源管理器】窗格中，找到要查询的数据库下的存储过程(如 Proc_GuideMessageByName)，然后选中该存储过程并右击，在弹出的快捷菜单中选择【执行存储过程】命令后弹出【执行过程】窗口，在窗口中会列出存储过程的参数形式，如果为“输出参数”，则该项下的值为“否”，用户需要设置输入参数的值，在 @guideNo 参数一栏中输入“2017010”，如图 9-10 所示。单击【确定】按钮，会显示执行结果，并且自动生成对应的执行语句。

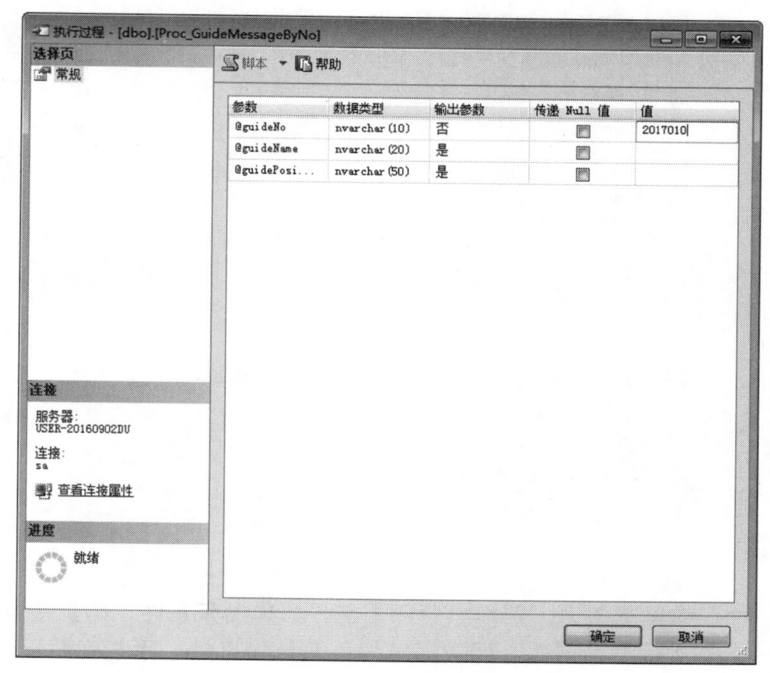

图 9-10　执行存储过程

3. 修改存储过程

在【存储过程】目录下选择要修改的存储过程，然后右击鼠标，在弹出的快捷菜单中选择【修改】命令，打开【查询分析器编辑】窗口，在该窗口中修改相关的 T-SQL 语句。修改完成后，执行修改后的脚本，如果执行成功，则表示已修改存储过程。

4. 删除存储过程

如果要删除存储过程，用户需要选中该存储过程并右击，在弹出的快捷菜单项选择【删除】命令，根据相应的提示删除该存储过程。

 9.7 实践案例：SQL 存储过程实现分页查询

分页是一种将所有数据分段展示给用户的技术，用户每次看到的不是全部数据，而是其中的一部分，如果在其中没有找到自己想要的内容，用户可以通过指定页码或是翻页的方式转换可见内容，直到找到自己想要的内容为止，其实分页和阅读书籍类似。

如果使用“SELECT *”语句会将查询的结果全部返回给用户，当查询的数据过多时，会导致用户眼花缭乱，页面也不美观，分页既可以将数据以直观、漂亮的形式呈现给用户，又可以解决数据显示的弊端。

本节创建 SQL 存储过程实现分页查询，具体步骤如下。

01 创建名称为的 Proc_dataPageTest 存储过程，该存储过程需要传入 8 个参数，分别表示表名、查询的数据列、排序的字段名、页尺寸、页码等内容。部分语句如下：

```
CREATE PROCEDURE Proc_dataPageTest -- 用于翻页的测试
  @aTableName    NVARCHAR(255),          -- 需要查询的表名
  @aGetFields    NVARCHAR(1000) = '*',   -- 需要返回的列，逗号隔开
  @anOrderField  NVARCHAR(255) = '',     -- 排序的字段名（只能有一个）
  @aPageSize     INT        = 10,    -- 页尺寸
  @aPageIndex    INT        = 1,     -- 页码
  @anIsCount     BIT        = 0,     -- 是否仅仅返回记录总数，0: 不返回，非 0: 返回
  @anIsDESC      BIT        = 0,     -- 是否升序排列，0: 升序，非 0: 值则降序
  @aQuery        NVARCHAR(1500) = ''     -- 查询条件（注意：不要加 WHERE)
AS
  /* 实现代码如下 */
```

02 在 AS 关键字后面声明 nvarchar 类型的 3 个变量，用于存储不同的内容。语句如下：

```
DECLARE @strSQL    NVARCHAR(4000)          -- SQL 主语句
DECLARE @strLocate  NVARCHAR(200)          -- 定位查询范围
DECLARE @strOrder   NVARCHAR(400)          -- 排序
```

03 根据数据的总数量判断是否对总数进行统计，如果总计总数，先判断是否有查询条件，如果有条件，则根据条件查询，如果没有条件，则直接查询数据总数。如果不统计总数，首先判断对数据是进行降序排列还是升序排列，接着判断查询的数据是否为第一页，根据不同的判断执行不同的语句。代码如下：

```
IF @anIsCount != 0 -- 统计总数
BEGIN
  IF @aQuery != ''      -- 有查询条件
    SET @strSQL = 'SELECT COUNT(*) AS Total FROM ['+@aTableName+'] WHERE '+@aQuery
  ELSE              -- 没有查询条件
    SET @strSQL = 'SELECT COUNT(*) AS Total FROM [' + @aTableName + ']'
END
ELSE          -- 不统计总数
```

```
BEGIN
   IF @anIsDESC != 0      -- 降序
   BEGIN
      SET @strLocate = ' < (select min'
      SET @strOrder = ' order by [' + @anOrderField + '] desc'
   END
   ELSE              -- 升序
   BEGIN
      SET @strLocate = ' > (select max'
      SET @strOrder = ' order by [' + @anOrderField + '] asc'
   END
   IF @aPageIndex = 1     -- 第一页
   BEGIN
      IF @aQuery != ''      -- 有查询条件
            SET @strSQL = 'select top ' + STR(@aPageSize) + ' ' + @aGetFields + ' from [' + @aTableName + ']
where ' + @aQuery + ' ' + @strOrder
      ELSE              -- 没有查询条件
         SET @strSQL = 'select top ' + STR(@aPageSize) + ' ' + @aGetFields + ' from [' + @aTableName + '] '+ @
strOrder
   END
   ELSE              -- 不是第一页
   BEGIN
      IF @aQuery != ''      -- 有查询条件
         SET @strSQL = 'select top ' + STR(@aPageSize) + ' ' + @aGetFields + ' from [' + @aTableName + '] where ['
+ @anOrderField + ']' + @strLocate + '([' + @anOrderField + ']) from (select top ' + STR((@aPageIndex-1)*@
aPageSize) + ' [' + @anOrderField + '] from [' + @aTableName + '] where ' + @aQuery + ' ' + @strOrder + ') as
tblTmp) and ' + @aQuery + ' ' + @strOrder
      ELSE
         SET @strSQL = 'select top ' + STR(@aPageSize) + ' '+ @aGetFields
          + ' from [' + @aTableName + '] where [' + @anOrderField + ']' + @strLocate + '(['+ @anOrderField + '])
from (select top ' + STR((@aPageIndex-1)*@aPageSize) + ' ['+ @anOrderField + '] from [' + @aTableName + ']'
+ @strOrder + ') as tblTmp)' + @strOrder
   END
END
```

04 调用 EXEC 执行要查询的 SQL 语句：

```
EXEC (@strSQL)
```

05 创建存储过程，创建完毕后直接调用存储过程进行测试，执行语句如下：

```
EXEC Proc_dataPageTest 'GuideMessage','*','guideNo',3,1,0,0,''
```

06 执行上述语句，查询结果如图 9-11 所示。

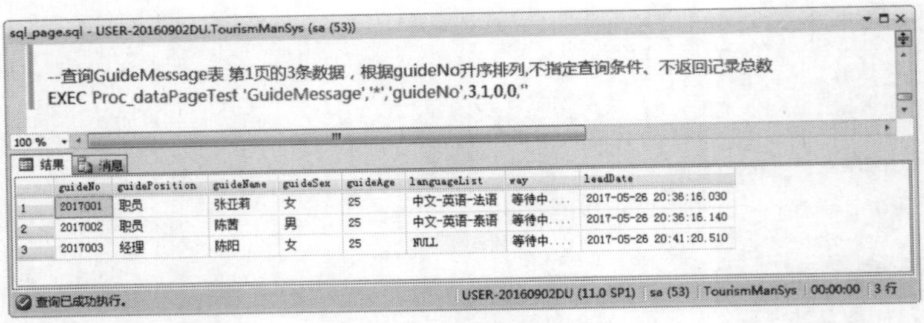
sql_page.sql - USER-20160902DU.TourismManSys (sa (53))
--查询GuideMessage表 第1页的3条数据，根据guideNo升序排列,不指定查询条件、不返回记录总数
EXEC Proc_dataPageTest 'GuideMessage','*','guideNo',3,1,0,0,''
结果
消息
guideNo | guidePosition | guideName | guideSex | guideAge | languageList | way | leadDate
1 | 2017001 | 职员 | 张正莉 | 女 | 25 | 中文-英语-法语 | 等待中.... | 2017-05-26 20:36:16.030
2 | 2017002 | 职员 | 陈茜 | 男 | 25 | 中文-英语-泰语 | 等待中.... | 2017-05-26 20:36:16.140
3 | 2017003 | 经理 | 陈阳 | 女 | 25 | NULL | 等待中.... | 2017-05-26 20:41:20.510
查询已成功执行。
USER-20160902DU (11.0 SP1) | sa (53) | TourismManSys | 00:00:00 | 3 行

图 9-11　查询结果

9.8　练习题

1. 填空题

(1) SQL 存储过程被分为系统存储过程、__________ 和用户存储过程。

(2) __________ 存储过程用于报告有关指定数据库或所有数据库的信息。

(3) 使用 __________ 可以创建加密存储过程。

(4) 删除存储过程需要用到 __________ PROC 语句。

(5) 在存储过程中指定输出参数需要用到 __________ 关键字。

2. 选择题

(1) 系统存储过程创建和保存在 __________ 数据库中，都以 __________ 为名称的前缀在任何数据库中使用系统存储过程。

A．master，sp_

B．master，proc_

C．tempdb，sp_

D．empdb，proc_

(2) 下面创建存储过程的语句，选项 __________ 是错误的。

A．

```
CREATE PROCEDURE proc_type
AS
    SELECT * FROM productType
GO
```

B．

```
CREATE PROCEDURE proc_type
@typeId int,
@typeName nvarchar(20) OUTPUT
AS
    SELECT typeName FROM productType WHERE typeId=@typeId
GO
```

C.

```
CREATE PROC proc_type
@typeId int,
@typeName nvarchar(20) default ' 陈阳 ' OUTPUT
AS
    SELECT typeName FROM productType WHERE typeId=@typeId
GO
```

D.

```
CREATE PROC proc_type
@typeId int = 2
AS
    SELECT * FROM productType WHERE typeId=@typeId
GO
```

(3) 创建临时存储过程需要用到 __________ 符号。

A. #　　　　　B. ##

C. *　　　　　D. @

(4) 以下语句 __________ 判断存储过程是否存在，如果存在，则删除。

A.

```
IF EXISTS (SELECT * FROM sys.objects WHERE name = 'Proc_GetTypeName')
    DELETE PROC Proc_GetTypeName'
GO
```

B.

```
IF EXISTS (SELECT * FROM sys.objects WHERE name = 'Proc_GetTypeName')
    DROP PROC Proc_GetTypeName'
GO
```

C.

```
IF NOT EXISTS (SELECT * FROM sys.objects WHERE name = 'Proc_GetTypeName')
    DROP PROC Proc_GetTypeName'
GO
```

D.

```
IF EXISTS (SELECT * FROM sys.objects WHERE name = 'Proc_GetTypeName')
    DELETE PORCEDURE Proc_GetTypeName'
GO
```

上机练习：根据要求创建和调用存储过程

当前 SupermarkMemSys 数据库下存在 ProductMessage 数据表，该表的全部数据如图 9-12 所示。

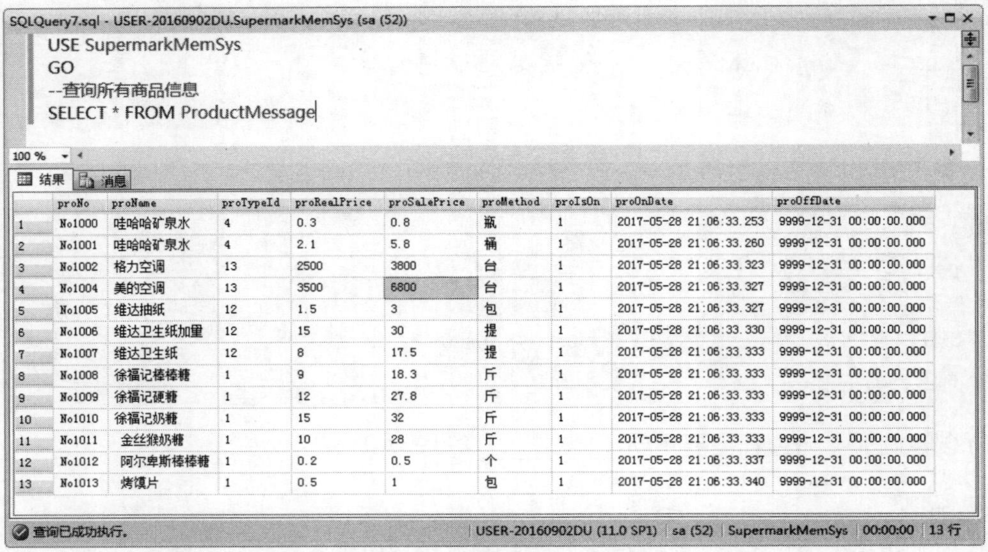

SQLQuery7.sql - USER-20160902DU.SupermarkMemSys (sa (52))

```
USE SupermarkMemSys
GO
--查询所有商品信息
SELECT * FROM ProductMessage
```

100 %

结果 | 消息

	proNo	proName	proTypeId	proRealPrice	proSalePrice	proMethod	proIsOn	proOnDate	proOffDate
1	No1000	哇哈哈矿泉水	4	0.3	0.8	瓶	1	2017-05-28 21:06:33.253	9999-12-31 00:00:00.000
2	No1001	哇哈哈矿泉水	4	2.1	5.8	桶	1	2017-05-28 21:06:33.260	9999-12-31 00:00:00.000
3	No1002	格力空调	13	2500	3800	台	1	2017-05-28 21:06:33.323	9999-12-31 00:00:00.000
4	No1004	美的空调	13	3500	6800	台	1	2017-05-28 21:06:33.327	9999-12-31 00:00:00.000
5	No1005	维达抽纸	12	1.5	3	包	1	2017-05-28 21:06:33.327	9999-12-31 00:00:00.000
6	No1006	维达卫生纸加量	12	15	30	提	1	2017-05-28 21:06:33.330	9999-12-31 00:00:00.000
7	No1007	维达卫生纸	12	8	17.5	提	1	2017-05-28 21:06:33.333	9999-12-31 00:00:00.000
8	No1008	徐福记棒棒糖	1	9	18.3	斤	1	2017-05-28 21:06:33.333	9999-12-31 00:00:00.000
9	No1009	徐福记硬糖	1	12	27.8	斤	1	2017-05-28 21:06:33.333	9999-12-31 00:00:00.000
10	No1010	徐福记奶糖	1	15	32	斤	1	2017-05-28 21:06:33.333	9999-12-31 00:00:00.000
11	No1011	金丝猴奶糖	1	10	28	斤	1	2017-05-28 21:06:33.333	9999-12-31 00:00:00.000
12	No1012	阿尔卑斯棒棒糖	1	0.2	0.5	个	1	2017-05-28 21:06:33.337	9999-12-31 00:00:00.000
13	No1013	烤馍片	1	0.5	1	包	1	2017-05-28 21:06:33.340	9999-12-31 00:00:00.000

查询已成功执行。 | USER-20160902DU (11.0 SP1) | sa (52) | SupermarkMemSys | 00:00:00 | 13 行

图 9-12　查询全部数据

根据以下要求创建存储过程，创建完毕后调用存储过程进行测试。

(1) 创建 proc_GetProductDetails 存储过程，该存储过程用于显示商品的基本信息，如商品编号、商品名称、类型 ID、类型名称、实际价格、单位、是否上架以及上架时间。

(2) 创建 proc_GetBaseInfo 存储过程，该存储过程用于计算类型为 1 的商品的实际最高价格、实际最低价格、平均价格以及商品编号和商品名称。

(3) 创建 proc_GetCount 存储过程，该存储过程用于统计商品数量，根据输入的商品类型 ID 值，输出对应的商品总数量。

(4) 创建 proc_GetProductInfo 存储过程，该存储过程要求根据商品类型 ID 值查看该类型的商品信息。要求：在存储过程对应两个参数，第一个参数接收由调用程序指定的输入值(商品类型 ID)，第二个参数用于将该值返回调用程序。

(5) 利用 9.7 节中的存储过程实现数据分页，或者读者自己动手编写实现分页的存储过程，要求每页显示 5 条数据，查询第 2 页的 5 条数据。

第 10 章

触发器

触发器 (trigger) 是一种特殊的存储过程，它的执行不是由程序调用，也不是手工启动，而是由事件来触发，当对一个表进行操作 (INSERT、DELETE、UPDATE) 时就会激活它执行，触发器经常用于加强数据的完整性约束和业务规则等。其实按简单理解，触发器就是一个开关，负责灯的亮与灭，一动这个开关，它就亮了，就是这个意思。

本章主要介绍 SQL Server 2016 触发器，包含触发器的概念、分类、执行环境、创建语法、修改以及删除等多项内容。

本章学习要点

◎ 了解触发器的概念和作用
◎ 掌握触发器与存储过程的区别
◎ 掌握触发器的两种类型
◎ 了解触发器的执行环境
◎ 掌握创建 DML 触发器的语法
◎ 熟悉创建 DML 触发器的注意事项
◎ 掌握 INSERT 触发器
◎ 掌握 UPDATE 触发器
◎ 掌握 DELETE 触发器
◎ 掌握 INSTEAD OF 触发器
◎ 掌握创建 DML 触发器的语法
◎ 掌握数据库和服务器触发器
◎ 掌握如何修改和删除触发器
◎ 掌握如何启用和禁用触发器
◎ 了解递归触发器
◎ 掌握嵌套触发器

10.1 什么是触发器

触发器是一个被指定关联到一个表的数据对象，触发器是不需要调用的，当对一个表的特别事件出现时，它就会被激活。触发器的代码是由 T-SQL 语句组成的，因此在存储过程中的语句可以用在触发器的定义中。可以说，触发器是一个特殊的存储过程，与表的关系密切，用于保护表中的数据。当有操作影响到触发器保护的数据时，触发器将自动执行。

下面简单了解触发器的基本知识，包含触发器的概念、作用、分类、执行环境等。

10.1.1 了解触发器

触发器是一个在修改指定表中数据时执行的存储过程，经常通过创建触发器来强制实现不同表中相关数据的引用完整性或者一致性。由于用户不能绕过触发器，所以可以用它来强制实施复杂的业务规则，以此来确保数据的完整性。

1. 触发器的作用

触发器的主要就是能够实现主键和外键所不能保证的复杂性的参照完整性和数据一致性。它能够对数据库中的相关表进行级联修改，强制比 CHECK 约束更复杂的数据完整性，并且自定义错误信息，维护非常规化数据以及比较数据修改前后的状态。

与 CHECK 约束不同，触发器可以应用其他表中的列。在以下几种情况下，使用触发器将强制实现复杂的引用完整性。

- 强制数据库间的引用完整性。
- 创建多行触发器。当插入、更新或者删除多行数据时，必须编写一个处理多行数据的触发器。
- 执行级联更新或者级联删除这样的操作。
- 级联修改数据库中所有相关表。
- 撤销或者回滚违反引用完整性的操作，防止非法修改数据。

2. 触发器与存储过程的区别

触发器是一种特殊的存储过程，但是它又不同于存储过程。触发器主要是通过事件进行触发而被执行的，但是存储过程可以通过存储过程名直接调用。例如，触发器与存储过程的主要区别在于触发器的运行方式，存储过程必须由用户、应用程序或者触发器来显示调用并执行，而触发器是当特定事件出现的时候自动执行的，与连接到数据库中的用户或者应用程序无关。

当用户需要对某张表执行 INSERT、UPDATE、DELETE 操作时，SQL Server 就会自动执行触发器所定义的 SQL 语句，从而确保对数据的处理必须符合 SQL 语句定义的规则。在数据修改时，触发器是强制业务规则的一种很有效的方法。

在一个表中，最多有 3 种类型的触发器，当 UPDATE 发生时使用一个触发器，DELETE 发生时使用一个触发器，INSERT 发生时使用一个触发器。

⚠ 注意

尽管触发器的功能非常强大，但是它们也可能对服务器性能有害，因此，开发者在使用时需要注意，不要在触发器中放置太多的功能，因为它将降低响应速度，使用户等待的时间增加。

10.1.2 触发器的类型

在 SQL Server 2016 中，根据触发器事件的不同将其分为两类：DML 触发器和 DDL 触发器。

1. DML 触发器

DML 触发器是当数据库服务器中发生数据操作语言 (DML) 事件时要执行的操作。一般情况下，DML 事件包含对表或视图的 INSERT 语句、UPDATE 语句和 DELETE 语句，因而 DML 触发器可以分为 3 种类型：ISNERT、UPDATE 和 DELETE。

DML 触发器可以查询其他表，还可以包含复杂的 T-SQL 语句。将触发器和触发它的语句作为可在触发器内回滚的单个事务对待，如果检测到错误，则整个事务自动回滚。在以下情况下，DML 触发器非常有用。

- DML 触发器可通过数据库中的相关表实现级联更改。但是，通过级联引用完整性约束可以更有效地进行这些更改。
- DML 触发器可以防止恶意或者错误的 INSERT、UPDATE 和 DELETE 操作，并强制执行比 CHECK 约束定义的限制更为复杂的其他限制。DML 触发器能够引用其他表中的列。
- DML 触发器可以评估数据修改前后表的状态，并根据差异采取措施。
- 一个表中多个同类 DML 触发器 (INSERT、UPDATE 和 DELETE) 允许采取多个不同的操作来响应同一个修改语句。

SQL Server 为每个触发器语句都创建了两种特殊的表：deleted 表和 inserted 表。这两个表是逻辑表，存放在内容中而非数据库，同时它们由系统自创建和维护，用户不能对它们进行修改。deleted 表和 inserted 表的结构总是与被该触发器作用的表的结构相同，触发器执行完成后，与该触发器相关的这两个表也会被删除。

deleted 表和 inserted 表的作用如下。

- deleted 表：用于存放对表执行 UPDATE 或 DELETE 操作时，要从表中删除的所有行。
- inserted 表：用于存放对表执行 INSERT 或 UPDATE 操作时，要向表中插入的所有行。

2. DDL 触发器

DDL 触发器是由相应的事件触发的，但是该触发器是在服务器或者数据中发生数据定义语句 (DDL) 事件时调用。这些语句主要是以 CREATE、ALTER、DROP 等关键字开头的语句，DDL 触发器的主要作用是执行管理操作，例如审核系统、控制数据库的操作等。

DDL 触发器只在响应由 T-SQL 语法所指定的 DDL 事件时才触发。通常，开发者要执行以下操作时，才可以使用 DDL 触发器：

- 防止对数据库架构进行某些更改。
- 希望数据库中发生某种情况以响应数据库架构中的更改。
- 记录数据库架构中的更改或者事件。

10.1.3　触发器的执行环境

触发器的执行环境是一种 SQL 执行环境。可以将一个执行环境看作是创建在内存中、在语句执行过程中保存执行进程的空间。

当调用触发器时，就会创建触发器的执行环境。如果调用多个触发器，就会分别为每个触发器创建执行环境。不过，在任何时候，一个会话中只有唯一的一个执行环境是活动的。

触发器的执行环境如图 10-1 所示。

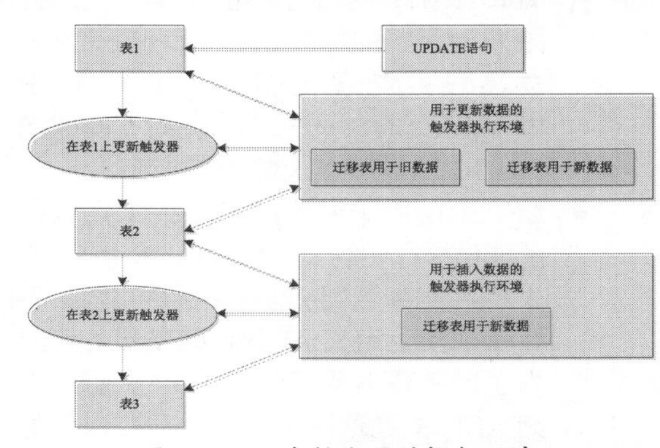

图 10-1　两个触发器的执行环境

图 10-1 中显示了两个触发器，一个是定义在表 1 上的 UPDATE 触发器，另一个是定义在表 2 上的 INSERT 触发器。当对表 1 执行 UPDATE 操作时，UPDATE 触发器被激活，系统为该触发器创建执行环境。而 UPDATE 触发器需要向表 2 中添加数据，这时就会触发表 2 上的 INSERT 触发器，此时系统为 INSERT 触发器创建执行环境，该环境变成活动状态。

INSERT 触发器执行结束后，它所在的执行环境被销毁，UPDATE 触发器的执行环境再次变为活动状态。当 UPDATE 触发器执行结束后，它所在的执行环境也被销毁。

10.2 DML 触发器

当在数据库服务器中发生 DML 事件时会触发 DML 触发器，本节简单介绍 DML 触发器的相关知识，如创建语法、INSERT 触发器、UPDATE 触发器、DELETE 触发器等。

10.2.1 创建语法

创建 DML 触发器需要用 CREATE TRIGGER 语句，该语句的语法如下：

```
CREATE TRIGGER trigger_name
ON { table | view }
{
  { { FOR | AFTER | INSTEAD OF }
   { [DELETE] [,] [INSERT] [,] [UPDATE] }
    AS
    sql_statement
  }
}
```

其中，上述语法各主要参数含义如下。

- trigger_name：用于指定创建触发器的名称，该名称在数据库中必须是唯一的。
- table|view：用于指定在其上执行触发器的表或者视图，有时称为触发器表或触发器视图。使用 WITH ENCRYPTION 选项可以对 CREATE TRIGGER 语句的文本进行加密。
- AFTER：用于说明触发器在指定操作都成功执行后触发，如 AFTER INSERT 表示向表中插入数据时激活触发器。不能在视图上定义 AFTER 触发器，如果为了向前兼容而仅指定 FOR 关键字，则 AFTER 是默认值。一个表可以创建多个指定类型的 AFTER 触发器。
- INSTEAD OF：指定用 DML 触发器中的操作代替触发语句的操作。在表或者视图上，每个 INSERT、UPDATE 或 DELETE 语句最多可以定义一个 INSTEAD OF 触发器。另外，INSTEAD OF 触发器不可以用于使用 WITH CHECK OPTION 选项的可更新视图。
- DELETE|INSERT|UPDATE：用于指定在表或者视图上执行哪些数据修改语句时将触发触发器的关键字。
- sql_statement：用于指定触发器所执行的 T-SQL 语句。

程序员使用 CREATE TRIGGER 语句创建 DML 触发器时，需要注意以下几点。

- CREATE TRIGGER 语句必须是批处理中的第一条语句，并且只能应用到一个表中。
- DML 触发器只能在当前的数据库中创建，但可以引用当前数据库的外部对象。
- 创建 DML 触发器的权限默认分配给表的所有者。
- 在同一 CREATE TRIGGER 语句中，可以为多种操作（如 INSERT 和 UPDATE）定义相同的触发器操作。
- 不能对临时表或系统表创建 DML 触发器。
- 对于含有 DELETE 或 UPDATE 操作定义的外键表，不能使用 INSTEAD OF DELETE 和 INSTEAD OF UPDATE 触发器。

- TRUNCATE TABLE 语句虽然能够删除表中的记录，但它不会触发 DELETE 触发器。
- 在触发器内可以指定任意的SET语句，所选择的 SET 选项在触发器执行期间有效，并在触发器执行完后恢复到以前的设置。
- DML 触发器最大的用途是返回行级数据的完整性，而不是返回结果，因此应当尽量避免返回任何结果集。
- CREATE TRIGGER 权限默认授予定义触发器的表所有者、sysadmin 固定服务器角色成员、db_owner 和 db_ddladmin 固定数据库角色成员，并且不可转让。
- DML 触发器中不能包含 ALTER DATABASE、CREATE DATABASE、DROP DATABASE、LOAD DATABASE、LOAD LOG、RECONFIGURE、RESTORE DATABASE、RESTORE LOG 语句。

10.2.2 INSERT 触发器

INSERT 触发器是当对触发器表执行 INSERT 语句时就会激活的触发器。INSERT 触发器可以用来修改，设置拒绝接收正在插入的记录。

【例 10-1】

假设 SupermarkMemSys 数据库中存在 ProductType 数据表，创建基于该表的 AFTER INSERT 触发器，该触发器实现了在添加商品类型信息之后查询所有的商品类型，并根据商品类型 ID 降序排列。语句如下：

```
USE SupermarkMemSys
GO
CREATE TRIGGER trig_inserttype
ON ProductType
AFTER INSERT
AS
BEGIN
    SELECT * FROM ProductType ORDER BY typeId DESC;
END
```

以上语句创建名为 trig_inserttype 的触发器，ON 关键字指定该触发器作用于 ProductType 类型表，AFTER INSERT 表示在类型表的 INSERT 操作之后触发。

使用 INSERT 语句向 ProductType 表中插入一条数据，语句如下：

```
INSERT INTO ProductType VALUES(' 婴儿专区 ','0-6 个月婴儿专用产品，如沐浴露、毛巾等 ');
```

执行上述语句将会看到查询结果，这说明触发器已经生效，如图 10-2 所示。

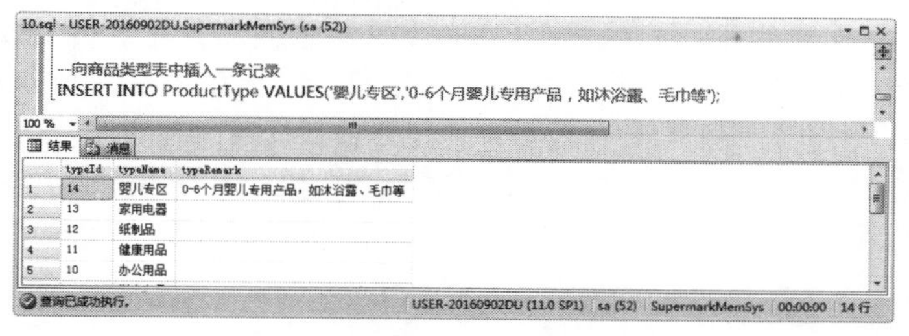

图 10-2 测试 trig_inserttype 触发器

【例 10-2】

在 ProductType 表上创建一个 INSERT 触发器，该触发器用于检查添加的商品类型的备注信息是否为空，如果为空则拒绝添加。语句如下：

```
CREATE TRIGGER trig_inserttype2
```

```
ON ProductType
FOR INSERT
AS
BEGIN
    DECLARE @remark money
    SET @remark=(SELECT  typeRemark FROM INSERTED)
    IF(@remark='')
    BEGIN
            PRINT '没有输入类型备注信息，插入失败！'
            ROLLBACK TRANSACTION
    END
END
```

在上述语句中，使用 SELECT 语句从系统自动创建的 INSERTED 表中查询新添加的商品类型备注，再与空字符串进行比较。如果等于空字符串，则使用 PRINT 命令输出错误信息，并使用 ROLLBACK TRANSACTION 语句进行事务回滚，拒绝向表中添加数据。

例如，向 ProductType 表中插入一行数据测试上述触发器。

```
INSERT ProductType VALUES('国内奶粉专区','');
```

上述 INSERT 语句中，插入的商品备注信息为空，明显不符合规则。因此，执行上述 INSERT 语句将会显示错误信息，如图 10-3 所示。

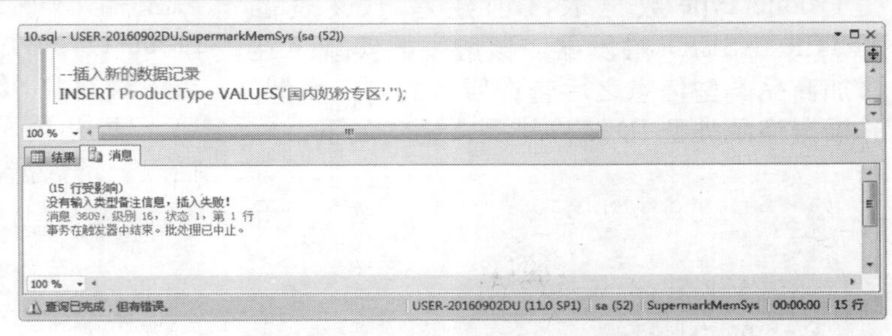

图 10-3　测试 trig_inserttype2 触发器

10.2.3　UPDATE 触发器

UPDATE 触发器在对触发器表执行 UPDATE 语句后触发。在执行 UPDATE 触发器时，将触发器表的原记录保存到 deleted 临时表中，将修改后的记录保存到 inserted 临时表中。

【例 10-3】

创建 trig_updatetype 的 UPDATE 触发器，该触发器在 UPDATE 语句更改后触发。trig_updatetype 用于更改 ProductType 表的 typeRemark 列的值，更改后重新查询表中的数据。语句如下：

```
CREATE TRIGGER trig_updatetype
ON ProductType AFTER UPDATE
AS
BEGIN
    DECLARE @condition int,@content nvarchar(100)
    SELECT @condition=typeId FROM deleted
    SELECT @content=typeRemark FROM inserted
```

```
        UPDATE ProductType SET typeRemark=@content WHERE typeId=(@condition-1)
        SELECT * FROM ProductType ORDER BY typeId DESC
    END
    GO
```

在触发器的 BEGIN END 语句块中包含了两个 SELECT 语句，一个用于从 deleted 表查询更新之前的信息，另一个用于从 inserted 表查询更新之后的信息。

添加 UPDATE 语句，该语句用于更改 ProductType 表中的数据：

```
UPDATE ProductType SET
typeRemark='暂无备注信息' WHERE typeId=13
```

执行结果如图 10-4 所示。观察图 10-4 可以发现，类型 ID 为 12 和 13 的商品类型备注都已经发生改变，这说明触发器已经执行成功。

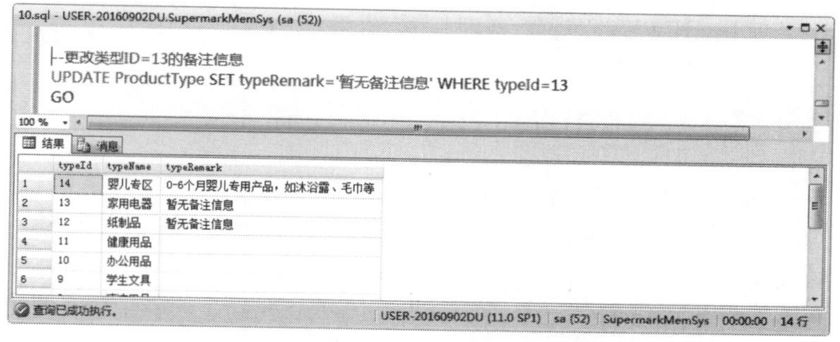

图 10-4　测试 trig_updatetype 触发器

10.2.4　DELETE 触发器

当针对目标表运行 DELETE 语句时，就会激活 DELETE 触发器。DELETE 触发器用于约束用户能够从数据库中删除的数据。

【例 10-4】

创建名称为 trig_deletelist 的 DELETE 触发器，该触发器在执行 DELETE 语句之后触发，查询生成的 deleted 表中的数据。语句如下：

```
CREATE TRIGGER trig_deletelist
ON ProductType AFTER DELETE
AS
BEGIN
    SELECT * FROM deleted
END
GO
```

编写一条 DELETE 语句对 ProductType 表执行删除操作，语句如下：

```
DELETE FROM ProductType
WHERE typeId=8 OR typeId=9
```

执行上述语句，结果如图 10-5 所示。

图 10-5　测试 trig_deletelist 触发器

⚠注意

对于含有用DELETE操作定义的外键表，不能定义INSTEAD OF DELETE触发器。用户在创建DML触发器时，可以同时创建多个类型的触发器，多个触发器之间，通过英文逗号隔开。

使用DELETE触发器时，需要考虑以下的事项和原则。

- 当某行被添加到deleted表中时，该行就不再存在于数据库表中，因此，deleted表和数据库表没有相同的行。
- 创建deleted表时空间从内存中分配。deleted临时表总是被存储在高速缓存中。
- 为DELETE动作定义的触发器并不执行TRUNCATE TABLE语句，原因在于日志不记录TRUNCATE TABLE语句。

10.2.5 INSTEAD OF 触发器

AFTER触发器是在触发语句执行后触发的，与AFTER触发器不同的是，INSTEAD OF触发器触发时只执行触发器内部的SQL语句，而不执行激活该触发器的SQL语句。一个表或者视图中只能有一个INSTEAD OF触发器。

【例 10-5】

创建名称为trig_insertype的INSTEAD OF触发器，该触发器作用于ProductType表，向该表中插入记录时显示相应信息。语句如下：

```
CREATE TRIGGER trig_insertype
ON ProductType INSTEAD OF INSERT
AS
    PRINT 'INSTEAD OF 小例子 '
GO
```

向表中插入一条数据：

```
INSERT INTO ProductType VALUES(' 婴 儿 专 区 2','6-12 个月婴儿用品 ')
```

创建INSTEAD OF触发器，执行INSERT语句，结果如图10-6所示。使用SELECT语句查询ProductType表的数据，如图10-7所示。从图10-7可以发现，ProductType表中并没有插入数据。

INSTEAD OF触发器的主要作用是：使不可更新视图支持更新，如果视图的数据来自多个基表，则必须使用INSTEAD OF触发器支持引用表中数据的插入、更新和删除操作。例如，如果在一个多表视图上定义INSTEAD OF INSERT触发器，视图各列的值可能允许为空，也可能不允许为空。如果视图某列的值不允许为空，则INSERT语句必须为该列提供相应的值。

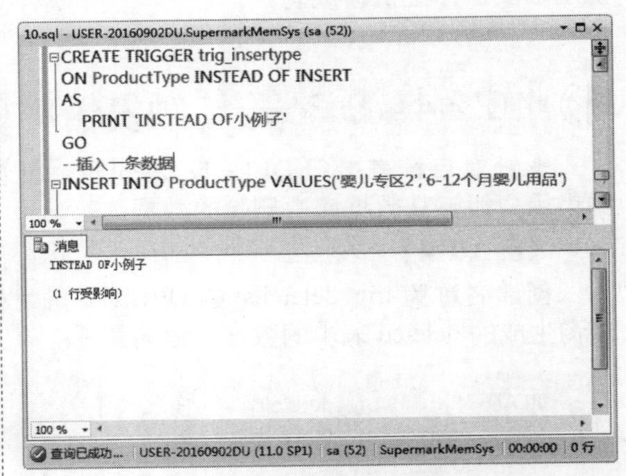

图 10-6　插入结果

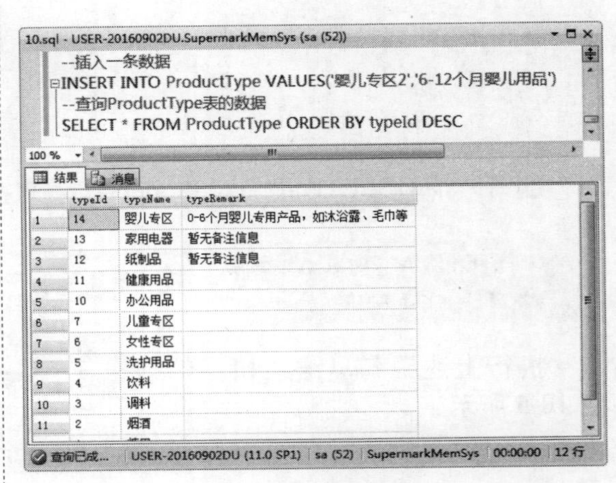

图 10-7　查询结果

如果视图的列为以下几种情况之一：基表中的计算列、基表中的标识列、具有 timestamp 数据类型的基表列，则该视图的 INSERT 语句必须为这些列指定值，INSTEAD OF 触发器在构成将值插入基表的 INSERT 语句时会忽略指定的值。

【例 10-6】

在 TourismManSys 数据库中创建视图，该视图包含游客编号、姓名、年龄、手机、导游姓名和编号，是不可更新视图。可以在该视图上创建 INSTEAD OF 触发器，当向视图中插入数据时分别向基表中插入数据，从而实现向视图插入数据的功能。具体步骤如下。

01 创建名称为 v_visitoroper 的视图，该视图联合查询 VisitorMessage 游客表和 GuideMessage 导游表的数据，并显示相应的游客信息和导游编号、姓名。语句如下：

```
CREATE VIEW v_visitoroper
AS
SELECT v.cardNumber,v.visitorName,v.visitorAge,v.visitorPhone,
    g.guideNo,g.guideName,g.guidePosition
            FROM VisitorMessage v,GuideMessage g
            WHERE v.visitorGuideNo=g.guideNo
GO
```

02 创建名称为 trig_visitoroper 的 INSTEAD OF 触发器，该触发器在插入数据前执行。语句如下：

```
CREATE TRIGGER trig_visitoroper
ON v_visitoroper
    INSTEAD OF INSERT
    AS
    BEGIN
            DECLARE @cardNumber nvarchar(50),@visitorName nvarchar(30),@visitorAge int,@
visitorPhone nvarchar(50),@guideNo nvarchar(10),@guideName nvarchar(20),@guidePosition nvarchar(10)
            SELECT @cardNumber = cardNumber, @visitorName = visitorName, @visitorAge = visitorAge,
@visitorPhone = visitorPhone, @guideNo = guideNo,@guidePosition = guidePosition, @guideName =
guideName FROM inserted
            INSERT INTO VisitorMessage(cardNumber,visitorName,visitorAge,visitorPhone)
                    VALUES (@cardNumber, @visitorName, @visitorAge,@visitorPhone)
            INSERT INTO GuideMessage(guideNo,guidePosition,guideName)
                    VALUES(@guideNo, @guidePosition, @guideName)
    END
GO
```

在上述触发器中，分别声明多种形式的变量，这些变量用于存储从 inserted 表中获取到的数据。并通过 INSERT 语句分别向 VisitorMessage 表和 GuideMessage 表中插入数据，这两个表是视图的基表。

03 向视图中插入一条数据进行测试：

```
INSERT INTO v_visitoroper VALUES('No1100','zsy',44,'13223100000','2018001',' 杨怡 ',' 区域经理 ')
```

04 查看 v_visitoroper 视图以及与视图有关的基表，确认数据是否插入。执行语句如下：

```
SELECT * FROM VisitorMessage
ORDER BY cardNumber DESC
SELECT * FROM GuideMessage
ORDER BY guideNo DESC
```

05 执行上述语句，结果如图 10-8 所示。

10.sql - USER-20160902DU.TourismManSys (sa (52))

```
    END
GO
--插入一条数据
INSERT INTO v_visitoroper VALUES('No1100','zsy',44,'13223100000','2018001','杨怡','区域经理')
--分别查询两个基表的数据
SELECT * FROM VisitorMessage ORDER BY cardNumber DESC
SELECT * FROM GuideMessage ORDER BY guideNo DESC
```

100 %

结果 消息

	cardNumber	visitorName	visitorSex	visitorAge	visitorPhone	visitorGroupName	visitorDate	visitorGuideNo	visitorRemark	visitorAddDate
1	No1100	zsy	女	44	13223100000	NULL	2017-06-22 20:52:07.113	NULL	NULL	NULL
2	No1019	张翠花	女	57	15123456660	NULL	2017-06-03 17:50:37.497	NULL	NULL	NULL
3	No1018	刘衣敏	女	26	15101230018	北京-河南	2017-05-30 21:52:35.457	2017014		2017-05-30 21:52:35.457
4	No1017	刘洪敏	女	29	15101230017	北京-河南	2017-05-30 21:52:06.980	2017014		2017-05-30 21:52:06.980
5	No1016	刘建军	男	38	15101230016	NULL	2017-05-30 21:51:47.950	2017000		2017-05-30 21:51:47.950
6	No1015	刘红军	男	35	15101230015	NULL	2017-05-30 21:51:34.290	2017000		2017-05-30 21:51:34.290
7	No1014	闫路明	男	56	15101230014	北京-西班牙	2017-05-30 21:51:11.930	2017009		2017-05-30 21:51:11.930

	guideNo	guidePosition	guideName	guideSex	guideAge	languageList	way	leadDate
1	2018001	区域经理	杨怡	女	NULL	NULL	NULL	2017-06-22 20:52:07.140
2	2017014	职员	位诺伊	男	30	中文	北京-河南	2017-05-29 17:51:19.387
3	2017013	职员	张阳	男	23	中文	北京-湖南	2017-05-29 17:50:31.133
4	2017012	职员	张涛	男	23	中文-英文	北京-四川	2017-05-29 17:49:52.423
5	2017011	职员	杜瑶瑶	女	22	中文-法语	北京-法国	2017-05-29 17:48:58.870

查询已成功执行。　USER-20160902DU (11.0 SP1) | sa (52) | TourismManSys | 00:00:00 | 33 行

图 10-8　INSTEAD OF 触发器

10.3　DDL 触发器

DDL 触发器和 DML 触发器一样，为了响应事件而激活。与 DML 触发器不同的是，DDL 触发器只在执行 CREATE、ALTER 和 DROP 语句时触发。下面详细介绍 DDL 触发器的创建和使用。

10.3.1　DDL 创建语法

如果想要控制哪位用户可以修改数据库结构以及如何修改，甚至只想跟踪数据库结构上发生的修改，那么使用 DDL 触发器非常合适。

创建 DDL 触发器，同样需要用到 CREATE TRIGGER 语句。语法如下：

```
CREATE TRIGGER trigger_name
ON { ALL SERVER | DATABASE }
[WITH ENCRYPTION]
{ FOR | AFTER | {event_type }
AS sql_statement
```

在上述语法中，大多数的参数与 DML 语法类似，下面主要介绍 3 个参数。

- ALL SERVER：用于表示 DDL 触发器的作用域是整个服务器。
- DATABASE：用于表示 DDL 触发器的作用域是整个数据库。
- event_type：用于指定触发 DDL 触发器的事件。当 ON 关键字后面指定 DATABASE 选项时使用该事件名称。但是，需要注意的是，每个事件对应的 T-SQL 语句有一些修改，如果要在使用 CREATE TABLE 语句时激活触发器，AFTER 关键字后面的名称为 CREATE TABLE，在关键字之间包含下划线 (_)。

10.3.2　数据库触发器

创建 DDL 触发器时指定 DATABASE 关键字表示触发器作用在数据库上。

【例 10-7】

创建 TourismManSys 数据库作用域的 DDL 触发器，当删除一个表时，提示禁止该操作，然后回滚删除表的操作。语句如下：

```
USE TourismManSys
GO
CREATE TRIGGER trig_del
    ON DATABASE
    AFTER DROP_TABLE
    AS
    BEGIN
            PRINT '不能删除该表'
            ROLLBACK TRANSACTION
    END
```

其中，ROLLBACK TRANSACTION 语句用于回滚之前所做的修改，将数据库恢复到原来的状态。执行上述语句创建触发器，当 DDL 触发器创建完成之后，编写语句删除数据表来测试触发器是否成功创建，语句如下：

```
DROP TABLE GuideCopyMeg2
```

执行上述删除语句，执行结果提示“不能删除该表”和系统错误信息，如图 10-9 所示。

图 10-9 触发器执行结果

除了 DROP_TABLE 外，在创建数据库 DDL 触发器时还会用到其他的关键字，常用关键字如表 10-1 所示。

表 10-1 数据库事件关键字

CREATE_APPLICATION_ROLE	ALTER_APPLICATION_ROLE	DROP_APPLICATION_ROLE
CREATE_FUNCTION	ALTER_FUNCTION	DROP_FUNCTION
CREATE_INDEX	ALTER_INDEX	DROP_INDEX
CREATE_PROCEDURE	ALTER_PROCEDURE	DROP_PROCEDURE
CREATE_ROLE	ALTER_ROLE	DROP_ROLE
CREATE_TABLE	ALTER_TABLE	DROP_TABLE
CREATE_USER	ALTER_USER	DROP_USER
CREATE_VIEW	ALTER_VIEW	DROP_VIEW

10.3.3 服务器触发器

除了数据库触发器外，用户还可以创建作用域服务器的触发器。常见服务器作用域的 DDL 触发器语句如表 10-2 所示。

表 10-2 服务器作用域的 DDL 语句

CREATE_AUTHORIZATION_SERVER	ALTER_AUTHORIZATION_SERVER	DROP_AUTHORIZATION_SERVER

（续表）

CREATE_DATABASE	ALTER_DATABASE	DROP_DATABASE
CREATE_LOGIN	ALTER_LOGIN	DROP_LOGIN

【例 10-8】

用以下语句演示如何创建作用于服务器的 DDL 触发器：

```
CREATE TRIGGER trig_serverddl
    ON ALL SERVER
    AFTER DROP_DATABASE
    AS
    BEGIN
            PRINT '不能删除该数据库'
            ROLLBACK TRANSACTION
    END
GO
```

在上述语句中，首先指定触发器名称 trig_serverddl，然后指定触发器的作用域为整个服务器，最后定义触发事件并在触发触发器时输出提示信息。

添加删除数据库表的语句：

```
DROP DATABASE TestDataBase
```

执行上述语句，效果如图 10-10 所示。

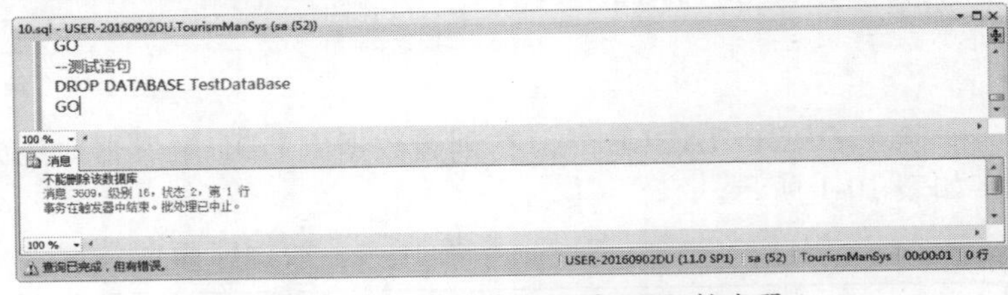

图 10-10　作用于服务器的 DDL 触发器

10.4　管理触发器

创建触发器完成后，用户还可能会对触发器进行管理维护操作，例如启用或者禁用触发器、修改触发器，以及删除触发器等，下面详细进行介绍。

10.4.1　修改触发器

用户修改触发器有两种方法，第一种方法是首先删除指定的触发器，然后再创建与删除的触发器同名的触发器，简单来说，就是先删除再创建。第二种是使用 ALTER TRIGGER 语句进行修改。

1. 修改 DML 触发器

ALTER TRIGGER 语句修改 DML 触发器的语法如下：

```
ALTER TRIGGER trigger_name
ON { table | view }
```

```
{
  { { FOR | AFTER | INSTEAD OF }
   { [DELETE] [,] [INSERT] [,] [UPDATE] }
     AS
      sql_statement
  }
}
```

【例 10-9】

更改名称为 trig_inserttype 的 INSTEAD OF INSERT 触发器，该触发器作用于 ProductType 表，向表中插入数据时查询指定条件的商品类型信息。语句如下：

```
ALTER TRIGGER trig_inserttype
ON ProductType INSTEAD OF INSERT
AS
    SELECT * FROM ProductType WHERE typeId
BETWEEN 5 AND 15
GO
```

2. 修改 DDL 触发器

ALTER TRIGGER 语句修改 DDL 触发器的语法如下：

```
ALTER TRIGGER trigger_name
ON { ALL SERVER | DATABASE }
[WITH ENCRYPTION]
{ FOR | AFTER | {event_type }
AS
  sql_statement
```

【例 10-10】

修改已经存在的 trig_serverddl 触发器，更改该触发器的 SQL 语句。代码如下：

```
ALTER TRIGGER trig_serverddl
    ON ALL SERVER
    AFTER DROP_DATABASE
    AS
    BEGIN
        PRINT '执行删除数据库操作，但是不能删除该数据库'
        ROLLBACK TRANSACTION
    END
GO
```

提示

触发器可以看作是特殊的存储过程，因此所有适用于存储过程的管理方式都适用于触发器。例如，可以使用 sp_helptext、sp_help 和 sp_depends 等系统过程查看与触发器有关的信息。

10.4.2 删除触发器

触发器本身是存在于表中的，因此，当表被删除时，表中的触发器也将一起被删除。删除触发器使用 DROP TRIGGER 语句。

DROP TRIGGER 语句删除 DML 触发器的语法格式如下：

```
DROP TRIGGER trigger_name[,...][;]
```

【例 10-11】

用以下语句删除 trig_deletelist 和 trig_inserttype 触发器，两个触发器之间使用逗号分隔：

```
DROP TRIGGER trig_deletelist,trig_inserttype
```

如果要删除 DDL 触发器，需要使用 ON 关键字指定是在数据库作用域还是服务器作用域。DROP TRIGGER 语句删除 DDL 触发器的语法格式如下：

```
DROP TRIGGER trigger_name[,...]
ON {DATABASE|ALL SERVER}[;]
```

【例 10-12】

用以下语句删除服务器 DDL 触发器 trig_serverddl：

```
DROP TRIGGER trig_serverddl ON ALL  SERVER
```

10.4.3 禁用和启用触发器

用户可以禁用、启用一个指定的触发器或者一个表的所有触发器。当禁用一个触发器后，它在表上的定义仍然存在，但是，当对表执行 INSERT、UPDATE 或者 DELETE 语句时，并不执行触发器的动作，直到重新启动触发器为止。

1. 禁用触发器

禁用触发器需要用到 DISABLE TRIGGER 语句，具体语法如下：

```
DISABLE TRIGGER { [ schema_name . ] trigger_name [ ,...n ] | ALL }
ON { object_name | DATABASE | ALL SERVER }
```

对主要的参数说明如下。

- schema_name：触发器所属架构名称，只针对 DML 触发器。
- trigger_name：触发器名称。
- ALL：指示禁用在 ON 子句作用域中定义的所有触发器。
- object_name：触发器所在的表或视图名称。
- DATABASE | ALL SERVER：针对 DDL 触发器，指定数据库范围或服务器范围。

【例 10-13】

用以下语句禁用 ProductType 表上的 trig_updatetype 触发器：

```
DISABLE TRIGGER trig_updatetype ON ProductType
```

上述语句等价于以下语句代码：

```
ALTER TABLE ProductType DISABLE TRIGGER trig_updatetype
```

2. 启用触发器

启用触发器的语法与禁用触发器的大致相同，只是一个使用 DISABLE 关键字，一个使用 ENABLE 关键字。启用触发器的语法如下：

```
ENABLE TRIGGER { [ schema_name . ] trigger_name [ ,...n ] | ALL }
ON { object_name | DATABASE | ALL SERVER }
```

【例 10-14】

用以下语句为启用 ProductType 表的 trig_updatetype 触发器：

```
DISABLE TRIGGER trig_updatetype ON ProductType
```

针对 DML 触发器，还可以使用 ALTER TABLE...ENABLE 语句启用。用以下语句等价于上述语句：

```
ALTER TABLE ProductType ENABLE TRIGGER trig_updatetype
```

10.5 递归触发器

任何触发器都可以包含影响同一个表或者另一个表的 UPDATE、INSERT 或者 DELETE 语句。如果启用递归触发器选项，那么改变表中数据的触发器通过递归执行就可以再次触发。本节简单了解关于递归触发器的知识，如分类、如何启用和禁用、注意事项等。

10.5.1 递归触发器注意事项

递归触发器具有复杂特性，可以用来解决诸如自引用这样的复杂关系。使用递归触发器时，需要注意以下几点。

- 递归触发器很复杂，必须经过有条理的设计和全面的测试。

- 在任意点的数据修改会触发一系列触发器。尽管提供处理复杂关系的能力，但是如果要求以特定的顺序更新用户的表时，使用递归触发器就会产生问题。
- 所有触发器一起构成一个大事务。任何触发器中的任何位置上的 ROLLBACK 命令都将取消所有数据的修改。
- 触发器最多只能递归 16 层。如果递归链中的第 16 个触发器激活了第 17 个触发器，则结果与使用 ROLLBACK 命令一样，将取消所有数据的修改。

10.5.2 递归触发器分类

递归触发器可以分为两种不同的类型，即直接递归和间接递归。

1. 直接递归

直接递归是指触发器被触发并执行一个操作，而该操作又使同一个触发器再次被触发。

例如，当对 T1 表执行 UPDATE 操作时，触发了 T1 表上的 UpdateTrig 触发器；而在 UpdateTrig 触发器中又包含有对 T1 表的 UPDATE 语句，这就导致 UpdateTrig 触发器再次被触发。

2. 间接递归

触发器被触发并执行一个操作，而该操作又使另一个触发器被触发；第二个触发器执行的操作又再次触发第一个触发器。

例如，当对 T1 表执行 UPDATE 操作时，触发了 T1 表上的 UpdateTrig1 触发器；而在 UpdateTrig1 触发器中又包含有对 T2 表的 UPDATE 语句，这就导致 T2 表上的 UpdateTrig2 触发器被触发；又由于 UpdateTrig2 触发器中包含有对 T1 表的 UPDATE 语句，使得 UpdateTrig1 触发器再次被触发。

注意

递归触发器是一种特殊的嵌套触发器，如果嵌套触发器选项被关闭，不管数据库的递归触发器选项设置什么，递归触发器都将被禁用。

10.5.3 禁用或启用递归触发器

在数据库创建时，默认情况下递归触发器选项是禁用的，但是可以使用 ALTER DATABASE 语句来启用。

【例 10-15】

除了 T-SQL 语句外，用户可以通过图形界面工具启用或者禁用递归触发器。具体步骤如下。

01 在 SQL Server Management Studio 中的【对象资源管理器】窗格中，选择需要启用递归触发器选项的 SupermarkMemSys 数据库。

02 右击 SupermarkMemSys 数据库节点，执行【属性】命令，打开【数据库属性】对话框。

03 单击【选项】标签，打开【选项】选项卡，如图 10-11 所示。

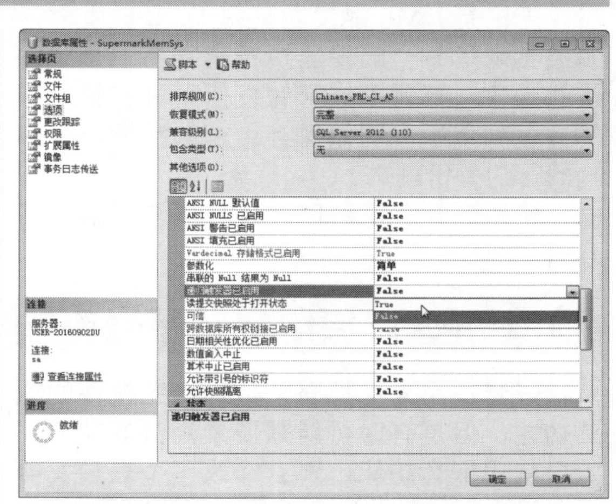

图 10-11 设置递归触发

04 如果允许递归触发器，则可以选择【设置】选项组中的【递归触发器已启用】列表框的值为 True。

如果嵌套触发器选项关闭，则不管数据库的递归触发器选项设置是什么，递归触发器都将被禁用。给定触发器的 inserted 和 deleted 表只包含对应于上次触发触发器的 UPDATE、INSERT 或者 DELETE 操作影响的行。

另外，用户使用 sp_settriggerorder 系统存储过程来指定哪个触发器作为第一个被触发的触发器或者作为最后一个被触发的触发器，而为指定事件定义的其他触发器的执行则没有固定的触发顺序，每个触发器都应该是自包含的。

注意

在 SQL Server 2016数据库中已废除与递归触发器有关的 sp_dboption 系统存储过程。但是，用户可能有时会用到递归触发器，因此，对于用户来说，启用或禁用递归触发器最简单的方法就是通过图形界面工具进行设置。

10.6 嵌套触发器

前面介绍过，可以将递归触发器看作是特殊的嵌套触发器，那么什么是嵌套触发器呢？如何启用和禁用嵌套触发器？本节详细为大家进行介绍。

10.6.1 嵌套触发器注意事项

如果一个触发器在执行操作时引发了另一个触发器，而这个触发器又接着引发下一个触发器，那么就形成了触发器的嵌套。任何触发器都可以包含影响另一个表的 INSERT、UPDATE 或 DELETE 语句。

无论是 DML 触发器还是 DDL 触发器，如果出现了一个触发器执行启动另一个触发器的操作，都属于嵌套触发器。嵌套触发器具有多种用途，例如保存由前一触发器所影响的行的备份副本。

使用嵌套触发器时，用户需要考虑以下几点。

- 默认情况下，嵌套触发器配置选项是开启的。
- 在同一个触发器事务中，一个嵌套触发器不能被触发两次，触发器不会调用自己来响应触发器对同一表的第二次更新。例如，如果在触发器中修改一个表，接着又修改了定义该触发器的表，触发器不会被再次触发。
- 由于触发器是一个事务，如果在一系列嵌套触发器的任意层中发生错误，则整个事务都将取消，而且所有数据修改将回滚。

10.6.2 启用或禁用嵌套触发器

嵌套是用来保持整个数据库完整性的重要功能，但是有时可能需要禁用嵌套功能。如果禁用嵌套功能，那么修改一个表触发器的实现不会再触发该表上的任何触发器。

默认情况下，嵌套触发器在安装时就被启用。但是，用户可以使用 sp_configure 系统存储过程启用或者禁用。可以通过 nestedtriggers 服务器配置选项来控制是否可以嵌套 AFTER 触发器。INSTEAD OF 触发器嵌套不受此选项影响。

【例 10-16】

使用以下语句可禁用嵌套触发器：

```
EXEC sp_configure 'nested triggers',0
```

如果想要再次启用嵌套触发器，可以使用以下语句：

```
EXEC sp_configure 'nested triggers',1
```

如果出现以下任意一种情况，用户则需要禁止使用嵌套触发器。

- 嵌套触发器要求复杂而又有条理的设计，级联修改可能会修改用户不想涉及的数据。
- 在一系列嵌套触发器中任意点的数据修改操作都会触发一系列触发器，尽管这时数据提供了很强的保护，但是如果要求以特定的顺序更新表就会产生问题。

10.6.3 实践案例：嵌套触发器实现职工的增删

如果嵌套触发器中的一个触发器启动了一个无限循环，则将超出嵌套层限制，触发器将被终止执行。

本小节通过一个具体的例子演示嵌套触发器的使用，当从 NewPersonnel 表中删除职工信息时，trig_Delete 触发器将从 NewPersonnel 表中删除职工信息。在删除这些信息的同时，trig_Insert 触发器将保存被删除行到 Personnel 表中。这种由一个触发器启动另一个触发器的操作，就属于嵌套触发器。

具体实现步骤如下。

01 如果 EmpSys 数据库不存在，则创建，如果存在，则直接使用 EmpSys 数据库。

02 向数据库中添加 Department 部门表，该表包含 3 个字段列，分别表示部门 ID、部门名称和数量。创建语句如下：

```
CREATE TABLE Department(
    departmentId int not null identity(1,1) primary key,
    departmentName nvarchar(20) not null,
    departmentCount int not null default 0
)
```

03 创建个人信息表 Personnel，将 NewPersonnel 表删除的数据保存到该表。语句如下：

```
CREATE TABLE Personnel(
    personnelId int not null identity(1,1) primary key,
    departmentId int not null,
    personnelName nvarchar(10) not null
)
```

04 创建个人信息表 NewPersonnel，该表存储原始的职工信息。语句如下：

```
CREATE TABLE NewPersonnel
(
    personnelId int not null identity(1,1) primary key,
    departmentId int not null,
    personnelName nvarchar(10) not null
)
```

05 向部门表中插入多条数据记录，插入语句如下：

```
INSERT INTO Department (departmentName) values
(' 总经办 '),(' 财务部 '),(' 行政人事部 '),(' 信息技术部 '),(' 市场研发部 '),(' 售后客服部 ')
```

06 为 NewPersonnel 表创建 DELETE 触发器，将 NewPersonnel 表删除的数据插入 Personnel 表。语句如下：

```
CREATE TRIGGER trig_Delete
ON NewPersonnel
FOR DELETE
AS
BEGIN
    INSERT INTO Personnel SELECT departmentId,
personnelName FROM deleted
END
```

07 为 Personnel 表创建 INSERT 触发器，在该表中更新 Department 表 departmentCount 字段列的值。语句如下：

```
CREATE TRIGGER trig_Insert
ON Personnel
FOR INSERT
AS
```

SQL Server 数据库

```
BEGIN
  DECLARE @departmentId INT
  SELECT @departmentId = departmentId FROM inserted
  UPDATE Department SET departmentCount=(SELECT COUNT(1) FROM Personnel WHERE departmentId=@
departmentId) WHERE departmentId=@departmentId
END
```

08 执行 INSERT 语句，向 NewPersonnel 表中添加数据进行测试。语句如下：

```
INSERT INTO NewPersonnel(departmentId,personnelName) values (1,' 毛琳琳 '),(1,' 毛珊珊 '),(1,' 毛 **')
INSERT INTO NewPersonnel(departmentId,personnelName) values (2,' 宋小佳 '),(2,' 殷滔滔 '),(2,' 张小阳 ')
INSERT INTO NewPersonnel(departmentId,personnelName) values (3,' 庄雨 '),(3,' 庄飞 '),(3,' 庄静 '),(3,' 庄严 ')
INSERT INTO NewPersonnel(departmentId,personnelName) values (4,' 陈佳 '),(4,' 宋佳 '),(4,' 李佳 ')
```

09 执行 SELECT 语句，查询语句及执行结果如图 10-12 所示。

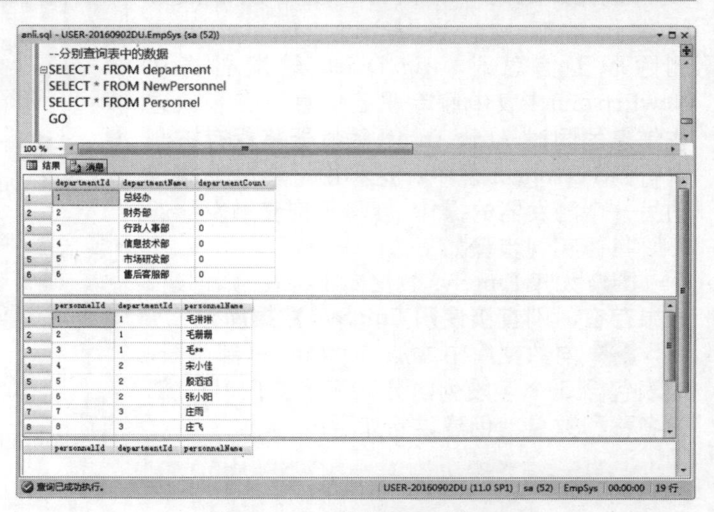

图 10-12　查询数据表的数据

10 执行 DELETE 语句，从 NewPersonnel 表中删除部门 ID 为 4 的职工。语句如下：

```
DELETE NewPersonnel WHERE departmentId = 4
```

11 执行上述 DELETE 语句，删除成功后重新通过 SELECT 语句查询表中的数据，此时效果如图 10-13 所示。

```
DELETE NewPersonnel WHERE departmentId = 4
--分别查询表中的数据
SELECT * FROM department
SELECT * FROM NewPersonnel
SELECT * FROM Personnel
GO
```

	departmentId	departmentName	departmentCount
1	1	总经办	0
2	2	财务部	0
3	3	行政人事部	0
4	4	信息技术部	3
5	5	市场研发部	0
6	6	售后客服部	0

	personnelId	departmentId	personnelName
1	1	1	毛琳琳
2	2	1	毛珊珊
3	3	1	毛**
4	4	2	宋小佳
5	5	2	殷滔滔
6	6	2	张小阳
7	7	3	庄雨
8	8	3	庄飞

	personnelId	departmentId	personnelName
1	1	4	李佳
2	2	4	宋佳
3	3	4	陈佳

查询已成功执行。

图 10-13　删除数据后执行查询

10.7 练习题

1. 填空题

(1) 根据触发器事件的不同，可以将触发器分为 __________ 和 DDL 触发器两类。

(2) 无论创建哪种触发器，都需要用 __________ 关键字。

(3) __________ 触发器触发时只执行触发器内部的 SQL 语句，而不执行激活该触发器的 SQL 语句。

(4) __________ 表示 DDL 触发器的作用域是整个服务器。

(5) 系统为 DML 触发器自动创建两个表 ___________ 和 deleted，分别用于存放向表中插入的行和从表中删除的行。

2. 选择题

(1) 下列不属于 DML 触发器类型的是 __________。

A．INSERT 触发器　　B．UPDATE 触发器

C．DELETE 触发器　　D．AFTER 触发器

(2) 下面关于 DML 触发器的说法，选项 __________ 是不正确的。

A．CREATE TRIGGER 语句必须是批处理中第一条语句，并且只能应用到一个表中

B．在同一 CREATE TRIGGER 语句中，可以为多种操作 (例如 INSERT 和 UPDATE) 定义相同的触发器操作

C．TRUNCATE TABLE 语句不仅能够删除表中的记录，还会触发 DELETE 触发器

D．DML 触发器最大的用途是返回行级数据的完整性，而不是返回结果，因此应当尽量避免返回任何结果集

(3) 当程序开发人员执行 __________ 操作时，可以使用 DDL 触发器。

A．防止对数据库架构进行某些更改

B．希望数据库中发生某种情况以响应数据库架构中的更改

C．记录数据库架构中的更改或者事件

D．以上都是

(4) 一个表或者视图中只能有 __________ 个 INSTEAD OF 触发器。

A．0　　B．1　　C．多个　　D．以上均可

(5) 如果要禁用触发器，需要使用 __________ 语句。

A．ENABLE TRIGGER

B．DISABLE TRIGGER

C．ALTER TRIGGER

D．CREATE TRIGGER

(6) 如果用户想要删除 ProductTest 表的 trig_testoper 触发器，可以使用语句 __________。

A．DROP * FROM trig_testoper

B．DROP trig_testoper

C．DROP TRIGGER WHERE NAME= ‘trig_testoper’

D．DROP TRIGGER trig_tesetoper

上机练习：为学生管理系统表创建触发器

在学生信息管理系统中，学生信息表 StudentMessage 包含字段有 stuNo(学号)、stuName(姓名)、stuSex(性别)、stuBirth(出生年月)、stuClassNo(班级号)；班级信息表 ClassMessage 中包含字段 classNo(班级号)、className(班级名称)、classNumber(人数)；课程信息表 CourseMessage 包含字段 courseNo(课程代号)、courseName(课程名称)；学生成绩表 StudentScore 包含字段：stuNo(学号)、courseNo(课程代号)、score(成绩)，已用约束保证成绩的范围为 0~100 分。

根据以下要求对表进行触发器操作。

(1) 在 StudentMessage 上创建 INSERT 触发器 trig_stuinsert 并进行测试，要求在 StudentMessage 表中插入记录时 (要求每次只能插入一条记录)，这个触发器都将更新中的 classNumber 列。

(2) 修改前面创建的 INSERT 触发器 trig_stuinsert 并进行测试，要求在 StudentMessage 表中插入记录时 (允许插入多条记录)，这个触发器都将更新 ClassMessage 表中的 classNumber 列。

(3) 在 StudentMessage 上创建 DELETE 触发器 trig_studelete 并进行测试，要求在 StudentMessage 表中删除记录时，这个触发器都将更新 ClassMessage 表中的 classNumber 列。

(4) 为防止其他人修改成绩，在 StudentScore 上创建 UPDATE 触发器 trig_scupdate 并进行测试，要求不能更新 StudentScore 表中的 score 列。

(5) 使用有关的系统存储过程 (例如 sp_help) 查看创建触发器的相关信息。

第 11 章

SQL Server 高级特性

SQL Server 要比任何一个关系数据库产品都更灵活、更可靠并具有更高的集成度。在 SQL Server 2016 中为了提高大量数据查询的效率，可为数据库设置索引。索引是数据库中的一个特殊对象，是一种可以加快数据检索的数据库结构。它可以从大量的数据中迅速找到需要的内容，使得数据查询时不必扫描整个数据库。事务是数据库的重要概念，在 SQL Server 2016 中，通过事务将一系列不可分割的数据库操作作为整体来执行，从而保证了数据库数据的完整性和有效性。

本章为读者详细介绍索引、事务、锁定的有关知识，包含索引作用、索引分类、创建索引、复合索引、修改索引、删除索引、事务的 ACID 属性、事务分类、事务处理语句、事务隔离级别、锁定粒度、锁定模式等多个内容。

本章学习要点

◎ 了解索引的优缺点和分类
◎ 掌握聚集索引和非聚集索引及区别
◎ 掌握如何创建普通索引和复合索引
◎ 掌握如何查看、修改和删除索引
◎ 掌握如何通过图形界面操作索引
◎ 熟悉事务的概念和 ACID 属性
◎ 掌握与事务有关的处理语句
◎ 了解事务的隔离级别及其使用
◎ 了解 SQL Server 锁定的有关知识

11.1 了解索引

用户查阅某些图书内容时，为了提高查阅速度，并不是从第一页开始顺序查找，而是首先查看书的目录索引，找到需要的内容在目录中所列的页码，然后根据这一页码直接找到需要的内容。

在 SQL Server 2016 中，为了从数据库的大量数据中迅速找到需要的内容，也采用了类似图书目录的索引技术，通过它能迅速查找需要的内容。

11.1.1 索引的作用

索引是根据表中一列或若干列按照一定顺序的列值与记录行之间的对应关系表。了解索引对于 SQL Server 数据库的优化非常有用，在数据库系统中建立索引主要有以下作用。

- 快速存取数据。加快搜索数据的速度，这是引入索引的主要原因。
- 保证数据记录的唯一性。
- 加速表与表之间的连接，实现表与表之间的参照完整性。
- 在使用 ORDER BY、GROUP BY 子句进行数据检索时，利用索引可以减少排序和分组的时间。

以上就是数据库建立索引的作用，用户可以将其作为优点。任何事物都有两面性，索引除了上述优点外，还有几个缺点，用户在创建时可以作为参考。

索引需要占用物理空间，聚集索引占的空间更大。

创建索引和维护索引需要耗费时间，这种时间会随着数据量的增加而增加。

当在一个包含索引的列的数据表中添加或者修改记录时，SQL Server 会修改和维护相应的索引，这样会增加系统的额外开销，降低处理速度。

11.1.2 索引的分类

如果一个表没有创建索引，则数据行不按任何特定的顺序存储，这种结构称为堆集。SQL Server 支持在表中任何列（包括计算列）上定义索引。索引同 SQL Server 中其他类型的数据页一样，有固定字节，其存储方式为 B-Tree 结构，B-Tree(多路搜索树，并不是二叉的)是一种常见的数据结构。

用户使用 B-Tree 结构可以显著减少定位记录时所经历的中间过程，从而加快存取速度。按照翻译，B 通常认为是 Balance 的简称。这个数据结构一般用于数据库的索引，综合效率较高。

在索引 B-Tree 结构中，B-Tree 树中的每一页称为一个索引节点。B-Tree 树的顶端节点称为根节点。索引中的底层节点称为叶节点。根节点与叶节点之间的任何索引级别统称为中间级。在聚集索引中，叶节点包含基础表的数据页。根节点和叶节点包含含有索引行的索引页。每个索引行包含一个键值和一个指针，该指针指向 B-Tree 树上的某一中间级页或者叶级索引中的某个数据行。每级索引中的页均被链接在双向链接列表中。

根据索引的组织方法，可以将 SQL Server 2016 的索引分为聚集索引和非聚集索引两种类型。

11.1.3 聚集索引

聚集索引使数据表物理顺序与索引顺序一致，不论聚集索引里有表的哪个（或哪些）字段，这些字段都会按顺序保存在表中。由于存在这种排序，所以，索引每个表只会有一个聚集索引。由于数据记录按聚集索引键的次序存储，因此聚集索引对查找记录很有效。如图 11-1 所示为聚集索引的 B-Tree 存储结构。

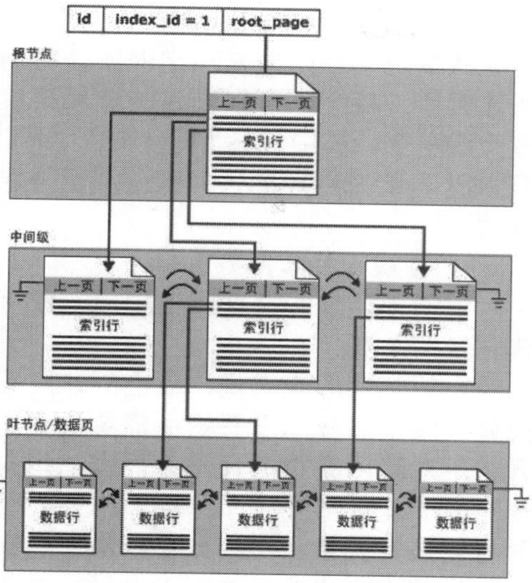

图 11-1　聚集索引的 B-Tree 结构

在聚集索引的 B-Tree 存储结构图中，最底层的叶子节点存储的是实际的数据页。这一点为数据的快速获取提供了一个超快方式，也是用户在调优中必须使用的。

默认情况下，表中的数据在创建索引时排序。但是，如果因聚集索引已经存在，且正在使用同一名称和列重新创建，而数据已经排序，则会重建索引，而不是从头创建该索引。这时就会自动跳过排序操作。重建索引操作会检查行是否在生成索引时进行了排序。如果有任何行排序不正确，即会取消操作，不创建索引。

由于聚集索引的索引页面指针指向数据页面，所以使用聚集索引查找数据几乎总是比使用非聚集索引快。每张表只能建一个聚集索引，并且聚集索引需要至少相当该表 120% 的附加空间，以存放该表的副本和索引中间页。

聚集索引按下列方式实现。

(1) PRIMARY KEY 和 UNIQUE 约束。

在创建 PRIMARY KEY 约束时，如果不存在该表的聚集索引且未指定唯一非聚集索引，则将自动对一列或者多列创建唯一聚集索引。主键列不允许空值。在创建 UNIQUE 约束时，默认情况下将创建唯一非聚集索引，以便强制 UNIQUE 约束。如果不存在该表的聚集索引，则可以指定唯一聚集索引。将索引创建为约束的一部分后，会自动将索引命名为与约束名称相同的名称。

(2) 独立于约束的索引。

指定非聚集主键约束后，可以对非主键的列创建聚集索引。

(3) 索引视图。

若要创建索引视图，可对一个或者多个视图列定义唯一聚集索引。视图将具体化，并且结果集存储在该索引的页级别中，其存储方式与表数据存储在聚集索引中的方式相同。

11.1.4　非聚集索引

在非聚集索引内，从索引行指向数据行的指针称为行定位器。行定位器的结构取决于数据页的存储方式是堆集还是聚集。对于堆集，行定位器是指向行的指针。对于有聚集索引的表，行定位器是聚集索引键。如果一个表只有非聚集索引，则它的数据行将按无序的堆集方式存储。

一个表中可以有一个或多个非聚集索引。当一个表中既要创建聚集索引，又要创建非聚集索引时，应先创建聚集索引，然后再创建非聚集索引，这是因为创建聚集索引时将改变数据记录的物理存放顺序。

当在 SQL Server 上创建索引时，可以指定是按升序还是降序存储键。如图 11-2 所示为非聚集索引的 B-Tree 存储结构。

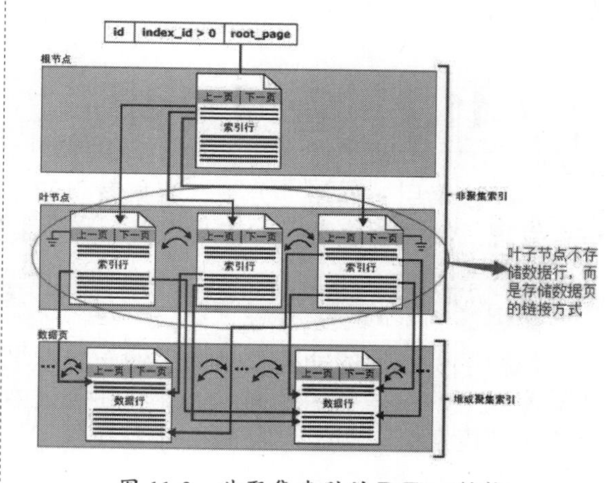

图 11-2　非聚集索引的 B-Tree 结构

SQL Server 数据库

非聚集索引可以提高从表中提取数据的速度，但也会降低向表中插入和更新数据的速度。当用户改变一个建立了非聚集索引的表的数据时，必须同时更新索引。如果预计一个表需要频繁地更新数据，那么就不要对其建立太多的非聚集。另外，如果硬盘和内存空间有限，也应该限制使用非聚集的数量。

非聚集索引可以通过下列方法实现。

(1) PRIMARY KEY 和 UNIQUE 约束。

在创建 PRIMARY KEY 约束时，如果不存在该表的聚集索引且未指定唯一非聚集索引，则将自动对一列或者多列创建唯一聚集索引。主键列不允许空值。在创建 UNIQUE 约束时，默认情况下将创建唯一非聚集索引，以便强制 UNIQUE 约束。如果不存在该表的聚集索引，则可以指定唯一聚集索引。

(2) 独立于约束的索引。

默认情况下，如果未指定聚集，将创建非聚集索引。每个表可以创建的非聚集索引最多为 249 个，其中包括 PRIMARY KEY 或者 UNIQUE 约束创建的任何索引，但不包括 XML 索引。

(3) 索引视图的非聚集索引。

对视图创建唯一的聚集索引后，便可以创建非聚集索引。

对更新频繁的表来说，表上的非聚集索引比聚集索引和根本没有索引需要更多的额外开销。对移到新页的每一行而言，指向该数据的每个非聚集索引的页级行也必须更新，有时可能还需要索引页的分离。从一个页面删除数据的进程也会有类似的开销，另外，删除进程还必须把数据移到页面上部，以保证数据的连续性。

11.1.5 聚集索引和非聚集索引的区别

非聚集索引和聚集索引相比，同样以 B-Tree 的结构存储，但是在存储的内容上有着显著的区别。

- 基础表的数据行不按非聚集索引键的顺序排序和存储。
- 非聚集索引的叶层是由索引页而不是由数据组成。

在以上介绍的两种索引中，获取数据最快的方式是通过聚集索引，因为它的叶子节点就是数据页，同样叶子节点的数据页物理顺序也是按照聚集索引的结构顺序进行存储，这也就造成了一个数据表只能存在一个聚集索引，并且聚集索引所占据的磁盘空间要远远小于非聚集索引。

对于非聚集索引，其叶子节点存储的是索引行，获取数据的话，必须通过索引行所记录的数据页的地址 (聚集索引键或者堆表的 RID)，这一特性造成一张数据表可以有多个非聚集聚集索引，并且需要自己独立的存储空间。

11.2 管理索引

了解过索引的作用、分类、聚集索引和非聚集索引的知识后，下面将介绍如何针对索引进行管理，例如创建索引、修改索引、删除索引等。

11.2.1 确定索引列

两种索引设计的初衷都是为了便于快速地获取到数据页，提高查询性能。索引是建立在数据库表中的某些列的上面。因此，在创建索引之前，用户需要先确定索引列，即在哪些列上不能创建索引。例如，表 11-1 中就提供了一些适合创建索引的原则。

表 11-1　选择表和列创建索引的原则

适合创建索引的表或者列	不适合创建索引的表或者列
有许多行数据的表	几乎没有数据的表
经常用于查询的列	很少用于查询的列
有宽范围的值并且在一个典型的查询中，行极有可能被选择的列	有宽范围的值并且在一个典型的查询中，行不太可能被选择的列
用于聚合函数的列	列的字节数大
用于 GROUP BY 查询的列	有许多修改，但很少实际查询的表
用于 ORDER BY 查询的列	
用于表级联的列	

表 11-2 还提供了应该使用聚集索引或者非聚集索引的列类型的建议。

表 11-2　使用聚集和非聚集索引的原则

可以使用聚集索引的列	可以使用非聚集索引的列
被大范围地搜索的主键，如账户	顺序的标识符的主键，如标识列
返回大结果集的查询	返回小结果集的查询
用于许多查询的列	用于聚合函数的列
强选择性的列	外键
用于 ORDER BY 或者 GROUP BY 查询的列	
用于表级联的列	

11.2.2　创建索引的 SQL 语法

创建索引可以使用 CREATE INDEX 语句，这种创建方式最具有适应性，可以创建出符合自己需要的索引。用户在使用这种方式创建索引时，可以使用许多选项，例如指定数据页的充满度、进行排序、整理统计信息等，从而优化索引。

使用这种方法，可以指定索引类型、唯一性、包含性和复合性，也就是说，既可以创建聚集索引，也可以创建非聚集索引，既可以在上个列上创建索引，也可以在两个或者两个以上的列上创建索引。

CREATE INDEX 语句可以在关系表上创建索引，其基本语法形式如下：

```
CREATE [UNIQUE] [CLUSTERED] [NONCLUSTERED]
INDEX index_name
ON table_or_view_name (colum [ASC | DESC] [,...n])
[INCLUDE (column_name[,...n])]
[WITH
(  PAD_INDEX = {ON | OFF}
 | FILLFACTOR = fillfactor
 | SORT_IN_TEMPDB = {ON | OFF}
 | IGNORE_DUP_KEY = {ON | OFF}
 | STATISTICS_NORECOMPUTE = {ON | OFF}
 | DROP_EXISTING = {ON | OFF}
 | ONLINE = {ON | OFF}
 | ALLOW_ROW_LOCKS = {ON | OFF}
 | ALLOW_PAGE_LOCKS = {ON | OFF}
 | MAXDOP = max_degree_of_parallelism)[,...n]]
ON {partition_schema_name(column_name) |
filegroup_name | default}
```

针对上述语法中的参数，其具体说明如下。

- UNIQUE：该选项表示创建唯一性的索引，在索引列中不能有相同的两个列值存在。
- CLUSTERED：该选项表示创建聚集索引。
- NONCLUSTERED：该选项表示创建非聚集索引。这是 CREATE INDEX 语句的默认值。
- 第一个 ON 关键字：表示索引所属的表或者视图，这里用于指定表或者视图的名称和相应的列名称。列名称后面可以使用 ASC 或者 DESC 关键字，指定是升序还是降序排列时，默认值是 ASC。
- INCLUDE：该选项用于指定将要包含到非聚集索引的页级中的非键列。
- PAD_INDEX：该选项用于指定索引的中间页级，也就是说为非叶级索引指定填充度。这时的填充度由 FILLFACTOR 选项指定。
- FILLFACTOR：该选项用于指定叶级索引页的填充度。
- SORT_INT_TEMPDB：该选项为 ON 时，用于指定创建索引时产生的中间结果，在 tempdb 数据库中进行排序。为 OFF 时，在当前数据库中排序。
- IGNORE_DUP_KEY：该选项用于指定唯一性索引键冗余数据的系统行为。当为 ON 时，系统发出警告信息，违反唯一行的数据插入失败。为 OFF 时，取消整个 INSERT 语句，并且发出错误信息。
- STATISTICS_NORECOMPUTE：该选项用于指定是否重新计算过期的索引统计。为 ON 时，不自动计算过期的索引统计信息。为 OFF 时，启动自动计算功能。
- DROP_EXIXTING：该选项确定是否可以删除指定的索引，并且重建该索引。为 ON 时，可以删除并且重建已有的索引。为 OFF 时，不能删除重建。
- ONLINE：该选项用于指定索引操作期间基础表和关联索引是否可用于查询。为 ON 时，不持有表锁，允许用于查询。为 OFF 时，持有表锁，索引操作期间不能执行查询。
- ALLOW_ROW_LOCKS：该选项用于指定是否使用行锁，为 ON 时，表示使用行锁。
- ALLOW_PAGE_LOCKS：该选项用于指定是否使用页锁，为 ON 时，表示使用页锁。
- MAXDOP：该选项用于指定索引操作期间覆盖最大并行度的配置选项。主要目的是限制执行并行计划过程中使用的处理器数量。

【例 11-1】

在 TestDataBase 数据库中创建 IndexTest 测试表，然后为该表的 name 列添加索引，同时为 id 列指定唯一聚集索引。完整语句如下：

```
-- 创建数据表
CREATE TABLE IndexTest(
    id int NOT NULL,
    name nchar(10) NOT NULL,
    age nchar(10) NULL,
    phone nchar(11) NULL
)
CREATE INDEX index_itName ON IndexTest(name)
                        -- 为 name 列创建索引
CREATE UNIQUE CLUSTERED INDEX index_itId ON
IndexTest(id) -- 为 id 列创建唯一聚集索引
```

上述创建索引时指定了 CLUSTERED 关键字，因此该索引将对磁盘上的数据进行物理排序。

执行上述语句，添加索引成功后，可以展开指定的数据表的【索引】节点，在该节点下进行查看，如图 11-3 所示。

在创建 IndexTest 表时，如果为 id 列定义主键，这时会自动为其生成一个聚集索引。也就是说，创建表时为字段列指定主键，在创建表完成以后，SQL Server 会默认将表的聚集索引建立好。同时，为了避免名称的重复，SQL Server 2016 默认给名称添加一个 GUID 字段，如图 11-4 所示。

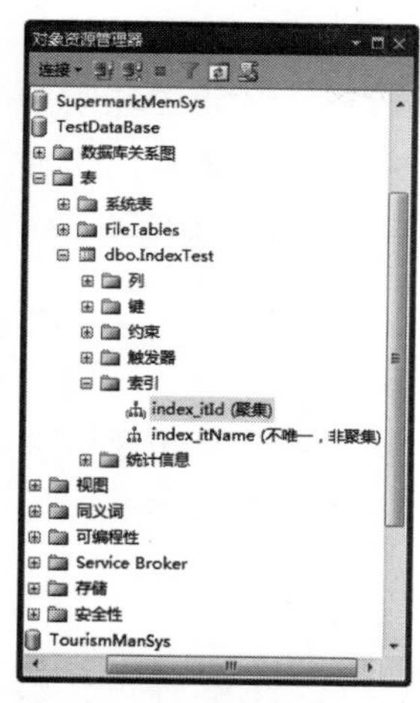

图 11-3　创建索引的结果

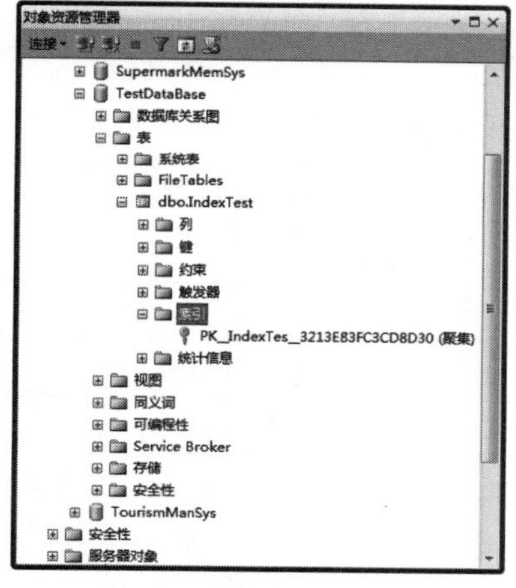

图 11-4　自动生成索引

注意

如果已经为列添加过索引（如主键聚集索引），那么在创建索引时，需要先将主键删除。另外，如果已经为某列创建索引，那么只要索引名称不相同，仍然可以在该列上创建索引。

【例 11-2】

在向表中插入数据时，可能会在列中输入重复的键值，在创建时可以通过指定 IGNORE_DUP_KEY 进行设置。例如，为 id 列创建唯一聚集索引，如果输入重复的键值，将忽略该 INSERT 或 UPDATE 语句。代码如下：

```
CREATE UNIQUE CLUSTERED INDEX index_itId
    ON IndexTest(id)
    WITH IGNORE_DUP_KEY
```

其中，IGNORE_DUP_KEY 指定对索引列插入操作时出现重复键值的错误响应。取值及其说明如下。

- ON：发出一条警告信息，且只有违反了唯一索引的行才会失败。
- OFF：发出错误消息，并回滚整个 INSERT 事务，默认值为 OFF。

11.2.3 复合索引

在前两个例子中，创建的索引都是一列，即新建索引的语句只实施在一列上。用户可以在多个列上建立索引，这种索引叫作复合索引或组合索引。复合索引的创建方法与创建单一索引的方法完全一样，但是复合索引在数据库操作期间所需的开销更小，可以代替多个单一索引。当表的行数远远大于索引键的数目时，使用这种方式可以明显加快表的查询速度。

同时有两个概念叫作窄索引和宽索引，窄索引是指索引列为 1 ～ 2 列的索引，如果不特殊说明的话，一般是指单一索引。宽索引也就是索引列超过 2 列的索引。

设计索引的一个重要原则是能用窄索引就不用宽索引，因为窄索引往往比组合索引更有效。拥有更多的窄索引，将给优化程序提供更多的选择余地，这通常有助于提高性能。

【例 11-3】

创建学生成绩表 StudentScore，然后为该表的 stuNo 列和 stuCourseNo 列创建复合索引。语句如下：

```
CREATE TABLE StudentScore(
stuNo nchar(10) NOT NULL,
stuCourseNo nchar(10) NOT NULL,
```

```
stuScore int NOT NULL,
stuRemark nvarchar(100) NULL DEFAULT ('')
)
GO
```

```
-- 为 stuNo 和 stuCourseNo 创建复合索引
CREATE UNIQUE CLUSTERED INDEX index_scScore
    ON StudentScore(stuNo,stuCourseNo)
GO
```

11.2.4 查看索引

索引信息包括索引统计信息和索引碎片信息，通过查询这些信息分析索引性能，可以更好地维护索引。用户可以使用一些目录视图和系统函数查看有关索引的信息。这些目录视图和系统函数如表 11-3 所示。

表 11-3 查看索引信息的目录视图和系统函数

目录视图和系统函数	描 述
sys.indexes	用于查看有关索引类型、文件组、分区方案、索引选项等信息
sys.index_columns	用于查看列 ID、索引内的位置、类型、排列等信息
sys.stats	用于查看与索引关联的统计信息
sys.stats_columns	用于查看与统计信息关联的列 ID
sys.xml_indexes	用于查看 XML 索引信息，包括索引类型、说明等
sys.dm_db_index_physical_stats	用于查看索引大小、碎片统计信息等
sys.dm_db_index_operational_stats	用于查看当前索引和表 I/O 统计信息等
sys.dm_db_index_usage_stats	用于查看按查询类型排列的索引使用情况统计信息
INDEXKEY_PROPERTY	用于查看索引的索引列的位置以及列的排列顺序
INDEXPROPERTY	用于查看元数据中存储的索引类型、级别数量和索引选项的当前设置等信息
INDEX_COL	用于查看索引的键列名称

1. INDEXPROPERTY() 函数

INDEXPROPERTY() 函数在给定表标识号、索引名称及属性名称的前提下，返回指定的索引属性值。基本语法如下：

```
INDEXPROPERTY ( table_ID , index , property )
```

其中，able_ID 是 int 类型，包含要为其提供索引属性信息的表或索引视图标识号的表达式。Index 是 nvarchar(128) 类型，它是一个包含索引的名称的表达式，将为该索引返回属性信息。property 是 nvarchar(128) 类型，它是一个表达式，包含将要返回数据库属性的名称，常用取值及其说明如下。

- IndexDepth：索引的深度。返回索引所具有的级别数。
- IsClustered：索引是否为聚集的，1 表示 true，0 表示 false，NULL 表示无效输入。
- IsPadIndex：索引在每个内部节点上指定将要保持空闲的空间。1 表示 true，0 表示 false，NULL 表示无效输入。
- IsUnique：索引是否是唯一的。1 表示 true，0 表示 false，NULL 表示无效输入。

【例 11-4】

用以下语句演示 INDEXPROPERTY() 函数的使用：

```
-- 为 IndexTest 表 的 index_itName 索 引 返 回 IsClustered 属性的设置
```

```
SELECT INDEXPROPERTY(OBJECT_ID('IndexTest'), 'index_itName','IsClustered') AS ' 是否为聚集索引 '
-- 为 StudentScore 表的 index_scScore 索引返回 IsUnique 属性的设置
SELECT INDEXPROPERTY(OBJECT_ID('StudentScore'), 'index_scScore', 'IsUnique') AS ' 索引是否唯一 '
```

执行上述语句，执行结果如图 11-5 所示。

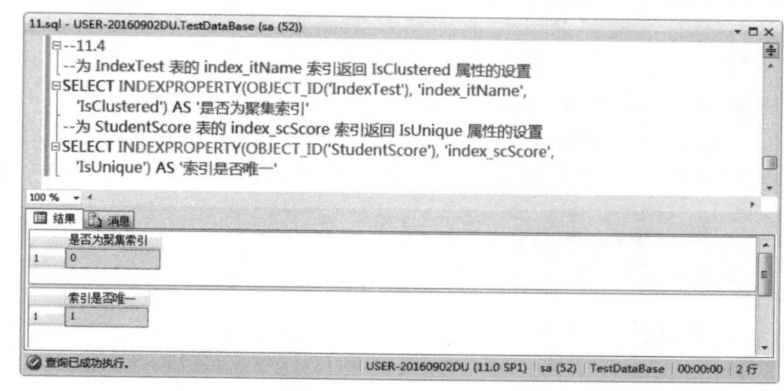

图 11-5　INDEXPROPERTY() 函数执行结果

2. INDEXPROPERTY() 函数

INDEXPROPERTY() 函数返回有关索引键的信息。对于 XML 索引，返回 NULL 值。基本语法如下：

```
INDEXKEY_PROPERTY ( object_ID ,index_ID ,key_ID ,property )
```

其中，object_ID 参数表示表或索引视图的对象标识号；index_ID 表示索引标识号；key_ID 表示索引键值的位置；property 表示要返回其信息的属性的名称，当取值为 ColumnId 时是指索引的 key_ID 位置上的列 ID；当取值为 IsDescending 时是指存储索引列的排序顺序，其中 1 表示降序，0 表示升序。

【例 11-5】

下面的语句将返回 StudentScore 表中索引 ID1 和键列 1 的两个属性：

```
SELECT
  INDEXKEY_PROPERTY(OBJECT_ID('StudentScore', 'U'), 1,1,'ColumnId') AS [Column ID],
  INDEXKEY_PROPERTY(OBJECT_ID('StudentScore', 'U'),1,1,'IsDescending') AS [Asc or Desc order];
```

执行上述语句，结果如图 11-6 所示。

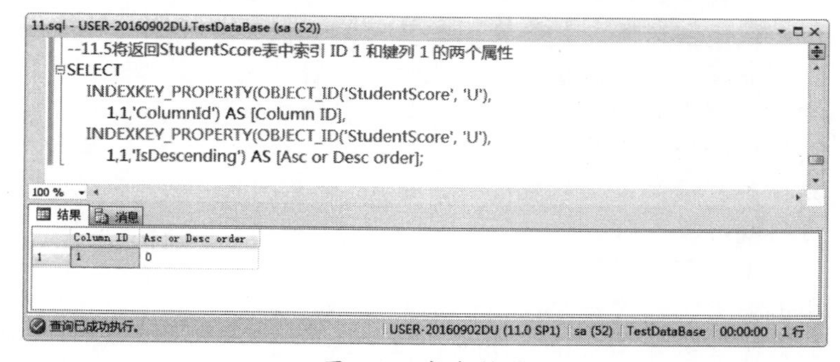

图 11-6　执行结果

11.2.5 修改索引

在用户创建索引以后，数据的增加、删除、更新等操作都会使索引页出现碎块。为了提高系统的性能，必须对索引进行维护管理。通常情况下，用户将重新生成索引、重新组织索引或者禁止索引等操作称为修改索引。

修改索引需要用到 ALTER INDEX 语句。ALTER INDEX 语句重新生成索引的语法如下：

```
ALTER INDEX index_name ON table_or_view_
name REBUILD
```

ALTER INDEX 语句重新组织索引的语法如下：

```
ALTER INDEX index_name ON table_or_view_
name REORGANIZE
```

ALTER INDEX 语句禁用索引的语法如下：

```
ALTER INDEX index_name ON table_or_view_
name DISABLE
```

其中，index_name 表示要修改的索引名称，table_or_view_name 表示当前索引基于的表名或视图名。

【例 11-6】

使用以下语句重新生成索引 index_itName：

```
ALTER INDEX index_itName ON IndexTest
REBUILD
```

【例 11-7】

如果要重新生成 IndexTest 表上的所有索引，可以使用以下语句：

```
ALTER INDEX ALL ON IndexTest REBUILD
```

11.2.6 删除索引

当索引不再需要的时候可以将其删除。在 SQL Server 2016 中，使用 DROP INDEX 语句来删除索引。基本语法如下：

```
DROP INDEX index_name ON table_or_view_name
```

其中，index_name 表示要删除的索引名称；table_or_view_name 表示当前索引基于的表名或视图名。

【例 11-8】

使用以下语句判断 index_itName 索引是否存在，如果存在则删除：

```
IF EXISTS(SELECT name FROM sysindexes WHERE
name='index_itName')
    DROP INDEX index_itName ON TestDataBase
GO
```

11.2.7 实践案例：通过数据测试有无索引的区别

截止到这里，关于索引的基本知识已经介绍完毕，索引的功能非常强大，而且使用索引有很多好处，对于初次接触 SQL Server 数据库的用户而言，可能索引并不是那么容易理解。没关系，熟能生巧，多练习和查找资料就可以了。

本小节为了让用户更能清晰地了解到索引的好处，通过一个小例子进行演示。首先为数据库创建 TestIndexData 数据库表，接着分别声明 int 类型和 datetime 类型的变量，分别用于获取表的 id 列以及插入数据的时间。具体实现代码如下：

```
CREATE TABLE TestIndexData(id int,name char(10))
DECLARE @i int,@j int,@t1 datetime,@t2
datetime,@t3 datetime,@t4 datetime         -- 声
明变量
SET @i = 1                    -- 为变量赋值
WHILE @i<1001                 -- 开始循环数据
    BEGIN
```

```
            INSERT TestIndexData SELECT @i,rtrim(@i)          -- 插入 1000 条数据
            SET @i = @i +1
    END
SELECT @i = 1,@t1 = getdate()                                 -- 为 @i 赋值，并获取系统时间保存到 @t1
WHILE @i<1001                                                 -- 循环获取表中的 1000 条数据
    BEGIN
            SELECT @j=id FROM TestIndexData WHERE id = @i
            SET @i = @i+1
    END
SELECT @t2 = getdate()                                        -- 获取循环查询数据后的时间并保存到 @t2
CREATE INDEX index_idtest ON TestIndexData(id) ON [PRIMARY]   -- 创建索引
SELECT @i = 1,@t3 = getdate()                                 -- 为 @i 赋值，获取系统时间保存到 @t3
WHILE @i<1001                                                 -- 循环获取表中的 1000 条数据
    BEGIN
            SELECT @j=id FROM TestIndexData WHERE id = @i
            SET @i = @i+1
    END
SELECT @t4 = getdate()                                        -- 获取循环查询数据后的时间并保存到 @t4
SELECT rtrim(datediff(ms,@t1,@t2))+' 毫秒 ' 无索引耗时 ,rtrim(datediff(ms,@t3,@t4))+' 毫秒 ' 有索引耗时
                                                              -- 计算时间差
```

执行上述语句，执行结果如图 11-7 所示。从图 11-7 的结果中，可以明显发现在查询数据时使用索引和不使用索引的区别。

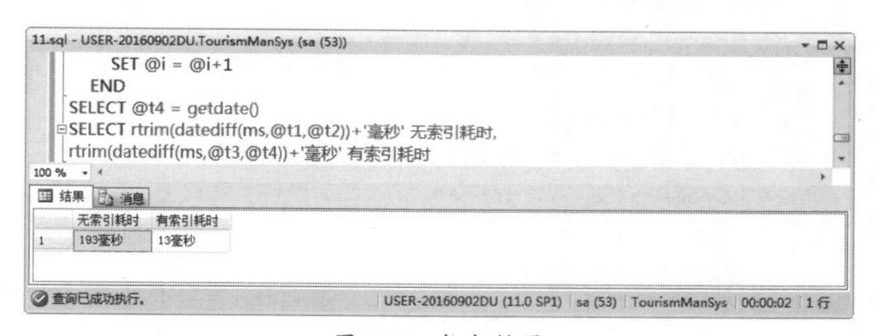

图 11-7 执行结果

11.3 实践案例：图形界面工具操作索引

在学生管理数据库系统中，经常会对学生、课程、成绩表进行查询和更新，为了提高查询和更新速度，可以为这些表创建索引。除了使用 T-SQL 语句对索引进行创建、修改、删除等操作外，用户还可以通过 SQL Server 图形界面工具进行操作，本节实践案例会向读者介绍。

1. 创建数据库和表

在对索引操作之前，必须确保数据库和表已经存在，以下为创建数据库和数据库表的语句：

```
CREATE DATABASE StudentSys                                    -- 创建学生管理系统
```

```
GO
USE StudentSys
                                -- 使用学生管理系统
GO
-- 创建学生表
CREATE TABLE StudentMessage(
    stuNo nvarchar(10) PRIMARY KEY NOT NULL,
    stuName nvarchar(20) NOT NULL,
    stuSex nvarchar(2) NOT NULL,
    stuBirth date NOT NULL,
    stuClassNo nvarchar(10) NOT NULL,
    stuPhone nvarchar(15) NOT NULL,
    stuAddress nvarchar(200) NULL DEFAULT ''
)
GO
-- 创建课程表
CREATE TABLE Course(
    courseNo nvarchar(10) PRIMARY KEY NOT NULL,
    courseName nvarchar(20) NOT NULL,
    courseTeachNo nvarchar(10) NOT NULL,
    courseRemark nvarchar(20) NULL DEFAULT ''
)
-- 创建成绩表
CREATE TABLE Score(
    stuNo nvarchar(10) NOT NULL,
    courseNo nvarchar(10) NOT NULL,
    scores int NULL DEFAULT 0
)
```

2. 通过【对象资源管理器】创建索引

根据以下要求为表建立索引。

- 对于 StudentMessage 表，按照学生编号创建主键索引，组织方式为聚集索引。
- 对于 Course 表，为课程编号建立主键索引，组织方式为聚集索引。
- 对于 Course 表，为课程编号建立唯一索引，组织方式为非聚集索引。
- 对于 Score 表，为学生编号和课程编号创建唯一索引，组织方式为聚集索引。

具体添加步骤如下。

01 在【对象资源管理器】窗格中选择 StudentSys 数据库并展开，选择要创建的 StudentMessage 表，展开后右击其中的【索引】项，在弹出的快捷菜单中选择【新建索引】命令，并且在其后选择索引类型。由于在创建 StudentMessage 表时已经创建主键，因此系统已经为 stuNo 列创建聚集索引，因此只能为该表创建【非聚集索引】，或者修改该表的主键索引，菜单项效果如图 11-8 所示。

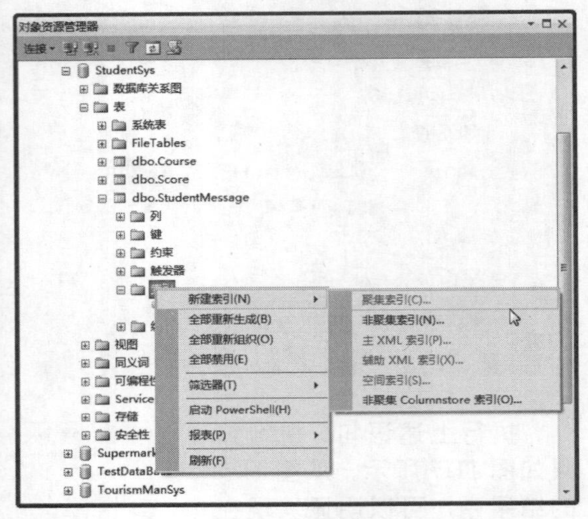

图 11-8　创建索引

02 按照上述步骤为 Course 表创建索引（即第 3 个要求），执行【非聚集索引】命令，弹出【对话框】，在该对话框中输入索引名称，并选择索引类型，单击【添加】按钮，勾选需要索引的列，单击【确定】按钮会将添加的索引列显示在【索引键列】中，如图 11-9 所示。

03 单击图 11-9 中的【确定】按钮创建索引，创建以后，可以刷新【索引】项查看已建立的索引。

04 按照同样的方式为 Score 表创建索引，在创建索引界面中添加时，直接勾选要设置索引的列，如果有多个索引，将列前面的复选框选中即可，如图 11-10 所示。

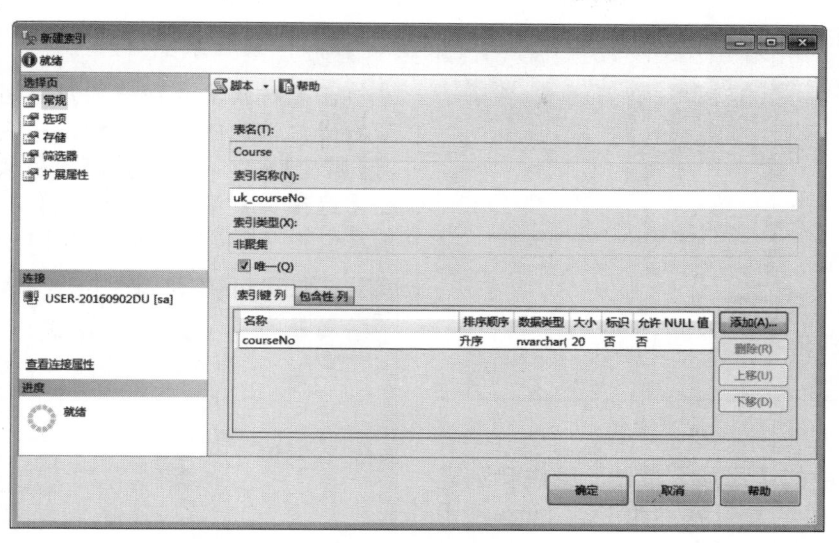

图 11-9 新建索引

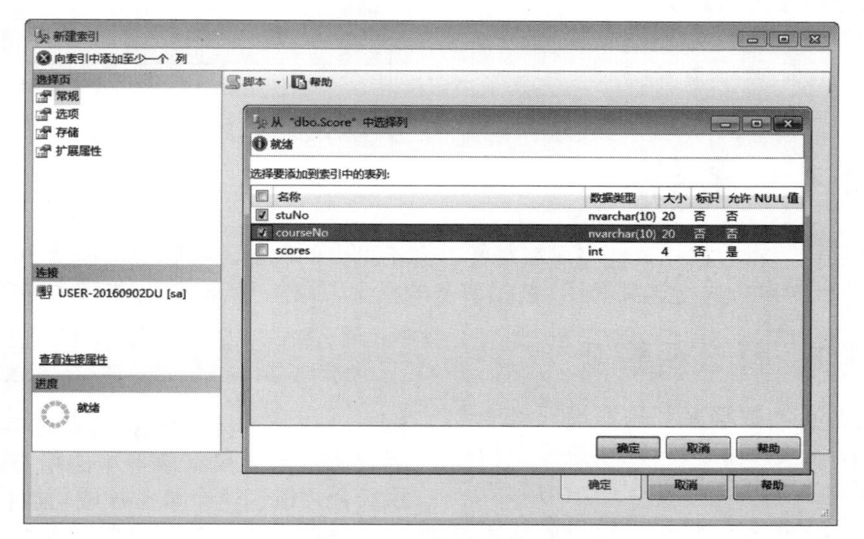

图 11-10 添加复合索引

注意

如果之前在表中建立了全文索引，那么可能会导致无法删除现有的主键索引，这时只要在全文目录的【属性】窗口取消该表的全文索引即可。

3. 通过【表设计器】创建索引

以 Course 表为例，选择该表并右击，在弹出的快捷菜单中选择【设计】命令，这时会打开【表设计器】窗口。在【表设计器】窗口中，选择任何一列并右击，在弹出的快捷菜单中执行【索引 / 键】命令，这时弹出相应的对话框，显示已创建的索引及其属性，如图 11-11 所示。

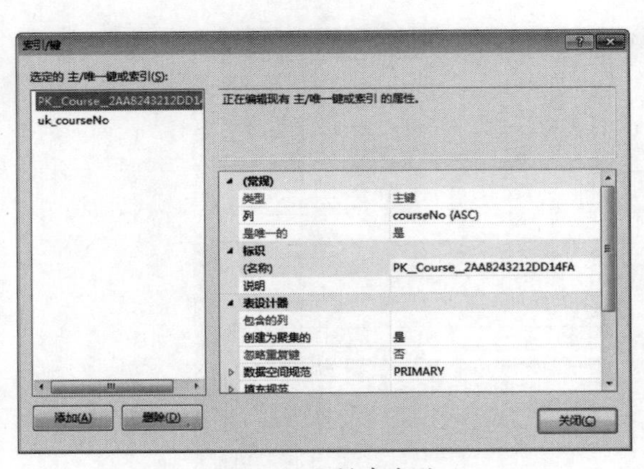

图 11-11　创建索引

单击图中的【添加】按钮，系统会创建一个默认索引，索引名称为 IX_Course，用户可以在右边的【标识】属性区域进行修改，设置完毕后单击【关闭】按钮即可。

4. 查看索引碎片

在【对象资源管理器】窗格中，右击要查看碎片信息的索引名称，从快捷菜单中执行【属性】命令，这时打开【索引属性】对话框，在【选择页】中选择【碎片】，可以看到当前索引的碎片信息，如图 11-12 所示。

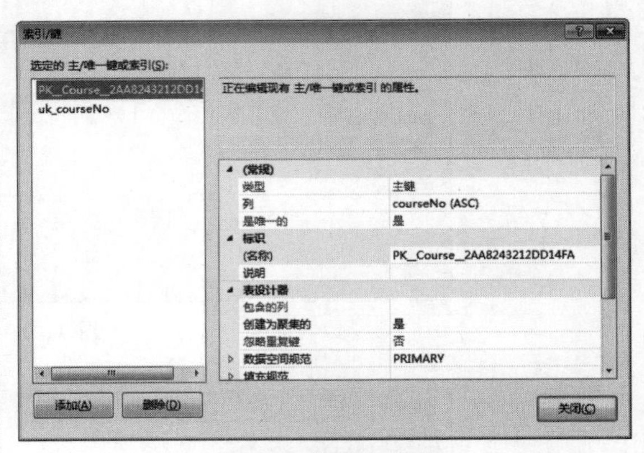

图 11-12　查看索引碎片

11.4　事务

事务是保持逻辑数据一致性与可恢复性，必不可少的利器。实际上，在第 10 章中已经用到事务，本节针对事务进行详细介绍，包括事务的概念、属性、隔离级别、处理语句等多个内容。

11.4.1　什么是事务

到目前为止，数据库都是假设只有一个用户在使用，但是实际情况往往是多个用户共享数据库。多个用户可能在同一时刻去访问或者修改同一部分数据，这样可能会使数据库中的数据不一致，这时就需要用到事务。

事务在 SQL Server 中相当于一个执行单元，它由一系列 T-SQL 语句组成。这个单元中的每个 SQL 语句都是相互依赖的，并且单元作为一个整体是不可分割的。如果单元中的一个语句不能完整，整个单元就会回滚（撤销），所有影响到的数据将返回事务开始之前的状态，因此只有事务中的所有语句都成功执行，才能说这个事务被成功执行。

举例来说，向超市管理系统中添加商品信息，一般需要三个基本步骤：在商品数据库中为商品创建一条记录，为该商品分配所属的商品种类，建立商品的属性信息。这 3 项任务共同构成一个事务，任何一个任务的失败都会导致整个事务被撤销，而使系统返回到以前的状态。

11.4.2　ACID 属性

从形式上来说，每个事务的处理必须满足 ACID 原则，即原子性、一致性、隔离性和持久性。

(1) 原子性 (Atomicity)。

原子性意味着每个事务都必须被认为是一个不可分割的单元。假设一个事务由两个或者多个任务组成，其中的语句必须同时成功，这样才能认为事务是成功的。如果事务

失败，系统将会返回到事务以前的状态。

原子性保证事务的执行语句要么全部成功，要么全部失败，这样可以确保数据的整体性没有受到影响。原子性在一些关键系统中非常重要，现实的应用程序(例如金融系统、银行操作系统)执行数据输入或更新，必须保证不出现数据丢失或数据错误，以确保数据安全。

(2) 一致性 (Consistency)。

不管事务是完全成功还是中途失败，当事务使系统中的所有数据处于一致的状态时存在一致性。也就是说，事务在完成时，必须使所有的数据都保持一致状态，所有的内部数据结构都必须是正确的。

(3) 隔离性 (Isolation)。

隔离性是指每个事务在它自己的空间发生，和其他发生在系统中的事务隔离，而且事务的结果只有在它完全被执行时才能看到。即使在这样的一个系统中同时发生多个事务，隔离性原则也会保证某个特定事务在完全完成之前，其结果是看不见的。

当系统支持多个同时存在的用户和连接时，隔离性就显得尤其重要。如果系统不遵循这个基本原则，就可能导致大量数据的破坏，如每个事务各自空间的完整性很快地被其他冲突事务所侵犯。

(4) 持久性 (Durability)。

持久性意味着一旦事务执行成功，在系统中产生的所有变化将是永久的。即使系统崩溃，一个提交的事务仍然存在。当一个事务完整、数据库的日志已经被更新时，持久性就开始发生作用了。

大多数关系型数据库管理系统产品通过保存所有行为的日志来保证数据的持久性，这些行为是指在数据库中以任何方法更改数据，数据库日志记录了所有对于表的更新、查询、报表等。

11.4.3 事务分类

在 SQL Server 2016 中，事务可以分为两大类：一类是系统提供的事务，另一类是用户定义的事务。

1. 系统提供的事务

系统提供的事务是在执行某些 T-SQL 语句时，一条语句就构成了一个事务，这些语句包括 ALTER TABLE、CREATE、DELETE、DROP、FETCH、GRANT、INSERT、OPEN、REVOKE、SELECT、UPDATE、TRUNCATE TABLE。

【例 11-9】

下面语句执行创建数据库表：

```
CREATE TABLE TestUser(
    tuId int PRIMARY KEY IDENTITY(1,1) NOT NULL,
    tuName nvarchar(20) NOT NULL,
    tuPhone nvarchar(20) NOT NULL
)
```

上述创建表的语句本身就是一个事务，它要么建立包含 3 列的表结构，要么对数据库没有任何影响，而不会建立包含 1 列或者 2 列的表结构。

2. 用户定义的事务

在实际应用中，大量使用的是用户自定义的事务，用户自定义事务的方法有 4 种，即开始事务、提交事务、撤销事务、回滚事务。

11.4.4 处理语句

在用户自定义事务时，需要使用与事务有关的 4 个方法，下面分别进行介绍。

1. 开始事务

在 SQL Server 中，显式地开始一个事务可以使用 BEGIN TRANSACTION 语句。其基本语法格式如下：

```
BEGIN {TRAN|TRANSACTION}
[
```

```
{事务名 |@ 事务变量名}
    [WITH MARK['dEscription']]
]
```

上述语法的主要参数说明如下。

- TRAN：它是 TRANSACTION 的同义词。BEGIN TRAN 与 BEGIN TRANSACTION 作用一样。
- 事务名：分配给事务的名称，必须遵循标识符规则，但是字符数不能大于 32。
- @ 事务变量名：用户定义的、含有有效事务名称的变量名称。
- WITH MARK['dEscription']：指定在日志中的标记事务。dEscription 是描述该标记的字符串。如果使用了 WITH MARK，则必须指定事务名。

2. 提交事务

提交事务可以用到 COMMIT TRANSACTION 语句，该语句将事务开始以来所执行的所有数据都修改为数据库的永久部分，该语句标识着事务的结束。其基本语法格式如下：

```
COMMIT {TRAN|TRANSACTION} [ 事务名 |@ 变量事务名 ]
```

另外，标识事务的结束语句还可以使用 COMMIT WORK 语句：

```
COMMIT [WORK]
```

上述语句的功能与 COMMIT TRANSACTION 相同，但是 COMMIT TRANSACTION 接受用户定义的事务名称，而 COMMIT WORK 不带参数。

3. 撤销事务

如果要结束一个事务，可以使用 ROLLBACK TRANSACTION 语句。该语句使事务回滚到起点，撤销自最近一条 BEGIN TRANSACTION 语句以后对数据库的所有更改，同时也标志了一个事务的结束。ROLLBACK TRANSACTION 语句的语法如下：

```
ROLLBACK {TRAN|TRANSACTION} [ 事务名 |@ 变量事务名 ]
```

注意

ROLLBACK TRANSACTION 语句不能在 COMMIT 语句之后。另外，ROLLBACK WORK 语句也能撤销一个事务，功能与 ROLLBACK TRANSACTION 语句一样，但是 ROLLBACK TRANSACTION 语句接受用户定义的事务名称。

4. 回滚和保存事务

ROLLBACK TRANSACTION 语句除了能够撤销整个事务外，还可以使事务回滚到某个点，不过在这之前需要使用 SAVE TRANSACTION 语句来设置一个保存点。

SAVE TRANSACTION 语句的格式如下：

```
SAVE {TRAN|TRANSACTION} [ 保存点名 |@ 保存点变量 ]
```

其中，“保存点名”是分配给保存点的名称；“@ 保存点变量”是包含有效保存点名称的用户定义变量的名称。

ROLLBACK TRANSACTION 语句会向已命名的保存点回滚一个事务。如果在保存点被设置后，当前事务对数据进行更改，则这些更改会在回滚中被撤销。语法格式如下：

```
ROLLBACK {TRAN|TRANSACTION} [ 保存点名 |@ 保存点变量 ]
```

其中，“保存点名”是 SAVE TRANSACTION 语句中的保存点名称。在事务中允许有重复的保存点名称，但是指定保存点名称的 ROLLBACK TRANSACTION 语句只将事务回滚到使用该名称的最近的 SAVE TRANSACTION。

【例 11-10】

定义一个事务，向 TourismManSys 数据库的 VisitorMessage 表中添加一行数据，然

后删除该行数据。完整语句如下：

```
USE TourismManSys
GO
BEGIN TRANSACTION                                    -- 开始事务
-- 向 VisitorMessage 表插入一条数据
INSERT INTO VisitorMessage(cardNumber,visitorName,visitorAge,visitorPhone)
    VALUES('No1111',' 费芸芸 ',33,'135XXXX1300')
-- 保存事务
SAVE TRANSACTION ts_saveVM
-- 从 VisitorMessage 表中删除编号为“No1111”的数据
DELETE FROM VisitorMessage WHERE cardNumber='No1111'
-- 回滚事务
ROLLBACK TRAN ts_saveVM
-- 提交事务
COMMIT WORK
GO
```

在上述语句中，首先开始事务，接着向 VisitorMessage 表中插入一行数据，然后保存事务，使用 DELETE 语句删除插入的数据，并将事务进行回滚，最后提交事务。

执行上述语句，执行完毕后使用 SELECT 语句查询编号为“No1111”的导游信息，语句及其查询结果如图 11-13 所示。

从图 11-13 中可以看出，执行语句后新插入的数据行并没有删除，这是因为在事务中使用 ROLLBACK 语句将操作回滚到保存点，即删除前的状态。

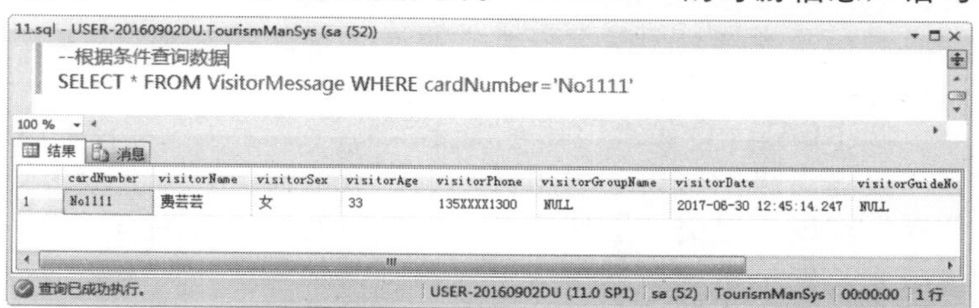

图 11-13　语句及其查询结果

11.4.5　事务隔离级

每一个事务都有一个所谓的隔离级，它定义了用户彼此之间隔离和交互的程度。前面提到过，事务型关系数据库管理系统的一个重要属性就是，它可以“隔离”在服务器上正在处理的不同的会话。在单用户的环境中，这个属性无关紧要，因为在任意时刻只有一个会话处于活动状态。但是在多用户环境中，许多关系型数据库管理系统会话在任一给定时刻都是活动的。在这种情况下，能够隔离事务是很重要的，这样它们不互相影响，同时保证数据库性能不受到影响。

为了了解隔离的重要性，有必要花些时间来考虑如果不强加隔离会发生什么。如果没有事务的隔离性，不同的 SELECT 语句将会在同一个事务的环境中检索到不同的多个结果，因为在此期间，数据已经基本上被其他事务所修改。这将导致不一致性，同时很难相信结果集，从而不能利用查询结果作为计算的基础，因而隔离性强制对事务进行某种程度的隔离，保证应用程序在事务中看到一致的数据。

较低的隔离级别可以增加并发，但代价是降低数据的正确性。相反，较高的隔离级别可以确保数据的正确性，但可能对并发产生负面影响。

那么如何设置事务的隔离级别呢？在 SQL Server 中，可以使用 SET TRANSACTION ISOLATION LEVEL 语句来设置事务的隔离级别。语法格式如下：

```
SET TRANSACTION ISOLATION LEVEL
{
  READ UNCOMMITTED
   |READ COMMITTED
   |REPEATABLE READ
   |SNAPSHOT
   |SERIALIZABLE
}
```

从上述语法格式可以看出，SQL Server 提供了 5 种隔离级别，说明如下。

(1) READ UNCOMMITTED(未提交读)。

该隔离级别可以通过“排他锁”实现。未提交读提供事务之间最小限度的隔离，允许脏读，但是不允许丢失更新。如果一个事务已经开始写数据，则另外一个事务不允许同时进行写操作，但是允许其他事务读取此行数据。

(2) READ COMMITTED(提交读)。

该隔离级别可以通过“共享锁”和“排他锁”实现。提交读是 SQL Server 默认的隔离级别，处于这一级的事务可以看到其他事务添加的新记录，而且其他事务对现存记录做出的修改一旦被提交，也可以看到。也就是说，这意味着在事务处理期间，如果其他事物修改了相应的表，那么同一个事务的多个 SELECT 语句可能返回不同的结果。提交读允许不可重复读取，但是不允许脏读。

(3) REPEATABLE READ(可重复读)。

处于这一级别的事务禁止不可重复读取和脏读取，但是有可能会出现幻读。读取数据的事务将会禁止写事务 (但允许读事务)，写事务则禁止任何其他事务。

(4) SNAPSHOT(快照)。

处于这一级别的事务只能识别在其开始之前提交的数据修改。在当前事务中执行的语句将看不到在当前事务开始以后由其他事务所做的数据修改，其效果就好像事务中的语句获得了已提交数据的快照，因为该数据在事务开始就存在。

必须在数据库中将 ALLOW_SNAPSHOT_ISOLATION 数据库选项设置为 ON，才能开始一个使用 SNAPSHOT 隔离级别的事务。设置语法如下：

```
ALTER DATABASE 数据库名 SET ALLOW_
SNAPSHOT_ISLOATION ON
```

(5) SERIALIZABLE(序列化)。

序列号是隔离事务的最高级别，提供严格的事务隔离。该隔离级别要求事务按序列号执行，事务只能一个接着一个执行，不能并发执行。

提示

隔离级别越高，越能保证数据的完整性和一致性，但是对并发性能的影响也越大。对于大多数应用程序，可以优先考虑把数据库的隔离级别设置为提交读，它能够避免脏读，而且具有较好的并发性能。

【例 11-11】

下面通过具体的步骤演示事务隔离级别的使用。

01 在 SSMS 中打开一个【新建查询】窗口，在该窗口中执行以下语句：

```
BEGIN TRANSACTION
UPDATE VisitorMessage SET visitorRemark=
'需要在7月中旬进行回访' WHERE
cardNumber='No1111'
```

上述语句首先开始事务，接着通过 UPDATE 语句更改 VisitorMessage 表中编号为“No1111”的游客备注信息。

02 由于上述代码并没有通过 COMMIT 提交，因此数据更新操作实际上并没有真正完成。再次打开一个【新建查询】窗口，在该窗口中执行 SELECT 语句查询数据：

```
SELECT * FROM VisitorMessage
```

执行上述语句可以发现，在该窗口的【结果】中将不显示任何数据，窗口底部提示“正在执行查询 ...”。之所以会出现这种情况，是因为该数据库的默认隔离级别为提交读，如果一个事务更新数据，但是事务没有提交，就会发生脏读的情况。

03 在第一个窗口使用 ROLLBACK 语句回滚以上操作，这时，使用 SET 语句设置事务的隔离级别为未提交读。代码如下：

```
SET TRANSACTION ISOLATION LEVEL READ
UNCOMMITTED
```

04 重新执行修改和查询的操作，就能够查询到事务正在修改的数据行，这是因为未提交读隔离级别允许脏读。

11.4.6 实践案例：事务机制实现转账功能

使用事务机制的好处非常多，例如银行转账之类的交易操作中，事务有着重要的作用。事务的成功取决于事务单元账户相互依赖的操作行为是否能全部执行成功，只要有一个操作行为失败，整个事务将失败。

例如，客户 A 和客户 B 的银行账户金额都是 10000 元人民币，客户 A 需要把自己账户中的 5000 元人民币转到客户 B 的账户上。这个过程看似简单，实际上涉及了一系列的数据库操作，可以简单地视为两步基本操作，即从客户 A 账户的金额中扣除 5000 元人民币，以及将客户 B 账户中金额添加 5000 元人民币。

假设第一步数据库操作成功，而第二步失败的话，将导致整个操作失败，并且客户 A 账户金额将被扣除 5000 元人民币。事务机制可以避免此类情况，以保证整个操作的完成，如果某步操作出错，之前所做的数据库操作将全部失效。

用户可以通过以下步骤完成转账。

01 创建银行账户表 BankBalance，该表包含顾客姓名和余额两个字段列。代码如下：

```
IF EXISTS(SELECT * FROM sysobjects WHERE
name='BankBalance')
  DROP TABLE BankBalance
GO
CREATE TABLE BankBalance
(
  customerName char(10),   -- 顾客姓名
  currentMoney money       -- 当前余额
)
```

02 为 currentMoney 字段列添加约束，账户余额不能少于 1 元，否则将视为销户。语句如下：

```
ALTER TABLE BankBalance ADD CONSTRAINT CK_
currentMoney check(currentMoney>=1)
```

03 向 BankBalance 表中插入两条数据，账户的开户金额均为 10000。语句如下：

```
INSERT INTO BankBalance(customerName,current
Money) VALUES(' 徐荣荣 ',10000)
INSERT INTO BankBalance(customerName,current
Money) VALUES(' 徐莹莹 ',10000)
```

04 编写 SELECT 语句查询表中的数据：

```
SELECT * FROM BankBalance
```

05 执行上述语句，输出结果如下：

```
customerName        currentMoney
徐荣荣               10000.00
徐莹莹               10000.00
```

06 进行转账测试，“徐荣荣”直接汇钱 5000 给“徐莹莹”，转账前查询每个用户的余额：

```
SET NOCOUNT ON   -- 不显示受影响的行数
PRINT ' 查看转账事务前的余额 '
SELECT * FROM BankBalance
```

07 开始事务，接着定义变量 @errorSum，该变量用于累计事务执行过程中

的错误，然后通过两个 UPDATE 语句进行转账，UPDATE 语句后查看转账事务过程中的余额：

```
BEGIN TRANSACTION
DECLARE @errorSum int   -- 定义变量，用于累计事务执行过程中的错误
/**//*-- 转账 --*/
UPDATE BankBalance SET currentMoney=currentMoney-5000 WHERE customerName=' 徐荣荣 '
SET @errorSum=@errorSum+@@error   -- 累计是否有错误
UPDATE BankBalance SET currentMoney=currentMoney+5000 WHERE customerName=' 徐莹莹 '
SET @errorSum=@errorSum+@@error -- 累计是否有错误

PRINT ' 查看转账事务过程中的余额 '
SELECT * FROM BankBalance
```

08 根据 @errorSum 变量的结果进行判断，确定事务是提交还是回滚。语句如下：

```
IF @errorSum>0
  BEGIN
    PRINT ' 交易失败，回滚事务 .'
    ROLLBACK TRAN
  END
ELSE
  BEGIN
    PRINT ' 交易成功，提交事务，写入硬盘，永久保存！ '
    COMMIT TRAN
  END
```

09 编写 SELECT 语句，查询转账后的金额：

```
PRINT ' 查看转账后的余额 '
SELECT * FROM BankBalance
```

10 执行前面步骤的语句，结果如图 11-14 所示。

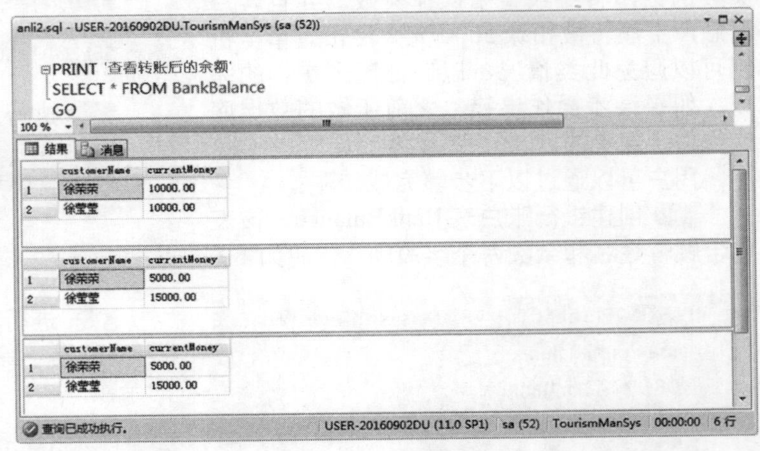

图 11-14　执行结果

11.5　锁定

当用户对数据库并发访问时，为了确保事务的完整性和数据库的一致性，需要使用到锁

定。锁定是实现数据库并发控制的主要手段，使用锁定可以防止用户读取正在由其他用户更改的数据，并可以防止多个用户同时更改相同数据。

本节简单了解 SQL 锁定有关的知识，包含使用锁的原因、分类、锁的粒度和分类等多个内容。

11.5.1　为什么使用锁

当多个用户（假设存在两个用户 A 和 B）同时对数据库做并发操作时，会带来以下数据不一致的问题。

- 丢失更新。A、B 两个用户读同一数据并进行修改，其中一个用户的修改结果破坏了另一个修改的结果，会造成数据丢失（例如订票系统）。
- 脏读。假如 A 用户修改了数据，随后 B 用户又读出该数据，但 A 用户为了某些原因取消了对数据的修改，数据恢复原值，这时用户 B 得到的数据就与数据库内的数据产生了不一致。
- 不可重复读。用户 A 读取数据，随后 B 用户读出该数据并修改，这时 A 用户再读取数据时发现前后两次的值不一致，并发控制的主要方法是封锁，锁就是在一段时间内禁止用户做某些操作以避免产生数据不一致。
- 幻读。当用户 A 对某行执行数据插入或删除操作时，用户 B 在读取与其有关的数据，这时会出现幻读问题。

针对上述问题，SQL 提出锁的概念。如果不使用锁定，那么数据库中的数据可能在逻辑上不正确，并且对数据的查询可能会产生意想不到的结果。具体来说，锁定可以防止丢失更新、脏读、不可重复读和幻读。当两个事务分别锁定某个资源，而又分别等待对方释放其锁定的资源时，就会发生死锁。

11.5.2　锁定粒度

在 SQL Server 中，可被锁定的资源从小到大分别是行、页、扩展盘区、表和数据库，被锁定的资源单位称为锁定粒度。由此可见，前面介绍的 5 种资源单位的锁定粒度是从小到大排列的。

锁定粒度不同，系统的开销将不同，并且锁定粒度与数据库访问并发度是一对矛盾，锁定粒度大，系统开销小，但是并发度会降低；锁定粒度小，系统开销大，但是并发度会提高。

11.5.3　锁定模式

SQL Server 使用不同的锁定模式锁定资源，这些锁定模式确定了并发事务访问资源的方式。数据库中共有 7 种锁定模式，下面分别进行介绍。

1. 排他锁

排他锁可以防止并发事务对资源进行访问，其他事务不能读取或修改排他锁锁定的数据。

2. 共享锁

共享锁允许并发事务读取一个资源。当一个资源上存在共享资源时，任何其他事务都不能修改数据。一旦读取数据完毕，资源上的共享锁便立即释放，除非将事务隔离级别设置为可重复读或更高级别，或者在事务生存周期内用锁定提示保留共享锁。

3. 更新锁

更新锁可以防止通常形式的死锁。一般更新模式由一个事务组成，此事务读取记录，获取资源（页或行）的共享锁，然后修改行，此操作要求把锁转换为排他锁。如果两个事务获得了资源上的共享锁，然后试图同时更新数据，则其中的一个事务将尝试把锁转换为排他锁。

从共享模式到排他锁的转换必须等待一段时间，因为一个事务的排他锁与其他事务的共享锁不兼容，这就是锁等待。第二个事务试图获取排他锁以进行更新，由于两个事务都要转换为排他锁，并且每个事务都等待另一个事务释放共享锁，因此会发生死锁，这就是潜在的死锁问题。

为了避免上述情况的发生，可以使用更新锁。更新锁一次只允许有一个事务可获得资源的更新锁，如果该事务要修改锁定的资源，则更新锁将转换为排他锁，否则为共享锁。

4. 意向锁

意向锁表示 SQL Server 需要在层次结构中的某些底层资源（如表中的页或行）上获取共享锁或排他锁。意向锁包含意向共享锁、意向排他锁和意向排他共享锁。

- 意向共享锁：通过在各资源上放置共享锁，表明事务的意向是读取层次结构中的部分底层资源。
- 意向排他锁：通过在各资源上放置排他锁，表明事务的意向是修改层次结构中的部分底层资源。
- 意向排他共享锁：通过在各资源上放置意向排他锁，表明事务的意向是读取层次结构中的全部底层资源并修改部分底层资源。

5. 键范围锁

键范围锁用于序列化的事务隔离级别，可以保护由 T-SQL 语句读取的记录集合中隐含的行范围。键范围锁可以防止幻读，还可以防止对事务访问的记录集进行幻想插入或删除。

6. 架构锁

执行表的数据定义语言操作时使用架构修改锁。当编译查询时，使用架构稳定性锁，这种锁不阻塞任何事务锁，包括排他锁。因此在编译查询时，其他事务（包括在表上有排他锁的事务）都能继续运行，但是不能在表上执行 DDL 操作。

7. 大容量更新锁

当将数据大容量复制到表，且指定了 TABLOCK 提示或者使用 sp_tableoption 设置 table_lock_on_bulk 表选项时，将使用大容量更新锁。大容量更新锁允许进程将数据并发地大容量复制到同一表，同时可防止其他不进行大容量复制数据的进程访问该表。

11.5.4 获取与锁有关的信息

SQL Servers 如何实现锁定？如何获取锁定的信息？下面针对最常见的操作为大家进行介绍。

1. 查看锁的信息

在 SQL Server 2016 中，查看锁的信息有两种方法。

- 执行 EXEC SP_LOCK 报告有关锁的信息。
- 在从【新建查询】打开的查询分析器中按 Ctrl+2 键可以看到锁的信息。

【例 11-12】

如图 11-15 所示为执行 EXEC SP_LOCK 时获取的与锁有关的信息。

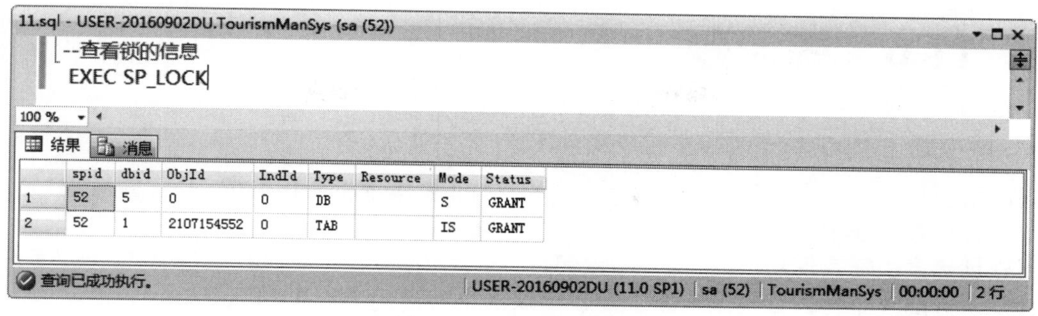

图 11-15　获取锁的信息

在上述获取的锁信息中，获取的有关字段列的说明如下。

- spid：进程 ID 号。
- Dbip：数据库 ID 号。可以在主数据库中的 sysdatabases 表中找到。
- Objid：对象 ID 号。如果要查看这个对象，可以在主数据库中的 sysobjects 表中查询指定的 objid。
- Indid：索引 ID 号。
- Type：缩写的对象类型。DB 表示数据库，TAB 表示表，PG 表示页，EXT 表示簇，RID 表示行标等。
- Resource：锁资源。
- Mode：锁模式。S 是共享锁、U 是修改锁、X 是排它锁、IS 是共享意图锁、IX 是排它意图锁。
- Status：当前锁的状态。GRANT 获得状态、WAIT 被其他进程阻塞、CVNT 当前锁正在转化。

2. 锁定某一行

如果要锁定表的某一行，可以使用 ROWLOCK 关键字。

【例 11-13】

使用以下语句锁定 VisitorMessage 表的其中一行信息：

```
SET TRANSACTION ISOLATION LEVEL READ UNCOMMITTED
SELECT * FROM VisitorMessage ROWLOCK WHERE cardNumber = 'No1004'
```

3. 锁定数据库的一个表

如果要锁定数据库的一个表，可以使用 HOLDLOCK 或者 TABLOCK 关键字。

【例 11-14】

使用以下语句锁定 GuideMessage 表：

```
SELECT * FROM GuideMessage WITH (HOLDLOCK)
SELECT * FROM GuideMessage WITH (TABLOCKX)
```

上述两种表的区别在于使用 HOLDLOCK 锁定表时，其他事务可以读取表，但不能更新和删除。而使用 TABLOCKX 锁定表时，其他事务不能读取表，不能更新，不能删除。

11.6 练习题

1. 填空题

(1) 索引根据组织方法可以分为 __________ 和非聚集索引两种类型。
(2) 每个数据表中，只会有 __________ 个聚集索引。
(3) 创建索引需要使用 __________ 语句。
(4) 事务的 4 个特性分别是指原子性、一致性、__________ 和持久性。
(5) 事务默认的隔离级别是 __________。
(6) 如果要开始一个事务，需要使用 BEGIN TRAN 或者 __________ 语句。
(7) 在 SQL Server 中，被锁定的资源单位称为 __________。

2. 选择题

(1) 以下关于索引的优点，__________ 的说法是错误的。
　A．使用索引可以加快搜索数据的速度
　B．使用索引可以保证数据记录的唯一性
　C．使用索引可以实现表与表之间的参照完整性，这是引入索引的主要原因
　D．索引在使用排序、分组检索数据时，可以减少排序和分组的时间
(2) 一个表中可以有 __________ 非聚集索引。
　A．零个
　B．一个
　C．多个
　D．一个或多个
(3) 当数据表中同时存在两种索引时，应先创建 __________，然后再创建 __________。
　A．聚集索引，非聚集索引
　B．非聚集索引，聚集索引
　C．唯一索引，非聚集索引
　D．聚集索引，主键索引
(4) 修改索引需要使用 __________ 命令。
　A．ALTER INDEX
　B．ALTER TABLE
　C．UPDATE
　D．CHANGE
(5) 在下面的四个选项中，说法 __________ 不适合为表或列创建索引。
　A．用于 GROUP BY 查询的列
　B．用于 ORDER BY 查询的列
　C．用于聚合函数的列
　D．有许多修改，但很少实际查询的表
(6) 在事务的 ACID 属性中，其中 D 是指 __________。
　A．一致性
　B．原子性
　C．隔离性
　D．持久性

(7) 在 SQL Server 中，可以被锁定的资源从大到小排序依次是 ________。
　　A．数据库 > 扩展盘区 > 表 > 页 > 行
　　B．扩展盘区 > 数据库 > 表 > 行 > 页
　　C．数据库 > 表 > 扩展盘区 > 页 > 行
　　D．扩展盘区 > 数据库 > 表 > 页 > 行

上机练习：索引常见管理操作

假设商品销售系统中存在商品表、用户表和商品销售表，各个表的简单说明如表 11-4、表 11-5、表 11-6 所示。

表 11-4　商品表 Product

字段列名称	类　型	是否必填	说　明
proNo	nvarchar(10)	是	商品编号，主键
proName	nvarchar(50)	是	商品名称
proSalePrice	float	是	商品价格
proUnit	nvarchar(10)	是	商品单位，如个、斤、包等。必填，默认为“个”
proTypeId	int		商品分类，对应 ProductType 表的主键列
proDesction	text		商品描述

表 11-5　用户表 Member

字段列名称	类　型	是否必填	说　明
memNo	nvarchar(10)	是	会员编号，主键
memName	nvarchar(20)	是	会员姓名
memSex	nvarchar(0)		会员性别，默认为“女”
memBirth	date	是	会员出生日期
memPhone	nvarchar(20)	是	手机号码
memScore	int		积分，默认为 0
memAddress	nvarchar(100)		居住地址，默认为空
memDescription	text		备注信息说明

表 11-6　商品销售表 ProductSale

字段列名称	类　型	是否必填	说　明
saleDate	date	是	销售日期
salProNo	nvarchar(10)	是	商品编号，对应 Product 表的主键
salMemNo	nvarchar(10)	是	会员编号，对应 Member 表的主键
saleNumber	int	是	销售数量，必须大于等于 1
saleTotolMoney	float		总金额，默认值为 0
saleDescription	text		销售备注说明

根据表的内容分别创建商品表、会员表和商品销售表，并根据以下要求进行操作。

(1) 分别为 Product 表和 Member 表的 proNo 和 memNo 列创建唯一聚集索引 index_pNo 和 index_mNo(先删除这两个表的主键索引)。

(2) 为 ProductScore 表的 saleDate、salProNo 和 salMemNo 列创建名称为 index_psOper 的复合索引。

(3) 为 Product 表的 proName 列创建一个降序的非聚集索引 index_proNameDesc。

(4) 为 Member 表的 memSex 列创建 index_memSex 索引并保存到文件组 AOper。

(5) 为 ProductScore 表的 saleTotalMoney 列创建一个索引 index_salePS，将其填充因子设置为 50，并设置填充索引。

(6) 使用 T-SQL 语句重新组织或者重新生成 index_proNameDesc、index_memSex 和 index_salePS 索引。

(7) 使用 DROP INDEX 删除前面创建的索引。

第 12 章

数据库安全机制

信息之所以保密，是因为它具有机密性或敏感性，在信息时代，随着各种信息的剧增、社会通信的发展和计算机能力的进步，信息在产生、存储、处理、传递和利用的各个环节中都有被窃取、被篡改或被利用的危险，因此，数据安全是数据库系统的重要基础，SQL Server 是微软开发的大型数据库管理系统，它的数据安全控制措施非常完善，运用多种方式进行数据保护。

在 SQL Server 2016 中，提供了非常强大的内置安全性和数据库保护来实现数据安全，数据库安全机制涉及用户、角色、权限等多个与安全性有关的概念，本章将详细地介绍这些知识。

本章学习要点

- ◎ 了解安全机制的几种分类
- ◎ 掌握如何创建 Windows 账户登录
- ◎ 掌握如何创建 SQL Server 登录账户
- ◎ 掌握如何创建数据库用户
- ◎ 掌握如何删除用户和登录账户
- ◎ 熟悉 SQL Server 中的 guest 用户
- ◎ 了解服务器和数据库角色
- ◎ 了解应用程序角色和自定义角色
- ◎ 掌握数据库权限的管理
- ◎ 掌握如何创建和删除架构

12.1 安全机制概述

当在服务器上运行 SQL Server 时，数据库管理员总需要想方设法使 SQL Server 免遭非法用户的侵入，拒绝其访问数据库，从而保证数据库的安全。数据库的安全性机制是数据库服务器应实现的重要功能之一，下面将进行介绍。

12.1.1 安全机制分类

SQL Server 2016 的整个安全体系结构从顺序上可以分为认证和授权两个部分，其安全机制可以分为 5 个层级。这些层级由高到低，所有的层级之间相互联系，用户只有通过了高一层的安全验证，才能继续访问数据库中低一层的内容。

01 客户机安全机制

数据库管理系统需要运行在某一特定的操作系统平台下，客户机操作系统的安全性直接影响到 SQL Server 2016 的安全性。在用户用客户机通过网络访问 SQL Server 2016 服务器时，用户首先要获得客户机操作系统的使用权限。保护操作系统的安全性是操作系统管理员或网络管理员的任务。

02 网络传输的安全机制

SQL Server 2016 对关键数据进行了加密，即使攻击者通过了防洪墙和服务器上的操作系统达到了数据库，还要对数据进行破解。SQL Server 2016 有两种对数据加密的方式，即数据加密和备份加密。

(1) 数据加密。

数据加密执行所有数据库级别的加密操作，消除了应用程序开发人员创建定制的代码来加密和解密数据的过程，数据在写到磁盘时进行加密，从磁盘读的时候进行解密。使用 SQL Server 来管理加密和解密，可以保护数据库中的业务数据而不必对现有的应用程序做任何更改。

(2) 备份加密。

对备份进行加密可以防止数据泄露和被篡改。

03 实例级别安全机制

SQL Server 2016 采用了标准 SQL Server 登录和集成 Windows 登录两种。无论使用哪种登录方式，用户在登录时必须提供密码和账号，管理和设计合理的登录方式是 SQL Server 数据库管理员的重要任务，也是 SQL Server 安全体系中重要的组成部分。

SQL Server 2016 服务器中预设了很多固定服务器的角色，用来为具有服务器管理员资格的用户分配使用权限，固定服务器角色的成员可以用于服务器级的管理权限。

04 数据库级别安全机制

在建立用户的登录账号信息时，SQL Server 提示用户选择默认的数据库，并分给用户权限，以后每次用户登录服务器后，会自动转到默认数据库上。SQL Server 2016 允许用户在数据库上建立新的角色，然后为该用户授予多个权限，最后再通过角色将权限赋予 SQL Server 2016 的用户，使其他用户获取具体数据的操作权限。

05 对象级别安全机制

对象安全性检查是数据库管理系统的最后一个安全的等级。创建数据库对象时，SQL Server 2016 将自动把该数据库对象的用户权限赋予该对象的所有者，对象的拥有者可以实现该对象的安全控制。

12.1.2 SQL 身份验证模式

简单地说，SQL Server 2016 的安全机制包含通过 SQL Server 身份验证模式进入 SQL Server 实例，通过 SQL Server 安全性机制控制对 SQL Server 2016 数据库及其对象的操作。

SQL 身份验证模式即 SQL Server 数据库的身份验证模式，该模式是指系统确认用户

的方式。SQL Server 2016 中有两种身份验证模式：Windows 验证模式和 SQL Server 验证模式，这是在安装 SQL Server 的过程中由“数据库引擎配置”确定的，具体内容可以参考第 1 章。

1. Windows 验证模式

用户登录 Windows 时进行身份验证，登录 SQL Server 时就不再进行身份验证。但是需要注意以下两点。

- 必须将 Windows 账户加入到 SQL Server 中，才能采用 Windows 账户登录 SQL Server。
- 如果使用 Windows 账户登录到另一个网络的 SQL Server，则必须在 Windows 中设置彼此的托管权限。

2. SQL Server 验证模式

在 SQL Server 验证模式下，SQL Server 服务器要对登录的用户进行身份验证，系统管理员必须设置登录验证模式的类型为混合验证模式。当采用混合模式时，SQL Server 系统既允许使用 Windows 登录名登录，也允许使用 SQL Server 登录名登录。

12.1.3 SQL Server 安全性机制

SQL Server 数据库的安全性机制主要通过 SQL Server 的安全性主体和安全对象来实现。其安全性主要体现在 3 个级别，即服务器级别、数据库级别和架构级别。

1. 服务器级别

服务器级别包含的安全对象主要有登录名、固定服务器角色等。其中，登录名用于登录数据库服务器，而固定服务器角色用于给登录名赋予相应的服务器权限。

SQL Server 中的登录名主要有两种：一种是 Windows 登录名，另一种是 SQL Server 登录名。

(1) Windows 登录名。

Windows 登录名对应 Windows 验证模式，该验证模式所涉及的账户类型主要有 Windows 本地用户账户、Windows 域用户账户、Windows 组。

(2) SQL Server 登录名。

SQL Server 登录名对应 SQL Server 验证模式，在该验证模式下，能够使用的账户类型主要是 SQL Server 账户。

2. 数据库级别

数据库级别所包含的安全对象主要有用户、角色、应用程序角色、证书、对称密钥、非对称密钥、程序集、全文目录、DDL 事件、架构等。

用户安全对象是用来访问数据库的，如果某人只拥有登录名，而没有在相应的数据库中为其创建登录所对应的用户，则该用户只能登录数据库服务器，而不能访问相应的数据库。

如果为其创建登录名所对应的数据库用户，而没有为用户赋予相应的角色，则系统默认为该用户自动具有 public 角色。因此，该用户登录数据库后对数据库中的资源只拥有一些公共的权限。如果要让该用户对数据库中的资源拥有一些特殊的权限，则应该将该用户添加到相应的角色中。

3. 架构级别

架构级别所包含的安全对象有表、视图、函数、存储过程、类型、同义词以及聚合函数等。在创建这些对象时可以设置架构，如果不设置，则系统默认架构为 dbo。

数据库用户只能对属于自己架构中的数据库对象执行相应的操作。至于操作的权限，则由数据库角色决定。例如，如果某数据库中的 A 表数据架构为 S1，B 表数据架构为 S2，而某用户默认的架构为 S2，如果没有授予用户操作表 A 的权限，则该用户不能对 A 表执行相应的数据操作，但是，该用户可以对 B 表执行相应的操作。

12.1.4　数据库安全验证过程

一个用户如果要对某一数据库进行操作，那么必须满足以下 3 个条件。

- 登录 SQL Server 服务器时比必须通过身份验证。
- 必须是该数据库的用户，或者是某一数据库角色的成员。
- 必须对数据库对象执行该操作的权限。

SQL Server 数据库是如何在上述 3 个方面进行管理的呢？事实上，不论用户使用哪一种验证方法，用户都必须拥有有效的 Windows 用户登录名。SQL Server 有两个常用的默认登录名，一个是 sa，另一个是“计算机名 \\Windows 管理员账户名”。其中，sa 是系统管理员，在 SQL Server 中拥有系统和数据库的所有权限。

同时，SQL Server 为每个 Windows 管理员提供的默认用户账户，在 SQL Server 中拥有系统和数据库的所有权限。所以，在一开始为了熟悉 SQL Server 功能，可以以系统管理员身份登录 SQL Server 服务器和数据库，它可以对数据库各种对象进行任何操作。其后再创建用户账户、为用户分配权限，然后再用指定账户登录 SQL Server 服务器和数据库，操作指定的对象。

12.2 账户管理

在 SQL Server 2016 中，用户账户有两种：一种是登录服务器的登录账户，另一种是使用数据库的用户账户。登录账户和用户账户是两个不同的概念，一个合法的登录账户只表明该账户通过了 Windows 认证或 SQL Server 认证，但不能表明可以对数据库数据和数据对象进行某种或者某些操作，所以一个登录账户总是与一个或多个数据库用户账户（账户必须位于不同的数据库）相对应，这样才可以访问数据库。

12.2.1　创建 Windows 账户登录

创建 Windows 账户时有两种方法，一种是通过图形界面工具操作，另一种是使用 SQL 命令语句。

1. 图形界面工具

在安装本地 SQL Server 2016 的过程中，选择 Windows 身份验证方式。在这种情况下，如果要增加一个 Windows 的新用户 wang，那么该如何创建并授权，使该用户通过信任链接访问 SQL Server 数据库呢？

很简单，要解决上述问题，需要执行两步操作：第一步是创建 Windows 用户；第二步是将 Windows 账户加入 SQL Server 数据库中。

【例 12-1】

创建 Windows 用户非常简单，需要以管理员身份登录到 Windows，打开控制面板。完整用户创建的操作步骤如下。

01 打开电脑的【控制面板】窗口，在该窗口找到【用户账户和家庭安全】选项，在该项中找到【添加或删除用户账户】选项。

02 单击【添加或删除用户账户】选项，弹出如图 12-1 所示的窗口。单击该窗口的【创建一个新账户】链接，打开【创建新账户】窗口，在该窗口输入账户名并选择账户类型，然后单击【创建账户】按钮，如图 12-2 所示。

图 12-1　【管理账户】窗口

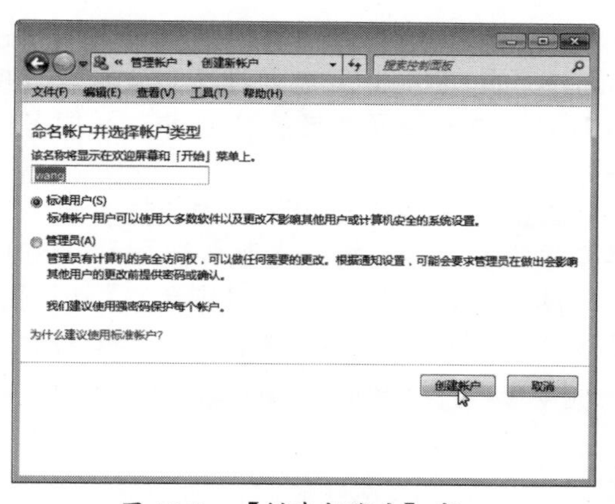

图 12-2　【创建新账户】窗口

03 创建用户完毕后回到如图 12-3 所示的窗口，从该图中可以看出 Windows 账户已经添加成功。单击该账户进入【更改账户】窗口，在该窗口中可以更改账户名称、更改账户类型、设置或更改密码、删除账户等，如图 12-4 所示。

图 12-3　创建账户成功

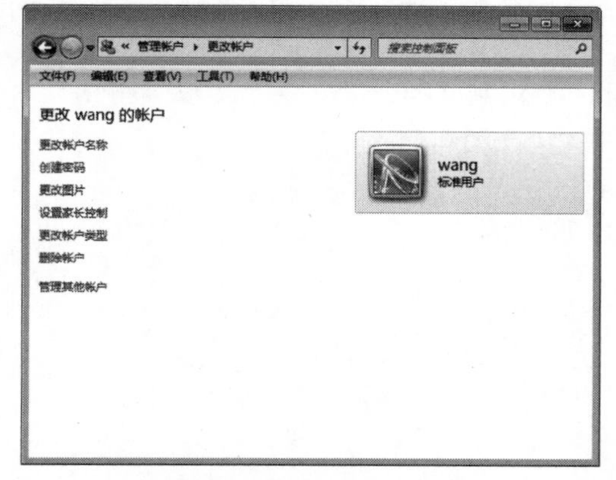

图 12-4　【更改账户】窗口

04 单击【创建密码】链接，为 wang 账户设置密码，这里将其设置为 123456，具体效果不再展示。

【例 12-2】

创建 Windows 账户以后，还需要将账户加入 SQL Server 中。操作步骤如下。

01 以管理员身份登录到 SQL Server Management Studio 界面，在【对象资源管理器】窗格中，找到【安全性】选项。

02 展开【安全性】选项的节点，找到【登录名】选项后右击，在弹出的快捷菜单中选择【新建登录名】命令，如图 12-5 所示。

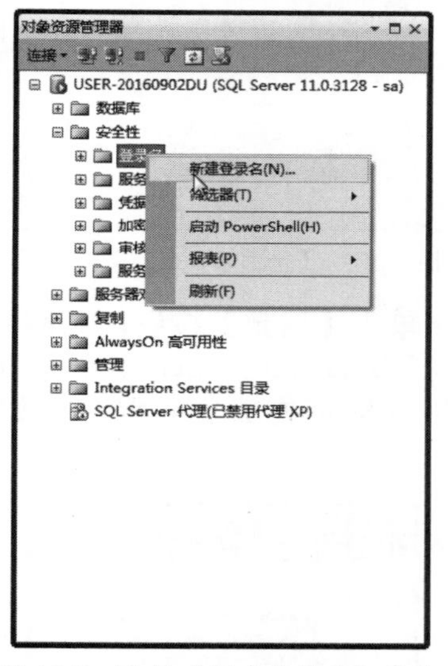

图 12-5　选择“新建登录名”命令

03 单击【新建登录名】选项打开【登录名 - 新建】窗口。单击【常规】选择页的【搜索】按钮，打开【选择用户或组】对话框，在该对话框的【输入要选择的对象名称】中输入 wang，然后单击【检查名称】按钮，系统生成 USER-20160902DU\wang，如图 12-6 所示。

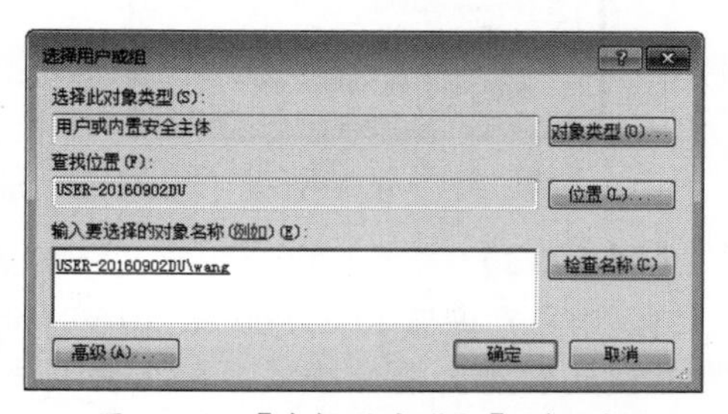

图 12-6　【选择用户或组】对话框

04 单击图 12-6 中的【确定】按钮，回到【登录名 - 新建】对话框，这时在登录名中就会显示完整名称，选择默认数据库为 TourismManSys，如图 12-7 所示。

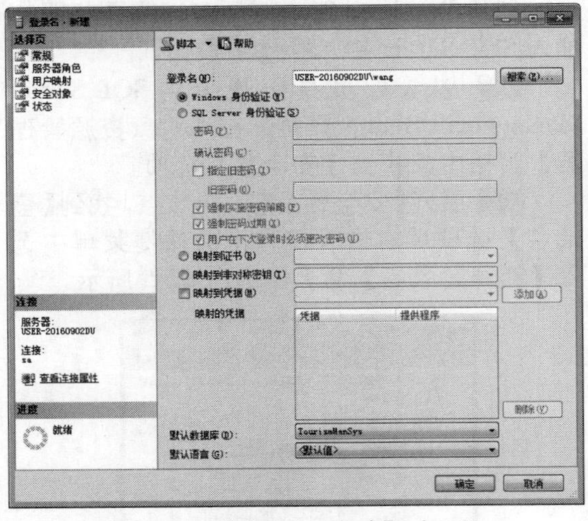

图 12-7 【登录名 - 新建】对话框

05 单击【确定】按钮，Windows 的新用户 wang 就加入 SQL Server 中，即创建一个 Windows 验证方式的登录名，如图 12-8 所示。

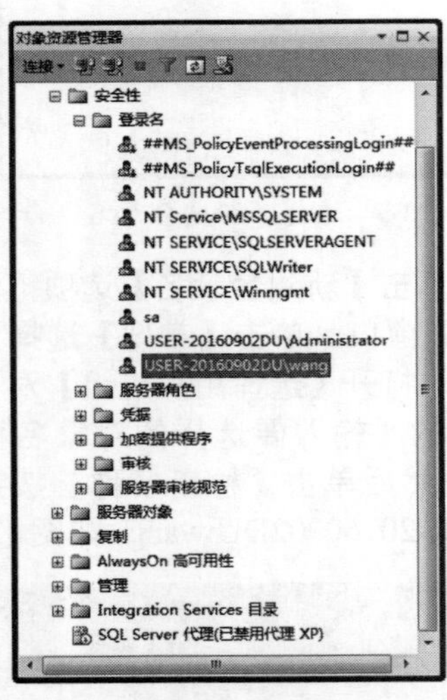

图 12-8 加入成功显示

【例 12-3】

如果用户在安装 SQL Server 2016 时没有将验证模式设置为混合模式，那么需要先将验证模式设置为混合模式。步骤如下。

01 以系统管理员身份登录 SQL Server Management Studio 界面，在【对象资源管理器】窗格中选择要登录的 SQL Server 服务器图标。

02 右击图标，在弹出的快捷菜单中选择【属性】命令，打开【服务器属性 -USER-20160902DU】对话框，选择【安全性】选择页，在该页面选择服务器身份验证，如图 12-9 所示。

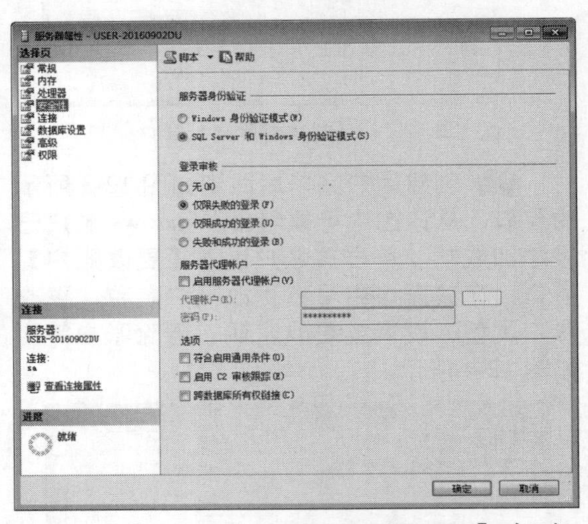

图 12-9 【服务器属性 -USER-20160902DU】对话框

03 设置完毕后，单击【确定】按钮保存新的配置，然后重启 SQL Server 服务即可。

2. CREATE LOGIN 语句创建

除了图形界面工具外，用户可以通过 CREATE LOGIN 语句添加 Windows 账户。其基本语法如下：

```
CREATE LOGIN 登录名
{
  WITH PASSWORD=' 密 码 '[HASHED][MUST_
CHANGE]
     [,< 选项列表 >[,...]]
   | FROM
   {
     WINDOWS[WITH<Windows 选项 >[,...]]
     |CERTIFICATE 证书名
     |ASYMMETRIC KEY 非对称密钥名
   }
}
```

其中：

```
<选项列表>::=
  SID=登录GUID
  |DEFAULT_DATABASE=数据库
  |DEFAULT_LANGUAGE=语言
  |CHECK_EXPIRATION={ON|OFF}
  |CHECK_POLICY={ON|OFF}
  [CREDENTIAL=凭据名]
<Windows选项>::=
      DEFAULT_DATABASE=数据库
  |DEFAULT_LANGUAGE=语言
```

创建 Windows 账户时，有 4 种类型的登录名：Windows 登录名、SQL Server 登录名、证书映射登录名和非对称密钥映射登录名，这里只介绍前两种。

创建 Windows 登录名使用 FROM 子句，在 FROM 子句的语法格式中，WINDOWS 关键字指定将登录名映射到 Windows 登录名，其中 <Windows 选项> 为创建 Windows 登录名的选项，DEFAULT_DATABASE 指定默认数据库，DEFAULT_LANGUAGE 指定默认语言。

【例 12-4】

用 CREATE LOGIN 语句创建 Windows 账户登录：

```
CREATE LOGIN [USER-20160902DU\wang]
  FROM WINDOWS
    WITH DEFAULT_DATABASE=Tourism ManSys
```

执行上述语句，命令执行成功后可以在【登录名】|【安全性】列表上查看该登录名。

【例 12-5】

创建 SQL Server 登录名 SQL_yang，指定密码为 123456，且默认数据库为 TourismManSys。语句如下：

```
CREATE LOGIN SQL_yang
    WITH PASSWORD='123456',
    DEFAULT_DATABASE=TourismManSys
```

12.2.2　创建 SQL Server 登录账户

只有获得 Windows 账户的客户才能建立与 SQL Server 的连接，如果正在为其创建登录的用户无法建立连接，那么必须为他们创建 SQL Server 登录账户。

【例 12-6】

SQL Server Management Studio 创建数据库用户的步骤如下。

01 打开 SSMS，在【对象资源管理器】窗格中找到【服务器】节点并展开。

02 在展开的节点中找到【安全性】节点，找到【登录名】后右击，从弹出的快捷菜单中选择【新建登录名】命令，将打开【登录名 - 新建】对话框。

03 在该对话框中输入登录名，并选中【SQL Server 身份验证】单选按钮，输入相应的密码 123456(如果密码包含字母，注意区分大小写)，其他内容根据需要设置或保持默认值，如图 12-10 所示。

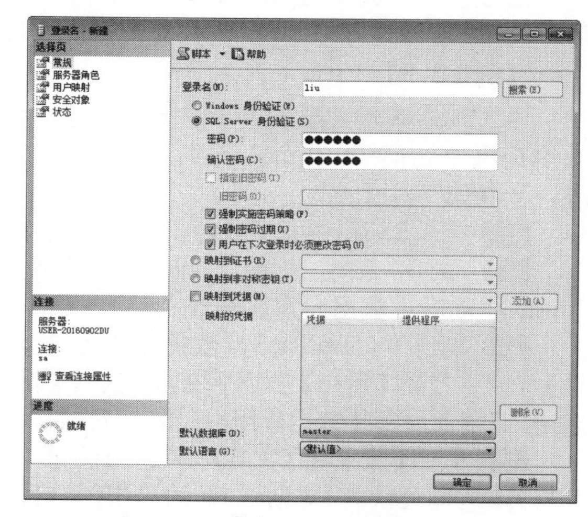

图 12-10　【登录名 - 新建】对话框

04 单击【确定】按钮，完成 SQL Server 登录账户的创建。

【例 12-7】

为了测试创建的登录名是否成功，下面使用新的登录名 liu 进行测试。具体步骤如下。

01 重新打开一个 SSMS 出现【连接到服务器】对话框。

02 在该对话框的【身份验证】下拉列表框中选择【SQL Server 身份验证】选项，在【登录名】下拉列表框中输入 liu，在【密码】文本框中输入相应的密码 123456，如图 12-11 所示。

03 单击【连接】按钮登录服务器。由于创建 liu 时默认的数据库是 master，对于其他的数据库没有访问权限，如果访问其他数据库会出现错误提示。例如，图 12-12 为访问 model 数据库的错误提示信息。

图 12-11 【连接到服务器】对话框

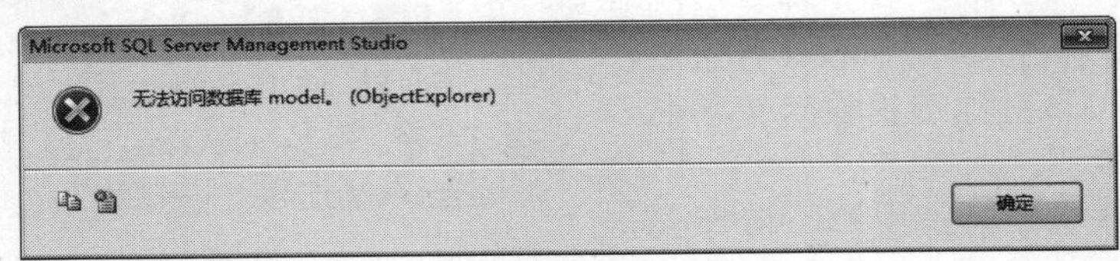

图 12-12 错误提示信息

12.2.3 创建数据库用户

创建数据库用户有两种方式：一种是图形界面工具，另一种是 SQL 命令语句。

1. 图形界面工具创建

图形界面工具创建 SQL Server 用户账户非常简单，如例 12-8 所示。

【例 12-8】

通过 SSMS 创建数据库用户账户，然后为用户授予访问 TourismManSys 数据库的权限。步骤如下。

01 打开 SSMS 并展开【服务器】节点。

02 展开【数据库】节点，找到 TourismManSys 数据库再展开节点。

03 找到 TourismManSys 数据库的【安全性】节点，找到【用户】节点后右击，执行【新建用户】命令，打开【数据库用户-新建】对话框。

04 单击【登录名】文本框旁边的按钮，会打开【选择登录名】对话框，然后单击【浏览】按钮可以打开【查找对象】对话框，选择上一小节刚刚创建的 SQL Server 登录账户 liu，如图 12-13 所示。

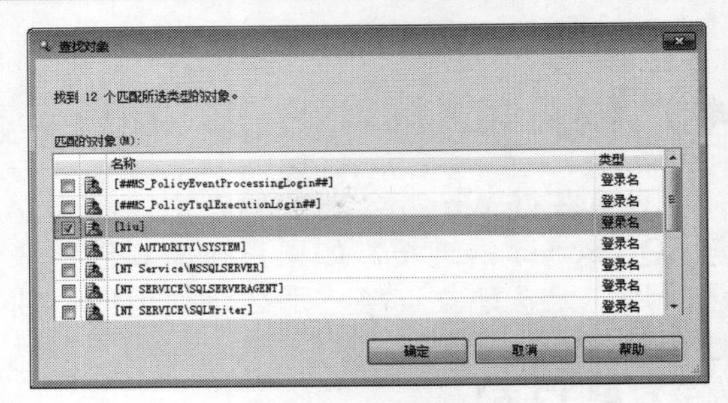

图 12-13 查找对象

05 单击【确定】按钮，在【选择登录名】对话框中可以看到选择的登录名对象，如图 12-14 所示。

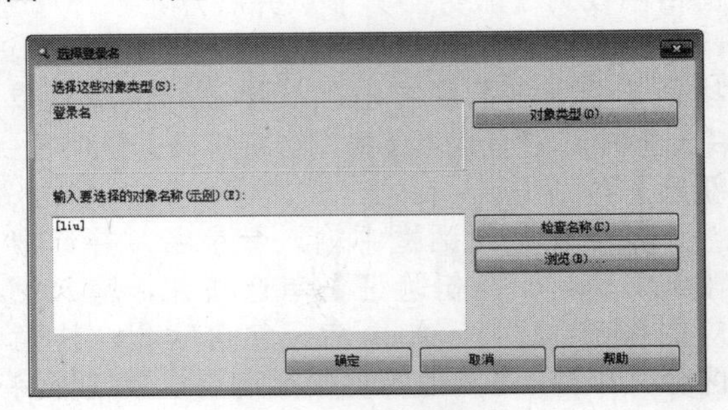

图 12-14 选择登录名

06 单击【确定】按钮，设置用户名为 LYY，选择架构为 dbo，设置如图 12-15 所示。

07 找到【成员身份】选择页，在角色成员复选框列表中选择 db_owner 项，如图 12-16 所示。

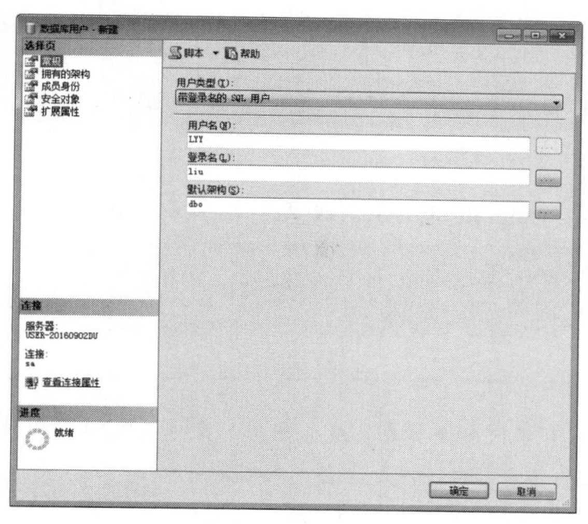

图 12-15 新建用户

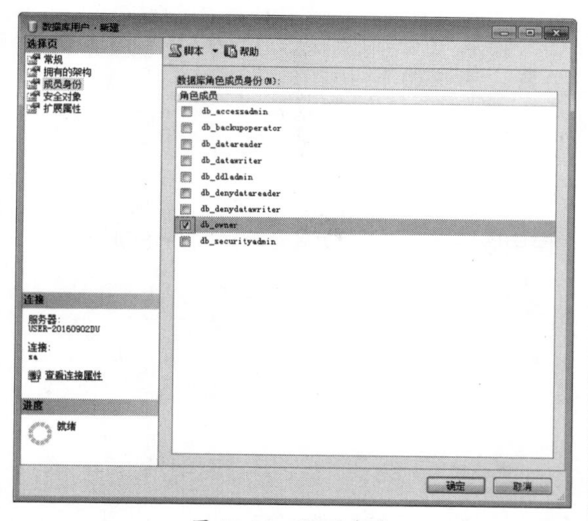

图 12-16 设置角色

08 为了验证是否创建成功，可以刷新【用户】节点，刷新成功后可以看到刚刚创建的用户账户。数据库用户创建成功后，可以使用该用户关联的登录名 liu 进行登录，这样可以访问 TourismManSys 数据库的内容，具体效果图不再展示。

2. CREATE USER 命令语句

创建数据库用户可以使用 CREATE USER 命令。格式如下：

```
CREATE USER 用户名
[{FOR|FROM}
{
  LOGIN 登录名
  |CERTIFICATE 证书名
  |ASYMMETRIC KEY 非对称密钥名
}
|WITHOUT LOGIN
]
[WITH DEFAULT_SCHEMA= 架构名 ]
```

上述参数说明如下。

- 用户名：用于指定数据库用户名，FOR 或 FROM 子句用于指定相关联的登录名。
- LOGIN 登录名：指定要创建数据库用户的 SQL Server 登录名，“登录名”必须是服务器中有效的登录名，当以此登录名进入数据库时，它将获取正在创建的数据库用户的名称和 ID。
- WITHOUT LOGIN：指定不将用户映射到现有登录名。
- WITH DEFAULT_SCHEMA：指定服务器为此数据库用户解析对象名称时将搜索的第一个架构，默认为 dbo。

【例 12-9】

使用 SQL Server 登录名 SQL_yang 和 Windows 登录名 [USER-20160902DU\wang] 在 TourismManSys 数据库中创建数据库用户 User_SQL_yang 和 User_wang，默认架构名使用 dbo。语句如下：

```
CREATE USER User_SQL_yang
    FOR LOGIN SQL_yang
    WITH DEFAULT_SCHEMA=dbo
CREATE USER User_wang
    FOR LOGIN [USER-20160902DU\wang]
    WITH DEFAULT_SCHEMA=dbo
```

12.2.4 删除用户和登录账户

为了数据库安全性考虑，数据库管理员必须及时删除那些已经停用的数据库用户或登录账户。在 SQL Server 2016 中，可以图形界面和命令语句两种形式进行删除，图形界面删除的方式非常简单，这里不再详细介绍。

1. DROP LOGIN 删除登录名

可以使用 DROP LOGIN 语句删除当前服务器存在的登录账户。语法格式如下：

```
DROP LOGIN 登录名
```

【例 12-10】

使用以下两条语句分别删除 Windows 登录名 wang 和 SQL Server 登录名 SQL_yang：

```
DROP LOGIN [USER-20160902DU\wang]        -- 删除 Windows 登录账户
DROP LOGIN SQL_yang                      -- 删除 SQL Server 账户 SQL_yang
```

注意

不能删除正在登录的登录账户，也不能删除拥有任何安全对象、服务器级对象或 SQL Server 代理作业的登录账户，可以删除数据库用户映射到的登录账户，但是这会产生孤立用户。

2. DROP USER 删除数据库用户

可以使用 DROP USER 语句删除数据库用户。确切地说，可以使用 DROP USER 断开 SQL Server 的登录账户与数据库用户之间的对应关系。语法如下：

```
DROP USER 用户名
```

【例 12-11】

在删除用户之前要使用 USER 语句指定数据库。使用以下语句删除数据库用户 User_SQL_yang：

```
USE TourismManSys
GO
DROP USER User_SQL_yang
```

12.2.5 guest 用户

guest 用户是一个能够加入数据库并且允许登录任何数据库的特殊用户。以 guest 账户访问数据库的用户被认为是 guest 用户身份并且继承 guest 账户所有的权限和许可。默认情况下，guest 用户存放在 model 数据库中，并且被授予 guest 的权限。由于 model 数据库是创建所有数据库的模板，这就表示所有新的数据库都将包含 guest 账户，并且该账户将被赋予 guest 权限。

注意

不能删除 guest 用户，但是可以在 master 或者 tempdb 之外的任何数据库中执行 REVOKE CONNECT FROM GUEST 来撤销它的 CONNECT 权限，从而禁用 guest 用户。

在使用 guest 账户之外，必须注意以下几点。

- guest 用户是公共服务器角色的一个成员，并且继承这个角色的权限。
- 在任何人都能以 guest 账户访问数据库以前，guest 用户必须存在于数据库中。
- guest 用户用于仅当用户账户具有访问 SQL Server 的权限，但是不能通过这个用户账户访问数据库的时候。

12.3　角色管理

角色可以将用户分为不同的类，对相同类的用户进行统一管理，赋予相同的角色权限，一个角色相当于 Windows 账户管理中的一个用户组，可以包含多个用户。

SQL Server 给用户提供多个角色，固定服务器角色和固定数据库角色是内置的，不能进行添加、修改和删除，除此之外，还有应用程序角色，当然，用户还可以根据需要创建角色，以方便对用户统一管理。

12.3.1　固定服务器角色

服务器角色独立于各个数据库，如果在 SQL Server 中创建一个登录名后，要赋予该登录者管理服务器的权限，此时可以设置该登录名为服务器角色的成员，SQL Server 提供的固定服务器角色及其说明如表 12-1 所示。

表 12-1　固定服务器角色及其说明

角色名称	说　明
sysadmin	系统管理员，角色成员可以对 SQL Server 服务器进行所有的管理工作，为最高管理角色，这个角色一般适合于数据库管理员 (Database Administrator，DBA)
securityadmin	安全管理员，角色成员可以管理登录名及其属性，可以授予、拒绝、撤销服务器级和数据库级的权限，还可以重置 SQL Server 登录名的密码
serveradmin	服务器管理员，角色成员具有对服务器进行设置及关闭服务器的权限
setupadmin	设置管理员，角色成员可以添加和删除链接服务器，并执行某些系统存储过程
processadmin	进程管理员，角色成员可以终止 SQL Server 实例中运行的进程
diskadmin	用于管理磁盘文件
dbcreator	数据库创建者，角色成员可以创建、更改、删除或还原任何数据库
bulkadmin	可以执行 BULK INSERT 语句，但是这些成员对插入数据的表必须有 ISNERT 权限
public	其角色成员可以查看任何数据库

提示

用户只能将一个用户登录名添加为上述表中某个固定服务器角色的成员，并且，用户不能自行定义服务器角色。

1. 添加固定服务器角色成员

添加固定服务器角色成员时有两种方法，一种是通过界面，另一种是执行 sp_addsrvrolemember

存储过程。

(1) 从界面添加固定服务器角色成员。

【例 12-12】

从界面添加固定服务器角色成员的步骤如下。

01 以系统管理员身份登录 SQL Server 服务器，在【对象资源管理器】窗格中展开【安全性】|【登录名】节点。

02 选择登录名后双击或右击，选择【属性】命令，打开【登录属性】对话框。

03 在打开的【登录属性】对话框中选择【服务器角色】选择页，这时会在右边列出所有的固定服务器角色，用户可以根据需要，在服务器角色前的复选框中打钩，来为登录名添加相应的服务器角色，默认情况下已经勾选 public 服务器角色。

04 单击对话框中的【确定】按钮完成添加。

(2) 通过 sp_addsrvrolemember 添加固定服务器角色成员。

sp_addsrvrolemember 可以将登录名添加到某一个固定服务器角色中，使该登录名称为固定服务器角色的成员。语法如下：

```
sp_addsrvrolemember[@ 登 录 名 =] 'login', [@
角色名 =] 'role'
```

其中，login 指定添加到固定服务器角色 role 的登录名，它可以是 SQL Server 登录名或 Windows 登录名；对于 Windows 登录名，如果还没有授予 SQL Server 访问权限，将自动对其授予访问权限。固定服务器角色成员 role 的值必须为表 12-1 列出的角色名称之一。

【例 12-13】

使用以下语句将登录名 liu 添加到 sysadmin 固定服务器角色中：

```
EXEC sp_addsrvrolemember 'liu','sysadmin';
```

在添加固定服务器角色成员时，需要注意以下几点。

01 将登录名添加为固定服务器角色的成员后，该登录名就会得到与此固定服务器角色相关的权限。

02 不能更改 sa 角色成员的资格。

03 不能在用户定义的事务内执行 sp_addsrvrolemember 存储过程。

04 sysadmin 固定服务器的成员可以将任何固定服务器角色添加到某个登录名，其他固定服务器角色的成员可以执行 sp_addsrvrolemember，为某个登录名添加同一个固定服务器角色。

05 如果不想让用户有任何管理权限，就不要将其指派给服务器角色，这样就可以将用户限定为普通用户。

2. 删除固定服务器角色成员

使用 sp_dropsrvrolemember 系统存储过程可从固定服务器角色中删除 SQL Server 登录名或 Windows 登录名。格式如下：

```
sp_dropsrvrolemember[@ 登录名 =] 'login', [@
角色名 =] 'role'
```

其中，login 表示将要从固定服务器角色删除的登录名；role 为服务器角色名，默认值为 NULL，必须是有效的固定服务器角色名。

【例 12-14】

使用以下语句从 sysadmin 角色中删除登录名 liu：

```
EXEC sp_dropsrvrolemember 'liu','sysadmin'
```

删除固定服务器角色成员同样有命令语句和图形界面两种形式，界面方式非常简单，这里不再做详细介绍。

12.3.2 固定数据库角色

固定数据库角色定义在数据库级别上，并且有权进行特定数据库的管理及操作。SQL Server 提供的固定数据库角色及其说明如表 12-2 所示。

表 12-2 固定数据库角色及其说明

角色名称	说 明
db_owner	数据库所有者，这个数据库角色的成员可执行数据库的所有管理操作。用户发出的所有 SQL 语句都受限于该用户具有的权限
db_accessadmin	数据库访问权限管理者，角色成员具有增加、删除数据库使用者、数据库角色和组的权限
db_securityadmin	数据库安全管理员，角色成员具有可管理数据库中的额外权限，例如设置好数据库表的增加、删除、修改和查询等存取权限
db_ddladmin	数据库 DDL 管理员，角色成员可增加、修改或删除数据库中的对象
db_backupoperator	数据库备份操作员，角色成员具有执行数据库备份的权限
db_datareader	数据库数据读取者，角色成员可以从所有用户表中读取数据
db_datawriter	数据库数据写入者，角色成员具有对所有用户表进行增加、删除、修改的权限
db_denydatareader	数据库拒绝数据读取者，角色成员不能读取数据库表中任何表的内容
db_denydatawriter	数据库拒绝数据写入者，角色成员不能对任何表进行增加、删除、修改操作
public	一个特殊的数据库角色，每个数据库用户都是 public 角色的成员，因此不能将用户、组或角色指派为 public 角色的成员，也不能删除 public 角色的成员。通常，将一些公共权限赋给 public 角色

1. 命令语句添加固定数据库角色成员

使用 sp_addrolemember 可以将一个数据库用户添加到某一固定数据库角色中，使其成为该固定数据库角色的成员。语法如下：

```
sp_addrolemember[@ 角色名 =]'role',[@ 成员名 =]'security_account'
```

其中，role 表示当前数据库中的数据库角色名称，security_account 为添加到该角色的安全账户，可以是数据库用户或当前数据库角色。

【例 12-15】

使用以下语句将 TourismManSys 数据库上的用户 LYY、User_wang 添加为固定数据库角色 db_owner 的成员：

```
USE
GO
EXEC sp_addrolemember 'db_owner','LYY'
EXEC sp_addrolemember 'db_owner','User_wang'
```

添加固定数据库角色成员时，需要注意以下几点。

- 当使用 sp_addrolemember 将用户添加到角色时，新成员将继承所有应用到角色的权限。
- 不能将固定数据库或固定服务器角色或者 dbo 添加到其他角色。例如，不能将 db_owner 固定数据库角色添加成为用户定义的数据库角色的成员。
- 在用户定义的事务中不能使用 sp_addrolemember。
- 只有 sysadmin 固定服务器角色和 db_owner 固定数据库角色中的成员可以执行 sp_addrolemember 时，才将成员添加到数据库角色。
- db_securityadmin 固定数据库角色的成员可以将用户添加到任何用户定义的角色。

提示

用户同样可以通过界面添加固定数据库角色成员，需要展开某个数据库下的【安全性】|【用户】节点，然后选择一个数据库用户，双击或右击，选择【属性】命令，弹出【数据库用户】对话框，在对话框的【成员身份】选择页中设置即可。

2. 命令语句删除固定数据库角色成员

如果要将某一成员从固定数据库角色中去除，可以使用 sp_droprolemember 系统存储过程。语法格式如下：

```
sp_droprolemember[@ 角色名 =]'role',[@ 成员名 =]'security_account'
```

【例 12-16】

使用以下语句将数据库用户 LYY 和 User_wang 从 db_owner 中去除：

```
EXEC sp_droprolemember 'db_owner','LYY'
EXEC sp_droprolemember 'db_owner','User_wang'
```

提示

删除某一角色的成员后，该成员将失去作为该角色的成员身份所拥有的任何权限，不能删除 public 角色的用户，也不能从任何角色中删除 dbo。

12.3.3 应用程序角色

应用程序角色相对于服务器角色和数据库角色来说比较特殊，它没有默认的角色成员。应用程序角色能够使应用程序用其自身的、类似用户的特权来运行。使用应用程序角色可以只允许通过特定应用程序连接的用户访问特定数据，用户仅用他们的 SQL Server登录名和数据库账户将无法访问数据。

使用应用程序角色的一般过程如下。

01 创建一个应用程序角色，并给它分配权限。

02 用户打开批准的应用程序，并登录 SQL Server。

03 使用 sp_setapprole 系统存储过程激活应用程序角色。应用程序角色一旦被激活，SQL Server 就将用户作为应用程序来看待，并给用户指派应用程序角色所拥有的权限。

【例 12-17】

创建应用程序角色的一般步骤如下。

01 以系统管理员身份连接 SQL Server，在【对象资源管理器】窗格中展开【数据库】|【某个数据库的名称】(例如 TourismManSys)|【安全性】|【角色】节点。

02 右击【角色】，在弹出的快捷菜单中选择【新建应用程序角色】命令，弹出【应用程序角色 - 新建】对话框。

03 在【应用程序角色 - 新建】对话框中输入应用程序角色名称 roleFirst，默认架构 dbo，密码为“123456”，如图 12-17 所示。

04 在【安全对象】选择页中单击【搜索】按钮，添加【特定对象】，这里选择 VisitorMessage 表，单击【确定】按钮返回到【安全对象】选择页，授予该表的权限，如图 12-18 所示，完成后单击【确定】按钮。

图 12-17　添加角色名称

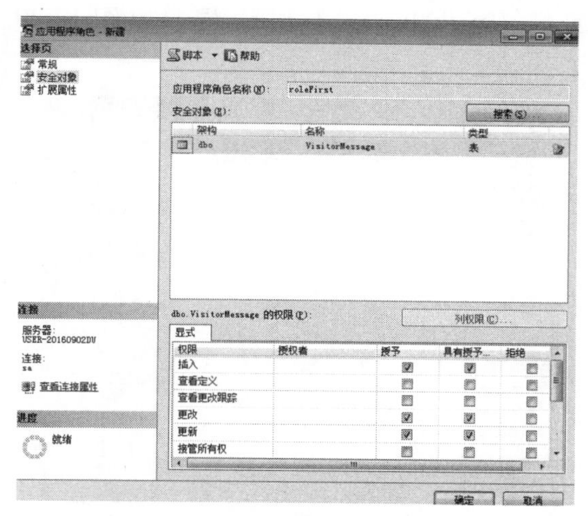

图 12-18　添加特定对象

05 添加 User_SQL_zhang 用户为 db_denydatareader 数据库角色的成员，使用 zhang 登录名连接 SQL Server。新建查询窗口，执行以下代码：

```
USE TourismManSys
GO
SELECT * FROM VisitorMessage;
```

06 执行上述语句时，错误提示如下：

拒绝了对对象 'VisitorMessage' (数据库 'TourismManSys'，架构 'dbo') 的 SELECT 权限。

07 使用 sp_setapprole 系统存储过程激活应用程序角色。语句如下：

```
sp_setapprole @ROLENAME='roleFirst',@PASSWORD='123456'
```

08 在查询窗口重新输入执行第 (05) 步骤的查询语句，这时可以将结果查询出来。

应用程序角色和固定数据库角色的区别有以下几点。

- 应用程序角色不包含任何成员，不能将 Windows 组、用户和角色添加到应用程序角色。
- 应用程序角色被激活后，这次服务器连接将暂时失去所有应用于登录账户、数据库用户的权限，而只拥有与应用程序相关的权限。在断开本次连接以后，应用程序失去作用。
- 默认情况下，应用程序角色未激活，需要通过密码进行激活。
- 应用程序角色不使用标准权限。

12.3.4 自定义数据库角色

固定数据库角色的权限是固定的，有时这些角色并不能满足用户的需要，所以需要创建一个自定义的数据库角色。

在创建数据库角色后，先给该角色指派权限，然后将用户指派给该角色。这样，用户将继承给这个角色指派的任何权限。这不同于固定数据库角色，因为在固定角色中不需要指派权限，只需要添加用户。

【例 12-18】

在 TourismManSys 数据库定义名称为 role_myone 的角色，该角色中需要增加一个新用户 User_SQL_zhang，可以对数据库进行增、删、改、查操作。图形界面工具操作步骤如下。

01 在【对象资源管理器】窗格中找到 TourismManSys 数据库，展开该数据库下的节点，找到【角色】节点，右击鼠标。

02 在弹出的快捷菜单中选择【新建】命令，在弹出的子菜单中选择【新建数据库角色】命令，打开【数据库角色 - 新建】对话框。

03 在默认的【常规】选择页中，输入

要定义的角色名称 role_myone，所有者默认为 dbo，单击【确定】按钮完成角色创建。

04 创建角色完毕后需要将数据库用户加入数据库角色，加入的方法与将用户加入固定数据库角色的方法类似，这里不再详细说明。

12.4 管理数据库权限

数据库权限指明用户能够获得哪些数据库对象的使用权，以及用户能够对哪些对象执行何种操作。用户在数据库中拥有的权限取决于用户账户的数据库权限和用户所在数据库角色的类型。

12.4.1 分配权限

分配权限有两种方式，一种是通过 SSMS 界面授权，另一种是执行 GRANT 语句授权。

1. 界面分配权限

界面方式分配权限有两个步骤：一个是授予数据库的权限，另一个是授予数据库对象的权限。

【例 12-19】

以 TourismManSys 数据库为例进行介绍，步骤如下。

01 在【对象资源管理器】窗格中找到 TourismManSys 数据库，然后右击，在弹出的快捷菜单中选择【属性】命令，弹出【数据库属性 -TourismManSys】对话框。

02 在【数据库属性 -TourismManSys】对话框中选择【权限】选择页，在【用户或角色】栏中选择需要授予权限的用户或角色，然后在窗口下方列出的“权限”列表中找到相应的权限，如果需要分配该权限，在权限前面的复选框打钩即可，单击【确定】按钮完成，如图 12-19 所示。

03 如果要为数据库的对象分配权限，需要进入该数据库，找到【表】节点下的具体表（例如 GuideMessage），右击该表，在弹出的快捷菜单中选择【属性】命令打开【表属性 -GuideMessage】对话框。

04 在【表属性 -GuideMessage】对话框中选择【权限】选择页，单击【搜索】按钮，在弹出的【选择用户或角色】对话框中单击【浏览】按钮，选择需要授权的用户和角色(User_SQL_zhang)，单击【确定】按钮回到【表属性 -GuideMessage】对话框，如图 12-20 所示。

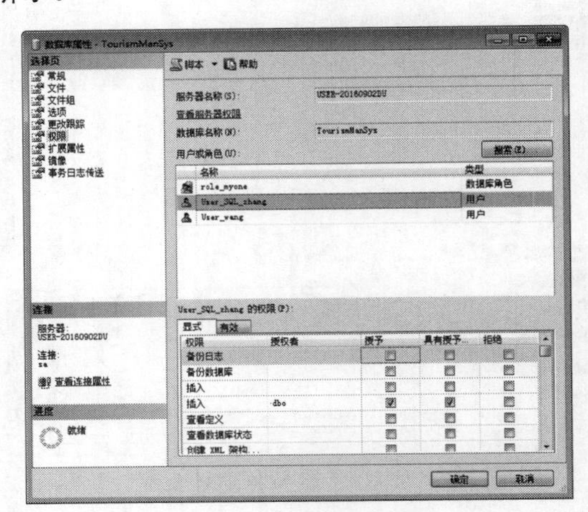

图 12-19 数据库属性

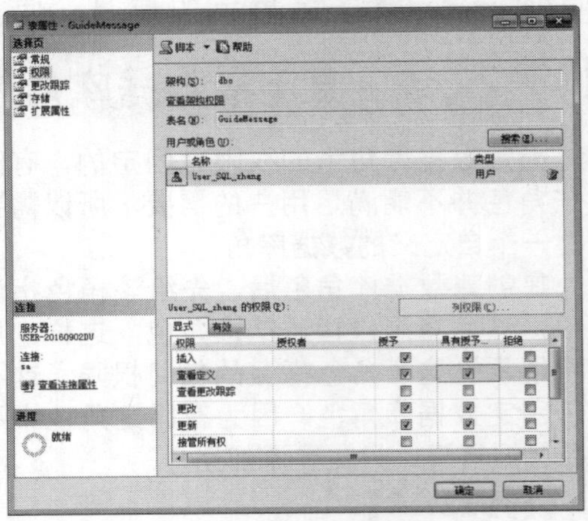

图 12-20 表属性

05 在图 12-20 所示对话框的【权限】列表中选择需要分配的权限，例如插入、更新等，单击【确定】按钮完成授权。

06 如果要授予用户在表的列上的 SELECT 权限，可以选择【选择】项目，然后单击图中的【列选项】按钮，在弹出的【列选项】对话框中选择要授予权限的列。

07 分配权限后，以用户账户身份登录 SQL Server，然后对数据库执行相关的操作，已测试是否得到已分配的权限。

提示

如果需要分配权限的用户在列出的“用户或角色”列表中不存在，则可以单击【搜索】按钮将该用户添加到列表中再选择，单击【有效】选择页可以查看该用户在当前数据库中有哪些权限。

2. GRANT 语句分配权限

使用 GRANT 语句可以给数据库用户或数据库角色分配数据库级别或对象级别的权限。语法如下：

```
GRANT {ALL[PRIVILEGES]}| 权限 [( 列 [,...])][,...]
  [ON 安全对象 ]TO 主体 [,...]
  [WITH GRANT OPTION][AS 主体 ]
```

其中，主要关键字说明如下。

- ALL：授予所有可能的权限。对于语句权限，只有 sysadmin 角色成员可以使用 ALL；对于对象权限，sysadmin 角色成员和数据库对象所有者都可以使用 ALL。
- 权限：权限名称。根据安全对象的不同，权限取值也不同。例如，对于存储过程，取值为 EXECUTE；对于用户函数，权限可为 EXECUTE 和 REFERENCES。
- 列：指定表、视图或表值函数中要授予对其权限的列的名称。
- ON 安全对象：指定将授予其权限的安全对象。
- 主体：指被授予权限的对象，可为当前数据库的用户、数据库角色，指定的数据库用户、角色必须在当前数据库中存在，不可以将权限授予其他数据库中的用户、角色。
- WITH GRANT OPTION：表示允许被授权者在获得指定权限的同时还可以将指定权限授予其他用户、角色或 Windows 组。WITH GRANT OPTION 子句仅对对象权限有效。
- AS 主体：指定当前数据库中执行 GRANT 语句的用户所属的角色名或组名。

【例 12-20】

为 TourismManSys 数据库中的 User_SQL_zhang 和 User_wang 授予创建表的权限：

```
USE TourismManSys
GO
GRANT CREATE TABLE
    TO User_SQL_zhang,User_wang,role_myone
GO
```

提示

如果要分配数据库级权限，CREATE DATABASE 权限只能在 master 数据库中被分配。另外，如果用户账户含有空格、反斜杠 (\)，那么要用引号或中括号将安全账户括起来。

【例 12-21】

为 TourismManSys 表 role_mytwo 角色分配 Person 表的 SELECT 权限，然后将其他一些权限分配给用户 User_SQL_zhang 和 User_wang，使用户有对 Person 表的所有操作权限。语句如下：

```
USE TourismManSys
GO
GRANT SELECT ON Person TO public,role_mytwo
GO
GRANT INSERT,UPDATE,DELETE,REFERENCES ON
Person TO User_SQL_zhang,User_wang
GO
```

12.4.2 拒绝权限

拒绝权限有两种方式，一种是图形界面，以界面方式拒绝权限是在相关数据库或对象的属性窗口中操作，在相应的【拒绝】复选框中选择即可。

另一种是执行 DENY 命令，DENY 可以拒绝给当前数据库内的用户分配的权限，并防止数据库用户通过其组或角色成员资格继承权限。语法如下：

```
DENY {ALL[PRIVILEGES]}| 权限 [( 列 [,...])][,...]
  [ON 安全对象 ]TO 主体 [,...]
  [CASCADE][AS 主体 ]
```

其中，CASCADE 表示拒绝分配指定用户或角色的权限，同时对该用户角色授予该权限的所有其他用户和角色也拒绝授予该权限。当主体具有带 WITH GRANT OPTION 的权限时，为必选项。

【例 12-22】

下面的语句表示对 User_SQL_zhang 用户和 role_mytwo 角色成员拒绝使用 CREATE VIEW 权限：

```
DENY CREATE VIEW TO User_SQL_zhang,role_mytwo
```

DENY 拒绝权限需要注意以下两点。

- 如果使用 DENY 语句禁止用户获得某个权限，那么以后将该用户添加到已得到该权限的组或角色时，该用户不能访问这个权限。
- 默认情况下，sysadmin、db_securityadmin 角色成员和数据库对象所有者具有执行 DENY 的权限。

12.4.3 撤销权限

撤销权限需要使用 REVOKE 命令，格式如下：

```
REVOKE[GRANT OPTION FOR]
{
  [ALL[PRIVILEGES]]
    | 权限 [( 列 [,...])][,...]
}
[ON 安全对象 ]
{TO|[FROM]} 主体 [,...]
[CASCADE][AS 主体 ]
```

使用 REVOKE 需要注意以下三点。

- REVOKE 只适用于当前数据库内的权限。GRANT OPTION FOR 表示将撤销授予指定权限的能力。
- REVOKE 只在指定的用户、组或角色上取消授予或拒绝的权限。
- REVOKE 权限默认授予 sysadmin 固定服务器角色成员，db_owner 固定数据库角色成员和 db_securityadmin 固定数据库角色成员。

【例 12-23】

使用以下语句撤销对用户 User_SQL_zhang 和 User_wang 的授权：

```
REVOKE CREATE TABLE,CREATE DEFAULT
  FROM User_SQL_zhang,User_wang
  CASCADE
GO
```

【例 12-24】

如果要取消 User_SQL_zhang 用户在 Person 表上的 SELECT 权限，可以执行以下语句：

```
REVOKE SELECT ON Person FROM User_SQL_zhang
```

12.5 数据库架构

在本章之前，读者应该不止一次看到“架构”这个词。数据库架构是一个独立于数据库

用户的非重复命名空间，数据库中的对象都属于某一个架构。下面为大家介绍数据库架构的内容，包含架构的两种创建方式，如何删除架构等内容。

12.5.1　界面方式创建架构

一个架构只能有一个所有者，所有者可以是用户、数据库角色等。架构的所有者可以访问架构中的对象，并且还可以授予其他用户访问该架构的权限。

【例 12-25】

为 TourismManSys 数据库创建架构，其一般步骤如下。

01 展开该数据库下的所有节点，找到【安全性】节点并展开。

02 选择【架构】后右击鼠标，在弹出的快捷菜单中选择【新建架构】命令。

03 在【架构-新建】对话框中选择【常规】选择页，在右侧输入架构名称，如图 12-21 所示。

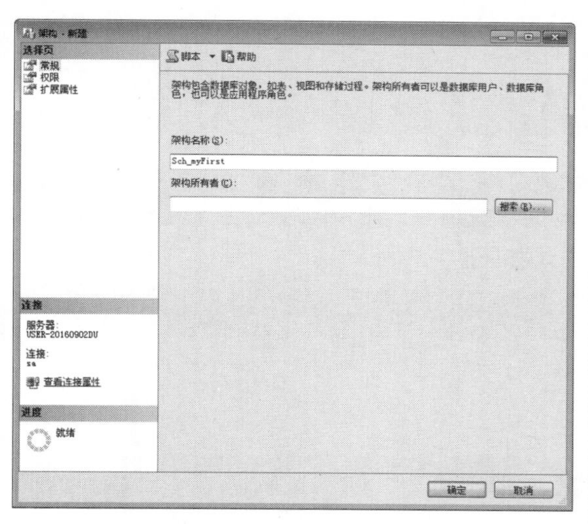

图 12-21　输入架构名称

04 单击图 12-21 所示的【搜索】按钮，在打开的【搜索角色和用户】对话框中单击【浏览】按钮，在打开的【查找对象】对话框中，在 [User_SQL_zhang] 用户前面的复选框打钩，如图 12-22 所示。

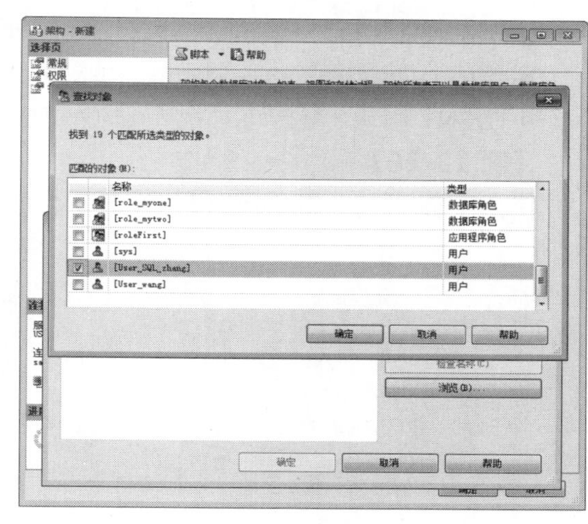

图 12-22　查找对象

05 依次单击【确定】按钮，完成架构的创建，这样就将用户 User_SQL_zhang 设为 Sch_myFirst 架构的所有者。

提示

创建架构完成后，在 TourismManSys 数据库的【安全性】|【架构】节点中，可以找到创建后的新架构，打开该架构的属性窗口可以更改架构的所有者。

12.5.2　命令语句创建架构

可以使用 CREATE SCHEMA 语句创建数据库架构，该语句的语法如下：

```
CREATE SCHEMA < 架构名子句 >[< 架构元素 >[,...]]
```

其中：

```
< 架构名子句 >::=
```

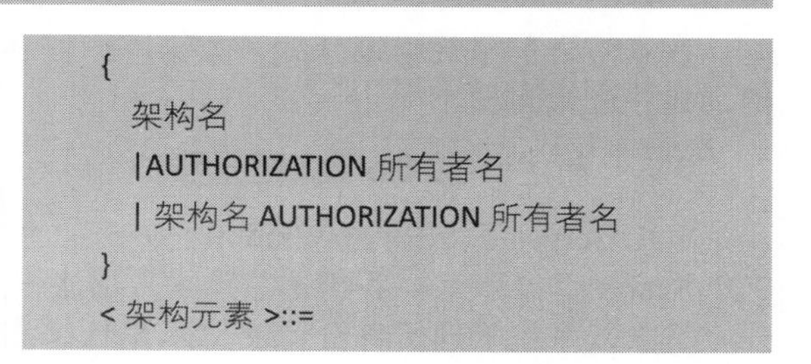

```
{
  架构名
  |AUTHORIZATION 所有者名
  | 架构名 AUTHORIZATION 所有者名
}
< 架构元素 >::=
```

```
{
  表定义 | 视图定义 |GRANT 语句
  REVOKE 语句 |DENY 语句
}
```

其中，主要参数说明如下。

- 架构名：在数据库内标识架构的名称，架构名称在数据库中要唯一。
- AUTHORIZATION 所有者名：指定将拥有架构的数据库级主体(如用户、角色等)的名称。
- 表定义：指定在架构内创建表的 CREATE TABLE 语句。
- 视图定义：指定在架构内创建视图的 CREATE VIEW 语句。
- GRANT 语句：指定可对除新架构外的任何安全对象授予权限的 GRANT 语句。
- REVOKE 语句：指定可对除新架构外的任何安全对象撤销权限的 REVOKE 语句。
- DENY 语句：指定可对除新架构外的任何安全对象拒绝权限的 DENY 语句。

【例 12-26】

使用下面语句为 SupermarkMemSys 数据库的 User_SQL_wyang 用户创建 Sch_supermark 架构：

```
USE SupermarkMemSys
GO
CREATE SCHEMA Sch_supermark
    AUTHORIZATION User_SQL_wyang
GO
```

12.5.3 删除架构

可以使用 DROP SCHEMA 语句删除架构，语法如下：

```
DROP SCHEMA 架构名
```

【例 12-27】

使用以下语句删除名称为 Sch_supermark 的架构：

```
DROP SCHEMA Sch_supermark
```

12.6 实践案例：为用户分配权限并进行测试

在本节之前已经详细介绍了数据库的安全机制，本节通过几个简单的例子演示用户账户的创建并进行测试。

1. 创建 SQL Server 登录账户

SQL Server 可以通过 Windows 身份和 SQL Server 身份两种方法验证，本例练习创建 SQL Server 登录账号，并给该登录账户指派权限，然后进行测试。基本步骤如下。

01 以系统管理员身份登录 SQL Server，新建一个查询窗口，在窗口中输入以下语句：

```
CREATE LOGIN SQL_LoginChen
    WITH PASSWORD='123456'
GO
```

上述语句创建一个 SQL 登录账户，登录名为 SQL_LoginChen，登录密码为 123456。

02 执行上一步骤的命令语句，执行成功后以 SQL_LoginChen 身份进行登录，该用户创建时的默认数据库是 master，对于其他的数据库没有访问权限，例如访问 TestDataBase 数据库出现如图 12-23 所示的提示。

图 12-23 访问数据库的错误提示

03 使用 sp_addsrvrolemember 存储过程，为 SQL_LoginChen 分配权限，指定该登录账户的角色为 sysadmin。语句如下：

```
EXEC sp_addsrvrolemember 'SQL_LoginChen','sysadmin';
```

04 重新以 SQL_LoginChen 用户登录 SQL Server，访问数据库进行测试，具体效果不再显示。

2. 创建应用程序角色

本例创建一个应用程序角色，并为该角色分配权限。完整语句如下：

```
-- 创建 SQL 登录账户
CREATE LOGIN SQL_LoginYi
    WITH PASSWORD='123456'
GO
-- 创建数据库用户并指定登录名
CREATE USER User_SQL_Yi
    FOR LOGIN SQL_LoginYi
    WITH DEFAULT_SCHEMA=dbo
GO
-- 创建应用程序角色
CREATE APPLICATION ROLE Role_Test1
  WITH PASSWORD = '111111', DEFAULT_SCHEMA = dbo;
GO
-- 为角色分配 SELECT 权限
GRANT SELECT ON IndexTest TO public,Role_Test1
GO
-- 激活应用程序角色
SP_SETAPPROLE @ROLENAME='Role_Test1',@PASSWORD='111111'
```

上述代码中，首先创建 SQL 登录账户，接着创建数据库用户并指定登录名，然后创建应用程序角色，为角色分配 SELECT 权限。最后，执行 SP_SETAPPROLE 激活应用程序角色。

运行上述例子的代码，使用 SQL_LoginYi 登录 SSMS，然后在查询窗口执行 SELECT 语句查询，如图 12-24 所示。

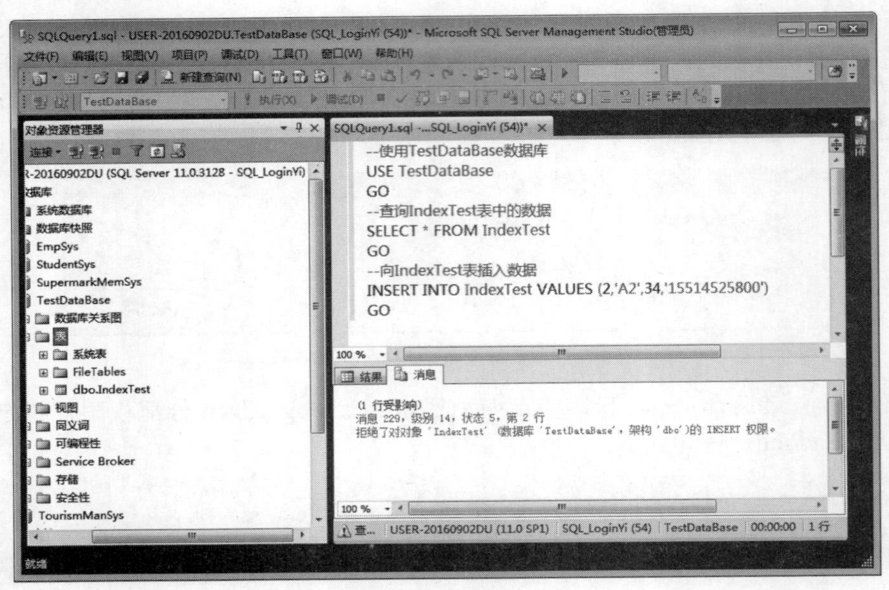

图 12-24　执行结果

从图 12-24 的提示消息可以看出，结果“(1 行受影响)”表示查询成功，但是执行 INSERT 语句时提示出错，这是因为 SQL_LoginYi 用户只有 SELECT 权限，没有 INSERT 权限。

12.7　练习题

1. 填空题

(1) 通常情况下，安全机制可分为客户机安全机制、网络传输的安全机制、实例级别安全机制、__________ 和对象级别安全机制五大类。

(2) 用户可以使用 __________ 语句删除当前服务器存在的登录账户。

(3) 固定服务器角色 __________ 是最高管理角色，该角色的成员可以对 SQL Server 服务器进行所有的管理工作。

(4) 固定服务器角色 __________ 的成员可执行数据库的所有管理操作。

(5) 激活应用程序角色需要使用 __________ 系统存储过程。

(6) 撤销授予权限使用 REVOKE 语句，拒绝授予权限使用 __________ 语句。

2. 选择题

(1) SQL Server 数据库的安全性体现在三个方面，不包括 __________。

A．服务器级别　　　　B．数据库级别

C．架构级别　　　　　D．客户端级别

(2) 创建数据库用户时可以执行 __________ 命令语句。
　A．CREATE LOGIN
　B．CREATE USER
　C．CREATE Login User
　D．A 和 C 都可以
(3) __________ 用户是一个能够加入数据库并且允许登录任何数据库的特殊用户。
　A．guest
　B．master
　C．tempdb
　D．model
(4) 固定服务器角色不包含 __________。
　A．public
　B．processadmin
　C．db_ddladmin
　D．serveradmin
(5) 自定义应用程序角色需要执行 __________ 命令语句。
　A．CREATE ROLE
　B．CREATE APPLICATION ROLE
　C．CREATE DATABASE ROLE
　D．A 和 B 都可以
(6) GRANT 和 REVOKE 语句主要用来维护数据库的 __________。
　A．完整性
　B．可靠性
　C．安全性
　D．一致性
(7) 关于权限的说法，下面选项 __________ 是不正确的。
　A．用户可以通过界面方式分配权限
　B．用户可以通过命令删除权限
　C．对象的权限包含何种操作
　D．只要能够进入数据库即可授权

上机练习 1：创建新用户并为其分配权限

本次上机练习如何创建一个对象权限以及如何使用该权限，用户可以根据下面的要求进行创建。实现目标如下。

- 添加一个新用户，该用户没有任何权限。
- 为创建的新用户分配一个 SELECT 权限。
- 使用该用户登录 SQL Server 数据库，验证 SELECT 权限。

上机练习 2：保证职工信息的安全性

假设当前数据库中存在两个表，职工表和部门表的说明如下。
(1) 职工表 (ZhiGong)：包含职工号 (zgNo)、姓名 (zgName)、年龄 (zgAge)、职务 (zgPosition)、

工资 (zgSalary) 和部门号 (zgBNo)。

(2) 部门表 (BuMen)：包含部门号 (bmNo)、姓名 (bmName)、经理名 (bmManName)、地址 (bmAddress) 和电话 (bmPhone)。

根据上述介绍创建职工表和部门表，并向表中添加数据。根据以下要求完成权限分配或存取控制功能 (注意：读者可以根据以下要求创建用户)。

01 用户“王一鸣”对职工表和部门表有 SELECT 查询权限。

02 用户“王一阳”对职工表和部门表有 INSERT 和 DELETE 权限。

03 用户“王一展”对职工表有 SELECT 权限，同时针对工资字段列有更新权限。

04 用户“张鑫鑫”具有修改职工表和部门表结构的权限。

05 用户“张蓝蓝”具有对职工表和部门表的所有权限 (如 SELECT、INSERT、DELETE 等)，并且能为其他用户分配权限。

06 用户“陈鹏飞”具有从每个部门职工中查询 (SELECT) 最高工资、最低工资、平均工资的权限 (提示：读者可以先建立一个视图，然后针对视图定义陈鹏飞的存取权限)。

07 针对前 6 个步骤的每一种情况，撤销各个用户所分配的权限。

第 13 章

数据库的备份和恢复

尽管数据库管理系统中已经采取各种各样的措施保证数据库的安全，但是硬件故障、软件错误、病毒、错误操作或故意破坏等情况仍然可能发生，可能会使数据库中的数据遭到破坏和丢失。因此，SQL Server 数据库提供了数据库的备份和恢复操作。

备份和恢复对于保证系统的可靠性具有重要作用，经常备份可以有效防止数据丢失，能够把数据库从错误的状态恢复到正确状态。本章详细介绍数据库文件的备份和恢复操作，除此之外，还将提到数据附加和数据库复制操作。

本章学习要点

◎ 了解备份的概念和内容
◎ 掌握备份介质和备份时间
◎ 熟悉常用的备份和恢复方法
◎ 掌握如何创建和删除备份设备
◎ 掌握查看备份设备的几种方法
◎ 掌握如何使用 BACKUP 备份数据库
◎ 掌握如何使用 RESTORE 恢复数据库
◎ 掌握如何实现附加数据库
◎ 了解压缩备份和数据库收缩的实现

13.1 数据库备份

大到自然灾害，小到病毒、电源故障甚至操作员失误，都会影响系统的正常运行，甚至造成系统完全瘫痪。因此，数据库的备份显得非常重要，本节简单了解关于备份的内容。

13.1.1 备份概述

用户使用数据库是因为要利用数据库来管理和操作数据，数据对于用户来说是非常宝贵的资产。数据存放在计算机上，但是即使是最可靠的硬件和软件，仍然会出现系统故障或产品故障。例如，存储介质出现故障、用户的错误操作、服务器的彻底崩溃、自然灾害等都是造成数据丢失的因素，除这些外，还有许多想象不到的原因时刻在威胁着用户的电脑，或许在不经意间，计算机的数据、长时间积累的资料都会化为乌有，唯一的恢复方法就是拥有一个有效的备份。

备份就是制作数据库结构、对象和数据库的复制，以便在数据库遭到破坏的时候能够修改和恢复数据库。数据库需备份的内容可以分为数据文件（包含主要数据文件和次要数据文件）与日志文件两部分。其中，数据文件中所存储的系统数据库是确保 SQL Server 2016 系统正常运行的重要依据，因此，系统数据库必须完全备份。

13.1.2 何时备份

在 SQL Server 2016 中，并不是任何用户都可以执行数据库备份操作的。一般来说，具有以下角色的成员可以做备份工作。

- 系统管理员，即固定的服务器角色 sysadmin。
- 数据库所有者，即固定的数据库角色 db_owner。
- 允许进行数据库备份的用户，即固定的数据库角色 db_backupoperator。
- 通过分配权限允许其他角色进行数据库备份。

在执行数据库备份时需要用到备份介质，备份介质是指将数据库备份到的目标载体，即备份到哪里。一般来说，通常使用两种类型的备份介质：硬盘和磁带。

- 硬盘：最常用的备份介质，可以用于备份本地文件、网络文件等。
- 磁带：大容量的备份介质，仅用于备份本地文件。

对于系统数据库和用户创建的数据库来说，它们的备份时机是不一样的。

1. 系统数据库

当对系统数据库的 master、msdb 和 model 中的任何一个修改以后，都需要将其备份。master 数据库包含 SQL Server 2016 系统有关数据库的全部信息，删除 master 数据库，SQL Server 2016 可能无法启动，并且用户数据库可能无效。

当修改了系统数据库 msdb 或 model 时，必须对它们进行备份，以便在系统出现故障时恢复作业以及用户创建的数据库信息。

注意

系统数据库 tempdb 可以不进行备份，因为该数据库仅包含临时数据。

2. 用户创建的数据库

出现以下情况时，用户可以针对数据库进行备份。

- 当创建数据库或加载数据库时应该备份数据库。
- 当为数据库创建索引时应该备份数据库，以便恢复时能够大大节省时间。
- 当清理了日志或执行不记日志的 T-SQL 命令时，应备份数据库。这是因为，如果日志记录被清除或命令未记录在

事务日志中，日志将不包含数据库的活动记录，因此不能通过日志恢复数据。

注意

在执行数据库备份的过程中，允许用户对数据库继续进行操作。但是不允许用户在备份时执行创建或删除数据库文件、创建索引、不记日志的命令这3个操作，当系统正执行任何一种操作时，备份都不能执行。

13.1.3　备份方法

数据库备份常用的方法就是完全备份和差异备份。完全备份每次都备份整个数据库或事务日志；而差异备份只备份自上次备份以来发生过变化的数据库的数据，差异备份又被称为增量备份。

SQL Server 2016提供两种备份：一种是只备份数据库；另一种是备份数据库和事务日志。这两种备份都可以与完全备份或差异备份相结合。另外，当数据库很大时，可以进行个别文件或文件组备份，从而将数据库备份分割为多个较小的备份过程。这样，就形成了以下4种备份方法。

1. 完全备份

按常规定期备份整个数据库(包含事务日志)。当系统出现故障时，可以恢复到最近一次数据库备份时的状态，但自该备份后所提交的事务都会丢失。

当数据库不大或者数据库中的数据较少，甚至是只读数据时，可以进行完全备份。完全备份是单一操作，可以按一定的时间间隔预先设定，恢复时只需要一个步骤就可以完成，这种备份方法非常简单。

2. 数据库和事务日志备份

数据库和事务日志备份不需要很频繁地定期进行，而是在两次完全数据库备份期间，进行事务日志备份，备份的事务日志记录两次数据库之间所有的数据库活动记录。当系统出现故障后，能够恢复所有备份的事务，而只丢失未提交或提交但未执行完的事务。

数据库和事务日志恢复时需要两步。

01 恢复最近的完全数据库备份。

02 恢复在该完全数据库备份以后的所有事务日志备份。

3. 差异备份

差异备份是指只备份上次数据库备份后发生更改的部分数据库，它用来扩充完全备份或数据库或数据库和事务日志备份。差异备份好处多多，对于经常修改的数据库来说，它可以减少备份和恢复的时间，而且对正在运行的系统影响也较小。

使用差异备份，在执行数据库恢复时，如果是数据库备份，则用最近的完全备份和最近的差异数据库备份来恢复数据库；如果是差异数据库和事务日志备份，则需要用最近的完全数据库备份和最近的差异备份后的事务日志备份来恢复数据库。

4. 数据库文件或文件组备份

这种方法只备份特定的数据库文件或文件组，同时还要定期备份事务日志，这样在恢复时可以只还原已破坏的文件，而不用还原数据库的其余部分，从而加快恢复速度。

文件或文件组备份能够更快地恢复已隔离的媒体故障，迅速还原被损坏的数据，在调度和媒体处理上具有更大的灵活性。

文件或文件组备份和还原操作必须与事务日志备份一起使用。对于被分割在多个文件中的大型数据库来说，可以使用这种方法进行备份。例如，如果数据库由几个在物理上位于不同磁盘上的文件组成，当一个磁盘发生故障时，只需还原发生故障的磁盘上的文件。

13.2 备份设备

在进行数据库备份时，首先要创建用来备份的备份设备。备份设备一般是硬盘，备份设备创建后，才能将需要备份的数据库备份到备份设备中。

13.2.1 命令语句创建备份设备

备份设备总是有一个物理名称，它是操作系统访问物理设备所使用的名称，但 SQL Server 使用逻辑名访问更加方便。如果要使用备份设备的逻辑名进行备份，就必须先创建命名的备份设备，否则只能使用物理名访问备份设备。

一般情况下，将备份设备分为永久备份设备和临时备份设备两类。将可以使用逻辑名访问的备份设备称为命名的备份设备，而将只能使用物理名访问的备份称为临时备份设备。如果要使用备份设备的逻辑名来引用备份数据库，就必须在使用它之前创建命名备份设备。当希望所创建的备份设备能够重新使用或设置系统自动备份数据库时，就要使用永久备份设备。

如果要使用磁盘备份设备，那么备份设备实际上就是磁盘文件。创建备份设备有两种方法，其中一种是使用命令语句，需要借助 sp_addumpdevice 系统存储过程。

sp_addumpdevice 语句的格式如下：

```
sp_addumpdevice [@devtype=]' 设备类型 '
  [@logicalname=]' 逻辑名 '
  [@physicalname=]' 物理名 '
```

其中，设备类型是指介质类型，DISK 表示磁盘文件，TAPE 表示磁带。

【例 13-1】

在本地磁盘上创建一个备份设备，设备名称为 disk_first，物理名是 D:\SQLServerDevice\diskfile.bak，备份设备的物理文件一定不能直接保存在磁盘根目录下。创建语句如下：

```
USE TourismManSys
GO
EXEC sp_addumpdevice 'DISK','disk_first', 'D:\
SQLServerDevice\diskfile.bak'
```

13.2.2 界面创建备份设备

除了使用命令语句创建备份设备外，还可以通过图形界面进行创建，操作步骤如例 13-2 所示。

【例 13-2】

图形界面创建备份设备与创建存储过程相同，主要步骤如下。

01 在【对象资源管理器】窗格中，找到【服务器对象】并展开。

02 在展开的节点中找到【备份设备】，然后右击，在弹出的快捷菜单中选择【备份设备】命令，弹出【备份设备】对话框。

03 在弹出的对话框中分别输入备份设备的名称和完整的物理路径名，如图 13-1 所示。

04 单击【确定】按钮，完成备份设备的创建。

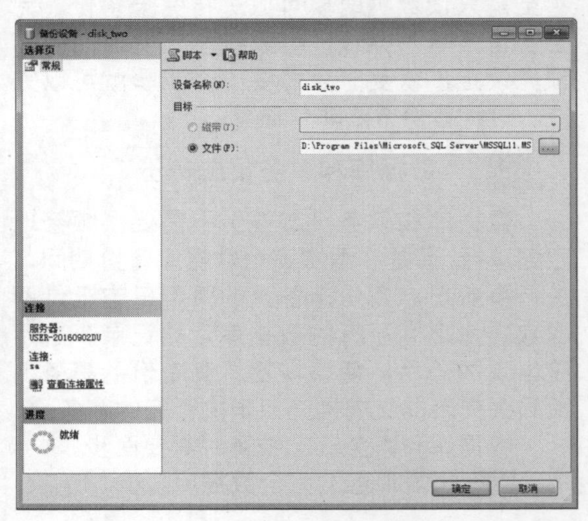

图 13-1 【备份设备 -disk_two】对话框

13.2.3　查看备份设备

查看备份设备有两种方法，一种是通过图形界面，展开【备份设备】节点就可以看到创建的所有备份设备，如图 13-2 所示。

另一种是执行命令语句，如果要查看现有逻辑设备名称，可以使用 sys.backup_devices 目录视图。

【例 13-3】

使用以下语句查询现有的逻辑设备名称列表：

```
SELECT*FROM sys.backup_devices
```

上述语句的执行结果如图 13-3 所示。

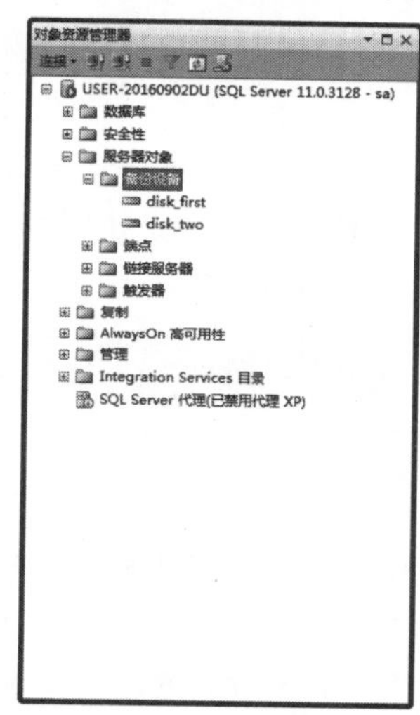

图 13-2　查看所有的备份设备

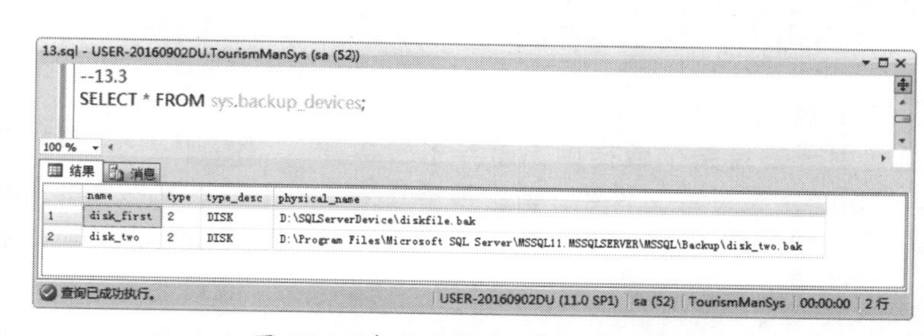

图 13-3　查看现有的逻辑设备名称

在 sys.backup_devices 目录视图返回的结果中，name 列表示备份设备的名称；type 列表示备份设备的类型，其中 2 表示磁盘，5 表示磁带；type_desc 表示备份设备类型的说明；physical_name 表示备份设备的物理文件名或路径。

除了 sys.backup_devices 目录视图外，还可以使用 sp_helpdevice 系统存储过程，该存储过程报告有关 SQL Server 备份设备的信息。

【例 13-4】

使用以下语句在 sp_helpdevice 系统过程查看备份设备信息：

```
EXEC sp_helpdevice
```

上述语句的执行结果如图 13-4 所示。

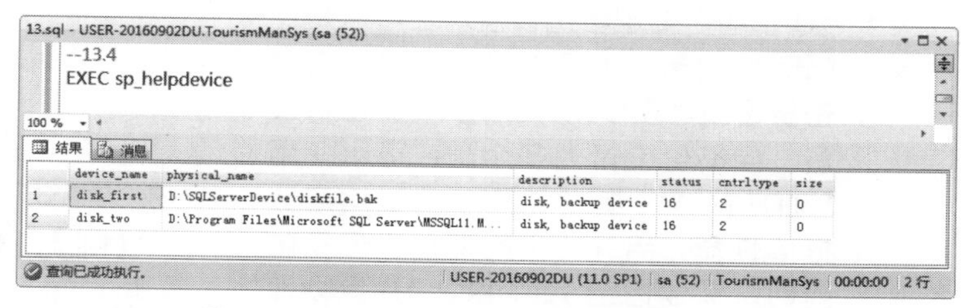

图 13-4　sp_helpdevice 存储过程的执行结果

使用 sp_helpdevice 系统过程返回的列中，device_name 表示逻辑设备名；physical_name 表示物理文件名；description 用于设备说明；status 对应于说明列中状态说明的编号；cntrltype 表示设备的控制器类型，2 是磁盘设备，5 是磁带设备；size 表示设备大小。

13.2.4 删除备份设备

当创建的备份设备不再需要时，可以将其删除，删除备份设备后，其上的数据都将丢失，删除备份设备有两种方式，除了图形界面工具外，还可以使用 sp_dropdevice 系统存储过程进行删除。语法如下：

```
sp_dropdevice [ @logicalname = ] 'device' [ , [ @
delfile = ] 'delfile' ]
```

其中，@logicalname 表示数据库设备或备份设备的逻辑名称；@delfile 指出是否应该删除物理备份设备文件。如果将其指定为 DELFILE，那么就会删除物理备份设备磁盘文件。

【例 13-5】

使用以下语句删除 disk_first 备份设备：

```
EXEC sp_dropdevice 'disk_first'
```

13.3 SQL 命令备份数据库

创建备份设备后，可以执行实际的备份操作，备份数据库有两种形式，一种是执行命令语句，另一种是通过图形界面工具，本节主要介绍如何通过 SQL 命令备份数据库。

13.3.1 完整备份

备份数据库需要使用 BACKUP 语句，该语句用于备份整个数据库、差异备份数据库、备份特定文件或文件组、备份事务日志。BACKUP 语法如下：

```
BACKUP DATABASE { 数据库名 }
  TO< 备份设备 >[,...]
[MIRROR TO< 备份设备 >...]
[WITH INIT | NOINIT]
[WITH NAME = ' 名称 ']
```

对其中的主要参数说明如下。

- 数据库名：备份的数据库名称。
- TO 子句：指定备份设备，它可以是逻辑备份设备，也可以是直接使用物理备份设备。最多可以指定 64 个备份设备，当备份设备为多个时，可以使用 WITH NAME 指定名称，便于指定数据库恢复。另外，当物理备份设备磁盘时，需要指定 TO DISK，并且物理备份设备必须输入完整的路径和文件名，指定多个文件时，可以混合逻辑文件名和物理文件名。

提示

可以使用“@变量”指定数据库名和备份设备，此时变量中已经赋值了数据库名和备份设备对应的字符串。另外，如果指定的备份设备已存在且没有指定 INIT 选项，则备份追加到该设备后面，否则覆盖原内容。

- MIRROR TO 子句：备份设备组是包含 2 ～ 4 个镜像服务器的镜像媒体集中的一个镜像。如果要指定镜像媒体集，应针对一个镜像服务器设备使用 TO 子句，后面跟最多 3 个 MIRROR TO 子句。备份设备必须在类型和数量上等同于 TO 子句中指定的设备，在镜像媒体集中，所有的备份设备必须具有相同的属性。

【例 13-6】

执行 BACKUP DATABASE 语句完整备份 TourismManSys 数据库，将该数据库备份到 disk_two 备份设备中。语句如下：

```
BACKUP DATABASE TourismManSys TO disk_two
```

执行上述语句，结果如图 13-5 所示。

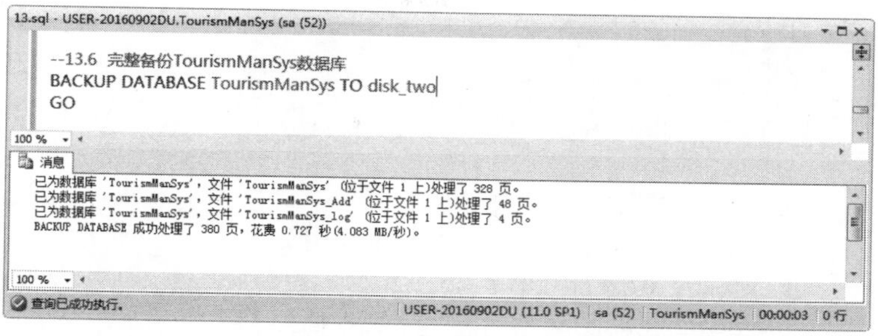

图 13-5　完整备份数据库

【例 13-7】

在备份数据库时，如果要覆盖指定的备份设备中原有的内容，需要指定 WITH INIT。语句如下：

```
BACKUP DATABASE Tourism M-
anSys TO disk_two WITH
INIT
```

执行上述语句，结果如图 13-6 所示。

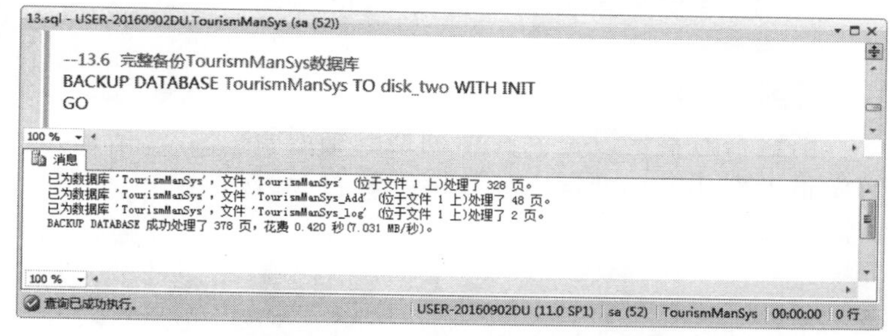

图 13-6　覆盖备份设备的原有内容

【例 13-8】

如果要将 TourismManSys 数据库完全备份到备份设备 disk_two 中，执行追加的完全数据库备份，该设备上原有的备份内容都被保存。可以执行以下语句：

```
BACKUP DATABASE Tourism M-
anSys TO disk_two WITH
NOINIT
```

执行上述语句，结果如图 13-7 所示。因为该例子执行追加备份，所以提示文件 2。

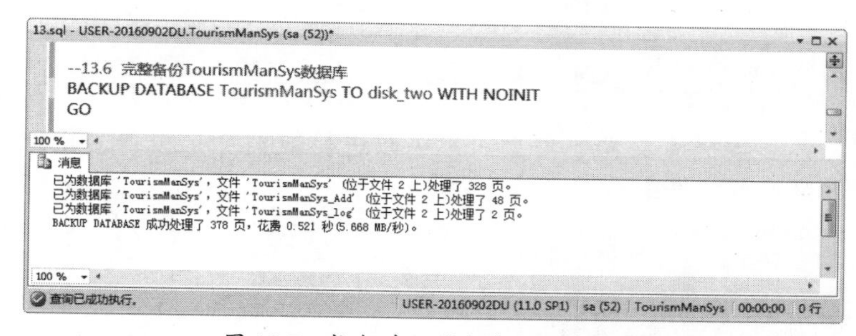

图 13-7　执行追加的完全数据库备份

提示

在展开的【备份设备】节点中，找到要查看的备份设备并右击，在弹出的快捷菜单中执行【属性】命令，在弹出的对话框中选择【介质内容】，这时可以查看备份设备的内容。

13.3.2　差异备份

差异备份可以缩短备份和恢复的时间，对于需要频繁修改的数据库来说，可以使用差异备份。但是用户需要注意，只有当已经执行了完全数据库备份后才能执行差异备份。语法格式如下：

```
BACKUP DATABASE { 数据库名 }
  READ_WRITE_FILEGROUPS
  [,FILEGROUP={ 文件组名 }...]
```

```
TO < 备份设备 >[,...]
[MIRROR TO< 备份设备 >...]
[WITH DIFFERENTIAL]
```

其中，主要参数说明如下。

- DIFFERENTIAL：差异备份的关键字。
- READ_WRITE_FILEGROUPS：指定在部分备份中备份所有读 / 写文件组。
- FILEGROUP：包含在部分备份中的读 / 写文件组的逻辑名称或变量的逻辑名称。

【例 13-9】

创建临时备份设备并在所创建的临时备份设备上对 TourismManSys 数据库进行差异备份。语句如下：

```
BACKUP DATABASE TourismManSys
    TO DISK='D:\Server\2016\mydisk.bak'
    WITH DIFFERENTIAL
```

【例 13-10】

使用 BACKUP 语句执行差异备份，同时使用 WITH NOINIT 选项追加到现有备份，避免覆盖已经存在的完整备份。语句如下：

```
BACKUP DATABASE TourismManSys
    TO DISK='disk_different'
    WITH DIFFERENTIAL,NOINIT,
    NAME='TourismManSys 数据库差异备份 ',
    DESCRIPTION='TourismManSys 数据库的差
异备份，磁盘 disk_differen'
GO
```

用户执行差异备份时，需要注意以下两点。

01 如果在上次完全备份数据库后，数据库的某行修改了，则执行差异备份只保存最后一次改动的值。

02 为了使差异备份设备与完全数据库备份设备区分开，应使用不同的设备名。

13.3.3 备份文件或文件组

当数据库文件非常大时，可以进行数据库文件或文件组备份。语法如下：

```
BACKUP DATABASE { 数据库名 }
  < 文件或文件组 >[,...]
TO < 备份设备 >[,...]
[MIRROR TO< 备份设备 >...]
```

其中：

```
< 文件或文件组 >::=
{
  FILE={ 逻辑文件名 }
  |FILEGROUP={ 逻辑文件组名 }
}
```

上面语法的主要参数说明如下。

- < 文件或文件组 >：指定需要备份数据库文件或文件组，可以使用 @ 字符串变量。
- FILE 选项：指定一个或多个包含在数据库备份中的文件命名。
- FILEGROUP 选项：指定一个或多个包含在数据库备份中的文件组命名。

注意

在完整恢复模式下，还必须通过 BACKUP LOG 备份事务日志。如果要使用一整套文件的完整备份来还原数据库，用户还必须拥有足够的日志备份，以便涵盖从第一个文件备份开始的所有文件备份。

【例 13-11】

使用以下语句将 SupermarkMemSys 数据库的数据文件 SuperMemberSys 备份到 disk_data1.bak 中，将 PRIMARY 文件组备份到 disk_dataGP.bak 中：

```
EXEC sp_addumpdevice 'DISK','disk_data1','D:\
Program Files\Microsoft SQL Server\MSSQL11.
MSSQLSERVER\MSSQL\Backup\disk_data1.bak'
```

```
EXEC sp_addumpdevice 'DISK','disk_dataGP','D:\Program Files\Microsoft SQL Server\MSSQL11.
MSSQLSERVER\MSSQL\Backup\disk_dataGP.bak'
GO
BACKUP DATABASE SupermarkMemSys
  FILE='SuperMemberSys' TO disk_data1
BACKUP DATABASE SupermarkMemSys
  FILEGROUP='PRIMARY' TO disk_dataGP
GO
```

13.3.4　备份事务日志

备份事务日志用于记录前一次的数据库备份或事务日志备份后数据库所做出的改变。事务日志备份需在一次完全数据库备份后进行，这样才能将事务日志文件与数据库备份一起用于恢复。当进行事务日志备份时，需要进行以下操作。

01 将事务日志中前一次成功备份结束位置开始，到当前事务日志结尾处的内容进行备份。

02 标识事务日志中活动部分的开始，所谓事务日志的活动部分，指从最近的检查点或最早的打开位置开始至事务日志的结尾。

备份事务日志需要使用 BACKUP LOG 语句，格式如下：

```
BACKUP LOG
  ...
WITH
{NORECOVERY|STANDBY= 撤销文件名 }
{,NO_TRUNCATE}
```

上述语法参数说明如下。

- NORECOVERY：将内容备份到日志尾部，不覆盖原有的内容。
- STANDBY：将备份日志尾部，并使数据库处于只读或备用模式。其中，“撤销文件名”指定容纳回滚更改的存储文件。如果随后执行操作，则必须撤销这些回滚更改。如果指定的撤销文件名不存在，SQL Server 将创建该文件；如果该文件已存在，则 SQL Server 将重写它。
- NO_TRUNCATE：如果数据库被破坏，使用该选项可以备份最近的所有数据库活动，SQL Server 将保存整个事务日志，当执行恢复时，可以恢复数据库和事务日志。

【例 13-12】

使用以下语句创建一个名称为 disk_beifen 的备份设备，并备份 SupermarkMemSys 数据库的事务日志：

```
USE SupermarkMemSys
GO
EXEC sp_addumpdevice 'DISK','disk_beifen','D:\
Program Files\Microsoft SQL Server\MSSQL11.
MSSQLSERVER\MSSQL\Backup\disk_beifen.bak'
BACKUP LOG SupermarkMemSys TO disk_beifen
GO
```

13.4　实践案例：图形界面备份数据库

除了使用命令语句备份数据外，还可以通过 SQL Server Management Studio 图形界面进行备份。以备份 TourismManSys 数据为例，主要步骤如下。

01 在【对象资源管理器】窗格中找到【服务器对象】|【备份设备】|disk_two 节点，

右击 disk_two 节点，在弹出的快捷菜单中选择【备份数据库】命令，打开【备份数据库 -master】对话框。

02 选择备份参数，将要备份的数据库设置为 TourismManSys，备份类型设置为“完整”，其他选项使用默认即可，如图 13-8 所示。

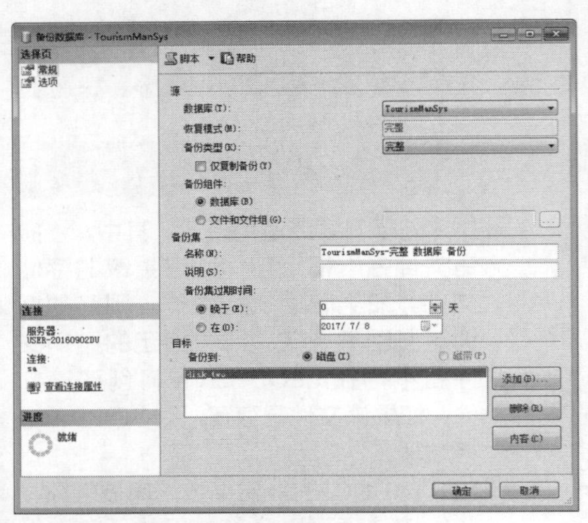

图 13-8 备份数据库

03 选择【备份设备】|disk_two 后右击，在快捷菜单中选择【属性】命令，在弹出的对话框中单击【介质内容】选择页，如图 13-9 所示。

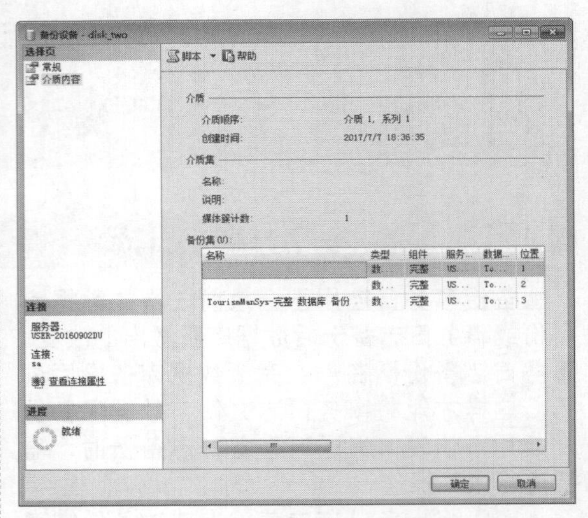

图 13-9 查看介质内容

从图 13-9 中可以看出，disk_two 备份设备下备份 TourismManSys 数据库时，文件位置已经为 3。

13.5 实践案例：图形界面实现压缩备份

用户在对数据库执行备份操作时需要占用一定的磁盘空间，如果公司的数据库非常庞大，那么对数据库的备份需要的空间会十分惊人。对于数据库管理员来说，这是非常头疼的一件事情，那么管理员应该如何操作呢？

很简单，SQL Server 2016 支持备份压缩的功能，主要目的是减小实际表的尺寸。其好处有以下几点。

- 通过减少 I/O 和提高缓存命中率来提升查询功能。
- 提供对实际数据 2~7 倍的压缩比率。
- 对数据和索引都可用。

提示

在 SQL Server 2016 中，默认情况下并不对备份进行压缩，如果需要，可以进行具体的配置，启用备份压缩功能。

在数据库引擎服务器上可以对默认的备份压缩功能进行修改，主要步骤是：打开 SSMS 工具并连接到服务器，右击服务器时，在弹出的快捷菜单中选择【属性】命令，弹出数据库的属性对话框，在【数据库设置】选择页启用【压缩备份】复选框，如图 13-10 所示。

除了上述方法外，用户还可以在备份数据库时选择【压缩备份】选项，如图 13-11 所示。

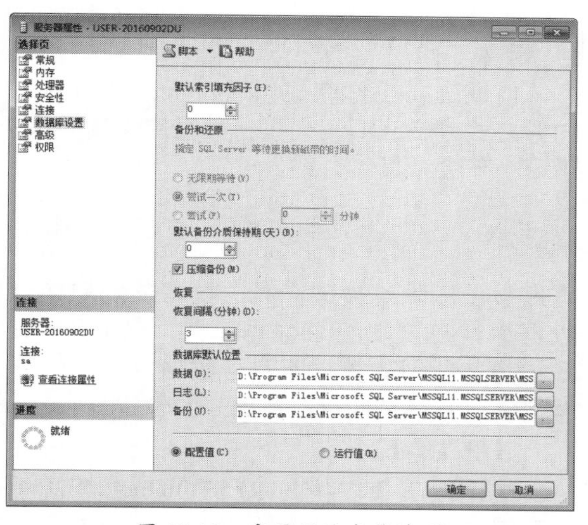

图 13-10　启用压缩备份选项

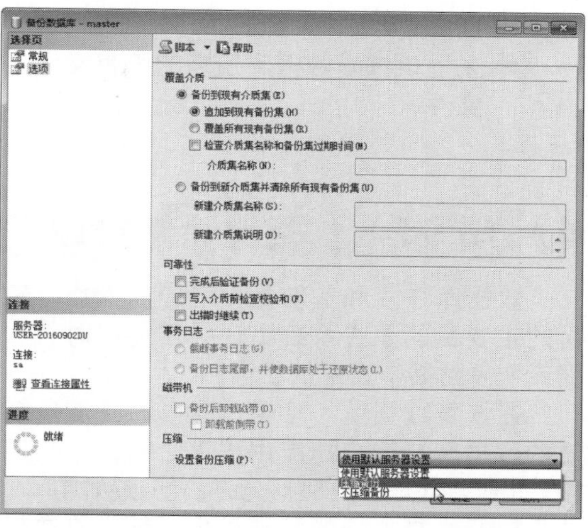

图 13-11　备份数据库时启用压缩备份

13.6　数据库恢复

数据库恢复就是当数据库出现故障时，将备份的数据库加载到系统，从而使数据库恢复到备份时的正确状态。下面详细介绍数据库恢复操作，包含恢复的前期准备工作、如何实现恢复等。

13.6.1　前期准备工作

系统在恢复数据库时，先执行一些系统安全性的检查，包括检查所要恢复的数据库是否存在，数据库是否变化以及数据库文件是否兼容等，然后根据所采用的数据库备份类型采取相应的恢复措施。

数据库恢复比数据库备份要复杂，因为它是在系统异常的情况下执行的。通常，恢复数据库时需要两个步骤：第一是前期的准备工作，第二是执行恢复操作。

1. 前期准备工作

数据库恢复时的准备工作包含系统安全性检查和备份介质验证。在进行恢复时，系统先执行安全性检查、重建数据库及其相关文件等操作，保证数据库安全地恢复，这是数据库恢复必要的准备，可以防止错误的恢复操作。

安全性检查是系统在执行恢复操作时自动进行的。恢复数据库时，要确保数据库的备份是有效的，即要验证备份介质，得到数据库的备份信息，这些信息包含以下内容。

- 备份文件或备份集名及描述信息。
- 所使用的备份介质类型（磁带或磁盘等）。
- 所使用的备份方法。
- 执行备份的日期和时间。
- 备份集大小。
- 数据库文件及日志文件的逻辑和物理文件名。
- 备份文件的大小。

并不是所有的备份都能够成功恢复，如果系统发生以下情况时，那么数据库恢复操作将不能进行。

- 指定要恢复的数据库已经存在，但是在备份文件中记录的数据库与其不同。
- 服务器上数据库文件集与备份中的数

据库文件集不一致。

- 未提供恢复数据库所需的所有文件或文件组。

2. 执行恢复数据库的操作

前期准备工作完成以后，可以使用图形向导方式或T-SQL语句执行数据库恢复操作，下面小节会做具体介绍。

13.6.2 恢复整个数据库

数据库恢复和备份是相对应的操作，备份的主要目的是在系统出现异常情况时将数据库恢复到某个正常的状态。

在恢复数据前，管理员应当断开准备恢复的数据库和客户端应用程序之间的一切连接。此时，所有用户都不允许访问该数据库，并且执行恢复操作的管理员也必须更改数据库连接到master或其他数据库，否则不能启动恢复进程。

在SQL Server中，恢复数据库时需要用到RESTORE语句。基本语法如下：

```
RESTORE DATABASE { 数据库名 }
[FROM< 备份设备 >[,...]]
[WITH RECOVERY|NORECOVERY|STANDBY={ 备用文件名 }]
...
```

以上是恢复整个数据库的命令语法，当存储数据库的物理介质被破坏，或者整个数据库被误删除或被破坏时，就需要恢复整个数据库。在恢复整个数据库时，SQL Server系统将重新创建数据库及与数据库相关的所有文件，并将文件存放在原来的位置。

【例 13-13】

使用以下语句执行RESTORE命令从一个已存在的命名备份介质disk_two中恢复整个数据库TourismManSys：

```
RESTORE DATABASE TourismManSys
  FROM disk_two
  WITH FILE=3,REPLACE
```

注意

在恢复数据库前需要打开备份设备的属性页，查看数据库备份在备份设备中的位置，并通过WITH子句的FILE选项进行设置。如果不指定FILE选项，那么将会备份所有的数据库。

13.6.3 恢复事务日志

除了恢复整个数据库外，用户还可以执行其他的恢复操作。

1. 恢复数据库的部分内容命令

应用程序或用户的误操作，如无效更新或无删除表格等，往往只影响到数据库的某些相对独立的部分。在这些情况下，SQL Server提供了将数据库的部分内容还原到另一个位置的机制，以使损坏或丢失的数据可复制回原始数据库。

2. 恢复特定的文件或文件组

如果某个或某些文件被破坏或被误删除，那么可以从文件或文件组备份中进行恢复，而不必进行整个数据库恢复。

3. 恢复事务日志

使用事务日志恢复，可以将数据库恢复到指定的时间点。恢复事务日志同样使用RESTORE关键字，但是需要执行RESTORE LOG命令，语法如下：

```
RESTORE LOG{ 数据库名 |@ 数据库名变量 }
[< 文件或文件组 >[,...]]
[FROM< 备份设备 >[,...]]
[WITH
  [RECOVERY|NORECOVERY|STANDBY={ 备用文件名 |@ 备用文件名变量 }]
```

```
    ...
    |< 指定时间点 >
]
```

【例 13-14】

用户需要注意，执行事务日志恢复必须在进行完全数据库恢复以后。以下语句是从备份介质进行完全恢复数据库后，再进行事务日志恢复。语句如下：

```
RESTORE DATABASE SuperMemberSys FROM disk_
data1 WITH NORECOVERY,REPLACE
GO
RESTORE LOG SuperMemberSys FROM disk_log
GO
```

13.6.4　实践案例：通过图形界面恢复数据库

与备份数据库一样，用户可以通过图形界面工具执行恢复数据库操作。主要步骤如下。

01 在【对象资源管理器】窗格中选择【数据库】，然后右击鼠标，在弹出的快捷菜单中选择【还原数据库】命令，这时打开图 13-12 所示的对话框。

02 在图 13-12 中，选中“源”下面的【设备】单选按钮，然后在“设备”行后单击【...】按钮，系统弹出【选择备份设备】对话框。

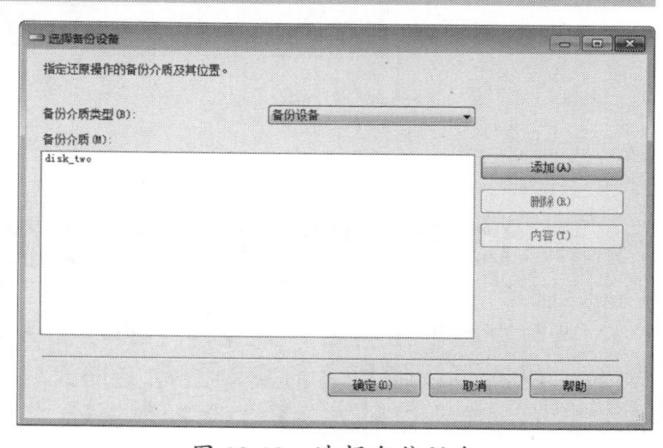

图 13-13　选择备份设备

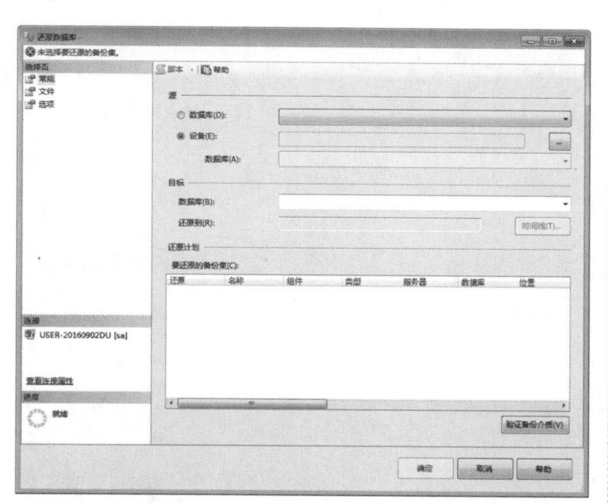

图 13-12　还原数据库初始界面

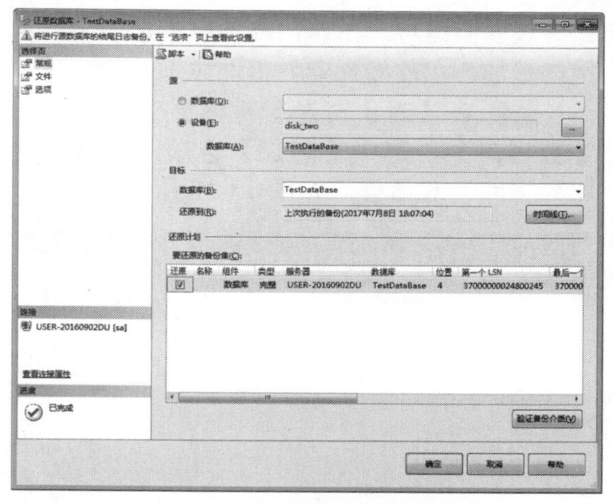

图 13-14　选择备份设备后的还原数据库界面

03 在【选择备份设备】对话框中，在“备份介质类型”中选择【备份设备】，单击【添加】按钮，选择可用的备份设备，单击【确定】按钮，如图 13-13 所示。

04 单击【确定】按钮回到数据库还原界面，效果如图 13-14 所示。

05 单击图 13-14 中的【时间线】按钮，这时弹出【备份时间线：TestDataBase】对话框，可以恢复指定时间的数据库，如图 13-15 所示。

06 如果需要恢复指定时间段的数据库，需要在图 13-15 中执行操作，然后单击【确定】按钮回到图 13-14 所示的界面，单击【确定】

按钮实现还原数据库的功能。

图 13-15　备份时间线

13.7　附加和实践案例：图形界面附加数据库

当数据库发生异常，数据库中的数据丢失时，用户可以使用之前复制的数据库文件来恢复数据库，这种方法称为附加数据库。

附加数据库通过直接复制数据库的物理数据文件和日志文件来进行。这些文件在创建数据库时建立。用户如何通过图形界面工具执行附加数据库操作呢？很简单，步骤如下。

01 在【对象资源管理器】窗格中右击【数据库】，选择【附加】选项，打开【附加数据库】对话框，如图 13-16 所示。

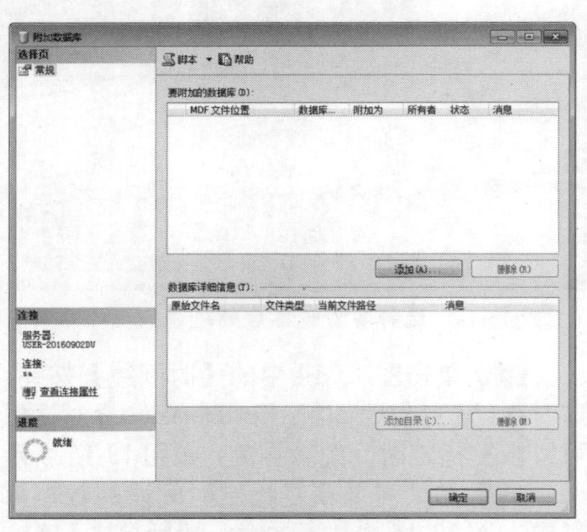

图 13-16　附加数据库 1

02 单击【添加】按钮，选择要导入的数据库文件，单击【确定】按钮，返回【附加数据库】对话框，此时，【附加数据库】对话框中会列出要附加的数据库的原始文件和日志文件信息，如图 13-17 所示。

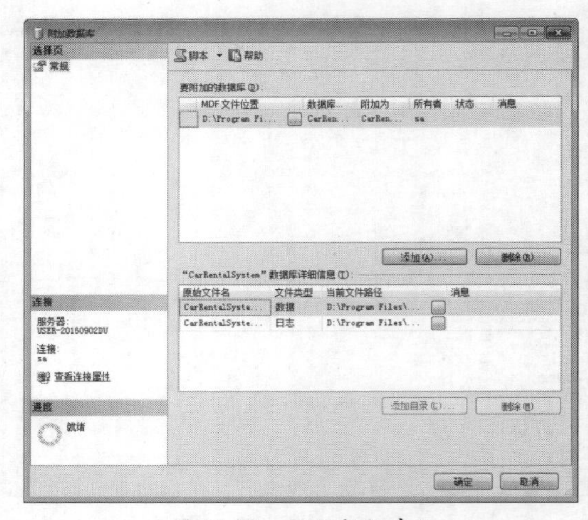

图 13-17　附加数据库 2

03 单击【确定】按钮开始附加数据库，附加数据库成功以后，将会在【数据库】列表中找到附加成功的数据库。

提示

通过附加数据库的方法还可以将一个服务器的数据库转移到另一个服务器中。

13.8 实践案例：数据库收缩功能的实现

数据库的收缩能够有效减少数据库的大小，方便数据库的转移。在 SQL Server 中收缩数据库的方法有：图形界面数据库收缩、自动数据库收缩和手动数据库收缩。操作时要注意收缩后的数据库不能小于数据库的最小大小。最小大小是在数据库最初创建时指定的大小，或是上一次使用文件大小更改操作设置的显示大小。

1. 图形界面数据库收缩

在 SQL Server 数据库系统中，通常使用 SQL Server Management Studio 中的对象管理器收缩数据库文件。以 TourismManSys 数据库收缩为例，主要步骤如下。

01 在【对象资源管理器】中的【数据库】节点下右击 Firm 数据库，然后选择【任务】|【收缩】|【数据库】命令。

02 在打开的对话框中启用【在释放未使用的空间前重新组织文件 ......】复选框，然后为【收缩后文件中的最大可用空间】指定值（值介于 0~99 之间），如图 13-18 所示。

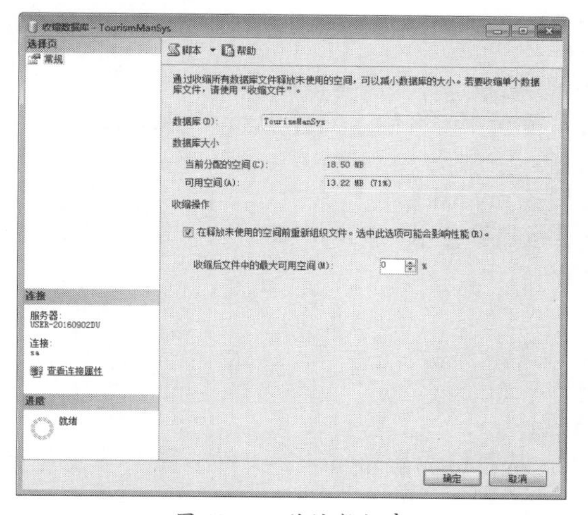

图 13-18 收缩数据库

03 设置后单击【确定】按钮完成即可。

2. 自动数据库收缩

在默认时数据库的 AUTO_SHRINK 选项为 OFF，表示没有启用自动收缩。可以在 ALTER DATABASE 语句中，将 AUTO_SHRINK 选项设置为 ON，此时数据库引擎将自动收缩有可用空间的数据库，并减少数据库中文件的大小。该活动在后台进行，并且不影响数据库内的用户活动。

3. 手动数据库收缩

手动收缩数据库是指在需要的时候运行 DBCC SHRINK DATABASE 语句进行收缩。该语句的语法如下：

```
DBCC SHRINK DATABASE ( database_name | database_id | 0 [ , target_percent ] )
```

参数说明如下。

- database_name|database_id|0：要收缩的数据库名称或 ID。如果指定 0，则使用当前数据库。
- target_percent：数据库收缩后的数据库文件中所需的剩余可用空间百分比。

例如，下面语句使用 DBCC SHRINK DATABASE 语句对 Firm 数据库进行手动收缩，实现语句如下：

```
DBCC SHRINK DATABASE (TourismManSys)
```

或者：

```
USE TourismManSys
GO
DBCC SHRINK DATABASE (0 ,5)
```

13.9 练习题

1. 填空题

(1) SQL Server 2016 常用的备份介质是 __________ 和磁带。

(2) 数据库的备份类型有 4 种，分别是 ________、数据库和事务日志备份、________ 以及数据库文件和文件组备份。

(3) 用户可以通过系统存储过程 ________ 创建备份设备。

(4) 备份事务日志需要执行 ________ 语句。

(5) 手动数据库收缩时需要执行 ________ 语句。

2. 选择题

(1) 数据库需要备份的两部分内容分别是 ________。

A．主要数据文件和次要数据文件　　B．数据文件和日志文件

C．日志文件和系统数据库　　D．主要数据文件和系统数据库

(2) 在以下选项中，具有 ________ 角色权限的用户可以执行数据库备份操作。

A．sysadmin　　B．db_owner

C．db_backupoperator　　D．以上都可以

(3) 如果要查看备份设备的逻辑名、物理名、设备的控制器类型以及设备大小等内容，可以执行 ________ 语句。

A．sys.backup_devices　　B．sp_helpdevice

C．sp_dropdevice　　D．A 和 B 都可以

(4) 差异备份需要使用 ________ 选项。

A．WITH INIT　　B．WITH NOINIT

C．NORECOVERY　　D．WITH DIFFERENTIAL

(5) 能将数据库恢复到某个时间点的备份类型是 ________。

A．完全数据库备份　　B．差异备份

C．事务日志备份　　D．文件组备份

上机练习 1：数据库备份操作

假设 SQL Server 2016中存在 MyDataBaseTest 数据库，要求读者根据以下要求进行操作。

(1) 完整备份 MyDataBaseTest 数据库到硬盘设备 mydisk1 中，文件为 myDiskBase.bak。

(2) 修改 MyDataBaseTest 数据库部分表的内容。

(3) 差异备份 MyDataBaseTest 数据库到硬盘设备 mydisk1 中。

(4) 重新完整备份 MyDataBaseTest 数据库到硬盘设备 mydisk1 中，其文件名为 myDiskBase.bak。

上机练习 2：数据库恢复操作

在上机练习 1 的基础上，根据以下要求进行操作。

- 删除 MyDataBaseTest 数据库的部分表数据，从备份设备 mydisk1(文件位置 1) 恢复到完整 MyDataBaseTest 数据库内容，观察效果。
- 从备份设备 mydisk1，差异备份恢复 MyDataBaseTest 数据库，观察效果。
- 从备份设备 mydisk1(文件位置 3) 恢复完整 MyDataBaseTest 数据库内容，观察效果。

第 14 章

医院预约挂号系统数据库设计

网上预约系统是一种基于互联网的新型挂号系统，是医院进行信息化建设的基础项目之一。通过该门诊预约挂号系统，患者可以足不出户，在家中就可以预约医院的专家，而无须再受排队挂号之苦。利用本系统能够更好地简化就医环节，节省就医时间，更加灵活地选择就医时间，真正体现了以病人为中心，一切从方便患者出发，符合当今医院人性化温馨服务的理念。

通过本书前面内容的学习，相信读者一定掌握了 SQL Server 2016 的各种数据库操作，如数据库设计、数据表和数据的操作、SQL 查询以及数据库编程等。作为本书的最后一章，这里以医院预约系统为背景进行需求分析，然后在 SQL Server 2016中实现。具体实现包括数据库的创建、创建表和视图，并在最后模拟常见业务的办理及实现，如修改密码、余额查询、转账和销户等。

本章学习要点

- ◎ 熟悉医院网上预约系统的开发背景
- ◎ 了解医院网上预约系统的开发意义
- ◎ 熟悉医院的网上预约系统常见功能
- ◎ 掌握数据库的创建及文件组的使用
- ◎ 掌握数据表的创建及约束的应用
- ◎ 掌握视图的创建
- ◎ 掌握使用 INSERT、UPDATE 和 DELETE 语句实现基本业务逻辑
- ◎ 掌握触发器在医院网上预约中的创建及测试
- ◎ 掌握如何在存储过程中使用参数及判断业务逻辑
- ◎ 掌握数据库的备份和恢复操作
- ◎ 熟悉网上预约的实现过程及测试方法

14.1 系统概述

人类进入21世纪，医院作为一个极其重要的服务部门，其发展应适应计算机技术的发展。我国的医疗体制正在进行改革，需要医疗市场的进一步规范化，这就需要利用现代化的工具对医院进行有效的管理，有利于提高医疗水平和服务质量，更好地服务于社会。

14.1.1 开发背景

随着计算机技术的飞速发展与进步，计算机在系统管理中的应用越来越普及，已经进入社会中的每一个角落，人们与网络应用之间的联系也越来越多，利用计算机实现各个系统的管理显得越来越重要。对于一些大中型管理部门来说，利用计算机支持管理，高效率地完成日常事务的管理，是适应现代管理制度要求、推动管理走向科学化、规范化的必要条件。

我国由于人口多，进而带来医院看病难的问题，需要排队进行挂号，这样会浪费患者的时间，而且医院的效率也不高。患者挂号是一项琐碎、复杂的工作，患者数量庞大，不允许出错，如果实行手工操作，每天挂号的情况须手工填写大量表格，会耗费医院管理工作人员大量的时间和精力，患者排队等候时间长，辗转过程多，也影响医疗的秩序。如何利用现代信息技术使医院拥有快速、高效的市场反应能力，是医院特别关心的问题，尽快建立一个医院预约挂号系统，完善现代医院的信息化管理机制，已成为医院生存发展的当务之急，因此，建立网上预约挂号系统势在必行。

网上预约挂号主要是指患者通过登录网站实现远程挂号，不需要走出家门，不需要排队等候。医院网上预约挂号看病在国外已经成为最主要的就医方式，这是应普及的一件事情。通过预约就医，既方便了患者，也减轻了医院管理的负担，对于医院和患者都有好处，是一种比较符合大众需求的服务方式。

14.1.2 开发意义

开发医院预约挂号系统，可以使患者就诊系统化、规范化和自动化，从而达到提高管理效率的目的。做系统设计时要考虑下列问题。

- 本系统开发设计思想是实现患者预约挂号的数字化，尽量采用现有软硬件环境，以及先进的管理系统开发方案，提高系统开发水平和应用效果。
- 系统应符合医院管理的规定，满足日常管理的需要，并达到操作过程中的直观、方便、实用、安全等要求。
- 系统采用模块化程序设计方法，这样既方便与系统功能的各种组合，又方便于未参与开发的技术维护人员补充和维护。
- 系统应具备数据库维护功能，及时根据用户需求进行数据的添加、删除和修改等操作。

网上预约挂号系统是一种基于互联网的新型挂号系统，利用该预约挂号系统，患者就可以在家里预约医院的专家，而无须受排队之苦。它能更好地改善就医环境，简化就医环节，节约就医时间，真正体现一切以病人为中心，一切从方便患者出发，符合当今医院人性化服务、温馨服务的理念。

目前，门诊一直是阻挠医院提高服务质量的一个复杂环节，特别是医疗水平高、门诊量大的医院。而造成门诊量难以提高的因素主要有两个方面。

一是集中式挂号，就诊人员流量不均，具有不确定性，有明显的就诊高峰和低谷。高峰期患者挂号排队长，就诊时间长，有医生熟人插号现象，环境拥挤混乱，医生就诊时间短、不仔细、服务差。而低谷期，医生无患者可看，医院资源浪费。

二是专家号难挂，特别是名专家，会出现倒号、炒号现象，严重损害患者利益，影响医院的声誉。

采用网上预约挂号，可有效解决这一现象，通过网上有效的身份验证，可杜绝倒、炒专家号的现象，提高医院门诊服务质量，取得良好的社会效益和经济效益。另外，患者到医院就诊前对医院的相关信息了解不多，对所要挂的专科医生的情况不太了解，只能凭经验和印象进行选择，具有较大的盲目性。当医院开通网上预约挂号服务以后，求医者只需坐在家中轻点下鼠标，就可以挂上医院专家门诊号，可以做到“足不出户选医生”。网上预约正悄然改变着求医者的看病观念。所以，预约看病应用将越来越广泛。

14.1.3　功能概述

一个完整的医院管理系统包含多个功能，医院预约系统只是其中实现的功能之一，一个具体的、完整的预约系统功能也非常强大，本书只是完成简单的数据库和数据表的设计，更多的数据库功能或前台功能等操作读者可自动实现。

当一个系统涉及数据库时，其运行效率、冗余程度、可靠性、稳定性等评价指标除了与上层代码有关外，更多地会受到底层数据库效率的影响。因此，一个好的数据库设计能够让系统跑得更顺畅、更稳定。数据库设计的好坏对编程起到很大的影响，一个好的数据库设计可以简化很多代码，给读者带来编程方便，也可以节省很多时间。

1. 数据库需求分析

在预约挂号系统中，系统面向的对象有两个，即管理员和普通用户，因此数据库需求分析中需要考虑这两方面的因素。

对于普通用户来说，他们关心的是医院预约挂号、信息检索以及信息浏览等。

- 医院信息包含医生信息和科室信息等内容。
- 信息检索包含医生信息检索、科室信息检索等。
- 预约挂号包含普通患者注册、挂号操作、取消挂号操作（主要是针对已挂号进行取消操作）、挂号记录和用户信息修改等。

普通用户想要在网上预约挂号，如果没有注册过，可以进行注册，再选择科室进行挂号，当然可以修改自己的信息，或者取消预约挂号、查看挂号记录等。

对于管理员来说，他们关心如何对数据进行查询、添加、修改、删除等操作。

- 医生信息管理：对医生信息进行添加、修改、删除、查询。
- 预约设置管理：对预约设置进行添加、修改、删除、查询。
- 科室信息管理：对科室信息进行添加、修改、删除、查询。
- 普通用户管理：对患者进行查询、注销和删除等。

针对上述分析和需求总结，设计如下所示的数据项和数据结构。

- 医生信息表：包含医生编号、所属科室、医生姓名、医生性别、医生照片、创建时间、职称、医生类别、从医年数、专业名称、学历、电子邮件等。
- 就诊人信息（普通用户）表：包含用户编号、用户名、用户密码、社保卡号、真实姓名、性别、联系电话、证件类型、证件号码、通信地址、邮编号码、注册时间、备注、修改时间、信誉分、用户状态等。
- 科室信息表：包含科室编号、科室名称、科室描述等。

- 预约信息（挂号单）表：包含预约信息编号、医生编号、用户编号、挂号时间、预约状态、预约就诊日期等。
- 系统用户表：包含管理员编号、登录名和登录密码。

2. 数据库 E-R 图设计

设计 E-R 图时，需要先确定各个实体之间的相互关系，这是设计好的一个数据库的基础。根据上面设计的 5 个实体，即医生信息实体、就诊人信息实体、科室信息实体、预约信息实体、系统用户实体，它们实体间的关系如图 14-1 所示。

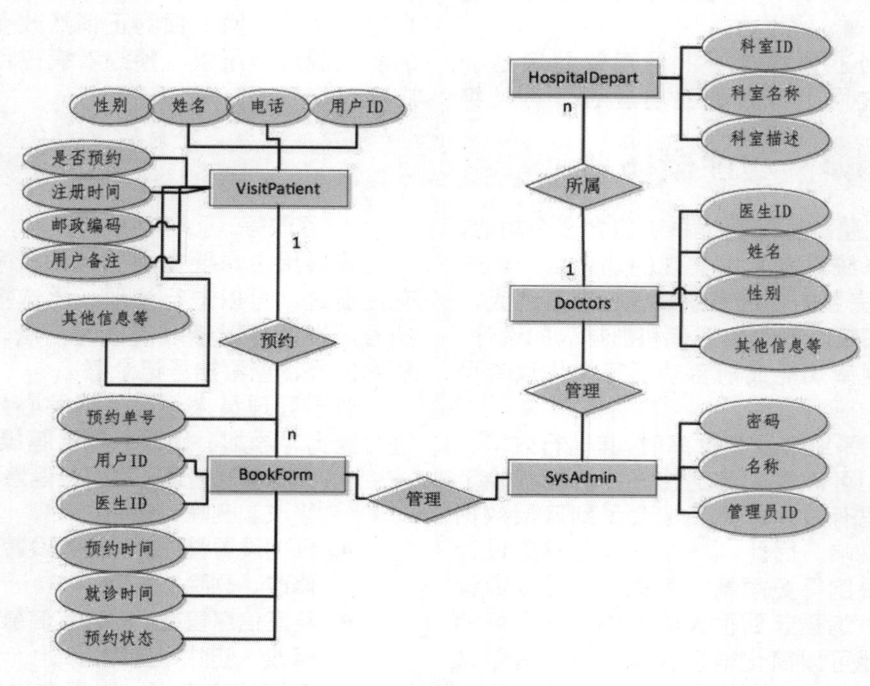

图 14-1　数据库 E-R 关系图

从图 14-1 可知，本数据库共有 5 个角色，即管理员 (Sys) 可以对医生信息 (Doctors) 进行管理，每个医生又属于一个科室 (HospitalDepart)，用户可以进行预约挂号。将各个角色的所有信息分别放在独立的表中，其中包含该角色的全部信息，选取一个作为主键。

 14.2 数据库设计

现基于互联网的网上预约系统，使得患者可以通过互联网实现专家门诊的挂号，预约时间段进行就诊，也可以通过互联网查询到专家坐诊的科室及坐诊时间，从而合理安排自己的日程，同时也减轻医院门诊的就诊压力。

数据库是一个系统的核心内容，一个完整的好的数据库可以为后续编程节约许多时间和工作。本节详细介绍数据库以及数据库表、存储过程的创建。

14.2.1 创建数据库

本章将所有的数据表存放到数据库HospitalResSys中，该数据库表示医院预约挂号系统，读者需要通过CREATE DATABASE语句创建数据库，但是在创建之前首先需要判断该数据库是否存在，如果存在，需要先将其删除。

具体语句代码如下：

```
USE master
GO
-- 创建数据库是否存在，如果存在则删除
IF EXISTS(SELECT * FROM sysdatabases WHERE name='HospitalResSys')
    DROP DATABASE HospitalResSys
GO
-- 创建数据库
CREATE DATABASE HospitalResSys
ON(
    name=HospitalResSys_Data,
    filename='D:\医院预约挂号系统\HospitalResSys.mdf',
    size=150,
    maxsize=300,
    filegrowth=100
)
LOG ON (
    name=HospitalResSys_Log,
    filename='D:\医院预约挂号系统\HospitalResSys.ldf',
    size=100,
    maxsize=200,
    filegrowth=100
)
GO
```

14.2.2 创建数据表

从图14-1中可以看出，系统涉及5个实体，因此HospitalResSys数据库中需要创建5张数据表，即医生信息表、普通用户表（就诊人信息）表、预约信息表、科室信息表和系统用户表。

1. 医生信息表

医生信息表主要包含医生的基本信息，如医生ID、所在的科室ID、医生编号、姓名、性别、照片、职称、从医年数、专业名称、学历、简介等，其中医生ID字段为主键，具体设计如表14-1所示。

表14-1 医生信息表

字 段	含 义	类 型	长 度	是否为空	备 注
docID	医生ID	int		否	主键，自增
docCode	医生编号	nvarchar	12	否	
docName	医生姓名	nvarchar	20	否	
docPic	医生照片	nvarchar	100	是	
docPost	职称	nvarchar	10	是	
docSex	性别	char	2	否	
docSpecialty	专业名称	nvarchar	30	是	

（续表）

字 段	含 义	类 型	长 度	是否为空	备 注
docType	医生类别	nvarchar	10	否	
docXl	医生学历	nvarchar	30	是	
docYears	从医年数	int		否	
email	电子邮箱	nvarhcar	30	否	
docBrief	简介	text		是	
docHospitalDepartId	科室 ID	Int		否	外键，对应科室表

根据表 14-1 的内容创建对应的数据库，创建语句如下：

```
-- 创建表前首先判断表是否存在
IF EXISTS(SELECT * FROM sysobjects WHERE name='Doctors')
    DROP TABLE Doctors
GO
-- 创建 Doctors 表
CREATE TABLE Doctors(
    docID int identity(1,1) PRIMARY KEY NOT NULL,-- 医生 ID
    docCode nvarchar(12) NOT NULL,-- 医生编号
    docName nvarchar(20) NOT NULL,-- 医生姓名
    docPic nvarchar(100) NULL,-- 医生照片
    docPost nvarchar(10) NULL,-- 职称
    docSex char(2) NOT NULL,-- 性别
    docSpecialty nvarchar(30) NULL,-- 专业名称
    docType nvarchar(10) NOT NULL,-- 医生类别
    docXl nvarchar(30) NULL,-- 医生学历
    docYears int NOT NULL,-- 从医年数
    email nvarchar(30) NOT NULL,-- 电子邮箱
    docBrief text NULL,-- 简介
    docHospitalDepartId int NOT NULL  -- 科室 ID
)
```

2. 科室信息表

科室信息表 HospitalDepart 包含科室 ID、科室名称、科室描述 3 个字段，其中科室 ID 为主键，字段说明如表 14-2 所示。

表 14-2　科室信息表

字 段	含 义	类 型	长 度	是否为空	备 注
hosDepartId	科室 ID	int		否	主键，自增
hosDepartName	科室名称	nvarchar	30	否	
hosDepartDes	科室描述	text		是	

根据表 14-2 的说明创建科室信息数据表，语句如下：

```
IF EXISTS(SELECT * FROM sysobjects WHERE name='HospitalDepart')
    DROP TABLE HospitalDepart
GO
-- 创建 HospitalDepart 表
CREATE TABLE HospitalDepart(
    hosDepartId int identity(1,1) PRIMARY KEY NOT NULL,-- 科室 ID
    hosDepartName nvarchar(30) NOT NULL,-- 科室名称
    hosDepartDes text NULL,-- 科室描述
)
```

3. 预约信息表

预约信息表 BookForm 包含预约信息 ID、医生 ID、用户 ID、挂号时间、预约状态、出诊日期、出诊开始时间段和结束时间段、用户预约状态等字段，其中预约信息 ID 为主键，说明如表 14-3 所示。

表 14-3　预约信息表

字　段	含　义	类　型	长　度	是否为空	备　注
bookID	预约信息 ID	int		否	主键，自增
bookDocID	医生 ID	int		否	外键
bookVisitID	用户 ID	int		否	外键
bookState	预约状态	nvarchar	2	否	是否过期
bookTime	就诊时间	datetime		否	
bookNow	挂号时间	datetime		否	

根据表 14-3 的说明创建对应的数据表，创建语句如下：

```
IF EXISTS(SELECT * FROM sysobjects WHERE name='BookForm')
    DROP TABLE BookForm
GO
-- 创建 BookForm 表
CREATE TABLE BookForm(
    bookID int identity(1,1) PRIMARY KEY NOT NULL,-- 预约信息 ID
    bookDocID int NOT NULL,-- 医生 ID
    bookVisitID int NOT NULL,-- 用户 ID
    bookState nvarchar(2) NOT NULL,-- 预约状态
    bookTime datetime NOT NULL,-- 就诊时间
    bookNow datetime NOT NULL,-- 挂号时间
)
```

4. 普通用户表

普通用户 (VisitPatient) 表又可以看作是就诊人信息表或就诊患者信息表，该表包含用户

ID、用户名、用户密码、社保卡号、真实姓名、性别等多个字段，其中用户 ID 为主键，字段说明如表 14-4 所示。

表 14-4 普通用户表

字 段	含 义	类 型	长 度	是否为空	备 注
visitID	用户 ID	int		否	主键，自增
visitName	真实姓名	nvarchar	30	否	
visitPassword	用户密码	nvarchar	12	否	
visitSex	性别	char	2	否	
visitNumber	证件号码	nvarhcar	30	否	
visitType	证件类型	char	10	否	
visitTel	联系电话	nvarchar	20	否	
visitState	是否预约	nvarchar	2	否	
visitAddress	居住地址	nvarchar	30	否	
visitPostCode	邮编	nvarchar	10	是	
visitTime	注册时间	datetime		否	
visitRemark	备注	text		是	
visitRepValue	信誉分	int	5	是	
visitSbNumber	社保卡号	nvarchar	20	是	

根据表 14-4 的描述创建数据表，具体语句如下：

```
IF EXISTS(SELECT * FROM sysobjects WHERE name='VisitPatient')
    DROP TABLE VisitPatient
GO
-- 创建 VisitPatient 表
CREATE TABLE VisitPatient(
    visitID int identity(1,1) PRIMARY KEY NOT NULL,-- 用户 ID
    visitName nvarchar(30),-- 真实姓名
    visitPassword nvarchar(12) NOT NULL,-- 用户密码
    visitSex char(2) NOT NULL,-- 性别
    visitNumber         nvarchar(30) NOT NULL,-- 证件号码
    visitType char(10) NOT NULL,-- 证件类型
    visitTel nvarchar(20) NOT NULL,-- 联系电话
    visitState nvarchar(2) NOT NULL,-- 是否预约
    visitAddress         nvarchar(30) NOT NULL,-- 居住地址
    visitPostCode nvarchar(10) NULL,-- 邮编
    visitTime datetime NOT NULL,-- 注册时间
    visitRemark text NULL,-- 备注
    visitRepValue int  NULL,-- 信誉分
    visitSbNumber        nvarchar(20) NULL,-- 社保卡号
)
```

5. 系统用户表

系统用户 (Sys) 表包含管理员编号、管理员登录名、管理员密码 3 个字段，说明如表 14-5 所示。

表 14-5 系统用户表

字 段	含 义	类 型	长 度	是否为空	备 注
sysID	管理员编号	int		否	主键，自增
sysLoginName	管理员用户名	nvarchar	30	否	
sysLoginPass	管理员密码	nvarchar	20	否	

根据表 14-5 的字段说明创建对应的数据库表，具体语句如下：

```
IF EXISTS(SELECT * FROM sysobjects WHERE name='SysAdmin')
    DROP TABLE SysAdmin
GO
-- 创建 SysAdmin 表
CREATE TABLE SysAdmin(
    sysID int identity(1,1) PRIMARY KEY NOT NULL,-- 管理员 ID
    sysLoginName nvarchar(30) NOT NULL,-- 管理员用户名
    sysLoginPass nvarchar(20) NOT NULL-- 密码
)
```

6. 为各个表创建外键约束

创建上述表以后，需要为表创建约束。HospitalResSys 数据库的 5 个数据表中包含 3 个外键约束，分别是 Doctors 表的 docHospitalDepartId 字段列、BookForm 表的 bookDocID 字段列和 bookVisitID 字段列。

创建外键约束语句如下：

```
-- 为 Doctors 表的 docHospitalDepartId 列添加外键约束
ALTER TABLE Doctors ADD CONSTRAINT fk_docdepart
    FOREIGN KEY(docHospitalDepartId) REFERENCES HospitalDepart(hosDepartId);
-- 为 BookForm 表的 bookDocID 列添加外键约束
ALTER TABLE BookForm ADD CONSTRAINT fk_bookdoc
    FOREIGN KEY(bookDocID) REFERENCES Doctors(docID);
-- 为 BookForm 表的 bookVisitID 列添加外键约束
ALTER TABLE BookForm ADD CONSTRAINT fk_bookvisitpatient
    FOREIGN KEY(bookVisitID) REFERENCES VisitPatient(visitID);
GO
```

除了外键约束外，还需要为 Doctors 表的 docSex 字段列和 VisitPatient 表的 visitSex 字段列创建 CHECK 约束，性别只能为“男”或“女”。约束语句如下：

```
-- 为 Doctors 表的 docSex 列创建 CHECK 约束
```

```
ALTER TABLE Doctors ADD CONSTRAINT chk_Doctors CHECK (docSex IN ('男','女'))
-- 为 VisitPatient 表的 visitSex 列创建 CHECK 约束
ALTER TABLE VisitPatient ADD CONSTRAINT chk_VisitPatient CHECK (visitSex IN ('男','女'))
```

14.2.3 创建视图

视图 (View) 是一种查看数据的方法，当用户需要同时从数据库的多个表中查看数据时，可以通过使用视图来实现。在这里为 HospitalResSys 系统定义了 3 个视图，具体如下。

- Doctors 表的视图。
- VisitPatient 表的视图。
- BookForm 表的视图。

1. Doctors 表的视图

为 Doctors 表中的字段定义别名，并创建名为 V_Doctors 的视图。语句如下：

```
CREATE VIEW V_Doctors
AS
    SELECT docCode '医生编号',docName '医生名字',docSex '医生姓名',
                docPost '职称',docYears '工作年数',email '邮箱' FROM Doctors;
GO
-- 为 VisitPatient 表创建视图
```

2. VisitPatient 表的视图

为 VisitPatient 表中的字段指定别名，并创建名为 V_VisitPatient 的视图。语句如下：

```
CREATE VIEW V_VisitPatient
AS
    SELECT visitName '用户姓名',visitSex '性别',visitTel '电话',visitAddress '居住地址'
                FROM VisitPatient;
GO
```

3. BookForm 表的视图

为 BookForm 表中的字段指定别名，并创建名为 V_BookForm 的视图。该视图比前两个视图复杂，因为它涉及多张表，用于获取预约详细信息，包含预约人姓名、联系方式、预约医生名字以及就诊科室名称等。具体语句如下：

```
-- 为 BookForm 表创建视图
CREATE VIEW V_BookForm
AS
    SELECT  bf.bookID '预约 ID',vp.visitName '预约人',vp.visitTel '联系方式',
                bf.bookTime '就诊时间',bf.bookNow '预约时间',d.docName '预约医生',
                hd.hosDepartName '就诊科室'
```

```
        FROM BookForm bf,Doctors d,VisitPatient vp,HospitalDepart hd
        WHERE bf.bookDocID=d.docID AND bf.bookVisitID=vp.visitID AND d.docHospitalDepartId=hd.
hosDepartId;
GO
```

14.2.4 模拟简单业务逻辑

当用户通过网络渠道注册成功后，可以使用预约系统来进行一些常规的业务操作，例如预约、查看预约信息、更改个人资料信息、查看医生信息等。下面模拟实现一些最基本的操作，例如就诊患者信息注册、更改个人资料、预约专家等。

1. 就诊人信息注册

假设现有 4 个用户要进行注册，分别为汪小雨、赵易生、徐玲玲和陈志强，这就需要向 VisitPatient 表中插入数据。具体步骤如下。

01 汪小雨注册。身份证：410182××××××××3220；性别：女；联系电话：13232018965；家庭住址：河南省郑州市金水区；邮政编码：452384；证件类型：身份证。实现语句如下：

```
INSERT INTO VisitPatient VALUES ('汪小雨','123456','女','410182XXXXXXXX3220','身份证','13232018965','否','河南省郑州市金水区','452384',GETDATE(),'',0,'');
```

02 赵易生注册。身份证：410182××××××××2227；性别：男；联系电话：13232018855；家庭住址：河南省郑州市管城区；邮政编码：452384；证件类型：身份证。实现语句如下：

```
INSERT INTO VisitPatient VALUES ('赵易生','zys123456','男','410182XXXXXXXX2227','身份证','13232018855','否','河南省郑州市管城区','452384',GETDATE(),'',0,'');
```

03 徐玲玲注册。身份证：410188××××××××0202；性别：女；联系电话：13232019966；家庭住址：河南省荥阳市；邮政编码：452300；证件类型：身份证。实现语句如下：

```
INSERT INTO VisitPatient VALUES ('徐玲玲','xll123456','女','410188XXXXXXXX0202','身份证','13232019966','否','河南省荥阳市','452300',GETDATE(),'徐玲玲是一名教师，目前正在休息',0,'');
```

04 陈志强注册。身份证：412180××××××××4485；性别：男；联系电话：13236528855；家庭住址：河南省南阳市；邮政编码：452300；证件类型：身份证。实现语句如下：

```
INSERT INTO VisitPatient VALUES ('陈志强','czq23456','男','412180XXXXXXXX4485','身份证','13236528855','否','河南省南阳市','452300',GETDATE(),'陈志强英文 Jone',0,'');
```

上述代码向 VisitPatient 表中插入 4 条数据，成功注册 4 个用户账户。执行 SELECT 语句查询 VisitPatient 表中的数据，或者通过 V_VisitPatient 视图查询，执行语句如下：

```
-- 查询 VisitPatient 表的数据
SELECT * FROM VisitPatient;
-- 从 V_VisitPatient 视图中获取数据
SELECT * FROM V_VisitPatient;
```

执行结果如图 14-2 所示。

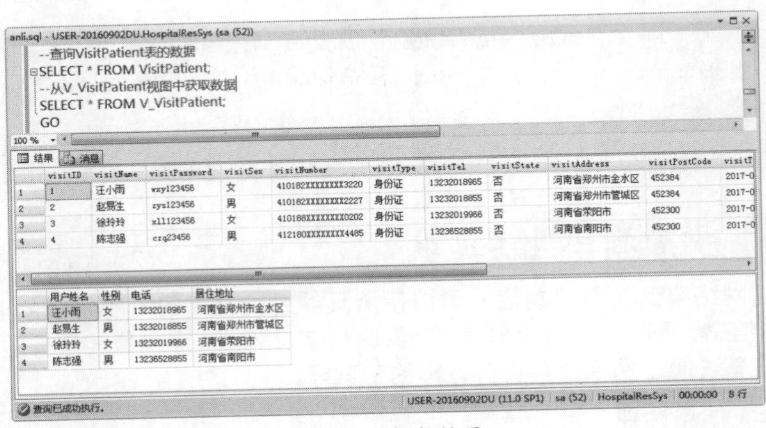

图 14-2　执行结果

2. 添加医生数据

需要向 Doctors 表中添加 4 条医生信息，具体步骤如下。

01 上官剑医生。性别：男；职称：主任医师；邮箱：shangguan@163.com；科室 ID：1（男科）。语句如下：

```
INSERT INTO Doctors VALUES('A1001',' 上官剑 ','','',' 男 ','',' 主任医师 ','',20,'shangguan@163.com','',1);
```

02 上官秋月医生。性别：女；职称：副主任医师；邮箱：sgqiuyue@163.com；科室 ID：2（妇科）。语句如下：

```
INSERT INTO Doctors VALUES('A1002',' 上官秋月 ','','',' 女 ','',' 副主任医师 ','',25,'sgqiuyue@163.com','',2);
```

03 张晓培医生。性别：女；职称：主治医师；邮箱：zhangxiaopei@163.com；科室 ID：3（儿科）。语句如下：

```
INSERT INTO Doctors VALUES('A1003',' 张晓培 ','','',' 女 ','',' 主治医师 ','',8,'zhangxiaopei@163.com','',3);
```

04 阚晴晴医生。性别：女；职称：主治医师；邮箱：kanqingzi　1980@163.com；科室 ID：4（内科）。语句如下：

```
INSERT INTO Doctors VALUES('A1004',' 阚晴晴 ','','',' 女 ','',' 主治医师 ','',6,'kanqingzi    1980@163.com','',4);
```

05 钱向宇医生。性别：男；职称：主治医师；邮箱：xiangyuqian@163.com；科室 ID：5（外科）。语句如下：

```
INSERT INTO Doctors VALUES('A1005',' 钱向宇 ','','',' 男 ','',' 主治医师 ','',7,'xiangyuqian@163.com','',5);
```

上述代码向 Doctors 表中插入 5 条医生数据，执行 SELECT 查询 Doctors 表或 V_Doctors 视图中的数据，代码如下：

```
-- 查询 Doctors 表的数据
SELECT * FROM Doctors;
-- 查询 V_Doctors 表的数据
SELECT * FROM V_Doctors;
```

执行上述查询语句，结果如图 14-3 所示。

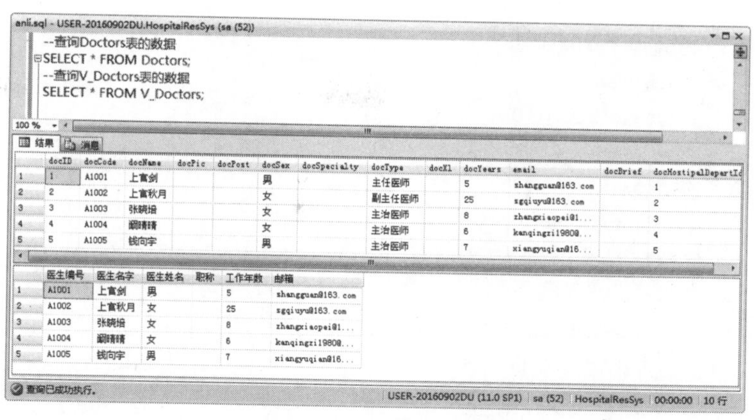

图 14-3　查询医生数据

3. 更改密码

假设就诊患者汪小雨需要更改个人的密码，将原密码 123456 更改为“wxy123456”。编写 UPDATE 语句，具体如下：

```
UPDATE VisitPatient SET visitPassword='wxy123456'
    WHERE visitID=1;
```

更新后可以执行 SELECT 语句查询 VisitPatient 表中的该条数据：

```
SELECT * FROM VisitPatient WHERE visitID=1;
```

上述语句的执行效果如图 14-4 所示。从图 14-4 中可以看出，UPDATE 语句更改“汪小雨”患者的密码已经成功。

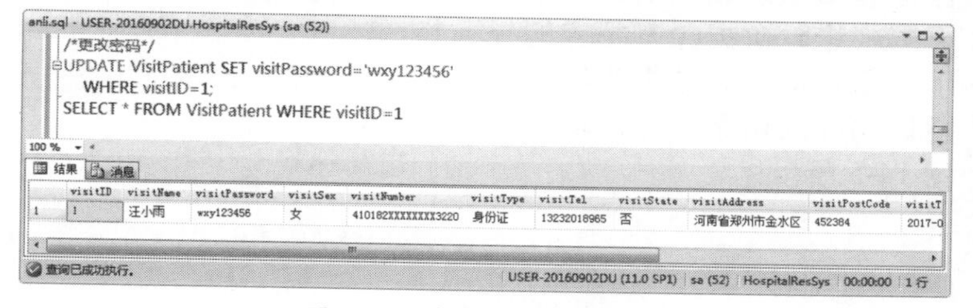

图 14-4　查询更改后的密码

14.2.5　创建存储过程

存储过程与视图不一样，它们根本没有可比较性。视图是并不存在的一张表，是虚拟表，而存储过程可以解决视图不能解决的问题，例如定义参数。为了方便演示，这里只介绍 4 个存储过程。

1. 向医生表中添加信息

用户可以直接通过 INSERT 语句向表中添加信息，当然可以创建存储过程，通过调用存储过程向 Doctors 表中添加信息。

创建名称为 proc_DoctorAdd 的存储过程，具体语句如下：

```
CREATE PROC proc_DoctorAdd(
@code nvarchar(12),
```

```
@name nvarchar(20),
@sex nvarchar(2),
@type nvarchar(10),
@years int,
@email nvarchar(30),
@hospitalDepartId int
)
AS
IF @code IN(SELECT docCode FROM Doctors)
    PRINT ' 不能重复添加医生编号 '
ELSE
    INSERT INTO Doctors(docCode,docName,docSex,docType,docYears,email,docHospitalDepartId)
            VALUES(@code,@name,@sex,@type,@years,@email,@hospitalDepartId);
GO
```

执行 EXEC 语句向 Doctors 表中添加 3 条数据，语句如下：

```
EXEC proc_DoctorAdd 'A1006',' 张涵雨 ',' 女 ',' 主治医师 ',5,'zhanghanyu1988@163.com',6;
EXEC proc_DoctorAdd 'A1007',' 张晓凝 ',' 女 ',' 主治医师 ',5,'zhangxiaoning1989@163.com',6;
EXEC proc_DoctorAdd 'A1007',' 张雨凝 ',' 女 ',' 主治医师 ',5,'zhangxuening1989@163.com',6;
```

在上述语句中，第二条数据和第三条数据的医生编号相同，这时数据会有相应的提示，插入第三条数据失败，只能成功插入两条，提示信息如图 14-5 所示。

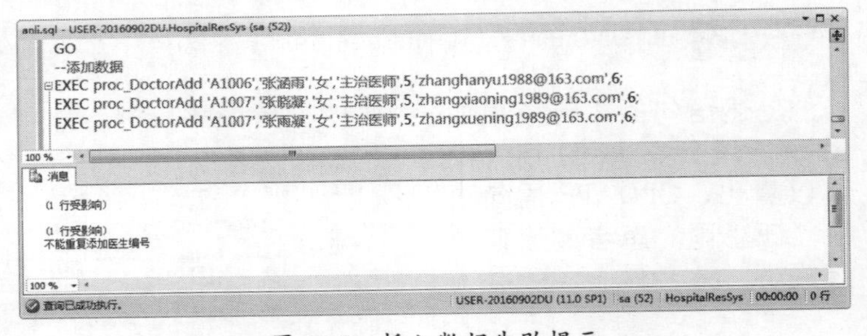

图 14-5　插入数据失败提示

执行 SELECT 语句查询 Doctors 表的数据，执行语句及其结果如图 14-6 所示。从图 14-6 的结果中可以看出，向数据库表 Doctors 中成功插入两条数据。

anli.sql - USER-20160902DU.HospitalResSys (sa (52))

```
GO

SELECT * FROM Doctors;
```

结果　消息

	docID	docCode	docName	docPic	docPost	docSex	docSpecialty	docType	docXl	docYears	email	docBrief	docHostipalDepe
1	1	A1001	上官剑			男		主任医师		5	shangguan@163.com		1
2	2	A1002	上官秋月			女		副主任医师		25	sgqiuyu@163.com		2
3	3	A1003	张晓培			女		主治医师		8	zhangxiaopei@163.com		3
4	4	A1004	阚晴晴			女		主治医师		6	kanqingzi198@163.com		4
5	5	A1005	钱向宇			男		主治医师		7	xiangyuqian@163.com		5
6	6	A1006	张涵雨	NULL	NULL	女	NULL	主治医师	NULL	5	zhanghanyu1988@163...	NULL	6
7	7	A1007	张晓凝	NULL	NULL	女	NULL	主治医师	NULL	5	zhangxiaoning1989@...	NULL	6

查询已成功执行。　USER-20160902DU (11.0 SP1) | sa (52) | HospitalResSys | 00:00:00 | 7 行

图 14-6　查询插入后的数据

2. 查询指定预约单号的预约信息

创建用于查询指定单号的存储过程，在存储过程中执行查询时，可以从 BookForm 表读取，还可以从 V_BookForm 视图中读取，视图中读取数据的方法更详细。具体语句如下：

```
CREATE PROC proc_bfMessage(
  @bfID int
)
AS
    SELECT * FROM BookForm WHERE bookID=
@bfID
GO
CREATE PROC proc_bfMessage2(
  @bfID int
)
AS
    SELECT * FROM V_BookForm WHERE 预约
ID=@bfID
GO
```

在上述语句中，proc_bfMessage 存储过程用于从 BookForm 表中读取指定的预约信息；proc_bfMessage2 存储过程用于从 V_BookForm 视图中读取预约的详细信息。

执行 EXEC 语句，分别调用 proc_bfMessage 存储过程和 proc_bfMessage 存储过程获取预约单号为 12 的预约信息：

```
EXEC proc_bfMessage 12;
EXEC proc_bfMessage2 12;
```

执行上述语句，效果如图 14-7 所示。

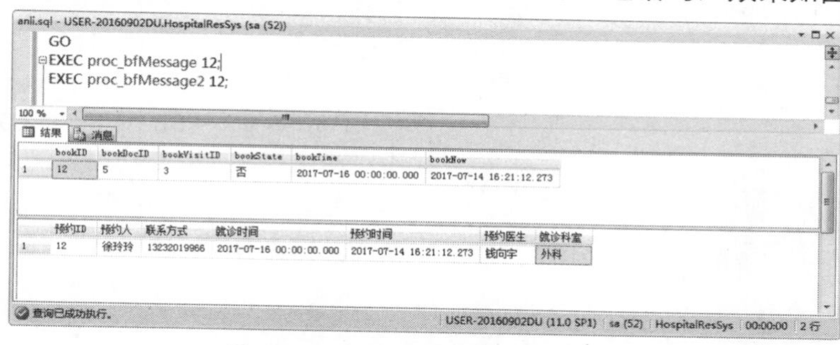

图 14-7 获取指定单号的预约信息

3. 根据挂号单号删除预约信息

用户可以根据单号删除指定的预约信息，该存储过程与获取指定单号预约信息的存储过程类似。具体语句如下：

```
CREATE PROC proc_BookFormDelete(
    @id int
)
AS
    DELETE FROM BookForm WHERE bookID=@
id;
GO
```

4. 查询指定编号的医生学历

创建存储过程 proc_DoctorXL，该存储过程用于获取指定编号的医生学历。具体语句如下：

```
CREATE PROC proc_DoctorXL(
    @code nvarchar(12)
)
AS
    DECLARE @docXL nvarchar(20) SELECT @
docXL=docBrief FROM Doctors
            WHERE docCode=@code
            IF @docXL IS NOT NULL
                PRINT ' 个人介绍：'+@docXL
            ELSE
                PRINT ' 数据有误 '
GO
```

执行上述存储过程，获取编号为“A1001”的医生的学历。语句如下：

```
EXEC proc_DoctorXL 'A1001'
```

14.3 常见业务办理

至此，我们的医院预约系统已经完成了需求分析、数据库的创建、数据表的创建及数据约束，包括视图和存储过程的创建，除了这些内容外，我们还模拟了简单的业务逻辑。

在本节中，将介绍医院预约系统上更多的业务办理流程及实现语句，例如修改密码、添加预约信息等。

14.3.1 更新患者姓名

用户一旦注册后，该用户的真实姓名是不能更改的，因此，我们可以为用户信息表创建一个 FOR UPDATE 触发器，一旦对用户表 VisitPatient 中的 visitName 字段列进行 UPDATE 更改操作，那么将触发该触发器并抛出异常。

创建 trig_DenyUpdateVisitName 触发器，具体语句如下：

```
-- 禁止更新就诊患者的真实姓名
CREATE TRIGGER trig_DenyUpdateVisitName
ON VisitPatient
FOR UPDATE
AS
IF UPDATE(visitName)
BEGIN
    PRINT '操作失败！不允许修改用户（就诊患者）的真实姓名'
    ROLLBACK TRANSACTION   -- 回滚事务操作
END
```

一旦上述 trig_DenyUpdateVisitName 触发器创建成功，将无法对就诊患者的姓名进行修改操作了。

下面编写一条 UPDATE 语句，对 VisitPatient 表中的 visitName 列进行修改操作，将编号 ID 为 1 的用户的真实姓名“汪小雨”修改为“汪汪小雨”，从而达到检测触发器是否有效的目的。语句如下：

```
UPDATE VisitPatient SET visitName=' 汪汪小雨 '
  WHERE visitID=1
```

执行结果如图 14-8 所示，从该图中可以看到 trig_DenyUpdateVisitName 触发器阻止了对 visitName 列的更新操作。

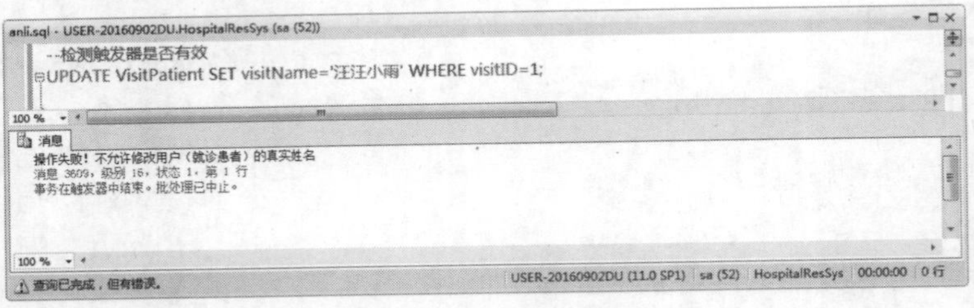

图 14-8　测试 trig_DenyUpdateVisitName 触发器

14.3.2 修改密码

一个预约系统的账号对应一个密码，因此当用户输入的账号和原密码相对应时，可以为该管理员设置新的密码。修改密码的实现代码如下：

```
CREATE PROCEDURE proc_UpdateUserPass
@sysId int,          -- 管理员 ID
@oldpass nvarchar(20),          -- 原密码
@newpass nvarchar(20)           -- 新密码
```

```
    AS
    BEGIN
        DECLARE @i int
        DECLARE @t_pass varchar(6)
        SET @i=(
          SELECT COUNT(*) FROM SysAdmin WHERE
sysID=@sysId
        )
        IF @i=0
        BEGIN
         PRINT(' 并不存在该管理员编号！ ')
        END
        ELSE
        BEGIN
                SET @t_pass=(
                  SELECT sysLoginPass FROM
SysAdmin WHERE sysID=@sysId
                )
                IF @oldpass<>@t_pass
                BEGIN
                 PRINT(' 旧密码输入不正确！ ')
                END
                ELSE
                BEGIN
                    UPDATE SysAdmin SET
                      sysLoginPass=@newpass
                    WHERE sysID=@sysId
                    PRINT(' 密码修改成功！ ')
                  END
        END
    END
```

上述语句代码创建了一个名为 proc_UpdateUserPass 的存储过程，实现修改密码操作。该存储过程需要 3 个参数，分别是要修改密码的管理员 ID、管理员的原始密码和新密码，在存储过程中对卡号不存在，以及原始密码不正确进行了判断。

假设 ID 是 1(卡号为 Admin1) 的管理员要修改密码，将原密码“123456”修改为“654321”，则调用 proc_UpdateUserPass 存储过程的语句如下：

```
EXEC proc_UpdateUserPass 1,'000000','654321'
```

为了确保密码已经被修改为 654321，可以在执行存储过程前后分别使用 SELECT 查询编号为 1 的密码信息。执行结果如图 14-9 所示。

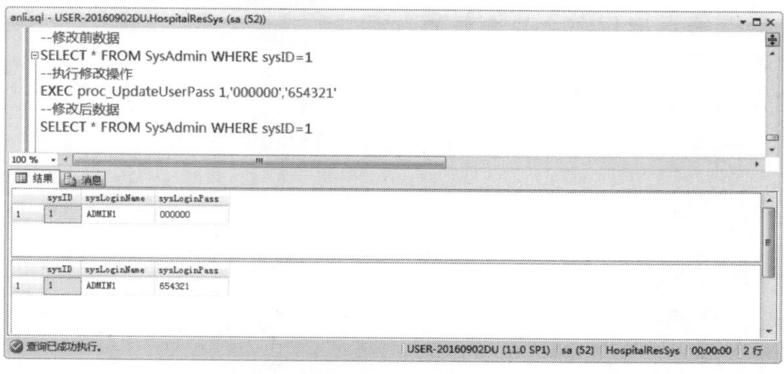

图 14-9 修改密码的操作

14.3.3 更改医生表

用户可以针对医生表执行添加、修改、删除等操作，但是有时候，我们并不想更改所有的信息，例如不能向医生表中添加、删除、修改工作年龄小于 3 年的信息，这时可以通过触发器实现。

创建名称为 trig_DocGG 的触发器，具体语句代码如下：

```
CREATE TRIGGER trig_DocGG
ON Doctors
```

```
FOR UPDATE,INSERT,DELETE
AS
iF(SELECT docYears FROM inserted)<3
    ROLLBACK
GO
```

上述语句中 trig_DocGG 触发器一旦被创建成功，那么在 Doctors 表中执行添加、修改、删除操作时，如果医生的工作时间小于 3 年，将无法实现更改。

```
INSERT INTO Doctors VALUES('A2000',' 贾林斌 ','','',' 男 ','',' 主治医师 ',' 本科 ',2,'linbin@163.com',' 毕业于郑州大学，曾在郑大一附院实习 ',1)
```

执行上述语句，效果如图 14-10 所示。

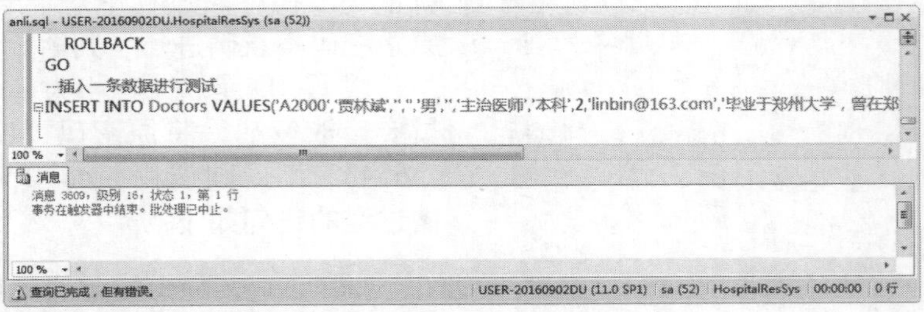

图 14-10　测试 trig_DocGG 触发器

14.3.4　查询预约信息

用户可以使用医院预约挂号系统查询预约信息，查询时系统要求用户输入真实姓名和密码，当用户输入的姓名和密码都合法时才能查询用户的预约信息，否则给出错误提示“您提供的姓名或密码错误，不能查询预约信息”。

查询预约信息的实现代码如下：

```
CREATE PROCEDURE proc_Query_BookForm
    @t_visitName nvarchar(30),          -- 姓名
    @t_visitPass nvarchar(12)           -- 密码
AS
BEGIN
 DECLARE @i int
 DECLARE @id float
  SET @i=(SELECT COUNT(*) FROM BookForm
WHERE bookVisitID=(SELECT visitID FROM
VisitPatient WHERE visitName=@t_visitName))
  IF @i=0
BEGIN
 PRINT(' 暂时没有预约，请核实！ ')
END
ELSE
BEGIN
 SET @id=(SELECT visitID FROM VisitPatient
          WHERE visitName=@t_visitName
AND visitPassword=@t_visitPass
     )
   SELECT bf.bookDocID ' 预 约 ID 号 ',vp.
visitName ' 就诊患者 ',vp.visitTel ' 联系方式 ',
          d.docName ' 预约医生 ',
          bf.bookTime ' 就诊时间 ',
          bf.bookNow ' 就诊时间 '
          FROM BookForm bf,
            Doctors d,VisitPatient vp
          WHERE bf.bookVisitID=@id
          AND bf.bookDocID=d.docID
          AND bf.bookVisitID =vp.visitID;
```

```
    END
  END
  GO
```

上述语句创建了一个名为 proc_Query_BookForm 的存储过程实现预约查询操作。该存储过程需要 2 个参数，分别是要查询的预约人的姓名和密码，在存储过程中对姓名不存在的情况进行判断。

假设汪小雨(编号为1，密码为 wxy123456) 现要查询自己的预约信息，那么可以使用以下语句调用 proc_Query_Balance 存储过程：

```
EXEC proc_Query_BookForm ' 汪 小 雨 ', 'wxy123456'
```

上述语句的执行效果如图 14-11 所示。

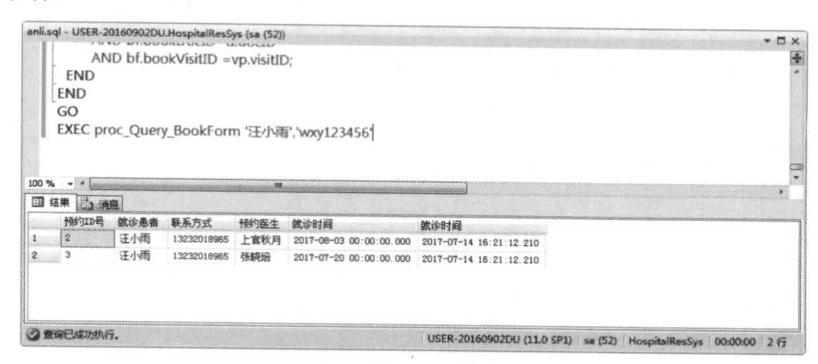

图 14-11 查询预约信息

14.4 备份和恢复数据库

当用户将所有的操作执行完毕后，可以对数据库进行备份，这样可以方便下次数据库的恢复操作。备份操作步骤如下。

01 在【对象资源管理器】窗格中找到 HospitalResSys 数据库，然后右击 HospitalResSys 数据库。

02 在弹出的快捷菜单中选择【备份】命令，这时弹出如图 14-12 所示的对话框。

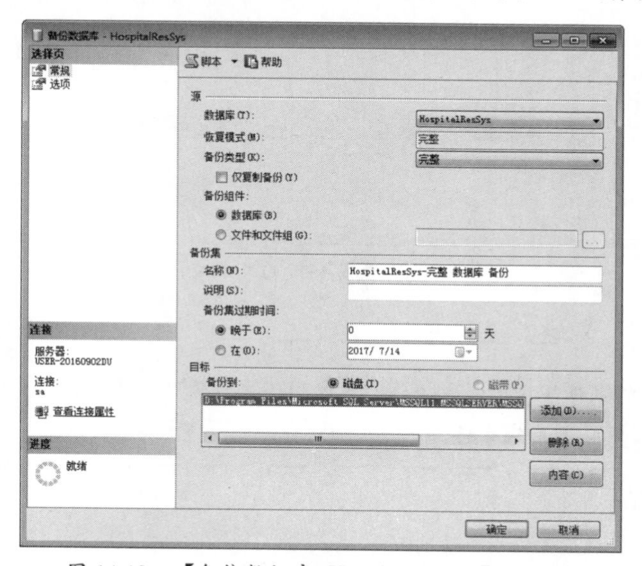

图 14-12 【备份数据库 -HospitalResSys】对话框

03 在【备份类型】下拉列表框中选择【完整】选项，其他设置使用默认值，单击【确定】按钮，如果成功，则会给出对应的备份成功提示，如图 14-13 所示。

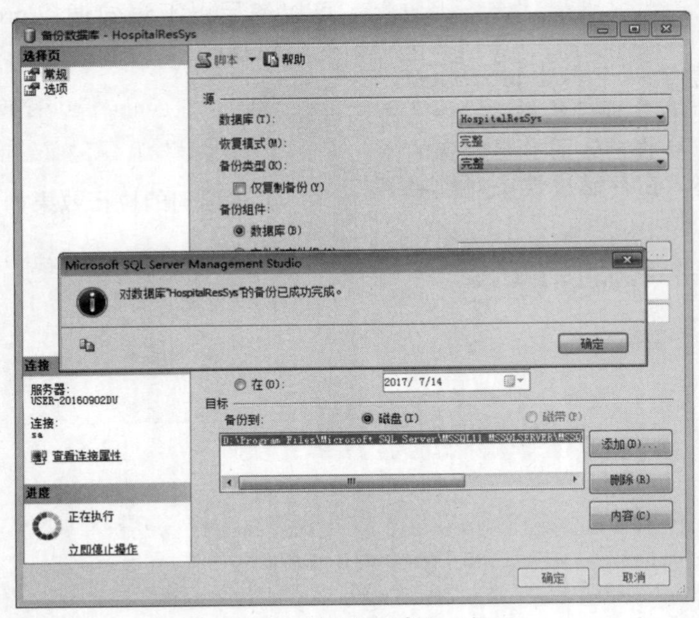

图 14-13 备份数据库成功提示

04 在对应的备份磁盘目录下找到备份的文件，打开 D:\Program Files\Microsoft SQL Server\MSSQL11.MSSQLSERVER\MSSQL\Backup 目录，如图 14-14 所示。

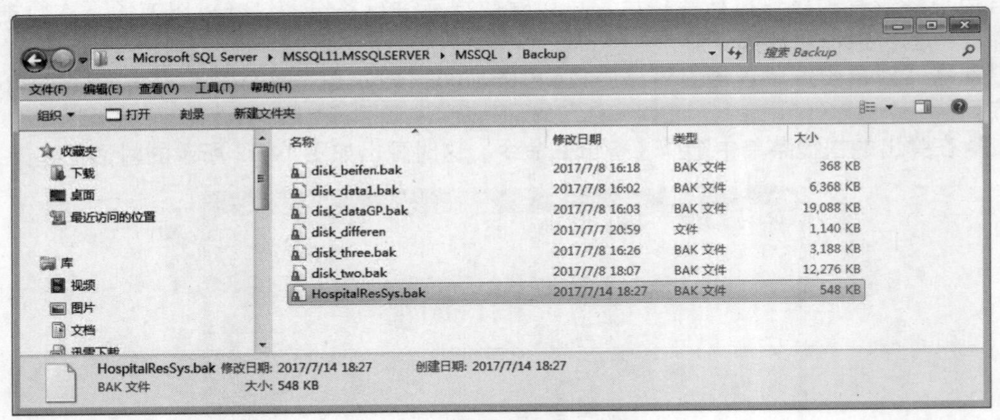

图 14-14 查看备份的目录文件

提示

读者可以对备份的数据库执行还原操作，具体的还原步骤这里不再提示，可以参考前面章节的内容，或者在 MSDN 网站上查找资料。

练习题答案

第 1 章

1. 填空题

(1) 网状模型
(2) 关系模型
(3) 键
(4) 实体完整性规则
(5) 实体 - 关系

2. 选择题

(1) D
(2) A
(3) A
(4) A
(5) C
(6) B

第 2 章

1. 填空题

(1) msdb
(2) .mdf
(3) .ldf
(4) 事务日志
(5) ONLINE
(6) tempdb

2. 选择题

(1) D
(2) A
(3) A
(4) D
(5) C
(6) B

第 3 章

1. 填空题

(1) 全局
(2) sp_addtype
(3) bigint
(4) datetimeoffset
(5) ALTER TABLE
(6) 1，2

2. 选择题

(1) B
(2) A
(3) D
(4) C
(5) D
(6) D
(7) C

第 4 章

1. 填空题

(1) *
(2) NOT
(3) IS NOT NULL
(4) IN
(5) AVG()
(6) DESC

2. 选择题

(1) B
(2) A
(3) C
(4) D
(5) A
(6) B

第 5 章

1. 填空题

(1) INNER JOIN
(2) 完全连接
(3) ALL
(5) UNION
(6) CROSS JOIN

2. 选择题

(1) A
(2) A

(3) D
(4) C
(5) B

第 6 章

1. 填空题

(1) 年是个
(2) 数据控制语言
(3) Unicode
(4) 局部变量
(5) 表值函数
(6) 25
(7) GETDATE()

2. 选择题

(1) A
(2) B
(3) A
(4) D
(5) B

第 7 章

1. 填空题

(1) XQuery
(2) exist()
(3) EXPLICIT
(4) RAW
(5) 主 XML 索引
(6) replace value of

2. 选择题

(1) A
(2) B
(3) D
(4) D
(5) C

第 8 章

1. 填空题

(1) 索引视图
(2) CREATE VIEW
(3) sp_helptext
(4) sp_rename
(5) FAST_FORWARD
(6) FETCH
(7) CURSOR_STATUS()

2. 选择题

(1) B
(2) C
(3) D
(4) B
(5) C
(6) A
(7) D

第 9 章

1. 填空题

(1) 扩展存储过程
(2) sp_helpdb
(3) WITH ENCRYPTION
(4) DROP
(5) OUTPUT

2. 选择题

(1) A
(2) C
(3) A
(4) B

第 10 章

1. 填空题

(1) DML 触发器
(2) CREATE TRIGGER
(3) INSTEAD OF
(4) ALL SERVER
(5) inserted

2. 选择题

(1) D
(2) C

(3) D
(4) B
(5) B
(6) D

第 11 章

1. 填空题

(1) 聚集索引
(2) 1
(3) CREATE INDEX
(4) 隔离性
(5) READ COMMITTED
(6) BEGIN TRANSACTION
(7) 锁定粒度

2. 选择题

(1) C
(2) D
(3) A
(4) A
(5) D
(6) D
(7) C

第 12 章

1. 填空题

(1) 数据库级别安全机制
(2) DROP LOGIN
(3) sysadmin
(4) db_owner
(5) setapprole
(6) DENY

2. 选择题

(1) D
(2) B
(3) A
(4) C
(5) B
(6) C
(7) D

第 13 章

1. 填空题

(1) 硬盘
(2) 完全备份
(3) sp_addumpdevice
(4) BACKUP LOG
(5) DBCC SHRINK DATABASE

2. 选择题

(1) B
(2) D
(3) B
(4) D
(5) C